瀑布沟水电站

第五卷 生产管理

《瀑布沟水电站》编辑委员会 编著

U0309525

中国水利水电出版社
www.waterpub.com.cn

·北京·

内 容 提 要

瀑布沟水电站是国能大渡河流域水电开发有限公司实施大渡河"流域、梯级、滚动、综合"开发战略的第一个电源建设项目，是"十五"期间开工建设的国家重点建设工程，也是西部大开发的标志性工程。《瀑布沟水电站》共五卷，本卷系统地介绍了瀑电总厂、集控中心与瀑电检修项目部，水库蓄水与调度，机组启动试运行及验收，电厂接机生产运行，质量检查与启动验收，企业文化建设等内容。本书内容丰富，资料翔实，图文并茂，实用性强，可供水力发电厂的管理人员、技术人员、工人及大专院校相关专业的师生参考。

图书在版编目（CIP）数据

瀑布沟水电站. 第5卷，生产管理 / 《瀑布沟水电站》编辑委员会编著. -- 北京：中国水利水电出版社，2021.12
ISBN 978-7-5226-0272-1

Ⅰ. ①瀑… Ⅱ. ①瀑… Ⅲ. ①水力发电站－生产管理－四川 Ⅳ. ①TV752.71

中国版本图书馆CIP数据核字(2021)第248416号

书　　名	**瀑布沟水电站　第五卷　生产管理** PUBUGOU SHUIDIANZHAN DI - WU JUAN SHENGCHAN GUANLI
作　　者	《瀑布沟水电站》编辑委员会　编著
出版发行	中国水利水电出版社 （北京市海淀区玉渊潭南路 1 号 D 座　100038） 网址：www. waterpub. com. cn E - mail：sales@waterpub. com. cn 电话：（010）68367658（营销中心）
经　　售	北京科水图书销售中心（零售） 电话：（010）88383994、63202643、68545874 全国各地新华书店和相关出版物销售网点
排　　版	中国水利水电出版社微机排版中心
印　　刷	北京印匠彩色印刷有限公司
规　　格	184mm×260mm　16 开本　18.75 印张　456 千字　8 插页
版　　次	2021 年 12 月第 1 版　2021 年 12 月第 1 次印刷
印　　数	0001—2000 册
定　　价	**120.00 元**

瀑布沟水电站蓄水全貌

瀑布沟水电站泄洪场景

瀑布沟水电站进水口

瀑布沟水电站发电机层

瀑布沟水电站中控室全景

瀑布沟水电站开关室

瀑布沟水电站出线厂

瀑布沟水电站大坝

2004 年 3 月 30 日，四川省省长张中伟和国电集团公司总经理周大兵（左）为瀑布沟水电站开工纪念揭幕

2006 年 4 月 12 日，国电集团公司党组书记、总经理周大兵（中）视察瀑布沟水电站

2009 年 12 月 1 日，国电集团公司党组书记、副总经理乔保平（中）视察瀑布沟水电站

2010 年 2 月 2 日，国电集团公司党组副书记、总经理朱永芃（中）视察瀑布沟水电站

2013年6月4日，国电集团公司党组成员、总经理、董事陈飞虎（中）
视察瀑布沟水电站

2018年4月13日，国家能源集团党组副书记、总经理凌文（中）
视察瀑布沟水电站

2014 年 8 月 13 日，大渡河公司总经理、党委副书记涂扬举在瀑电总厂现场办公

2009 年 12 月 13 日 15 点 55 分，瀑布沟水电站首台机组 (6 号机组) 试运行成功庆祝仪式

2009 年 12 月 13 日，瀑布沟水电站首台机组运行金钥匙交接仪式

2008 年瀑电总厂首批员工

2018 年青年创新人员合影

2019 年瀑布沟水电站发电十周年时瀑电总厂领导团队

2014年6月4日，瀑电总厂领导在瀑布沟水电站中控室指挥防汛演习

2019年12月23日，大渡河公司副总经理李攀光检查黑马营地旁9号地灾点边坡整治情况

2010 年瀑布沟水电站发电机
继电保护系统检修现场

2011 年 10 月 10 日，瀑电总厂
检修期安全承诺活动

2010 年 4 月 30 日，瀑电总厂世
博保电工作会宣誓仪式

2010 年瀑布沟水电站工作人员现场跟踪设备操作

2011 年瀑布沟水电站检修人员现场开展设备检修

2012 年瀑电总厂管理提升培训班

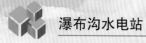

2009年瀑电总厂开展现场监控系统操作培训

2015年瀑电总厂运行技能大比武

2012年瀑电总厂"大倒班"资格考试现场

2019 年瀑电总厂开展班组党课学习

2019 年瀑电总厂职工象棋比赛

2010 年瀑电总厂代表队参加运动会合影

瀑电总厂荣誉奖牌

《瀑布沟水电站》编辑委员会

主　　　　任：刘金焕

副　主　任：付兴友　　张建华　　向　进　　王春云

　　　　　　黄张豪　　王玉龙　　涂扬举　　胡　卫

委　　　员：吴晓铭　　付　军　　黄全孝　　王　安

　　　　　　高林章　　宋静刚　　严　军　　李向阳

　　　　　　汤　敏　　唐　勇　　李　林　　陈克福

　　　　　　赵建蓉　　袁溢涛　　张洪涛　　令狐克海

　　　　　　孙继林　　张泽祯　　牛慧兰　　党　丽

　　　　　　王　娜

全书主编：涂扬举

全书副主编：黄全孝　　王　安　　张洪涛　　令狐克海

　　　　　　孙继林

执行副主编：党　丽

《瀑布沟水电站》
各卷主编、副主编

卷 序	卷 名	主 编	副 主 编
一	建设管理	张洪涛	程大江　罗伦武
二	土建工程	涂扬举	令狐克海　孙继林
三	机电安装及金属结构	王 安	李剑君　汪文元
四	征地移民	王春云	谢祥兵　程陆军
五	生产管理	周业荣	唐 勇　魏文龙　严映峰

《瀑布沟水电站 第五卷 生产管理》
主编、副主编及编委

主　编：周业荣

副主编：唐　勇　魏文龙　严映峰

编　委：周　霖　张建军　宋　柯　杨忠伟　任泽民

　　　　向文平　刘　鹤　喻永松　黄天文　陈光明

　　　　张　荣

《瀑布沟水电站 第五卷 生产管理》
编 审 人 员

章序	章 名	撰 稿 人	审稿人	统稿人
1	概述	黄天文 刘 鹤 高尚丽	周业荣	
2	瀑电总厂、集控中心与瀑电检修项目部	胡应春 张祥金 白 维 刘 鹤	周业荣 杨忠伟 杨俊双	
3	水库蓄水与调度	张祥金 陶春华 刘 鹤 梁金松	贺玉彬 向文平	
4	机组启动试运行及验收	喻永松 黄天文 敬燕飞	宋 柯 任泽民	党 丽
5	电厂接机生产运行	向文平 武 彬 刘 鹤 陈 阳 袁 鹏	周 霖 张建军 任泽民	
6	质量检查与启动验收	张 荣 袁永生 花振国 陈 伟	严映峰	
7	企业文化建设	陈光明 王 旭 高尚丽	魏文龙	
附录	瀑布沟水电站生产运行管理大事记	刘 鹤 王 军 陈 阵	任泽民	

前　言

瀑布沟水电站是国家"十五"重点工程和西部大开发标志性工程。该电站坝址位于大渡河中游尼日河河口上游侧的汉源县觉托村附近，地跨四川省汉源县和甘洛县两县境，上距汉源县城 28km，下距汉源县乌斯河镇 7km。瀑布沟水库是大渡河中游的控制性水库，总库容 53.9 亿 m^3，其中调节库容 38.82 亿 m^3，调洪库容 10.56 亿 m^3，具有不完全年调节能力，控制流域面积 6.8 万 km^2，是一座以发电为主，兼有防洪、拦沙等综合效益的特大型水利水电枢纽工程。

瀑布沟水电站总装机 3600MW，装设 6 台混流式机组，单机容量 600MW，多年平均发电量 147.9 亿 kW·h。工程于 2004 年 3 月开工建设，2009 年 12 月首批台机组投产发电，2010 年 12 月 6 台机组全部投产发电。

2008 年 10 月，水利部发展研究中心源信公司受国电大渡河公司委托，承担了《瀑布沟水电站》的编撰工作。该书共分五卷：建设管理、土建工程、机电安装及金属结构、征地移民及生产管理。2009 年 12 月，瀑布沟水电站 5 号、6 号 2 台机组投产发电，标志着瀑布沟水电站正式由建设阶段转变到生产运行阶段，由国电大渡河瀑电总厂负责电站的生产运行管理工作。2011 年 4 月，组织专家到瀑布沟水电站现场及国电大渡河公司开展调研，先后赴国电大渡河公司、瀑布沟分公司、瀑电总厂和成都勘测设计研究院等单位进行座谈，讨论确定了生产管理卷的编写大纲，并于 2011 年底完成初稿编写。此后，编写组结合瀑电总厂积极探索实行的"一厂两站""机电合一""运维合一"和"无人值班（少人值守），远方集控"新型水电生产管理模式，总结瀑布沟水电站生产运行管理的经验，于 2016 年对初稿进行修订，融入了瀑电总厂建立设备主人具体负责的技术管理体系，构建以绩效为核心的人力资源管理体系，培育企业文化建设等诸多做法。

在本书编写过程中，得到了国电大渡河公司、大渡河流域集控中心、大渡河流域检修公司、大渡河公司库坝中心以及其他有关部门的大力支持与帮助。在此，谨向上述各单位的领导和专家表示诚挚的敬意和由衷的感谢！

鉴于时间紧迫，加之撰稿人掌握资料和视角的局限，本书存在疏漏和不当之处在所难免，恳请读者在参阅和借鉴之时予以批评指正。

《瀑布沟水电站》编辑委员会

2016 年 12 月

目　录

第1章 概　　述

1.1　概况

瀑布沟水力发电总厂（以下简称瀑电总厂）地处川西南大渡河中游汉源县与甘洛县交界处，下辖瀑布沟、深溪沟两座大型水电站，总装机容量 4260MW，是国电集团大渡河流域水电开发有限公司和四川省目前装机容量最大的电力生产企业。电厂送电区域主要为成都、川西北、川南和华中地区。

瀑布沟水电站单机容量 600MW，共 6 台发电机组，多年平均年发电量 145.8 亿 kW·h。水库正常蓄水位 850m，总库容 53.9 亿 m³，具有季调节能力。水电站枢纽工程由高 186m 的心墙堆石坝、溢洪道、泄洪洞、引水发电系统等组成。工程于 2004 年 3 月开工，2009 年底首批 2 台机组投产发电，2010 年底全部机组投产发电。

深溪沟水电站位于大渡河中游汉源县和甘洛县接壤部，与瀑布沟水电站相距 14km，设计装机容量 660MW，安装 4 台单机容量 165MW 的轴流转桨式水轮发电机组，是瀑布沟水电站的反调节电站。深溪沟水电站于 2006 年 4 月开工建设，2010 年 7 月首台机组发电，工程于 2011 年全部建成投产。

1.2　瀑布沟水电站在电力系统中的作用

四川省是我国水能资源最丰富的省份，技术可开发量达 1.03 亿 kW，占全国的 27.2%，居全国之首。大渡河流经阿坝、甘孜、雅安等州市，干流全长 1062km，流域面积 77400km²，是国家规划的十三大水电基地之一，也是四川省"三江水电基地"之一。大渡河干流规划的梯级大型电站共有 22 座，总装机容量为 23400MW。

瀑布沟水电站为国家"十五"重点工程和西部大开发标志性工程，是大渡河流域的控制性水库之一，是一座以发电为主，兼有防洪、拦沙等综合效益的大型水利水电枢纽工程。同时在电力系统中起到调峰、调频、事故备用、减少火电耗煤量、减少火电机组事故、提高电力系统运行的经济性和可靠性、提高电能质量等作用。瀑布沟水电站是目前其他电站难以替代的、唯一可投入运行的大型电源点。

1.3　主要机电设备及送出工程

1.3.1　简况

瀑布沟水电站位于大渡河中游，地处四川省西部汉源县及甘洛两县交界处，距成都市直线距离约 200km，距重庆市直线距离约 360km，靠近负荷中心。水电站枢纽位于大渡河与尼日河交汇处上游，坝址上游距汉源县城公路里程约 29km，108 国道通过汉源县城。水电站下游 7km 处的乌斯河镇有成昆铁路汉源火车站作为瀑布沟水电站的铁路转运站，交通方便。瀑布沟水电站共装有 6 台 600MW 的立轴混流式水轮发电机组，在电力系统中担负调峰、调频及事故备用，枯水期担负峰荷、腰荷，汛期主要担负基荷，是四川电力系统中的骨干电站之一。主要机电设备及电站送出工程在发挥瀑布沟水电站的巨大经济效益和社会效益方面起着至关重要的作用。

1.3.2　主要机电设备

1.3.2.1　水轮机、圆筒阀及附属设备和辅助设备

瀑布沟水电站运行水头在 114.3～181.7m 范围内，共装设 6 台套水轮机、圆筒阀及其附属设备，其中东方电机股份有限公司（DFEM）提供 2 号、4 号、6 号水轮机和圆筒阀及其附属设备；通用电气亚洲水电设备有限公司（GEHA）提供 1 号、3 号、5 号水轮机和圆筒阀及其附属设备。DFEM 的转轮为分两瓣结构形式，上冠为埋入式螺栓连接，下环为焊接结构，分瓣转轮组焊由制造厂在安装间组装焊接，并进行消除应力热处理及静平衡试验后，整体交货；GEHA 的转轮为分两瓣结构形式，分瓣转轮在安装间由制造厂进行组焊，并在消除应力热处理及静平衡试验后整体交货。

附属设备主要有调速器及油压装置。辅助机械设备主要包括技术供水系统、排水系统、气系统、油系统、水力量测系统、通风系统和消防系统等。

1.3.2.2　发电机、励磁系统及厂用电设备

瀑布沟水电站共装设 6 台套发电机，全部由 DFEM 提供。发电机主要技术参数见表 1.1。

表 1.1　　　　　　　　　　　　发电机主要技术参数

项　目	参数	项　目	参数
型号	SF600－48/14200	功率因数	0.9
		额定转速/(r/min)	125
结构型式	半伞式	飞逸转速/(r/min)	245
冷却方式	密闭自循环空气冷却	磁极个数/个	48
额定容量/MVA	666.7	定子槽数/槽	540
额定功率/MW	600	槽电流/A	6415
额定电压/kV	20	并联支路数/个	6
额定电流/kA	19.2445	定子绕组绝缘等级	F
额定励磁电压/V	465	转子绕组绝缘等级	F
额定励磁电流/A	3105	额定效率（定转子铜耗按 90℃计算）/%	98.78
空载励磁电压/V	183	旋转方向	俯视顺时针
空载励磁电流/A	1734	转动惯量/(t·m²)	140000
额定频率/Hz	50	纵轴同步电抗（不饱和值）	0.9965

续表

项　　目	参数	项　　目	参数
纵轴暂态电抗（不饱和值）	0.3228	定子绕组开路时励磁绕组的时间常数/s	12.72
纵轴次暂态电抗（不饱和值）	0.2311	短路比	1.114
交轴同步电抗	0.6657	定子绕组节距	1～11
交轴暂态同步电抗	0.6657	励磁绕组电阻（75℃）/Ω	0.1309
交轴次暂态同步电抗	0.2467	励磁绕组电阻（130℃）/Ω	0.1541
定子绕组漏抗	0.1402		

发电机励磁系统采用微机自并励静止晶闸管励磁系统。励磁系统和厂用电系统的设备这里不再详叙。

1.3.2.3　主厂房桥机

由于瀑布沟水电站发电机转子重量超过1200t，采取双小车桥机并车方案进行转子的吊装，故对桥机并车和转子吊装的安全技术措施的掌握至关重要。为了加快安装进度，充分合理地利用桥机并节省厂用电，厂内还配置有1台主钩80t副钩10t的单小车桥机。

双小车桥机主要技术参数：

型号　　　　　　　　　2×420t 双小车桥式起重机
起重量　　　　　　　　主钩 420t＋420t、副钩 200t
跨度　　　　　　　　　27m
数量　　　　　　　　　2 台

1.3.2.4　电气主接线及有关设备

发电机与变压器的组合采用单元接线，发电机出口设置发电机断路器；500kV 侧采用六进三出共三串 4/3 断路器的电气主接线方案；并预留一串双断路器接线的设备位置；选用 6 台组合式三相主变压器并布置在地下，由 500kV 电缆引出，500kV GIS 设备布置在地面开关楼内。

1.3.2.5　计算机监控系统及有关设备

采用全计算机监控系统作为本电站的主要监控方式，电站按"无人值班（少人值守）"的原则设计。计算机监控系统与第一台机组同时投入运行。

继电保护与自动装置、电工二次接线、电工试验室仪表、通信设备等此处不再详叙。

1.3.3　电站送出工程

1.3.3.1　电站与电力系统的连接

瀑布沟水电站是四川电力系统的主力电站之一，在电力系统中担负调峰、调频及事故备用。电站的供电范围为四川电力市场及外送。根据电站的装机规模、供电范围和地处高山峡谷的环境条件，瀑布沟水电站以 500kV 一级电压接入四川电力系统。

根据四川电力系统情况，为尽量简化电站枢纽布置，在满足潮流输送和安全稳定性的前提下，瀑布沟水电站以 3 回出线与系统连接，另预留 1 回备用出线场地。出 1 回 500kV 输电线至深溪沟水电站开关站。

1.3.3.2 电站送出工程实施情况

瀑布沟水电站出 4 回（3 回加 1 回备用）500kV 输电线至东坡 500kV 变电站，接入四川电网川西南环网。瀑布沟—东坡东线 500kV 同塔双回送电东线布坡三线、布坡四线工程于 2008 年开工，2009 年 10 月底完工并通过运行验收。2009 年 11 月 6 日，启动验收委员会同意启动布坡三线，布坡四线，东坡 500kV 变电站第四和第五串一、二次设备及通信设备，瀑布沟 500kV 升压站至东坡出线间隔，满足瀑布沟水电站 5 号、6 号机组投产需要。

深溪沟—瀑布沟 500kV 送电线路工程于 2009 年 4 月开工，2010 年 5 月通过竣工预验收，2010 年 5 月 31 日至 6 月 2 日完成投运前质量检查，基本具备投运条件。2010 年 6 月 17 日，启动验收委员会同意启动布深线及瀑布沟、深溪沟两个间隔，满足深溪沟电站 1 号机组发电需要。

瀑布沟—东坡 500kV 同塔双回送电西线布坡一线、布坡二线工程于 2009 年 5 月 6 日开工，2010 年 5 月 12 日至 6 月 18 日竣工预验收，2010 年 6 月 20 日至 6 月 23 日完成投运前质量检查，具备投运条件。2010 年 6 月 19 日，启动验收委员会同意启动瀑布沟两个间隔，布坡一线、布坡二线及眉山东坡 500kV 变电站两个间隔。

瀑布沟水电站出 4 回 500kV 输电线至东坡 500kV 变电站，接入四川电网川西南环网；接入系统通信方案在两条同塔双回 500kV 输电线路上分别架设一条 OPGW 光缆，采用两条独立的光纤传输通道，互为备用的双 OPGW 光缆线路。

至此，瀑布沟水电站 6 台机组及深溪沟水电站 4 台机组已经完全具备全部投产发电的送出条件。

第 2 章 瀑电总厂、集控中心与瀑电检修项目部

2.1 瀑电总厂的筹建与管理

瀑电总厂位于汉源县乌斯河镇上沙坝，分别距西、东两头的瀑布沟、深溪沟两水电站各 7km，于 2006 年 9 月筹建，2008 年 6 月正式组建。瀑电总厂筹建期间，按照大渡河公司"必须达标投产、必须建成四新电厂、必须投产盈利、必须成为窗口和样板""首台机组和 50％机组投产 3 月无非停"的管理要求，以及《中国国电集团公司新建、扩建电厂生产准备导则（试行）》规定，立足以新电厂、新机制、新气象为出发点，紧紧围绕建设"和谐瀑布沟、数字瀑布沟、效益瀑布沟"的目标，确保"顺利接机、安全发电"，着力从组织机构建设、人力资源保障、制度体系建设、生产技术准备、企业内部管理等方面积极开展工作，为接机发电做了充分准备。

2.1.1 瀑电总厂的筹建过程

2.1.1.1 筹备阶段

2006 年 9 月 15 日，根据《中国国电集团公司新建、扩建电厂生产准备导则（试行）》（国电集生〔2005〕182 号）的要求，为确保在瀑电总厂首台机组发电之时，就能具有规范的管理、精干的队伍和优良的设备，实现"建设新电厂、确立新机制、创造新水平、展现新面貌"的目标，确保瀑布沟、深溪沟水电站实现"达标投产"，成立了国电大渡河瀑布沟水力发电总厂筹备处，在国电大渡河流域水电开发有限公司直接领导下，结合启动瀑布沟和深溪沟两座水电站的生产筹备，开展筹建总厂的前期工作。

筹备处设立二级机构，成立 3 个职能处室即综合办公室、生产准备处和运行准备处，形成筹备处基本组织机构。综合办公室负责处理行政事务、公共关系、综合协调、制度建设、文秘、档案管理、人事、劳资保险、企业文化、审计、党群及精神文明建设等有关工作。生产准备处全面参与机电设备、金属结构、自动控制系统等的安装和调试工作，配合做好电厂工程验收筹备工作，加强对工程图纸资料和技术信息的收集、整理和管理，绘制和整编筹备电厂设备图册。运行准备处负责编译、编写运行规程等技术资料，编写有关制度和培训资料，组织开展运行人员培训工作及安全管理工作。

2.1.1.2 瀑电总厂机构设置及其职能

1. 瀑电总厂机构设置

瀑电总厂筹备处经过两年多的筹备，根据大渡河公司行文，2008 年 6 月 30 日，正式成立国电大渡河瀑布沟水力发电总厂，属中国国电集团公司基层发电单位，直接隶属国电

大渡河流域水电开发有限公司。瀑电总厂下辖瀑布沟和深溪沟两座水力发电站，总装机容量 4260MW。2009 年 10 月 1 日，瀑电总厂正式入驻乌斯河营地办公。

瀑电总厂下设厂长办公室、人力资源处、党群办公室、财务管理处、生产技术处、安全监察处、运行维护处 7 个二级部门，运行维护处下设 6 个运维值和 1 个综合维护值。瀑电总厂机构设置见图 2.1。

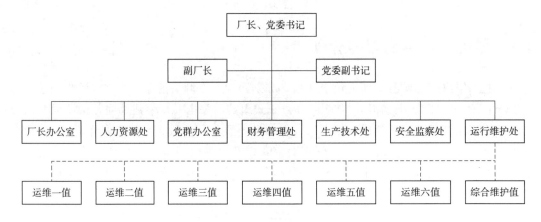

图 2.1　瀑电总厂机构设置示意图

2. 各机构编制和职能

根据大渡河公司对瀑电总厂职责划分，结合瀑电总厂发电运行高效运转的需要，各机构编制见图 2.2。

各机构职责如下：

（1）运行维护处。该处负责电站运行管理、安全管理、电站设备维护及检修管理；负责执行调度命令，协调与调度部门的关系，电力市场营销，统计上报有关数据及运行报表，电站设备外委工程项目管理及备品定额管理。

（2）生产技术处。该处负责生产技术、生产计划和设备管理；负责组织编制和审查检修、技改、技术监督及试验等工作计划和工作方案；审查设备运行、检修、试验等方面的规程制度；组织参加设备检修及有关单项工程的质量监督和验收；开展技术攻关活动；物资采购及仓储管理；统计管理；合同管理及防洪度汛管理。

（3）安全监察处。该处负责劳动安全、文明生产、交通安全等方面的检查与监察，分析评估工作，不安全事件的资料收集和报告编写。

（4）财务管理处。该处负责财务会计管理制度的建设和执行、固定资产价值管理、财务预决算管理、会计核算、税务筹划及财务会计信息化等工作。在大渡河公司财务产权部指导下，负责瀑电总厂财产保险、资金计划、资金管理和会计监督工作。

（5）人力资源处。根据瀑电总厂发展战略，全面策划和实施瀑电总厂人力资源发展战略，包括干部人事、绩效管理、薪酬福利、社会保险以及教育培训等相关管理工作。通过完善总厂激励机制，提高激励效果，在不断满足员工需求的同时，确保人力资源能支持瀑电总厂战略发展的需要。

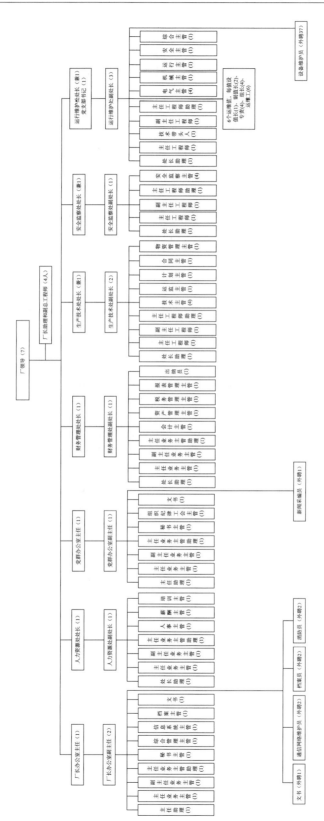

图 2.2 瀑电总厂机构编制示意图

（6）厂长办公室。厂长办公室职责包括行政事务、文秘、档案管理、科协及社团工作；负责法律事务、内部审计监察、公共关系、消防保卫等工作；负责干部管理、人事管理、薪酬管理、保险管理、职业健康和培训管理；负责后勤、车辆和物业管理等的归口管理以及通信、信息系统管理维护。

（7）党群办公室。党群办公室负责党务、纪检、群团、精神文明建设、新闻宣传、企业文化建设等工作。

根据《中国国电集团公司新建、扩建电厂生产准备导则（试行）》（国电集生〔2005〕182号）要求，2008年3月3日大渡河公司党委发文，结合生产筹备进程，成立瀑电总厂筹备处党委。

2008年6月24日，大渡河公司党委发文，在瀑电总厂正式成立的同时，成立中共瀑电总厂委员会，同时在5处2室7个二级行政和生产部门建立和完善了党支部、党小组基层党组织。

（8）群团组织。

1）工会。2008年3月3日，大渡河公司发文，成立瀑电总厂筹备处工会委员会。

2008年6月25日正式成立瀑电总厂工会委员会。

2010年3月初，瀑电总厂工会扩充力量，形成5人工会委员会。同月中旬，成立工会组织工作委员会、生活福利委员会、女职工委员会等5个专门委员会，明确了专门机构的工作职能和兼职人员，完善了工会组织机构，确保充分发挥工会职能。

工会职责：①代表职工参与企业民主管理，维护和保障职工的合法权益，代表职工与企业进行平等协商，签订集体合同，参与协调企业劳动关系，促进企业的改革、发展和稳定；②支持行政依法行使管理权利，组织职工参与民主管理和民主监督，承担职代会工作机构职责，促进企业民主化、法制化、科学化建设；③动员和组织职工参加四个文明建设，完成工作任务，开展群众性合理化建议、技术革新活动，组织职工进行业余文化技术学习；④教育职工不断提高思想道德素质和科学文化素质，建设"四有"职工队伍；⑤协助搞好职工福利事业，搞好工资、劳保、劳动安全、卫生和社会保险事业；⑥围绕生产经营和发展，开展劳动竞赛，会同行政做好劳模和先进评选、表彰及管理工作；⑦配合做好民主评议领导人员工作；⑧开展群众性业余文化体育活动，丰富职工业余生活；⑨加强工会自身建设。

2）共青团。2008年8月11日，大渡河公司团委批复成立共青团瀑电总厂委员会。

共青团工作的主要任务：①协助党委和行政做好青年员工的思想教育工作；②加强青年教育，用马列主义、毛泽东思想、邓小平理论和"三个代表"重要思想、科学发展观理论教育青年；③了解和研究青年思想状况和实际要求，有针对性地做好工作，调动和保护青年的积极性、主动性和创造性；④维护和服从行政的经营管理，围绕生产经营中心任务，开展争当青年标兵、青年文明号、青年突击队、青年岗位技术能手活动，为电力生产作贡献。

3. 瀑电总厂兼职机构设置

（1）安全生产委员会。2008年10月6日，瀑电总厂成立了瀑电总厂安全生产委员会，挂靠在安全监察处，下设生产安全、交通安全、安全性评价3个领导小组，分管相关工作。安全生产委员会第一责任人由厂长兼任。

（2）消防安全委员会。2008 年 10 月 6 日，瀑电总厂成立了消防安全委员会，挂靠在厂长办公室。消防安全委员会第一责任人由厂长兼任。

（3）技术管理委员会。2008 年 11 月，瀑电总厂成立了技术管理委员会。技术管理委员会以厂长为第一责任人，突出专业技术负责人的作用。技术管理委员会的主要职责是对瀑电总厂管辖范围内机电设备从规划、设计、安装、调试到运行维护的全过程实行技术监督；按照中国国电集团公司反事故措施、安全性评价、设备合同技术等文件要求全面清理设备重大隐患；指导、监督、检查各专业开展技术监督工作以及正确处理、协调技术管理过程中发生的问题等。

技术管理委员会下设技术监督网和技术监督领导小组两级组织机构。技术监督网包括继电保护、大坝安全技术、电测技术、热工技术、金属技术、环境保护、绝缘技术、化学技术、节能技术、电能质量、自动控制等 11 个技术监督小组，其成员分别由分管技术的管理人员、技术负责人及各专业骨干组成。

（4）其他组织。瀑电总厂相继成立了标准化管理委员会、劳动管理委员会和文体协会。

2.1.1.3　两电站投产运行

2009 年 10 月 31 日，瀑布沟水电站大坝填筑完成，1 号导流洞于同年 9 月 28 日成功下闸，6 号发电机组（首台发电机组）安装全面完成后抓紧进行调试，其余 5 台机组安装也按计划推进。

2009 年 11 月 1 日 10 时 16 分，瀑布沟水电站 2 号导流洞开始下闸，10 时 22 分下闸成功，标志着瀑布沟水电站水库正式进入蓄水阶段。

2010 年 6 月 27 日，大渡河深溪沟水电站首台 165MW 的 1 号机组顺利完成 72h 试运行，成功投产发电。瀑布沟水电站下闸蓄水时，深溪沟水电站承担了配合蓄水下闸的任务。瀑布沟、深溪沟两电站联合调度下闸蓄水为国内首创，是大渡河流域统一调度对满足复杂下游过流边际条件的一次成功实践，为我国水电流域电站区域性协调，探索相邻水电站断流区间的联合优化调度以及流域统调，都积累了宝贵的经验。

2010 年是瀑电总厂全面开启电力生产运营的一年，在集团公司转型企业战略引领下，总厂干部职工紧紧围绕大渡河公司"安全·投产·转型·核准·效益"和总厂"安全·接机·育人·精细"年度工作主题，以"顺利接机、安全发电"为中心，统筹兼顾，精细工作，圆满完成了瀑布沟、深溪沟两电站生产准备任务，实现了年内瀑布沟 4 台机组、深溪沟 2 台机组平稳接机发电，两站投产 8 台机组，发电装机容量 3930 万 MW，其中，瀑布沟水电站 6 台机组全部投产，发电装机容量 3600MW，5 号机为国电集团公司装机容量突破 80000MW 标志性机组。深溪沟水电站投产 2 台机组，发电装机容量 330MW，1 号机组为四川省装机容量突破 40000MW 标志性机组。瀑电总厂年度上网电量 101.17 亿 kW·h。

2.1.2　瀑电总厂的运行管理

2.1.2.1　运行管理模式

瀑电总厂在运行初期，按照国电集团对新建电厂要站在"科学先进、安全可靠、精简高效"的新起点，创建一流现代化发电企业的总体要求，立足在探索中创新，以母体电站龚嘴水力发电总厂 30 多年的生产运营经验为基础，通过对国内三峡电厂等大型水电厂的走访调研，结合瀑电总厂的特点，经过反复论证，建立"运维合一，大倒班"的生产管理模式。这种生产管理模式是现代水电厂生产管理发展趋势和总厂定员少的必然要求。瀑电总厂实行"一厂两站""运维合一""无人值班（少人值守），远方集控"新型电力生产管理模式，并按"'运维合一'一步到位、'大倒班'择机实行"两步走的方式有序实施，开启国内水电行业生产管理创新模式的先河。拟定员 196 人，其中编制内人员 151 人（含领导人员 5 人、为流域后续电站生产筹备储备人员 40 人）、辅助性人员 45 人。结合瀑电总厂生产实际，从人力资源配置、制度体系建设、人员技能培训、内部管理机制等方面，制定并执行了一系列先进的、适用的管理模式。

1. 运维合一

在电厂运行中，运维合一就是把发电企业习惯实行的机组运行和维护两套常规班子，在现代化管理条件下合为一套班子，对机组进行现代化管理。具体操作是在二级部门运行维护处下设 6 个运行维护值，每值定员 18 人，值长 1~2 人。日常值班分为运行值班和维护值班，轮流负责设备运行和维护工作，采取 6 值 3 运 1 维的倒班方式。实行周期性轮换（运行值班后休息 4 天，连续三轮运行值班后进入维护值班；10 天维护值班后休息 4 天，再转入运行值班），负责电站运行和设备日常维护缺陷处理。

辅助人员作为维护协助人员共计 23 人，负责电焊、起重等特种作业，承担维护工具管理、设备定期维护保养、防洪物资维护、排水沟清理以及照明等维护工作。

2. 大倒班

大倒班是一种全新的现代化发电企业生产管理模式。其主要目的是体现以人为本的管理理念，实行集中休假的制度，让身处大山的基层员工能够工作、生活兼顾，切实体现总厂"快乐工作，快乐生活"的理念。大倒班在经过机组发电前期实行"三班倒"后，在电站机组全面投产后实行。条件成熟后，瀑布沟、深溪沟两站还将实行"无人值班（少人值守），远方集控"的生产管理方式。

在机组发电前期，"运维合一"的具体方式为以轮回的方式由一个值带领外聘员工全面负责两站设备维护工作，其他 5 个值实行"五值三班倒"的运行倒班方式。

随着两水电站机组运行日趋稳定和流域电力生产筹备的需要，瀑电总厂将向后续电站输送人员，总厂人员将逐渐减少时，倒班方式调整为"四值两班倒"的大倒班方式，每次两个值进驻现场，交替承担运行和维护工作，即一个值在现场负责设备运行，一个值负责设备维护，另外两个值休息，14 天进行一次倒班。

瀑电总厂"运维合一""大倒班"的模式获得了有关部门的高度赞誉。2010 年 9 月 15日，在中国电力企业联合会发文表彰的全国电力行业企业管理现代化创新成果中，瀑电总厂的建管结合、无缝交接管理模式、"运维合一，大倒班"电力生产管理模式和绩效管理体系改进等 3 项获创新成果三等奖。

2010 年 12 月 17 日，瀑电总厂配合集控中心圆满完成瀑布沟水电站 6 号机组远方开停机及负荷调整试验，标志着该机组具备远方控制条件。瀑电总厂实现电力生产集控水调的目标已成为可能。

通过一年的生产运行实践，"运维合一"的优势体现在以下几方面：

（1）随着公司不断发展，职工学习技术的热情较高，要求成为复合型人才的愿望强烈。

（2）随着科学技术进步，瀑电总厂目前设备相对比较先进，免维护程度相对较高。

（3）可以有效解决运维分离模式下长期从事运行工作人员的转岗难题。

"运维合一"在国内尚未有真正意义上的成功经验可供借鉴，经过一段时期的生产运行，需要不断完善与改进，确保管理科学到位。目前运行人员的技能水平与"运维合一"的要求还存在较大的差距，需要加大培训力度，确保运行人员技能水平适应新的生产管理模式。后期运行维护大倒班见表 2.1。

表 2.1　　　　　　　　　　后期运行维护大倒班表

项目	第一、二周	第三、四周	第五、六周	第七、八周
一值	运行	休班	维护	休班
二值	维护	休班	运行	休班
三值	休班	运行	休班	维护
四值	休班	维护	休班	运行

2.1.2.2　人力资源管理模式

1. 绩效薪酬管理办法

瀑电总厂为能进行有效激励约束，体现公平、公正、公开管理理念，促进企业人力资源优化，并呈良性发展的人力资源管理机制，建立以责任、绩效为导向的薪酬管理体系。强化岗位责任，细化工作评价，增强绩效考评的针对性和适应性，并在绩效考核中引入考核评价标准，确保考核公平、公正。

2010 年 11 月 25 日，大渡河公司党群工作部组织考核组代表国电集团公司对瀑电总厂领导班子及领导人员进行了考评。总厂领导、中层干部以及职工代表共计 30 人参加了考评。

2010 年 12 月 15 日，瀑电总厂实行质量负责人制度，明确了 10 名质量负责人以及专业分工。质量负责人对 2010—2011 年瀑布沟、深溪沟两水电站设备检修及整治项目按系统分类进行质量监督管理，提出工艺质量要求，进行作业指导，对不符合质量标准的项目提出整改及考核意见，并对检修整治项目质量负主要责任。绩效考评关系见表 2.2。

表 2.2　　　　　　　　　　绩 效 考 评 关 系 表

部门	评分人岗位	被评分人岗位（范围）	
		月度考评	年度考评
厂部	厂长、党委副书记	各部门、全体中层干部	各部门、全体中层干部、全体职能部门人员
	党委书记、副厂长	各部门、全体中层干部	各部门、全体中层干部、全体职能部门人员
	党委副书记、纪委书记、工会主席	分管部门、全体中层干部	各部门、全体中层干部、全体职能部门人员
	副厂长	分管部门、全体中层干部	各部门、全体中层干部、全体职能部门人员

续表

部门	评分人岗位	被评分人岗位（范围）	
		月度考评	年度考评
厂长办公室	主任	厂长办公室全体人员	全体中层干部、厂长办公室全体人员
	副主任	厂长办公室副主任以下岗位人员	全体中层干部、厂长办公室全体人员
	主任助理、主管、专责、业务员		厂长办公室全体人员、其他职能部门人员
人力资源处	处长	人力资源处全体人员	全体中层干部、人力资源处全体人员
	副处长	人力资源处副主任以下岗位人员	全体中层干部、人力资源处全体人员
	处长助理、主管、专责、业务员		人力资源处全体人员、其他职能部门人员
党群办公室	主任	党群办公室、全体人员	全体中层干部、党群办公室全体人员
	副主任	党群办公室副主任以下岗位人员	全体中层干部、党群办公室全体人员
	主任助理、主管、专责、业务员		党群办公室全体人员、其他职能部门人员
财务管理处	处长	财务管理处全体人员	全体中层干部、财务管理处全体人员
	副处长	财务管理处副主任以下岗位人员	全体中层干部、财务管理处全体人员
	处长助理、主管、专责、业务员		财务管理处全体人员、其他职能部门人员
生产技术处	处长	生产技术处全体人员	全体中层干部、生产技术处全体人员
	副处长	生产技术处副主任以下岗位人员	全体中层干部、生产技术处全体人员
	处长助理、主管、专责、业务员		生产技术处全体人员、其他职能部门人员
安全监察处	处长	安全监察处全体人员	全体中层干部、安全监察处全体人员
	副处长	安全监察处副主任以下岗位人员	全体中层干部、安全监察处全体人员
	处长助理、主管、专责、业务员		安全监察处全体人员、其他职能部门人员
运行维护处	处长、党支部书记	运行维护处各班组、副处长、处部主管（专责）、各值副值长及以上岗位人员	全体中层干部、运行维护处各班组、处部主管（专责）、各值副值长及以上岗位人员
	副处长	运行维护处各班组、处部主管（专责）、各值副值长及以上岗位人员	全体中层干部、运行维护处各班组、处部主管（专责）、各值副值长及以上岗位人员
	处长助理、主管、专责	处部主管（专责）、各值副值长及以上岗位人员	运行维护处中层干部、处部主管（专责）、各值副值长及以上岗位人员
	值长	值内全体人员	运行维护处中层干部、处部主管（专责）、各值副值长及以上岗位人员、值内全体人员

部门	评分人岗位	被评分人岗位（范围）	
		月度考评	年度考评
运行维护处	副值长	值内副值长以下岗位人员	运行维护处中层干部、处部主管（专责）、各值副值长及以上岗位人员、值内全体人员
	值长助理、班组技术专责、班组组长、运维工		值内全体人员
	综合维护值值长	值内全体人员	运行维护处中层干部、处部主管（专责）、各值副值长及以上岗位人员、值内全体人员
	综合维护值副值长	值内副值长以下岗位人员	运行维护处中层干部、处部主管（专责）、各值副值长及以上岗位人员、值内全体人员
	综合维护值班组技术专责、综合维护值班组组长、综合维护值维护工		值内全体人员

2. 任职资格证书管理办法

对于每个岗位，瀑电总厂明确了岗位需要具备的基本专业知识，确定各岗位需要取得证书的种类和数量（每类专业证书划分为 A、B、C 三个等级），每个季度举办 1 次任职资格证考试。考试考评结果均通过网站予以公示，各项考评均采用标准化处理方法，确保标准的一致性和结果的公平性，并按照相关性分析对评价人是否坚持客观标准进行监督，有效地引导、调动了全厂职工学习的主动性和积极性。经过 5 个季度考试，瀑电总厂共 584人次参加考试，其中取得 A 级证书的有 268 人次，占总人次的 45.89%；B 级证书的 84人次，占 14.38%；C 级证书的 109 人次，占 18.66%。

3. 岗位管理办法

（1）人力资源信息化建设。瀑电总厂在上级单位统一建设人力资源信息系统的基础上，投运了本单位的网上投票系统，开发了绩效考评模块，在网上公布考核结果，增强了人力资源管理工作的透明度。

（2）实行 360 度人员评价和选拔机制。瀑电总厂实行 360 度全方位考评模式，全面客观评价每个人的工作表现，并建立民主推荐与双向选择相结合的岗位管理办法，采用相关人员网络投票推荐候选人的方式和部门负责人保荐等方式，使民主选举、个人绩效考评、保荐等条件同时纳入人才选拔，增强了选人、用人的民主性和科学性。岗位竞聘关系及程序见表 2.3。

（3）开展劳动竞赛。2010 年 4 月 23 日，瀑电总厂出台了《安全行车立功竞赛活动方案》，拉开了竞赛活动的序幕。通过细化明确了考核内容及分值，调、用车部门每月对小车班安全行车、车辆维护、文明行车、车容车貌、个人形象和乘客投诉等 6 个方面共 29个项目进行考评，并根据考评结果给予奖励。

表 2.3　　　　　　　　　　　　　岗位竞聘关系及程序

部门	竞聘岗位名称	可参与竞聘的岗位	可参与民主推选候选人的岗位范围
厂长办公室	主任 主任业务主管	厂长办公室副主任 其他中层干部副职及以上岗位、 副主任业务主管（工程师）	全体厂领导 厂长办公室全体人员 其他中层干部副职及以上岗位、副主任 业务主管（工程师）以上岗位
	副主任 副主任业务主管	各部门主管及以上岗位	全体厂领导 厂长办公室全体人员 其他中层干部副职及以上岗位、副主任 业务主管及以上岗位
	主任助理 主任业务主管助理	各部门主管及以上岗位	全体厂领导 厂长办公室全体人员 其他部门主管及以上岗位
	主管	各部门专责及以上岗位	全体厂领导 厂长办公室全体人员 其他部门主管及以上岗位
	专责、业务员	各部门专责及以上岗位	全体厂领导 厂长办公室全体人员
人力资源处	处长 主任业务主管	人力资源处副处长 其他中层干部副职及以上岗位、 副主任业务主管（工程师）	全体厂领导 人力资源处全体人员 其他中层干部副职及以上岗位、副主任 业务主管（工程师）及以上岗位
	副处长 副主任业务主管	各部门主管及以上岗位	全体厂领导 人力资源处全体人员 其他中层干部副职及以上岗位、副主任 业务主管（工程师）及以上岗位
	主任助理 主任业务主管助理	各部门主管及以上岗位	全体厂领导 人力资源处全体人员 其他部门主管及以上岗位
	主管	各部门专责及以上岗位	全体厂领导 人力资源处全体人员 其他部门主管及以上岗位
	专责、业务员	各部门业务员及以上岗位	全体厂领导 人力资源处全体人员
党群办公室	主任 主任业务主管	党群办公室副主任 其他中层干部副职及以上岗位、 副主任业务主管（工程师）	全体厂领导 党群办公室全体人员 其他中层干部副职及以上岗位、副主任 业务主管（工程师）及以上岗位
	副主任 副主任业务主管	各部门主管及以上岗位	全体厂领导 党群办公室全体人员 其他中层干部副职及以上岗位、副主任 业务主管（工程师）及以上岗位

部门	竞聘岗位名称	可参与竞聘的岗位	可参与民主推选候选人的岗位范围
党群办公室	主任助理 主任业务主管助理	各部门主管及以上岗位	全体厂领导 党群办公室全体人员 其他部门主管及以上岗位
	主管	各部门专责及以上岗位	全体厂领导 党群办公室全体人员 其他部门主管及以上岗位
	专责、业务员	各部门业务员及以上岗位	全体厂领导 党群办公室全体人员
财务管理处	处长 主任业务主管	财务管理处副处长及以上岗位、副主任业务主管	全体厂领导 财务管理处全体人员 其他中层干部副职及以上岗位、副主任业务主管（工程师）及以上岗位
	副处长 副主任业务主管	财务管理处各主管及以上岗位	全体厂领导 财务管理处全体人员 其他中层干部副职及以上岗位、副主任业务主管（工程师）及以上岗位
	主任助理 主任业务主管助理	各部门主管及以上岗位	全体厂领导 财务管理处全体人员 其他部门主管及以上岗位
	主管	各部门专责及以上岗位	全体厂领导 财务管理处全体人员 其他部门主管及以上岗位
	专责、业务员	各部门业务员及以上岗位	全体厂领导 财务管理处全体人员
生产技术处	处长 主任工程师	生产技术处副处长及以上岗位、副主任工程师 运行维护处副处长及以上岗位、副主任工程师 安全监察副处长及以上岗位、副主任工程师	全体厂领导 生产技术处全体人员 其他中层干部副职及以上岗位、副主任业务主管（工程师）及以上岗位
	副处长 副主任工程师	生产技术处各技术主管及以上岗位 运行维护处各值长及以上岗位 安全监察处主管及以上岗位	全体厂领导 生产技术处全体人员 安全监察处主管及以上岗位 运行维护处各副值长及以上岗位 其他中层干部副职及以上岗位、副主任业务主管（工程师）及以上岗位
	主任助理 主任工程师助理	生产技术处各技术主管及以上岗位 安全监察处主管及以上岗位 运行维护处各副值长及以上岗位	全体厂领导 生产技术处全体人员 安全监察处专责及以上岗位 运行维护处各班组技术专责及以上岗位

部门	竞聘岗位名称	可参与竞聘的岗位	可参与民主推选候选人的岗位范围
生产技术处	技术主管	生产技术处各技术专责及以上岗位　安全监察处主管及以上岗位　运行维护处各副值长及以上岗位	全体厂领导　生产技术处全体人员　安全监察处专责及以上岗位　运行维护处各班组技术专责及以上岗位
	运监主管		
	计划主管		
	合同主管		
	物资主管		
	技术专责	生产技术处各技术员及以上岗位　安全监察处技术专责及以上岗位　运行维护处各班组技术专责及以上岗位	全体厂领导　生产技术处全体人员　安全监察处专责及以上岗位　运行维护处各班组组长及以上岗位
	运监专责		
	计划专责		
	合同专责		
	物资专责		
	技术员	安全监察处安全监察员及以上岗位　运行维护处各班组组长及以上岗位	生产技术处全体人员　安全监察处业务员及以上岗位　运行维护处运维工及以上岗位
	运监业务员		
	计划业务员		
	合同业务员		
	物资专责业务员		
安全监察处	处长　主任工程师	安全监察处副处长及以上岗位、副主任工程师　生产技术处副处长及以上岗位、副主任工程师　运行维护处副处长及以上岗位、副主任工程师	全体厂领导　安全监察处全体人员　其他中层干部副职及以上岗位、副主任业务主管（工程师）及以上岗位
	副处长　副主任工程师	安全监察处各主管及以上岗位　运行维护处各值长及以上岗位　生产技术处各主管及以上岗位	全体厂领导　安全监察处全体人员　生产技术处各主管及以上岗位　运行维护处各副值长及以上岗位　其他中层干部副职及以上岗位、副主任业务主管（工程师）及以上岗位
	主任助理　主任工程师助理	安全监察处主管及以上岗位　生产技术处各主管及以上岗位　运行维护处各副值长及以上岗位	全体厂领导　安全监察处全体人员　生产技术处各专责及以上岗位　运行维护处各班组技术专责及以上岗位
	安全监察主管	安全监察处专责及以上岗位　生产技术处各专责及以上岗位　运行维护处各副值长及以上岗位	全体厂领导　安全监察处全体人员　生产技术处各专责及以上岗位　运行维护处各班组技术专责及以上岗位
	安全监察专责	安全监察处安全监察员及以上岗位　生产技术处各专责及以上岗位　运行维护处各班组技术专责及以上岗位	全体厂领导　安全监察处全体人员　生产技术处各业务员及以上岗位　运行维护处各班组组长及以上岗位

部门	竞聘岗位名称	可参与竞聘的岗位	可参与民主推选候选人的岗位范围
安全监察处	安全监察员	生产技术处各业务员及以上岗位 运行维护处各班组组长及以上岗位	安全监察处全体人员 生产技术处各业务员及以上岗位 运行维护处运维工及以上岗位
运行维护处	处长 主任工程师	运行维护处副处长及以上岗位、副主任工程师 生产技术处副处长及以上岗位、副主任工程师 安全监察处副处长及以上岗位、副主任工程师	全体厂领导 运行维护处全体人员 其他中层干部副职及以上岗位、副主任业务主管（工程师）及以上岗位
	技能带头人	运行维护处各值长及以上岗位	全体厂领导 运行维护处全体人员 生产技术处、安全监察处各主管及以上岗位 其他中层干部副职及以上岗位、副主任业务主管（工程师）及以上岗位
	副处长 副主任工程师	运行维护处各值长及以上岗位 生产技术处各主管及以上岗位 安全监察处各主管及以上岗位	全体厂领导 运行维护处全体人员 生产技术处各主管及以上岗位 安全监察处各主管及以上岗位 其他中层干部副职及以上岗位、副主任业务主管（工程师）及以上岗位
	主任助理 主任工程师助理	运行维护处主管及以上岗位 运行维护处各副值长及值长岗位 生产技术处各主管及以上岗位 安全监察处各主管及以上岗位	全体厂领导 运行维护处全体人员 生产技术处各专责及以上岗位 安全监察处各专责及以上岗位
	电气主管 机械主管 运行主管 安全主管 综合主管	运行维护处各副值长及以上岗位 生产技术处各专责及以上岗位 安全监察处各专责及以上岗位	全体厂领导 运行维护处全体人员 生产技术处各专责及以上岗位 安全监察处各专责及以上岗位
	电气专责 机械专责 运行专责 安全专责 综合专责	运行维护处各班组技术专责及以上岗位	全体厂领导 运行维护处全体人员 生产技术处各专责及以上岗位 安全监察处各专责及以上岗位
	值长	各副值长及以上岗位	全体厂领导 运行维护处全体人员 生产技术处各专责及以上岗位 安全监察处各专责及以上岗位

部门	竞聘岗位名称	可参与竞聘的岗位	可参与民主推选候选人的岗位范围
运行维护处	副值长	各值班组技术专责及以上岗位	全体厂领导 运行维护处全体人员 生产技术处各业务员及以上岗位 安全监察处各业务员及以上岗位
	值长助理	各值班组技术专责岗位	全体厂领导 运行维护处全体人员 生产技术处各业务员及以上岗位 安全监察处各业务员及以上岗位
	班组技术专责	综合维护值值长、各值班组组长及以上岗位	运行维护处全体人员
	班组组长	综合维护值值长、副值长，各值运维工及以上岗位	运行维护处全体人员
	综合维护值值长	综合维护值副值长、各值班组组长及以上岗位	运行维护处全体人员
	综合维护值副值长	综合维护值班组组长、维护工，各值运维工及以上岗位	运行维护处全体人员

2010 年 7 月，根据大渡河公司要求，瀑电总厂在全厂范围内开展了"保安全、保发电、保利润"劳动竞赛活动。劳动竞赛从 2010 年 7 月开始至 2011 年深溪沟机组全部投产结束。

2010 年 10 月 14 日，瀑电总厂启动生产班组作业前"三问"活动。"三问"活动是作业前"三查"活动的有益补充，目的在于促使员工更加明确作业内容、作业地点、互保情况，提升安全自保、互保能力，确保安全生产无事故。

2.1.2.3　技术和安全管理模式

在"运维合一"管理模式下，电站运行与维护同属一个部门，不再单独设立专业班组。为与新型生产管理模式相匹配，按照专业技术负责人专业决策的技术管理思路，在探索中按照国家、行业及国电集团公司相关规程规范要求，结合总厂生产管理特点，制定了《瀑布沟发电总厂技术管理办法》，成立了瀑电总厂技术管理委员会和技术监督领导小组，建立技术监督网（下设 11 个专业技术监督小组）和 23 个生产设备管理小组，全面负责包括设备的选型、方案比选、招标采购、工厂监造、安装调试、运行维护、技术监督、检修、技术改造等所有环节的技术和设备管理工作。

技术管理委员会是瀑电总厂最高技术决策机构。具体职责是研究瀑电总厂技术管理方针，批准年度目标和计划；研究解决各专业存在的技术管理问题；批准技术管理总结、报告与建议；部署技术管理任务；批准瀑电总厂技术监督标准、规程、制度、计划、方案等的发布；批准瀑电总厂技术监督网人员的配置；提出表彰或考核总厂技术管理工作中的个人和集体的建议；组织瀑电总厂管辖范围内由于技术原因引起的事故调查；督促和检查反事故措施、技术改造方案的制订和实施。

技术监督领导小组是瀑电总厂技术管理的领导机构。具体职责是负责与上级技术监督部门的对口联系，完成委托技术监督服务合同签订的准备工作，保证技术监督工作的顺利开展；负责指导、监督、检查、考核各专业的技术监督小组开展工作；负责审定技术监督网的人员配置；受技术管理委员会的委托，组织瀑电总厂管辖范围内由于技术原因引起的事故调查，如实准确地向上级和有关部门提交技术分析报告；督促反事故措施、技术改造方案的制订和实施；定期组织编制技术统计分析及运行评价报告，审查技术监督工作总结，组织开展技术监督工作经验交流；对技术监督工作做出显著成绩的或由于技术监督不当造成事故的项目和个人，提出奖惩意见。

1. 技术管理链

瀑电总厂建立了以专业技术负责人（副总工）、技术主管、生产设备主人、班组技术专责为逐级成员的"技术管理链"，并建立相应的评价考核和激励机制，实行全过程闭环式管理。这一技术设备管理模式是相对独立于行政管理的"技术管理链"。为此，理顺了"技术管理链"与"行政管理链"的关系，初步建立起了具有瀑电特色的技术管理模式，强力推进数字化管理基础工作。技术管理链见图2.3。

2. 设备管理

瀑电总厂实行生产设备主人负责制，负责设备的检修、维护、运行技术管理。根据瀑电总厂《生产设备主人负责制管理办法》以及国家和行业标准，规范建立健全设备台账。设备的以下作业须由生产设备主人或作业单位技术主管编制施工方案，施工方案包括组织措施、安全措施、技术措施等内容，按流程审批后执行。

（1）主要系统的变更及设备结构的改进。

（2）检修和试验的非标准项目。

（3）设备技改、异动、迁移及新增与报废。

（4）重大的技术革新项目。

（5）新安装设备的设计、施工。

（6）改变继电保护和自动装置的原理接线。

（7）运行系统和设备上的系统试验。

（8）重大设备缺陷的消除。

（9）水工建筑物及大坝机电设备的大修工程。

设备以下作业须由生产设备主人或作业单位技术主管编制竣工报告或技术总结，竣工报告的格式参照瀑电总厂检修、试验规程以及集团公司检修管理规定，按流程审批后存档。

（1）设备的检修、改造、试验、调整。

（2）工程概算、预算、竣工。

（3）由生产设备主人、技术专责、技术主管、专业技术负责人负责技术资料的分类管理。图纸、说明书、报告、定值、总结等技术资料以生产技术处下达的为准。其他工作由班组技术专责负责完成。

根据技术监督的相应规程和规范，重视对各种监测、检验和试验数据的分析，一旦设备出现异常应填写技术管理异常情况报告表，并应及时上报。

运行设备（不包括电网调度设备）的重要参数、定值修改由生产设备主人提出，按《瀑布沟水力发电总厂设备异动管理办法》执行。

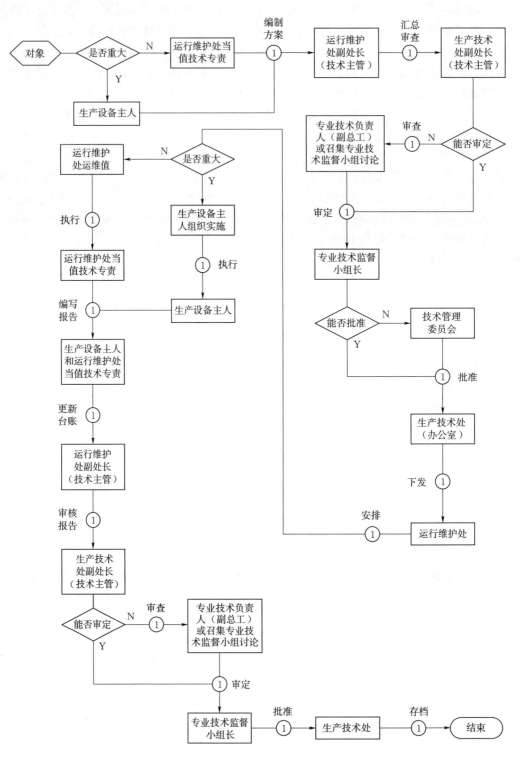

图 2.3　技术管理链示意图

3．技术资料和档案管理

（1）技术资料管理。竣工报告、技术总结、施工方案一式 4 份，由生产技术处、相关处室和作业单位各执一份；生产设备主人、技术专责、技术主管和专业技术负责人负责技术资料的分类管理。图纸、说明书、报告、定值、总结等技术资料以生产技术处下达的为准。所有技术资料应有印刷签字版和电子版两种版本，由生产技术处交档案室保存。设备大修（A 级）、中修（B）、改造等竣工报告在竣工验收后 14 天内上交生产技术处，其余竣工报告在验收后 7 天内或会议纪要安排完成时间内上交生产技术处。设备施工方案应在该项工作开始前 15 天内编制完成并上报生产技术处。

（2）设备、技术档案交接。瀑电总厂成立后，对瀑布沟水电站设备、技术档案进行了接管。

1）交接准备。建立规范的档案室，随着机组的投产，按照设计文件、设备合同和验收规程的要求，与工程建设单位对工程的设备和技术档案进行交接，并办理交接手续，确保电力生产正常进行。设计文件、设备合同按系统或专业编制设备清册，内容包括设备编号、设备名称、型号规格、数量、安装位置、生产厂家、出厂日期和投运日期等。

2）现场交接。按设备清册与有关单位在现场进行设备（含随机备品、随机工器具、随机资料）交接，签字确认。如有缺少、损坏或存在缺陷，应明确处理意见。

（3）工程技术档案的管理。工程技术档案是工程运行、设备管理的依据，其收集、整理、归档和档案移交应与工程的立项准备、建设和竣工验收同步进行。在工程建设的各个阶段，及时收集设计文件、施工图纸、设备制造厂家的图纸资料和工程管理文件等。对照《水电站基本建设验收规程》（DL/T 5123—2000），接收建设单位、设计单位、施工单位、监理单位、质量监督单位（部门）、调试单位、生产运行单位移交的工程技术资料，办理交接手续。

档案整理：对接收的设备技术资料按档案管理规定及时进行整理、归档和编目。

4．监督管理体系

（1）技术监督机构。技术管理委员会下设技术监督网，由技术监督领导小组和专业技术监督小组构成，技术管理工作由技术监督网各级人员具体实施，共同做好电力生产的全过程技术管理工作。

技术监督领导小组由分管副厂长任组长，生产技术处负责人任副组长，成员由副总工程师、生产技术处、运行维护处、安全监察处的部门领导以及各专业技术负责人组成，是瀑电总厂技术管理的领导机构。

技术管理委员会和技术监督领导小组下设办公室，挂靠在生产技术处，生产技术处负责人任办公室主任。办公室在技术管理委员会和技术监督领导小组的领导下，负责瀑电总厂生产技术的监督工作。生产技术处在分管副厂长领导下，负责总厂生产技术、生产计划、设备、物资采购及仓储等日常管理工作。

专业技术监督小组由分管副厂长任组长，专业技术负责人任副组长，成员由生产技术处、安全监察处、运行维护处部门领导，技术主管和生产设备主人构成，是瀑电总厂技术工作的专业管理机构，专业技术负责人、生产技术处技术主管、运行维护处副处长（技术主管）和生产设备主人为具体执行人员。

瀑电总厂设有继电保护、大坝安全、电测、热工、金属、环保、绝缘、化学、节能、电能质量和自动控制共 11 项技术监督专业，由各专业技术监督小组负责本专业技术管理工作。

（2）设备安装质量监督。瀑电总厂组成 23 个设备小组跟踪、参与瀑布沟、深溪沟两电站机电设备现场的安装，同时进行质量监督及设备调试，改善机电设备性能，以熟悉掌握每台机组相关状况，发现和解决相关问题，为接机发电做准备。

按设备小组及设备单元分别建立了安装调试备忘录、试验项目见证汇总表，发电运行中共发现问题 603 项，解决 224 项，并按照设备电子版技术资料管理办法，定期上传机电设备安装调试备忘录。委派技术人员参与到由建设单位成立的机电设备安装质量监督组工作，对关键设备、核心技术、重要调试项目进行质量监督检查，按系统建立设备存在问题及解决措施汇总表，共发现问题 156 项，解决 120 项。

2010 年 5 月 31 日，瀑电总厂完成向四川省电力工业调整试验所进行技术监督服务委托的办理，委托其对技术监督服务开展正常的技术监督工作，满足电力行业技术监督的标准和要求。此外，按照大渡河公司电力生产单位职责划分，瀑电总厂委托检修分公司进行专业试验，流域检修分公司在沙湾基地建立了专业试验室。

（3）安全监督管理体系。为了健全安全管理体系，瀑电总厂确立了"以人为本，防控结合"的企业安全管理理念。从制度体系、安全教育、措施落实、监督执行等方面推进以"预防为主"的本质安全管理。

瀑电总厂制定了《安全考核实施办法（试行）》等 11 项安全管理制度，加强了安全监察力量，建立了三级安全监督网和三级劳动保护监督网，增强了安全管理力量，全员逐级签订安全目标责任书，明确了各级人员安全生产职责，理顺了安全工作流程。同时抓实班组安全基础工作建设，建立完善安全管理体系，推进 NOSA 管理。

制定 72 元素管理流程，建立风险评估标准，采用切实可行的风险评估方法对风险进行评估，分析安全问题，整改安全隐患，加强安全防护，在人、机、环各个环节齐头并进，实现本质安全。同时持续倡导"预防为主、防控结合"的安全理念，在全体干部员工中强化"任何情况下都可能发生事故"的认识，树立"一切安全事故都可以预防"的坚定信心，坚决杜绝人身伤亡、人身伤害和责任事故、交通事故的发生。

瀑电总厂通过组织员工观看录像、组织讨论、抢答比赛等多种途径，从安全技能、不安全现象案例、安全标识规范等多方面对员工进行安全培训和安全教育活动，有效强化了"我要安全"的意识。组织了 29 人参与安全管理人员培训取证活动、3 人参与消防管理培训取证、50 人参与急救员培训取证活动，提升了全员安全技能。

瀑电总厂组织员工观看国内外水力发电厂运行中的事故录像，分析事故发生的原因。如 2010 年 3 月，瀑电总厂组织职工观看了俄罗斯萨扬-舒申斯克水电站"8·17"事故的三维图片回演，并从机组自身工况等多方面因素对事故原因进行分析，以该事故所造成的骇人听闻的人身伤亡以及经济损失警示于众。

2010 年 7 月 17 日和 25 日，汉源乌斯河镇区域普降暴雨，乌斯河营地到深溪沟水电站和瀑布沟水电站之间多处塌方，交通全部中断。险情发生后，瀑电总厂立即启动交通中断事件应急预案，联系地方政府部门疏通恢复，联系瀑布沟分公司、深溪沟分公司运送生产工作人员及物资等，保证了两电站生产的安全正常。

瀑电总厂围绕安全生产举行了一系列的讲座、考试、安全演练等活动，收到了良好的效果，提高了全厂员工的安全意识。

2010年8月18日，瀑电总厂邀请大渡河公司安全监察部负责人对全厂员工进行了安全生产知识专题讲座。讲座就"运维合一"生产模式下安全生产问题进行了互动交流，对安全意识、安全责任和安全技能提出了明确要求。

2010年8月，瀑电总厂组织全厂员工进行《中国国电集团公司安全生产工作奖惩规定》闭卷考试，检测员工对该规定的表彰和奖励、处罚种类等内容的掌握情况。

2010年9月15—21日，为认真汲取"9·9"人身伤害事故教训，使安全大讨论活动收到实效，瀑电总厂开展了以"提高认识、强化意识、查找差距、制定对策"为主题的安全大讨论周活动。

2010年11月，瀑电总厂为进一步保证生产现场及营地的消防安全举行了消防安全演练。瀑布沟、深溪沟两水电站均建立了火灾自动报警系统、喷淋系统以及气体灭火装置，共配备200多组消防箱、近700个灭火器。瀑电总厂现有兼职消防人员97人，2010年开展消防培训2次，进行消防演习4次、各种与消防相关的应急预案演练3次。

2010年11月19日，瀑电总厂举行了"严防误操作、严防破皮流血和严防电击伤害事件——三个严防"承诺签字仪式，全体生产员工在承诺书上慎重签名，以实际行动履行无违章承诺。

2010年12月27日，大渡河公司在乌斯河营地召开电力生产安全警醒日座谈会。龚嘴发电总厂、大渡河流域检修分公司、瀑电总厂、集控中心等4家电力生产单位负责人及相关人员参加了座谈会。同时，还举办了安全警醒日演讲比赛。

定期组织有生产经验的人员深入现场，排查危险点，每周更新现场危险点内容，及时组织班组学习，保证生产人员随时掌握施工现场情况。制订了较为完善的接机发电隔离方案，确保跨区域作业时设备、人员的安全，防止人员误入运行区域，误动设备等现象。

交通安全方面，建立了交通安全乘车人监督制度和危险点防控措施制度，定期分析路况并通报路况信息。安全管理职责关系见图2.4。

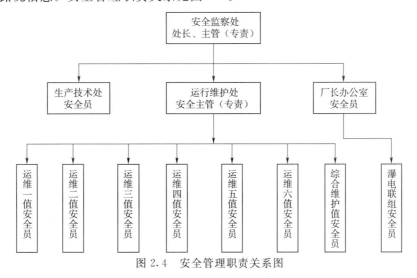

图2.4　安全管理职责关系图

5. 群团工作管理模式

瀑电总厂在健全工会、共青团、女工委员会等群众组织基础上，以开展创先争优、劳动竞赛、文体活动、表彰先进等各种生动活泼的形式，充分发挥工、青、妇组织团结全厂职工，发挥主人翁责任感和使命感，在实现发电厂生产、工作、精神文明、党风廉政建设各项目标中的突击带头作用。

2010 年 2 月 26 日，瀑电总厂在乌斯河营地隆重召开了 2010 年工作会议、党建思想政治工作会议暨一届二次职工代表大会、一届二次工会会员代表大会。会议传达了国电集团公司 2010 年工作会精神和大渡河公司"四会"精神；全面总结了瀑电总厂行政、党委和工会 2009 年工作，并系统安排了 2010 年工作。会议指出，2010 年瀑电总厂将以"安全·接机·育人·精细"为工作主题，确保实现"三零"目标；圆满实现瀑布沟 4 台机组、深溪沟 2 台机组顺利接机、安全发电任务；完成发电量 84 亿 kW·h，力争完成 92 亿 kW·h；成本费用控制在公司下达的预算指标之内；全面完成党风廉政建设目标。号召党群团组织发挥创先争优突击带头作用，为圆满完成全年工作目标任务而奋斗。会上表彰了 2009 年度先进集体、先进个人。瀑电总厂领导与各部门签订了《2010 年工作目标责任书》《2010 年安全目标责任书》和《党风廉政、精神文明目标责任书》。

2010 年 12 月，瀑电总厂"我为安全顺利接机发电建言献策"合理化建议活动评审揭晓。2010 年共收到员工提出的合理化建议 370 项，有 100 多项建议获奖，其中，一等奖 12 个、二等奖 32 个、三等奖 47 个、鼓励奖 64 个，获奖建议在被采纳实施后取得了可喜的经济和社会效益，彰显了总厂员工强烈的主人翁责任感和较高的技术知识水平。

6. 后勤管理模式

瀑电总厂逐步完成了乌斯河营地办公区和生活区的绿化、安防及体育健身设施的建设。生产交通工具逐步配置，以满足生产办公需要。瀑布沟和深溪沟两座水电站的安全保卫工作，早期由建设单位委托给地方公安部门担任，条件成熟后由驻厂武警统一承担。后勤保障体系不断完善。

7. 建立制度体系

根据《中国国电集团公司新建、扩建电厂生产准备导则（试行）》的要求，运行规程经审核、批准后在机组投产前 6 个月出版；检修（试验）等技术规程经审核、批准后在第一台机组投产后 1 年内出版；各种管理制度和工作标准经审核、批准后在机组投产前 3 个月出版；各种生产报表、运行检修试验记录表格经审查后在机组投产前 1 个月出版。瀑电总厂在 3 年的筹备期间，按该导则要求，成立规程制度编制小组，分工负责规程制度的编写、审核、批准，收集同类机组和管理较先进电厂的技术规程、管理制度，以及国家、行业有关标准，从制度、工作标准和岗位规范、台账、规程、预案等方面在探索与创新中建立了企业管理体系，完善了企业内部管理机制。体系结构上分为工作标准、管理制度、规程规范、应急预案、生产报表 5 个部分，在具体实施过程中开始和完成的时间可能发生变化，制度内容在不断完善，同时将根据需要作适当的增减。

（1）制度目录列表。本着"精简实用、界面清晰、有机衔接、运转高效"的原则，积极加强瀑电总厂内部管理制度研究，探索建立适合瀑电总厂的制度体系，明确管理界面，理顺管理流程。在制度的建设过程中，按照中国国电集团公司关于新建电厂等建验收有关要求和"事前有规定、事中有流程、事后可追溯"的闭环管理原则，引入了工作流程和工具表单，做到生产管理表格化、清单化。

瀑电总厂行政、安全、生产、党群等各系统管理制度建设基本完成，已印发制度共计129项。

2006年9月成立瀑电总厂筹备处后，随着建厂筹备和生产准备工作的需要，筹备处便开始了相关制度的编写并付诸实施。

按照"科学先进、安全可靠、精简高效"的总体要求，各项制度编制原则如下：

1）全面准确、合理平衡的机构和岗位设置原则：以组织机构扁平化、机构功能集成化、岗位设置精简化、岗位职责综合化的方式设置瀑电总厂的组织机构和岗位职责。

2）科学先进、适度储备的定员测算原则：因事设岗、按岗配责、一岗多责，以满足瀑电总厂生产管理需要，同时为流域后续电站适度储备电力生产管理人才。

3）自我为主、外聘为辅的用工原则：瀑电总厂的生产、管理等重要岗位工作由编制内人员完成，部分通用性工种和辅助性工种采用社会聘用方式。

4）小业主、大服务的管理分工原则：瀑电总厂集中精力抓两站设备运维管理，工业物管、后勤保障等工作外委给专业化公司，走专业化服务道路。

瀑电总厂承担瀑布沟、深溪沟两座水电站的生产管理任务，投产后是国电集团公司最大的水电厂，管理好瀑电总厂具有重要意义。完善竞争、激励、约束、监督机制，健全内部管理制度不可缺少，也是规范有序实现电厂安全经济运行的必要条件。

瀑电总厂的制度编写在国家标准、行业标准和公司标准的指导下，结合国内大型水电厂的管理经验，建立一套与瀑电总厂生产管理相适应的管理制度，实现电厂规范化、标准化的作业与管理。瀑电总厂工作标准见表2.4。

表2.4　　　　　　　　　　瀑 电 总 厂 工 作 标 准

序号	名　　称	开始时间	完成时间	责任部门	工作日/d
1	瀑电总厂机构及岗位设置	2007年7月	2007年10月	筹备处	90
2	瀑电总厂机构职责划分	2007年11月	2007年12月	筹备处	45
3	瀑电总厂各级管理人员和生产人员岗位职责	2008年2月	2008年4月	筹备处	76

瀑电总厂管理制度包括综合、行政、党群、人力资源、计算机信息、档案、物资、计划合同、财务审计、NOSA安全五星综合、生产、安全监察保卫等。以上各项管理制度分别见表2.5～表2.17。

表2.5　　　　　　　　　　综 合 管 理 制 度

序号	名　　称	开始时间	完成时间	责任部门	工作日/d
1	标准化管理制度	2007年11月	2007年11月	综合办公室	15
2	目标管理制度	2008年2月	2008年2月	综合办公室	15
3	法律事务管理办法	2008年2月	2008年2月	综合办公室	15
4	班组管理标准	2007年12月	2008年1月	生产准备处	45

表 2.6　　　　　　　　　　　　　行 政 管 理 制 度

序号	名　称	开始时间	完成时间	责任部门	工作日/d
1	行政会议制度	2008 年 1 月	2008 年 1 月	综合办公室	10
2	公文、印章管理制度	2008 年 1 月	2008 年 1 月	综合办公室	10
3	接待工作管理制度	2008 年 3 月	2008 年 3 月	综合办公室	20
4	交通及车辆管理制度	2007 年 12 月	2007 年 12 月	综合办公室	10
5	后勤管理办法（住房、办公、食堂、绿化等）	2008 年 3 月	2008 年 3 月	综合办公室	15

表 2.7　　　　　　　　　　　　　党 群 管 理 制 度

序号	名　称	开始时间	完成时间	完成部门	工日/d
1	党群工作会议管理标准	2007 年 11 月	2007 年 11 月	综合办公室	20
2	党委工作制度	2007 年 11 月	2007 年 11 月	综合办公室	20
3	党支部工作管理标准	2007 年 11 月	2007 年 11 月	综合办公室	20
4	党员组织管理制度	2007 年 11 月	2007 年 11 月	综合办公室	20
5	工会工作制度	2007 年 11 月	2007 年 11 月	综合办公室	20
6	员工代表大会制度	2007 年 11 月	2007 年 11 月	综合办公室	20
7	团委工作制度	2007 年 11 月	2007 年 11 月	综合办公室	20
8	新闻宣传工作管理办法	2007 年 11 月	2007 年 11 月	综合办公室	20

表 2.8　　　　　　　　　　　　人 力 资 源 管 理 制 度

序号	名　称	开始时间	完成时间	完成部门	工作日/d
1	人事管理规定（四定、组聘、述职、离职、合同）	2007 年 11 月	2007 年 12 月	筹备处	45
2	劳动纪律及休假管理办法	2007 年 12 月	2007 年 12 月	综合办公室	20
3	绩效考核及薪酬管理办法	2007 年 11 月	2008 年 1 月	筹备处	120
4	员工教育培训制度	2007 年 12 月	2007 年 12 月	综合办公室	20
5	员工奖惩细则	2007 年 12 月	2008 年 1 月	综合办公室	45
6	岗位动态考核管理办法	2008 年 1 月	2008 年 3 月	综合办公室	40
7	疗休养管理办法	2008 年 3 月	2008 年 3 月	综合办公室	20

表 2.9　　　　　　　　　　　计算机信息管理制度

序号	名　称	开始时间	完成时间	完成部门	工作日/d
1	计算机信息安全管理制度	2008 年 10 月	2008 年 12 月	综合办公室	20
2	计算机信息系统管理制度	2008 年 10 月	2008 年 12 月	综合办公室	20

表 2.10 档 案 管 理 制 度

序号	名 称	开始时间	完成时间	完成部门	工作日/d
1	科技档案管理标准	2007 年 12 月	2007 年 12 月	综合办公室	20
2	文书档案管理标准	2007 年 12 月	2007 年 12 月	综合办公室	20
3	会计档案管理标准	2007 年 12 月	2007 年 12 月	综合办公室	20
4	人事档案管理标准	2007 年 12 月	2007 年 12 月	综合办公室	20
5	声像实物档案管理标准	2007 年 12 月	2007 年 12 月	综合办公室	20
6	电子文件归档标准	2007 年 1 月	2007 年 12 月	综合办公室	20
7	档案底图管理标准	2007 年 12 月	2007 年 12 月	综合办公室	20
8	档案统计管理标准	2007 年 12 月	2007 年 12 月	综合办公室	20
9	档案鉴定销毁管理标准	2007 年 12 月	2007 年 12 月	综合办公室	20
10	档案保管管理标准	2007 年 12 月	2007 年 12 月	综合办公室	20

表 2.11 物 资 管 理 制 度

序号	名 称	开始时间	完成时间	完成部门	工作日/d
1	物资管理标准	2008 年 3 月	2008 年 4 月	计划物资处	20
2	废旧物资回收及报废物资处理管理办法	2008 年 3 月	2008 年 4 月	计划物资处	20
3	设备新增、变动、报废及闲置管理标准	2008 年 3 月	2008 年 4 月	计划物资处	20
4	大宗型设备、材料采购招（议）标办法	2008 年 3 月	2008 年 4 月	计划物资处	20
5	备品备件管理标准	2008 年 5 月	2008 年 6 月	计划物资处	20
6	外委加工管理标准	2008 年 3 月	2008 年 4 月	计划物资处	20
7	采购物资工作质量考核标准	2008 年 5 月	2008 年 5 月	计划物资处	20
8	计算机物资管理办法	2008 年 4 月	2008 年 7 月	综合办公室	50

表 2.12 计 划 合 同 管 理 制 度

序号	名 称	开始时间	完成时间	完成部门	工作日/d
1	合同管理实施细则	2008 年 3 月	2008 年 4 月	计划物资处	20
2	电力生产计划、统计管理实施细则	2008 年 3 月	2008 年 4 月	计划物资处	20
3	技改工程项目管理实施细则	2008 年 3 月	2008 年 4 月	计划物资处	20
4	生产型成本工程项目管理实施细则	2008 年 3 月	2008 年 4 月	计划物资处	20

表 2.13 财 务 审 计 管 理 制 度

序号	名 称	开始时间	完成时间	完成部门	工作日/d
1	费用开支管理办法	2008 年 3 月	2008 年 3 月	财务处	20
2	会计电算化管理办法	2008 年 3 月	2008 年 3 月	财务处	20
3	财务预算管理办法	2008 年 3 月	2008 年 3 月	财务处	20
4	资金计划和审批办法	2008 年 3 月	2008 年 3 月	财务处	20
5	生产成本管理办法	2008 年 3 月	2008 年 3 月	财务处	20
6	财产保险管理办法	2008 年 3 月	2008 年 3 月	财务处	20

续表

序号	名　称	开始时间	完成时间	完成部门	工作日/d
7	固定资产管理标准	2008 年 3 月	2008 年 3 月	财务处	20
8	在建工程核算管理办法	2008 年 3 月	2008 年 3 月	财务处	20
9	监察工作管理办法	2008 年 3 月	2008 年 3 月	综合办公室	20
10	内部审计管理制度	2008 年 3 月	2008 年 3 月	综合办公室	20
11	重大行政失职和经济事故责任追究管理办法	2008 年 3 月	2008 年 3 月	综合办公室	20

表 2.14　　　　　　　　　　　　NOSA 安全五星综合管理制度

序号	名　称	开始时间	完成时间	完成部门	工作日/d
1	安健环管理标准	2008 年 2 月	2009 年 7 月	生产处	500

表 2.15　　　　　　　　　　　　生 产 管 理 制 度

序号	名　称	开始时间	完成时间	完成部门	工作日/d
1	生产管理制度	2008 年 7 月	2008 年 8 月	生产处	20
2	生产技术管理标准	2008 年 7 月	2008 年 8 月	生产处	20
3	生产设备管理标准	2008 年 7 月	2008 年 8 月	生产处	20
4	防汛管理标准	2008 年 7 月	2008 年 8 月	生产处	20
5	水工管理标准	2008 年 7 月	2008 年 8 月	生产处	20
6	水库调度及水库管理标准	2008 年 7 月	2008 年 8 月	生产处	20
7	水文、气象管理标准	2008 年 7 月	2008 年 8 月	生产处	20
8	计量管理标准	2008 年 7 月	2008 年 8 月	生产处	20
9	三级验收管理标准	2008 年 7 月	2008 年 8 月	生产处	20
10	设备检修管理标准	2008 年 7 月	2008 年 8 月	生产处	20
11	SF6 气体管理标准	2008 年 7 月	2008 年 8 月	生产处	20
12	过电压及防污闪管理标准	2008 年 7 月	2008 年 8 月	生产处	20
13	电力电缆管理标准	2008 年 7 月	2008 年 8 月	生产处	20
14	绝缘监督试验管理标准	2008 年 7 月	2008 年 8 月	生产处	20
15	配电装置检修管理标准	2008 年 7 月	2008 年 8 月	生产处	20
16	设备异动、停役、退役、系统变动管理标准	2008 年 7 月	2008 年 8 月	生产处	20
17	设备主人负责制管理办法	2008 年 7 月	2008 年 8 月	生产处	20
18	继电保护和安全自动装置管理标准	2008 年 7 月	2008 年 8 月	生产处	20
19	科技工作管理标准	2008 年 7 月	2008 年 8 月	生产处	20
20	全面质量管理标准	2008 年 7 月	2008 年 8 月	生产处	20
21	质量责任制标准	2008 年 7 月	2008 年 8 月	生产处	20
22	质量管理保证体系标准	2008 年 7 月	2008 年 8 月	生产处	20

续表

序号	名　　称	开始时间	完成时间	完成部门	工作日/d
23	高压电气技术监督管理标准	2008 年 7 月	2008 年 8 月	生产处	20
24	油务化验管理标准	2008 年 7 月	2008 年 8 月	生产处	20
25	金属监督试验管理标准	2008 年 7 月	2008 年 8 月	生产处	20
26	坝工监督标准	2008 年 7 月	2008 年 8 月	生产处	20
27	环保监督标准	2008 年 7 月	2008 年 8 月	生产处	20
28	热工监督标准	2008 年 7 月	2008 年 8 月	生产处	20
29	技术组织措施及管理办法	2008 年 7 月	2008 年 8 月	生产处	20
30	设备定期保养维护制度	2008 年 7 月	2008 年 8 月	生产处	20
31	运行监察管理标准	2008 年 7 月	2008 年 8 月	生产处	20
32	电压无功管理标准	2008 年 7 月	2008 年 8 月	生产处	20
33	节能管理标准	2008 年 7 月	2008 年 8 月	生产处	20
34	可靠性管理标准	2008 年 7 月	2008 年 8 月	生产处	20
35	通信设备运行管理标准	2008 年 7 月	2008 年 8 月	综合办公室	20
36	通信线路检修维护管理	2008 年 7 月	2008 年 8 月	综合办公室	20
37	维护人员巡回检查制度	2008 年 7 月	2008 年 8 月	生产处	20
38	维护人员交接班制度	2008 年 7 月	2008 年 8 月	生产处	20
39	运行管理制度	2008 年 7 月	2008 年 8 月	生产处	20
40	发电设备运行管理标准	2008 年 7 月	2008 年 8 月	生产处	20
41	工作票制度	2008 年 7 月	2008 年 8 月	生产处	20
42	操作票制度	2008 年 7 月	2008 年 8 月	生产处	20
43	巡回检查制度	2008 年 7 月	2008 年 8 月	生产处	20
44	设备定期切换与试验制度	2008 年 7 月	2008 年 8 月	生产处	20
45	交接班管理制度	2008 年 7 月	2008 年 8 月	生产处	20
46	培训管理制度	2008 年 7 月	2008 年 8 月	生产处	20
47	值长调度管理制度	2008 年 7 月	2008 年 8 月	生产处	20
48	设备运行分析管理制度（试行）	2008 年 7 月	2008 年 8 月	生产处	20
49	现场值班管理制度	2008 年 7 月	2008 年 8 月	生产处	20
50	工业电视巡频管理制度	2008 年 7 月	2008 年 8 月	生产处	20
51	设备倒闸操作管理制度	2008 年 7 月	2008 年 8 月	生产处	20
52	设备退出运行作隔离、安全措施的操作和监护制度	2008 年 7 月	2008 年 8 月	生产处	20
53	防止电气误操作措施	2008 年 7 月	2008 年 8 月	生产处	20
54	工业物管安全文明作业管理办法	2008 年 8 月	2008 年 8 月	生产处	20

表 2.16 安全监察保卫管理制度

序号	名　称	开始时间	完成时间	完成部门	工作日/d
1	安全生产管理标准	2008 年 7 月	2008 年 8 月	安全监察处	20
2	安全生产奖惩实施细则	2008 年 7 月	2008 年 8 月	安全监察处	20
3	人员及部门安全生产职责和经济考核办法	2008 年 7 月	2008 年 8 月	安全监察处	20
4	安全组织措施及管理办法	2008 年 7 月	2008 年 8 月	安全监察处	20
5	事故调查与处理管理标准	2008 年 7 月	2008 年 8 月	安全监察处	20
6	反事故措施管理办法	2008 年 7 月	2008 年 8 月	安全监察处	20
7	反违章行为实施细则及考核办法	2008 年 7 月	2008 年 8 月	安全监察处	20
8	安全技术劳动保护措施管理制度	2008 年 7 月	2008 年 8 月	安全监察处	20
9	设备缺陷管理办法	2008 年 7 月	2008 年 8 月	安全监察处	20
10	生产现场安全设施管理办法	2008 年 7 月	2008 年 8 月	安全监察处	20
11	电动及安全工器具管理制度	2008 年 7 月	2008 年 8 月	安全监察处	20
12	特种作业人员安全管理制度	2008 年 7 月	2008 年 8 月	安全监察处	20
13	危险点分析与控制管理办法	2008 年 7 月	2008 年 8 月	安全监察处	20
14	易燃易爆化学品管理制度	2008 年 7 月	2008 年 8 月	安全监察处	20
15	有毒药品管理制度	2008 年 7 月	2008 年 8 月	安全监察处	20
16	现场消防管理标准	2008 年 7 月	2008 年 8 月	安全监察处	20
17	特种设备安全监督管理办法	2008 年 7 月	2008 年 8 月	安全监察处	20
18	环境保护管理办法	2008 年 7 月	2008 年 8 月	安全监察处	20
19	发包工程安全管理制度	2008 年 7 月	2008 年 8 月	安全监察处	20
20	临时工安全管理制度	2008 年 7 月	2008 年 8 月	安全监察处	20
21	现场作业安全管理规定	2008 年 7 月	2008 年 8 月	安全监察处	20
22	安全保卫制度	2008 年 7 月	2008 年 8 月	安全监察处	20
23	压力容器安全监督管理办法	2008 年 7 月	2008 年 8 月	安全监察处	20
24	电气防误操作闭锁装置管理制度	2008 年 7 月	2008 年 8 月	安全监察处	20
25	消防保卫制度	2008 年 7 月	2008 年 8 月	安全监察处	20
26	防雷、接地管理制度	2008 年 7 月	2008 年 8 月	安全监察处	20
27	起重设备管理制度	2008 年 7 月	2008 年 8 月	安全监察处	20
28	安全教育培训制度	2008 年 7 月	2008 年 8 月	安全监察处	20
29	工作票管理制度	2008 年 7 月	2008 年 8 月	生产处	20
30	操作票管理制度	2008 年 7 月	2008 年 8 月	生产处	20

表 2.17 设备手册、备品清册

标识号	名　称	开始时间	完成时间	完成部门	工作日/d
1	设备手册	2007 年 8 月	2010 年 12 月	生产处	300
2	备品清册	2007 年 8 月	2010 年 12 月	生产处	100

各项制度的完成期限必须满足《中国国电集团公司新建、扩建电厂生产准备导则（试行）》的要求。编制进度方案如下：

1）工作标准编写：2007年10月确定瀑电总厂管理方案，明确瀑电总厂机构、岗位设置，在2007年内完成机构职责的划分。待成立瀑电总厂后开始编制各岗位工作职责。

2）管理制度编写：管理制度主要分为综合管理（行政、党群、物资等）和生产管理两部分13类146项。综合管理制度随着管理方案的确定即开始编写，进度需满足日常管理的需要。生产管理制度随着工程进度、设备订货情况进行。设备手册随安装进度列入生产管理系统同步进行，具体时间随工程进度安排。

3）规程规范编写：主要是检修规程和运行规程，在确定规程格式后，有关制度编写人员认真熟悉设备资料，并深入现场，了解设备性能。鉴于运行规程、检修规程等编写工作量大，又受设备安装调试影响，编写完成时间相对较晚，但应保证相应设备运行维护的需要。

4）应急预案编写：充分作好事故预想，时间安排在投产半年前完成。

5）生产报表编写：生产报表主要为上报的安全情况、生产情况报告，运行、维护检修记录台账等。本计划没有列出详细的表单名称，根据工作情况再行安排。

2010年9月15日，瀑电总厂开始对已实行3年的各项制度，全面进行了修编工作。此次修编工作共分为制度清理、制度修订、检查汇总3个阶段进行，主要对行政、党群、人力资源、财务、安全、生产、物资7个方面的管理制度，在总结运行实践的基础上进行更科学、适用的重新修编。按照"运维合一，大倒班"的生产管理模式，结合公司精细化管理要求，积极加强总厂内部管理制度的研究，按照"事前有规定、事中有流程、事后可追溯"的闭环管理原则，引入工作流程和工具表单，探索建立了适合本企业精细严谨的制度体系，包括安全、运行、设备、综合（行政、党群）等各个系统管理制度共计129项。与此同时，加强了制度的执行检查力度，利用每次月度工作会，全面梳理制度执行落实情况，确保各项工作落到实处。瀑电总厂新修编管理制度目录见表2.18。

表2.18　　　　　　　　　瀑电总厂新修编管理制度目录

序号	名　称	备　注
1	设备可靠性管理办法	生产管理
2	科技管理办法	生产管理
3	设备及物资编码（PPIS）管理办法	生产管理
4	电缆管理办法	生产管理
5	设备异动管理办法	生产管理
6	技术管理办法	生产管理
7	压力容器管理办法	生产管理
8	气瓶管理办法	生产管理
9	QC小组活动管理办法	生产管理
10	设备电子版技术资料管理办法	生产管理
11	生产设备主人负责制管理办法	生产管理

续表

序号	名　　称	备　注
12	四川电网调度生产管理系统（OMS）实施细则	生产管理
13	合同管理办法	生产管理
14	招投标管理办法	生产管理
15	设备缺陷管理办法	生产管理
16	闭锁系统管理办法	生产管理
17	物资管理办法	生产管理
18	计划与统计管理办法	生产管理
19	反事故措施管理办法	生产管理
20	生产设备管理办法	生产管理
21	合理化建议管理办法	生产管理
22	项目管理办法	生产管理
23	运行维护管理办法	生产管理
24	发电机组并网安全性评价管理办法	生产管理
25	安全文明管理办法	安全管理
26	安全教育管理办法	安全管理
27	特种作业人员安全管理办法	安全管理
28	安全检查办法	安全管理
29	安全活动管理办法	安全管理
30	操作票管理办法	安全管理
31	危险化学品管理办法	安全管理
32	安全技术劳动保护措施管理办法	安全管理
33	个人防护用品管理办法	安全管理
34	反违章管理办法	安全管理
35	工作票管理办法	安全管理
36	安全工器具及手持电动工具管理办法	安全管理
37	事故报告与处置办法	安全管理
38	现场作业安全管理办法	安全管理
39	外包工程安全管理办法	安全管理
40	生产现场安全设施管理办法	安全管理
41	安全、技术措施管理办法	安全管理
42	各级人员安全责任制	安全管理
43	安全考核实施办法	安全管理
44	安全生产保证金管理办法	安全管理
45	安健环风险评估管理标准	安全管理
46	安全投入保障管理办法	安全管理

序号	名　称	备　注
47	消防安全管理办法	安全管理
48	防火重点部位管理办法	安全管理
49	工会工作条例	党群管理
50	职工代表大会工作条例实施细则	党群管理
51	厂务公开管理办法	党群管理
52	文体活动管理办法	党群管理
53	慰问、看望管理办法	党群管理
54	职工困难补助管理办法	党群管理
55	劳动竞赛管理办法	党群管理
56	女工委员会管理办法	党群管理
57	工会财务管理办法	党群管理
58	安全互保管理办法	党群管理
59	班组（值）管理办法	党群管理
60	开展创建"工人先锋号"活动管理办法	党群管理
61	文体场所、设施管理办法	党群管理
62	团委工作制度	党群管理
63	党委工作条例	党群管理
64	党支部工作条例	党群管理
65	思想政治工作条例	党群管理
66	党委会议制度	党群管理
67	党支部"三会一课"制度	党群管理
68	党委理论学习中心组管理办法	党群管理
69	党员领导人员民主生活会管理办法	党群管理
70	新闻宣传信息管理办法	党群管理
71	发展党员工作细则	党群管理
72	民主评议党员实施办法	党群管理
73	建立健全惩治和预防腐败体系2008—2012年工作规划实施细则	党群管理
74	中层管理人员党风廉政建设保证金考核办法	党群管理
75	信访工作管理办法	党群管理
76	保密工作管理办法	党群管理
77	党组织管理暂行规定	党群管理
78	音像实物档案管理办法	党群管理
79	党员教育培训管理办法	党群管理
80	党内创先争优活动管理办法	党群管理
81	党风廉政、精神文明建设责任制考核办法	党群管理

续表

序号	名　称	备　注
82	纪检实施细则	党群管理
83	新提拔中层管理人员廉政谈话管理办法	党群管理
84	公务交往收受礼品登记标准和上交处理办法	党群管理
85	纪律检查委员会工作条例	党群管理
86	"三重一大"事项集体决策管理办法	党群管理
87	政工兼职人员考核管理办法	党群管理
88	公文处理管理办法	行政管理
89	车辆及交通安全管理办法	行政管理
90	应急预案管理办法	行政管理
91	印章和介绍信管理办法	行政管理
92	办公用品管理办法	行政管理
93	会议管理办法	行政管理
94	资料收集管理办法	行政管理
95	档案管理办法	行政管理
96	接待工作管理办法	行政管理
97	乌斯河营地安全文明管理办法	行政管理
98	乌斯河营地食堂卫生管理办法	行政管理
99	安全文明行车竞赛管理办法	行政管理
100	驾驶员绩效考核办法	行政管理
101	计算机信息系统管理办法	行政管理
102	计算机信息安全管理办法	行政管理
103	法律事务工作管理办法	行政管理
104	兼职驾驶员管理办法	行政管理
105	职工职业健康管理办法	行政管理
106	急救与健康服务管理办法	行政管理
107	内部审计管理办法	行政管理
108	重大行政失职和经济事故责任追究管理办法	行政管理
109	行政监察管理办法	行政管理
110	会议室管理办法	行政管理
111	督办工作管理办法	行政管理
112	图书室管理办法	行政管理
113	网站管理办法	行政管理
114	部门职责分工	人资管理
115	岗位管理办法	人资管理
116	职工流动管理办法	人资管理

序号	名　　称	备　注
117	任职资格证书管理办法	人资管理
118	综合考核管理办法	人资管理
119	绩效管理办法	人资管理
120	薪酬管理办法	人资管理
121	职工休息休假管理办法	人资管理
122	人事档案管理办法	人资管理
123	教育培训管理办法	人资管理
124	劳动组织管理办法	人资管理
125	专业技术人才考核管理办法	人资管理
126	财务预算管理办法	财务管理
127	固定资产管理标准	财务管理
128	费用报销管理办法	财务管理
129	资金计划和审批管理办法	财务管理

（2）台账目录。瀑电总厂台账目录见表2.19。

表 2.19　　　　　　　　　　瀑 电 总 厂 台 账 目 录

序号	台账类别	名　　称
1	行政管理	部门管理目标
		部门会议记录本
		党政工团联席会议记录本
		月度工作计划表
		部门工作周报
		部门签报
		部门通知单
		部门工作检查记录本
		员工大会记录本
		员工大会签到表
2	党团管理	党支部工作记录本
		党员大会签到表
		民主生活会记录本
		党小组工作记录本
		团支部工作记录本
		政治学习记录本
3	工会管理	分工会工作记录本
		分工会会议记录本

序号	台账类别	名　　称
3	工会管理	合理化建议及 QC 活动记录本
		工会小组活动记录本
4	安全管理	部门安全管理记录本
		部门"双措"计划
		安全工器具清册
		安全通知接收登记本
		部门安全会议签到表
		个人防护用品发放登记表
		劳保用品发放登记表
		进入现场安全交底记录本
		两票审查报告
		事故报告记录本
		安全检查记录本
		班组安全管理记录本
		危险点控制单
		操作票
		设备缺陷登记
		接地线登记
		设备绝缘测试登记
		开关、避雷器（泄漏电流）动作次数登记
		溢洪门、放空门、泄洪门、尼日河闸门操作登记
		有效工作票
		无效工作票
		钥匙借用登记本
		消防系统检查记录本
		保洁卡使用登记本
5	技术管理	设备维护及运行分析
		电力市场及水库运行情况分析
		工具仪表清册
		工具借用登记本
		临时规程登记本
		生技通知接收登记本
		图纸资料清册
		图纸资料接收发放登记本
		图纸资料借阅登记本

序号	台账类别	名　　称
5	技术管理	设备异动记录本
		保护定值单
		设备检修报告
		调度命令记录本
		设备停电申请书
		工作日志
		值长记录本
		设备维护保养记录
		专责记录本
		设备小组活动记录本
		设备编码表
		设备招投标、设计联络会意见汇总
6	培训管理	设备小组活动计划
		各种专题培训计划
		培训签到表
		培训考评登记
		培训考试成绩清单
		外出培训通知单
		外出培训资料接收移交登记
		外出培训总结接收登记
		培训教材发放登记
		技术培训记录本
		考问讲解记录本
7	考勤管理	工资表
		出差审批单
		各类报账发放表
		请假条
		图书资料购买申请表
		考核登记表
		公章使用登记
		办公物品发放领用登记
		考勤表
8	NOSA管理	部门安健环委员会成立文件
		部门安健环会议记录
		安健环通知单

续表

序号	台账类别	名　　称
8	NOSA 管理	部门安健环计划、总结
		个人防护用品清册
		部门节能降耗目标
		小区代表检查报告表
		库房物品清册
		库房管理标准
		防洪物质清册
		闭锁装置培训记录本
		重要阀门登记表
		个人防护用品培训记录本
		个人防护用品检查保养记录本
		手工具的检查记录本
		高危作业清单
		有计划的工作观察表
		书面安全工作程序
		工作安全分析单

简洁规范的台账体系：

为了加强安全生产管理基础工作，促进企业安全生产管理台账的标准化、规范化并按照国电集团公司 VI 系统要求，瀑电总厂全面清理了台账，规范了记录格式、内容，依照简洁、适用的原则建立了一套包括行政、生产、技术、安全、财务、党群 6 个系统的台账管理体系，包括新建电厂要求必须建立的生产报表、运行检修试验记录表格（典型操作票）等，确保基础管理的规范化和标准化。

为适应数字化管理要求，生产和技术管理系统还建立了电子台账（含数据录入、值班记录等，今后将反映在生产管理系统中），与设备树编码对应，反映设备基本信息。同时，在设备缺陷处理登记表等台账中考虑了监督因素，形成生产管理部门、技术专责、设备主人逐级监督，预防"运维合一"后可能出现的管理疏漏。

（3）规程规范。瀑电总厂根据电厂的设备及其控制、保护系统的结构、原理、安装调试程序，结合易于修订要求，分别按系统编写了瀑布沟、深溪沟水电站运行、检修（试验）规程，创建活页式技术规程体系。

1）设备运行规程。2009 年 5 月，瀑电总厂完成了瀑布沟水电站包括主机系统、辅机系统、线路保护、元件保护及安全自动装置设备运行规程的编写、内部审核和外部专家审查，已签订印刷合同，并在四川电力公司瀑布沟调度命名编号正式文件发文后印刷出版。瀑布沟水电站设备运行规程共计 44 册。

2010 年 1 月，完成了深溪沟水电站包括主机系统、辅机系统、线路保护、元件保护及安全自动装置设备运行规程的编写、内部审核和外部专家审查，并在四川电力公司瀑布沟调度命名编号正式文件发文后印刷出版。深溪沟水电站设备运行规程共计 27 册。

2010 年 4 月 1—2 日，瀑电总厂邀请龚嘴水力发电总厂、国电大渡河流域梯级电站集控中心（简称集控中心）等单位专家对深溪沟水电站运行规程及应急预案进行了审查。专家组共审核了 23 部运行规程、6 个应急预案，对运行规程和应急预案整体编制情况给予了肯定。

瀑布沟水电站设备运行规程编写目录见表 2.20。

表 2.20　　　　　　　　　　瀑布沟水电站设备运行规程编写目录

序号	名　　称	开始时间	完成时间	完成部门	工作日/d
1	瀑布沟水电站水轮发电机组运行规程	2008 年 7 月	2009 年 1 月	生产处	80
2	瀑布沟水电站水轮机运行规程	2008 年 7 月	2009 年 1 月	生产处	80
3	瀑布沟水电站高压气系统运行规程	2008 年 7 月	2009 年 1 月	生产处	80
4	瀑布沟水电站低压气系统运行规程	2008 年 7 月	2009 年 1 月	生产处	80
5	瀑布沟水电站机组技术供水系统运行规程	2008 年 7 月	2009 年 1 月	生产处	80
6	瀑布沟水电站检修排水系统运行规程	2008 年 7 月	2009 年 1 月	生产处	80
7	瀑布沟水电站渗漏排水系统运行规程	2008 年 7 月	2009 年 1 月	生产处	80
8	瀑布沟水电站消防水系统运行规程	2008 年 7 月	2009 年 1 月	生产处	80
9	瀑布沟水电站调速器运行规程	2008 年 7 月	2009 年 1 月	生产处	80
10	瀑布沟水电站变压器运行规程	2008 年 7 月	2009 年 1 月	生产处	80
11	瀑布沟水电站厂用电运行规程	2008 年 7 月	2009 年 1 月	生产处	80
12	瀑布沟水电站 GIS 设备运行规程	2008 年 7 月	2009 年 1 月	生产处	80
13	瀑布沟水电站发电机保护运行规程	2008 年 7 月	2009 年 1 月	生产处	80
14	瀑布沟水电站母线保护运行规程	2008 年 7 月	2009 年 1 月	生产处	80
15	瀑布沟水电站线路保护运行规程	2008 年 7 月	2009 年 1 月	生产处	80
16	瀑布沟水电站励磁系统运行规程	2008 年 7 月	2009 年 1 月	生产处	80
17	瀑布沟水电站直流系统运行规程	2008 年 7 月	2009 年 1 月	生产处	80
18	瀑布沟水电站计算机监控系统运行规程	2008 年 7 月	2009 年 1 月	生产处	80
19	瀑布沟水电站通风、空调系统运行规程	2008 年 7 月	2009 年 1 月	生产处	80
20	瀑布沟水电站消防报警系统运行规程	2008 年 7 月	2009 年 1 月	生产处	80
21	瀑布沟水电站工业电视系统运行规程	2008 年 7 月	2009 年 1 月	生产处	80
22	瀑布沟水电站大坝厂用电运行规程	2008 年 7 月	2009 年 1 月	生产处	80
23	瀑布沟水电站排沙底孔运行规程	2008 年 7 月	2009 年 1 月	生产处	80
24	瀑布沟水电站泄洪闸运行规程	2008 年 7 月	2009 年 1 月	生产处	80
25	瀑布沟水电站引水闸运行规程	2008 年 7 月	2009 年 1 月	生产处	80
26	瀑布沟水电站通信运行规程	2008 年 7 月	2009 年 1 月	生产处	80

深溪沟水电站设备运行规程目录见表 2.21。

表 2.21 深溪沟水电站设备运行规程目录

序号	名 称	备 注
1	深溪沟水电站水轮发电机组运行规程	
2	深溪沟水电站主变压器及附属设备运行规程	
3	深溪沟水电站 500kV 配电设备运行规程	
4	深溪沟水电站厂用电系统运行规程	
5	深溪沟水电站直流系统运行规程	
6	深溪沟水电站监控系统运行规程	
7	深溪沟水电站大坝机电设备、尾水门机运行规程	
8	深溪沟水电站励磁系统运行规程	
9	深溪沟水电站调速器系统运行规程	
10	深溪沟水电站同期装置运行规程	
11	深溪沟水电站排水系统运行规程	
12	深溪沟水电站压缩空气系统运行规程	
13	深溪沟水电站在线监测装置运行规程	
14	深溪沟水电站消防水及清水系统运行规程	
15	深溪沟水电站不间断电源系统（UPS）运行规程	
16	深溪沟水电站干式变压器运行规程	
17	深溪沟水电站柴油发电机运行规程	
18	深溪沟水电站发电机保护运行规程	
19	深溪沟水电站主变保护运行规程	
20	深溪沟水电站 500kV 布深线（2E）T 区保护运行规程	
21	深溪沟水电站 500kV 深枕线 T 区保护运行规程	
22	深溪沟水电站 500kV 布深线（2E）保护运行规程	
23	深溪沟水电站继电保护及安全自动装置运行总则	
24	深溪沟水电站发变组故障录波装置运行规程	
25	深溪沟水电站 500kV 线路故障录波装置运行规程	
26	深溪沟水电站继电保护信息管理系统运行规程	
27	深溪沟水电站故障录波管理信息子站 ZH－201 装置运行规程	

2）检修（试验）规程。瀑电总厂完成瀑布沟水电站全部设备检修（试验）规程共计 117 册和深溪沟水电站全部设备检修（试验）规程共计 70 册的编制，按照《中国国电集团公司新建、扩建电厂生产准备导则（试行）》要求，检修（试验）等技术规程经审核、批准后在第一台机组投产后 1 年内出版，瀑电总厂在首台机组投产后 3 个月颁发电气设备

检修规程。现场各类典型操作票、各专业系统图册已准备就绪。瀑电总厂检修规程目录见表 2.22。

表 2.22　　　　　　　　　　瀑电总厂检修规程目录

序号	名　　称	开始时间	完成时间	完成部门	工作日/d
1	水轮发电机组部分检修规程	2008 年 7 月	2009 年 1 月	生产处	120
2	发电机部分检修规程	2008 年 7 月	2009 年 1 月	生产处	120
3	水轮机部分检修规程	2008 年 7 月	2009 年 1 月	生产处	120
4	机组 20kV 配电设备部分检修规程	2008 年 7 月	2009 年 1 月	生产处	120
5	机组保护部分检修规程	2008 年 7 月	2009 年 1 月	生产处	120
6	机组测温部分检修规程	2008 年 7 月	2009 年 1 月	生产处	120
7	机组调速系统部分检修规程	2008 年 7 月	2009 年 1 月	生产处	120
8	机组自用电部分检修规程	2008 年 7 月	2009 年 1 月	生产处	120
9	机组技术供水系统检修规程	2008 年 7 月	2009 年 1 月	生产处	120
10	机组励磁部分检修规程	2008 年 7 月	2009 年 1 月	生产处	120
11	机组现地控制单元部分检修规程	2008 年 7 月	2009 年 1 月	生产处	120
12	机组仪表及自动化元件部分检修规程	2008 年 7 月	2009 年 1 月	生产处	120
13	500kV 设备部分检修规程	2008 年 7 月	2009 年 1 月	生产处	100
14	500kV 高压电缆检修规程	2008 年 7 月	2009 年 1 月	生产处	100
15	GIS 设备检修规程	2008 年 7 月	2009 年 1 月	生产处	100
16	母线设备检修规程	2008 年 7 月	2009 年 1 月	生产处	100
17	SF_6 气系统检修规程	2008 年 7 月	2009 年 1 月	生产处	100
18	保护设备检修规程	2008 年 7 月	2009 年 1 月	生产处	100
19	检测装置检修规程	2008 年 7 月	2009 年 1 月	生产处	100
20	线路设备检修规程	2008 年 7 月	2009 年 1 月	生产处	100
21	厂区供水、供电部分检修规程	2008 年 7 月	2009 年 1 月	生产处	90
22	10kV 系统设备检修规程	2008 年 7 月	2009 年 1 月	生产处	90
23	400V 系统设备检修规程	2008 年 7 月	2009 年 1 月	生产处	90
24	供水设备检修规程	2008 年 7 月	2009 年 1 月	生产处	90
25	公用设备部分检修规程	2008 年 7 月	2009 年 1 月	生产处	100
26	电梯设备检修规程	2008 年 7 月	2009 年 1 月	生产处	100
27	排水系统设备检修规程	2008 年 7 月	2009 年 1 月	生产处	100
28	低压气系统设备检修规程	2008 年 7 月	2009 年 1 月	生产处	100
29	中压气系统设备检修规程	2008 年 7 月	2009 年 1 月	生产处	100

续表

序号	名　　称	开始时间	完成时间	完成部门	工作日/d
30	机组补气系统设备检修规程	2008 年 7 月	2009 年 1 月	生产处	100
31	80t/30t/10t 单小车电动双梁桥式起重机检修规程	2008 年 7 月	2009 年 1 月	生产处	100
32	420t＋420t 双小车桥式起重机检修规程	2008 年 7 月	2009 年 1 月	生产处	100
33	电动葫芦检修规程	2008 年 7 月	2009 年 1 月	生产处	100
34	GIS 室桥机检修规程	2008 年 7 月	2009 年 1 月	生产处	100
35	通风、空调系统设备检修规程	2008 年 7 月	2009 年 1 月	生产处	100
36	油系统设备检修规程	2008 年 7 月	2009 年 1 月	生产处	100
37	直流系统设备检修规程	2008 年 7 月	2009 年 1 月	生产处	100
38	主变压器部分检修规程	2008 年 7 月	2009 年 1 月	生产处	60
39	主变压器检修规程	2008 年 7 月	2009 年 1 月	生产处	60
40	主变技术供水系统检修规程	2008 年 7 月	2009 年 1 月	生产处	60
41	上位机部分检修规程	2008 年 7 月	2009 年 1 月	生产处	60
42	消防系统部分检修规程	2008 年 7 月	2009 年 1 月	生产处	60
43	火灾报警系统检修规程	2008 年 7 月	2009 年 1 月	生产处	60
44	气体灭火系统检修规程	2008 年 7 月	2009 年 1 月	生产处	60
45	消防水系统检修规程	2008 年 7 月	2009 年 1 月	生产处	60
46	工业电视设备检修规程	2008 年 7 月	2009 年 1 月	生产处	60
47	通信系统部分检修规程	2008 年 7 月	2009 年 1 月	生产处	60
48	大坝机电设备部分检修规程	2008 年 7 月	2009 年 1 月	生产处	100
49	大坝 10kV 设备检修规程	2008 年 7 月	2009 年 1 月	生产处	100
50	大坝 400V 设备检修规程	2008 年 7 月	2009 年 1 月	生产处	100
51	机组进水口起重设备检修规程	2008 年 7 月	2009 年 1 月	生产处	100
52	机组进水口闸门检修规程	2008 年 7 月	2009 年 1 月	生产处	100
53	泄洪洞起重设备检修规程	2008 年 7 月	2000 年 1 月	生产处	100
54	泄洪洞闸门检修规程	2008 年 7 月	2009 年 1 月	生产处	100
55	溢洪道起重设备检修规程	2008 年 7 月	2009 年 1 月	生产处	100
56	溢洪道闸门检修规程	2008 年 7 月	2009 年 1 月	生产处	100
57	放空洞起重设备检修规程	2008 年 7 月	2009 年 1 月	生产处	100
58	放空洞闸门检修规程	2008 年 7 月	2009 年 1 月	生产处	100
59	尼日河引水系统起重设备检修规程	2008 年 7 月	2009 年 1 月	生产处	100
60	尼日河引水系统闸门检修规程	2008 年 7 月	2009 年 1 月	生产处	100
61	尾闸室起重设备检修规程	2008 年 7 月	2009 年 1 月	生产处	100

序号	名　　称	开始时间	完成时间	完成部门	工作日/d
62	尾闸室闸门检修规程	2008 年 7 月	2009 年 1 月	生产处	100
63	尾水洞起重设备检修规程	2008 年 7 月	2009 年 1 月	生产处	100
64	尾水洞闸门检修规程	2008 年 7 月	2009 年 1 月	生产处	100

（4）事故预案目录。瀑电总厂共计完成 20 项各类应急预案的编写、审查，正式印发，其中全厂公用 14 项。为建立全面的事故应急预案体系奠定了基础。瀑电总厂已按人员、专业配备了安全规程。瀑电总厂应急预案目录见表 2.23。

表 2.23　　　　　　　　　　　瀑电总厂应急预案目录

序号	名　　称	序号	名　　称
1	瀑电总厂重大车辆交通事故应急预案	11	瀑电总厂透平油（绝缘油）库防爆抢险应急预案
2	瀑电总厂突发群体性事件应急预案	12	瀑电总厂防汛应急预案
3	瀑电总厂突发事件总体应急预案	13	瀑电总厂特种设备事故应急救援预案
4	瀑电总厂人身伤亡应急预案	14	瀑电总厂突发公共卫生事件应急预案
5	瀑电总厂交通中断事件应急预案	15	瀑电总厂深溪沟水电站水淹厂房应急预案
6	瀑电总厂通信中断应急预案	16	瀑电总厂深溪沟水电站全站停电应急预案
7	瀑电总厂职业中毒应急预案	17	瀑电总厂深溪沟水电站厂用电保证措施方案
8	瀑电总厂危险化学品事故应急预案	18	瀑电总厂深溪沟水电站灭火及疏散应急预案
9	瀑电总厂自然灾害应急预案	19	瀑电总厂深溪沟水电站变压器爆炸着火应急预案
10	瀑电总厂环境污染事件应急预案	20	瀑电总厂深溪沟水电站机组黑启动应急预案

2.2　集控中心的筹建

2.2.1　建制及功能

国电大渡河流域梯级电站集控中心（简称集控中心）负责大渡河流域梯级水电站电力调度、水库调度及防洪调度等工作，代表大渡河公司接受和执行电网调度命令，实施水电联合经济调度，以实现水能利用最优、经济效益最大化的目标，包括机组开停机、负荷调整、开关站设备倒闸操作及大坝门、孔操作。瀑布沟、深溪沟水电站投产发电接入集控中心后，集控中心负责瀑布沟、深溪沟、龚嘴、铜街子 4 库的水库调度工作。2013 年 3 月已实现了瀑布沟水库的远方调度和已投产设备的远方监视运行。

集控中心下设综合处、运行处、自动化处 3 个处室，分别负责大渡河集控中心综合管理、流域电站电力运行及水库调度、专业系统运行维护等工作。到瀑布沟、深溪沟全部投产，且至大岗山投产之前编制内定员为 42 人，其中运行值班 18 人，系统维护 10 人，生产管理及综合服务 14 人。

集控中心从 2009 年 7 月起，历时半年开展"瀑布沟水电站接机发电专项培训活动"，从 2010 年 1 月起，历时半年开展"深溪沟水电站接机发电专项培训活动"，分理论培训、认知培训、模拟操作和跟班实习 4 个阶段加强两电站相关知识培训，为瀑布沟、深溪沟两电站投产发电做好充分准备。

2.2.2　主要准备工作

集控中心在全流域水电站实行流域电站水库统一调度中，为瀑布沟、深溪沟两电站投产发电做了大量的准备工作：

（1）统一配置调度人员。在瀑布沟电站投产时有水库调度员 5 人，深溪沟电站投产时增加为 6 人，全部是从事原龚嘴、铜街子水库的调度人员，具备从事瀑布沟、深溪沟两水库调度的业务能力。

（2）建立管理制度。集控中心在 2008 年 12 月 26 日投入试运行时，建立了相应的管理制度；在 2009 年 12 月瀑布沟水库接入集控中心时，进一步完善了相应的管理制度。随着深溪沟水库调度的开展，又补充制定了相应的规程制度。有关的规程有《瀑布沟水库调度规程》《集控中心防汛管理规定》《集控中心水库调度资料管理制度及超标洪水时调度应急预案》等制度。

（3）技术准备。大渡河流域测报系统接入了所有遥测站的信息，将水情测报系统接入，能提供瀑布沟、深溪沟两站运行所需要的水情和雨情信息。编写了《瀑布沟水库调度工作手册》《深溪沟水库调度工作手册》《瀑布沟水库调度方案》《深溪沟水库调度方案》，瀑布沟水库汛末蓄水研究及瀑布沟水电厂基础数据填报等工作，可作为水库调度的依据。

（4）开发应用水调自动化系统。集控中心水调自动化系统已接入龚嘴、铜街子、瀑布沟和深溪沟电站，系统平台接入工作已完成，高级应用完成开发部署。

（5）通信系统开通。通信系统包括光纤通信系统、行政交换机系统与调度交换机系统三大部分。瀑布沟电站和深溪沟电站分别有光纤通信系统有 3 套光端设备，在实现瀑、深两电站连接后，分别接入成都集控中心、四川省电力公司电力调度中心与国网华中电力调控分中心。根据公司与四川省电力公司电力调度中心的合作协议，公司将依托电力调度光纤网组建公司本部至流域各电站的光纤通信环网，为流域各电站通信及自动化系统接入成都集控中心提供通信通道。

（6）综合自动化系统。综合自动化系统接入方案已编制完成。综合自动化系统主要是计算机监控系统、工业电视系统、电能量采集系统、继电保护运行及故障信息管理系统、水情测报系统、水调自动化系统及相应辅助系统。

（7）管理信息系统。按照"统一领导、统一规划、统一标准、统一组织实施"和"建成企业级一体化管理信息系统"的要求，以"大集中、大集成、大平台、一体化"的建设思路，构建了纵向贯通、横向集成的企业级生产管理系统基础平台，形成了支撑公司电力生产运营、电厂设备运行维护管理的业务系统，包含办公自动化、生产管理、视频会议等业务系统。

根据 2003 年 7 月完成的《大渡河干流水电规划调整报告》，大渡河干流河段（下尔呷—铜街子）按 3 库 22 级开发，总装机容量 23400MW，年发电量 1123.6 亿 kW·h。其中，下尔呷水库为规划河段的"龙头"水库，双江口为上游控制性水库，瀑布沟为下游控制性水库。2009 年 12 月 13 日，瀑布沟水电站首台机组投产发电，标志着大渡河干流下游梯级水库群统一调度格局已初具雏形。

瀑布沟水电站按照这样的格局筹建集控中心，并进行水库调度、水库发电、水库洪水调度。

2.3 瀑电检修项目部的筹建与管理

瀑布沟水电站建设期间，国电大渡河公司就提出"瀑布沟水力发电总厂首台机组投运之时，流域检修安装分公司就达到 A 级检修技术能力和管理水平"管理要求。大渡河流域检修安装分公司（以下简称检修分公司）于 2007 年 5 月 31 日成立了瀑电检修项目部，全面负责实施瀑布沟、深溪沟两个水电站检修筹建工作。

按照"建管结合、无缝交接"的生产准备原则，检修分公司主动参与到电站建设中，紧紧围绕电站设计、招投标、合同执行、设备安装调试等过程控制，学习重要安装环节和关键施工工艺，全力介入瀑布沟和深溪沟电站建设前期工程和机电设备安装调试等工作中去。经过 3 年多的努力，瀑布沟和深溪沟电站检修生产准备工作分别于 2009 年 10 月和 2010 年 5 月顺利通过了国电集团公司专家组验收，圆满完成检修生产准备工作。

2.3.1 建立健全组织机构，构建项目管理平台

水电站检修是技术和资金密集型行业。在有限的时间、资源和环境内，检修分公司将承担更大范围的流域电站设备检修和技术改造任务，这要求检修分公司突破传统的检修组织方式，积极进行检修管理机制创新。为此，在瀑布沟电站机组安装开始，检修分公司就成立了瀑电检修项目部并作为项目管理试点，以项目经理负责制形式实施项目全过程管理，为全面开展流域梯级检修积累经验。

在瀑布沟水电站建设期间的 2007—2009 年，瀑电检修项目部先后派出技术、管理人员到施工现场，介入设计、招投标、合同执行、设备安装调试等，熟悉各个环节，为瀑布沟、深溪沟两电站的运行提前做好准备。

企业的规章制度是建立现代化企业的需要，瀑电检修项目部在成立之初从建章立制抓起，找准角色定位，理顺管理界面，创新管理机制。瀑电检修项目部作为分公司内部正式二级机构，其党群、安全、人力资源、财务、信息等管理制度按在检修分公司现有制度严格执行。在检修筹建实施过程中，先后编印了 16 个管理制度、2 份工作手册、5 个应急预案、1 个 A 级检修能力标准、近 300 份检修规程和作业指导书、各种生产报表和检修试验记录表格，形成了规范有序的管理格局。

瀑布沟水电站建设现场作业交叉立体、点多面广，项目安全是其重中之重。为了规范检修筹备作业安全，瀑电检修项目部设置了专职安全监督员，严格贯彻落实大渡河公司和瀑布沟电站建设分公司安全管理要求，重点推行检修筹建作业预知预警（KYT），并结合建设现场实际，定期组织员工对建设现场危险因素进行辨识分析，针对性地提出预防措

施，以此加强项目部员工的安全意识和安全技能，确保了检修筹建的安全开展以及安全目标的顺利实现。

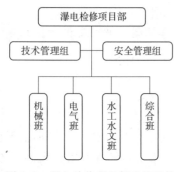

图 2.5　瀑电检修项目部组织机构

截至 2009 年 12 月 13 日，瀑布沟电站首台（6 号）机组安全顺利实现 72h 试运行，瀑电检修项目部也顺利完成了技术管理组、安全管理组、机械班、电气班、综合班和水工水文班等建设和培训工作，全员共计 56 人，主要由工程师、高级技师、技师以及高级检修工组成，90％以上具有 5 年以上 A 级检修工作经验，基本满足瀑布沟和深溪沟两站机电设备、溢流设施的检修维护治理、水工建筑物安全监测等工作。瀑电检修项目部组织机构见图 2.5。

2.3.2　强化岗位培训，打造流域检修核心能力建设

检修分公司作为大渡河流域电站专业化检修队伍，它不仅要完成各电站机组设备的检修、改造，更重要的是跟踪设备的运行状态，分析研究设备的变化趋势，逐步推进状态检修，变革检修管理模式。为了尽快具备与流域梯级检修相适应的核心能力，检修分公司以瀑布沟和深溪沟电站检修筹建为契机，依靠专业优势和管理创新，确立了"流域检修战区化、电站检修项目化、装备管理集中化、财务管理多元化、人才管理多样化"的流域梯级检修建设要求，以构建一个高效运转组织体系、建立一个规范高效管理机制、培养一批流域检修专业人才、建设一套 A 级检修能力标准、搭建一个检修信息共享平台等"五个一"途径着手，深入开展流域检修 A 级检修核心能力建设。

1. 构建一个高效运转组织体系

流域电站检修核心能力建设以及流域检修生产任务能否顺利完成，必须依赖一个高效有序的生产组织管理体系。检修分公司原来的单点单面职能条块式的管理模式已不能有效进行检修生产管理。检修分公司以流域水电站专业化、集约化的检修组织构架为基础，通过实施水电检修组织扁平化和管理标准化，将整个流域检修生产组织体系按照生产技术管理层和作业层分离、电站检修项目管理的原则进行设置，重新构建了生产计划调度部门和安全监察等职能部门以及流域电站检修项目部，打破了原有的区域检修分工，实现了"电站检修项目化"管理模式。

生产技术部门主要负责对外协商与交流，对内的组织与协调。安全监察部门分别负责各项目部安全管理的指导与监督。各电站检修项目部按照项目化管理、专业化配置、作业小组制进行配置，全面负责所在电站的检修生产任务的实施。同时，结合大渡河流域 5 个检修营地规划布置的地理特点，检修分公司将各职能部门分阶段迁至瀑布沟电站营地作为检修管理中心，并将原有基地建设为检修管理副中心，并分别成立了铜街子—龚嘴、瀑布沟—深溪沟等两个流域检修分区，居中策应、上下联动，保证各项检修生产任务顺利完成的同时，提高了大型水电站和巨型机组群的检修维护能力。

2. 建立一个规范高效管理机制

按照现代项目管理方法以及 ISO9001 质量管理体系，检修分公司通过沟通、识别、

确定顾客需求，再造与规范流域检修业务流程，策划并编制了《瀑电检修筹备工作手册》，确保接机发电前各项工作扎实有序开展，全面实施瀑布沟水电站A级检修项目管理标准化能力建设。按照项目管理要求，检修分公司在该手册中制订了项目组织结构、项目结构、工作内容及职责、中长期目标及规划、人员配置计划和人员培训要求，出台了资料收集管理办法、现场管理办法、部门及职工岗位职责、职工休假管理等管理制度和办法，以期达到项目管理目标。

在检修筹备项目部内部建设方面，突破专业界限进行项目结构搭建，在管理和技术层面实施"一岗多责"并建立了设备主人负责制，对所管辖设备实行全过程管理；在检修作业班组组建方面实施"班组大工种、作业小组制"的综合建设，根据检修业务性质分别成立了机械班组、电气一次班组、电气二次班组、大坝机电班组和综合班组，各班组内部则按照作业工种、性质组建作业小组，确保人力资源的最佳组合。

在实施过程中，检修分公司应用PDCA循环在项目管理中的持续改进，进一步将检修项目岗位和安全职责、综合管理、安全管理、进度管理、质量管理、现场管理、生产要素管理等项目管理以电子表格的方式，将项目管理进行规范化、流程化和常态化，以此建立一整套具备电子查阅功能的项目管理模板体系。

3. 培养一批流域检修专业人才

人才的培养，直接关系到流域检修队伍的核心实力。基于大渡河流域开发中远期发展规划的需要，流域检修对人才的能力和素质提出了多方面、多层次的要求：具有合理的学历和专业、高层次的决策和管理人才、一定数量的项目部管理人才、合理的专业职称和专业技能等级、懂技术善管理的复合型人才。针对这一要求，检修分公司通过多角度、多方面的深入调查、研究，从管理人才、专业技术人才和专业技能人才3个方面入手，始终将做好人才规划、提高企业资质、储备流域管理人才作为首要任务来抓，分别确立了总体目标和阶段目标，即2007—2016年期间人才规划总体目标和从2007年开始每三年一个周期的阶段目标。通过第一阶段目标，实现对瀑布沟、深溪沟水电站检修业务的承接，并以此为基础进一步完成2011—2013年承接大岗山、枕头坝、沙坪等电站的检修业务，完成总体目标后，实现流域化检修人才队伍的需求。

在具体操作上，管理人才的培养通过注册建造师、监理工程师、设备管理师、人力资源师等职业资格的取证，以此掌握检修质量、安全、进度、现场文明施工以及生产要素等知识以及财务和工程经济知识，全面提升项目管理水平和企业资质；专业技术人才培养，则从专家型人才、复合型人才、青年未来人才3个方面加强队伍建设，专家型人才、复合型人才通过以检修技术核心能力、检修技术与管理创新、检修安全管理创新、机械检修技术与管理、水工安全监测等多角度、多专业来组建技术管理创新团队，重点突出超高压电气设备检修、巨型机组群检修和增容改造等重点能力建设来带动青年人才的成长。

在高技能职工培养方面，分公司根据每个作业项目有3人会和每人懂3个工种的"三一培训"原则，分层次、分类别、有重点地开展培训工作，全力打造A级检修能力，赢得检修生产准备主动权。具体措施方面主要有以下几点：①拓展培训形式。编制了《瀑电检修筹备项目部岗位培训标准》和《瀑电检修筹备项目部培训手册》，推行职工培训目标卡，实行中级干部班组培训承包制，并以机电设备安装进度为主线，以培训计划为辅线，扎实推进自主培训、外送培训、厂家培训工作。②建立设备专人负责制。设备主人对所管辖设备实行全过程管理，并负责开展相关技术培训和交流学习，普及瀑布沟电站巨型机组的新知识、新技术、新工艺，为后续电站筹建做好人才储备。同时收集了国内大型水电站安装、检修以及技改等技术论文，分系统编辑成典型故障专题集，并结合瀑布沟电站机组特点，开展设备缺陷和事故处理演练。通过选派经验丰富、作风过硬的职工到各电站机电安装单位，全程跟班作业，见证关键环节，掌握核心工艺，并利用参与机电设备安装调试的机会，以图文并茂的方式总结电站机电设备安装技术，扩大核心检修工艺的掌握。③加强过程管理。建立培训动态测评机制，将培训效果与职工效益奖发放、推先评优、职务晋升等挂钩，作为管理人员年度考核的一项重要内容。每月定期对系统知识进行理论考试，不定期对专题培训进行考试考核、抽查抽问或技术比武，以考促学，以赛促培。同时，加强实战练兵，主动参与接机缺陷治理和应急抢险，以实践检验效果。

为了及时将瀑布沟和深溪沟两电站设备合同执行、现场安装调试等情况及时延伸至分公司龚嘴、铜街子两电站的检修员工，检修筹备项目部定期编辑出版《瀑电检修筹备技术汇编》，共计编辑了 28 个专题 15 万余字，对外发表了《瀑布沟电站放空洞弧门支铰螺栓偏差处理》《瀑布沟电站放空洞危岩变形特征》《瀑布沟电站机组技术供水系统运行风险及对策》等专业技术论文 12 篇。

4. 建设一套 A 级检修能力标准

大渡河流域在建和后续建设的电站输变电多为超高压电气设备，发电机组特别是巨型机组也大力推广应用了新技术、新工艺、新材料。准确把握瀑布沟和深溪沟电站 A 级检修标准项目是流域水电检修业务发展的重要支撑，创新构建检修业务管理流程是基础，精益检修过程是关键。

基于流域电站设备检修业务的共性以及《水电站设备检修管理导则》（DL/T 1066—2007）管理要求，检修分公司于 2009 年创新编制并发布了《水电站 A 级检修标准能力》，对水电站设备 A 级检修标准项目进行了详细的规范和明确，对检修管理和设备管理策略进行了创新。主要措施和方法如下：

（1）实施检修动态计划，实现检修模式由传统的固定周期检修向以设备状态评估为基础的预防性检修转变。在当前计划检修过程中，实施设备检修动态计划管理。充分利用检修中长期滚动计划，以设备主人负责制进行设备状态跟踪，定期开展设备分析和评估，并依据评估结果对检修计划进行更加科学合理的调整和修订。

（2）检修过程精益要求。各电站检修项目部根据制定好的检修计划，在准备阶段，制定项目实施方案、材料清单、工器具清单、人力资源清单、过程记录清单、细化验收表等技术文件，形成作业文件包并导入生产管理系统，为实施过程受控打下基础。在施工阶段，项目部技术管理人员每天在生产管理系统录入当天形成的相关数据，管理人员对数据进行分析评估，使异常问题得到及时整改。在竣工验收阶段，重视试验数据的采集、审核，及时开展技术总结，评估设备检修质量。以上工作的开展，保证了检修过程处于受控和可追溯状态。

（3）检修过程精确评价。设备检修投运以后，仍然以设备主人制跟踪设备运行状况，对检修工艺及效果进行评审，及时整改不符合项。对评审结果进行总结提炼，为下次检修改造提供依据，推动检修管理的持续改进。

同时，基于各电站设备检修个性特别是新投机组磨合初期的疑难杂症，在设备检修管理过程中还重点推广设备专项治理、典型重复缺陷治理等攻关工程，并组织设备主人收集国内大型水电机组安装、技改和事故等技术论文，分析统计形成典型故障专题，结合大渡河流域电站机组结构特点，针对性地开展设备缺陷处理和事故预案，设备可靠性指标和健康水平得以大幅提高。

5. 搭建一个流域检修信息平台

现代管理的基础是信息技术，以信息化带动生产自动化和管理现代化是检修分公司提高管理水平的重要手段之一。为了满足流域电站检修远程交流、业务流转、信息查询等需要，必须创建高度集成的信息化管理平台。在公司的大力支持和检修分公司的努力下，适合流域梯级检修的信息化管理平台基本建成。该平台主要包含了电子图纸系统、试验数据管理系统、大坝监测资料管理系统和企业信息集成应用系统等基础信息应用工具，保证了生产管理高效快捷，降低了人力资源成本，提高了设备及物资利用率。

在此平台上，检修分公司还完善了以下内容：

（1）依托企业网站，建立企业信息交流平台。检修分公司充分发挥企业网站的宣传交流作用，开辟企业文化宣传等专栏，鼓励企业每一位职工利用企业网站了解企业大事，关心企业成长，宣传企业文化；增进各个检修区域之间的交流、竞争与协作。

（2）建设企业制度管理信息平台。检修分公司结合检修生产管理模式，先后建立起一系列管理制度，规范检修管理，并在企业网站上开辟管理制度信息平台，便于企业精神及时下达，便于职工了解、查阅企业管理制度，从而进一步促进了企业管理的标准化。

（3）建立了检修管理信息平台。检修分公司开辟检修管理信息系统，包含检修文档管理、检修缺陷分析、班组业务管理、设备检修管理、安全管理等内容，使班组基础管理、设备技术资料、设备缺陷统计及分析、设备实时检修状况等信息通过该信息平台实现流域检修信息共享，方便管理监督的同时更提高了工作效率。

（4）建立了技术资料管理信息平台。检修分公司选取相关行业标准和规范、相关重大项目检修工艺方法、各电站机组设备技术资料图纸等录入技术资料管理信息系统中，便于企业职工对行业规范、新技术及相关设备资料的学习与查阅，在为流域检修做好技术支撑的同时实现了流域各电站设备信息的共享。

（5）建立了检修物资材料管理信息平台。检修分公司本着"高效化、集约化"检修思路，以检修分区为单位建立检修工器具、材料管理信息系统，以"零库存"的目标建立物资电子管理系统，对重要、大型工器具的位置和状态进行实时监控，对消耗性材料做好入库、出库、消耗等管理记录，充分整合资源进行高效利用，从而节省了成本，提高了检修组织高效性和管理科学性。

（6）建立了企业职工培训管理系统。检修分公司根据企业生产活动，针对职工技能状况，结合企业人才需求情况编制人才培养标准，并建立人才培养考试系统，从理论知识培养、技能要求等方面为职工提供学习、锻炼的平台，方便职工有针对性地进行技能补充。

（7）建立了办公自动化系统平台。通过该平台，检修分公司的管理人员可以及时进行管理信息交流、管理政策学习、邮件传送等，提高了办公效率。

2.3.3　顺利接机，安全发电

1. 深入建管结合，熟悉掌握机电安装技术

瀑布沟水电站 2009 年底首批两台机组投产发电，2010 年底全部机组投产发电，2011 年工程完工。按照大渡河公司"建管结合、无缝交接"的要求，检修分公司主动选派经验丰富、作风过硬的技术人员提前介入前期工程，见证关键环节，掌握核心工艺。

（1）派遣 13 名检修技术骨干到水电七局、葛洲坝集团公司机电安装项目部全程跟班作业，全面熟悉掌握水轮发电机组、GIS 等设备的安装调试技术，建立了水轮发电机组、500kV GIS 等重要设备安装技术汇编以及备忘录，为今后检修维护提供了详细的方法。

（2）选派 11 名技术人员（瀑布沟 9 人、深溪沟 2 人）参与到建设分公司机电物资部和工程建设部，全程参加电站设备的设计联络会、设备招标、合同谈判、督造、厂家培训、出厂验收、物资管理、现场安装调试及工程安全监测管理等工作，提出了《瀑布沟电站大坝强震监测观测点位布置调整》等 20 余份合理化建议，节约建设资金近 100 万元。

（3）安排技术骨干（12 人）参加瀑布沟水电站"机电设备安装质量督察检查工作组"，主动承担了电站电气设备和水轮发电机组等《安装质量项目及检测标准》的编制工作，并对机电设备安装全过程进行学习和质量监督，提出了遗留缺陷和合理化建议 1500 余条。

（4）承担了瀑布沟、深溪沟两电站水库泥沙监测系统、库区拦漂系统工程的管理和建设。针对瀑布沟电站库区大跨度、高水位变幅下坝前库区拦漂设施的管理和建设，分公司组织专人对国内大型水电站库区拦漂状况进行了详细的调研分析并形成专题报告，并荣获第三届（2010 年度）全国电力职工技术成果奖。

2. 完善接机组织、技术措施，打响接机总攻

在瀑布沟电站 2009 年底"双投"进入百米冲刺的关键时期，分公司全面紧张，拼命作为，为瀑布沟安全接机发电发起冲锋。

（1）5 位分公司领导轮流到瀑布沟检修筹备项目部值班，加强统筹指挥、组织协调，快速推进整体工作。

（2）及时增派了技术骨干加强项目部建设。2009 年 6 月轮派 36 名两级干部到瀑布沟开展瀑电新知识专题集训，同年 7 月又派出 11 名自 2004 年起新进该分公司的大学生到瀑布沟电站开展为期 3 个月的机电设备安装调试学习，全面了解、掌握瀑布沟电站的设备状况。

（3）完善接机组织、技术措施。编制出版了《瀑布沟水电站 A 级检修能力标准》，完成了两电站近 300 份检修规程和作业指导书的编写，建立了各种生产报表和检修试验记录表格，对两站接机发电和维护检修的组织措施、技术保障措施及应急抢修作了具体规定。

（4）收集了国内大型水电站安装、检修以及技改等文章，编辑成典型故障专题集，有针对性地结合瀑电机组特点，开展设备缺陷和事故预想处理演练。

3. 快速行动，确保投运机组健康稳定

2010—2011 年是大渡河公司大投产、大发展的关键一年，检修分公司迎难而上，高

强度、高密度交接了瀑布沟、深溪沟两电站 10 台机组的检修维护以及安全监测等工作。接机后，检修分公司迅速组织技术力量进行机电设备的维护消除遗留缺隔（简称消缺），完成了瀑布沟和深溪沟电站 10 台机组、主变等机电设备的消缺性检修任务，消除了遗留缺陷近千项，解决了主配漏油超标、IPB 软连接过热、技术供水电机烧毁等技术难题，发现了 IPB 短路板错误接地、接力器基础螺栓松动等重大安全隐患，避免了俄罗斯萨扬-舒申斯克水电站类似事故的发生，保证了机组安全稳定运行，经受住了瀑布沟、深溪沟两电站下闸蓄水和安全接机的实战考验，实现了检修筹备向电力生产的成功转型。

4. 抓好应急抢修、提高电力生产保障能力

在瀑布沟、深溪沟两电站下闸蓄水的关键时刻，检修分公司潜水人员成功处理了瀑布沟水电站 1 号、2 号导流洞闸门缺陷和深溪沟电站 1~3 号机组检修门关闭不到位的难题，确保了瀑布沟、深溪沟两电站按期下闸蓄水，赢得了"检修精英，潜水蛟龙"的赞誉。在设备投运期间，主动承担维护消缺任务，成功进行了水泵和电机更换、机组摆度超标、发电机挡风板铆钉断裂、下导滑转子上拔等重大缺陷的抢修，根治了机组顶盖和水导油槽漏油顽疾。在得知瀑布沟电站送出线路中断后，项目部全员出击，对瀑布沟、深溪沟两电站溢洪设施进行全面巡查，排查设备隐患，确保了闸门开启正常，保障下游正常供水。在瀑布沟库区蓄水期间，打捞库区漂浮物 1700 余 t，保证了机组安全度汛多发电，顺利完成了瀑布沟和深溪沟两电站的库区蓄水安全监测、水工建筑物日常观测以及数据处理等工作。

2.3.4 精益检修，提高设备健康水平

2010—2011 年度，检修分公司及时开展了瀑布沟、深溪沟水电站机电设备投产发电后的首次检修工作，历时近 9 个月完成了两电站 1 台机组 B 级检修、4 台次机组 C 级检修、5 台主变以及 500kV 开关站 2 回母线、4 串进出线等设备的年检预试，检修后设备均一次性启动成功；完成了瀑布沟水电站放空洞、泄洪洞、溢洪道、尼日河闸首和深溪沟水电站泄洪闸等机电设备的检修工作，攻克了遗留缺陷近 300 余项，发现了深溪沟 3 号泄洪闸活塞杆有严重拉伤、溢洪道门机回装吊电机绝缘低等重大缺陷。

第3章 水库蓄水与调度

3.1 蓄水条件

瀑布沟水库初期蓄水方式应考虑坝址入库径流、工程施工进度、初期效益以及满足下游有关单位用水、龚嘴和铜街子水电站正常发电要求等多种因素后确定。

瀑布沟水电站于 2001 年 7 月进行筹建，2003 年 12 月大坝标和地下厂房土建工程标承包商进场，2004 年 3 月 30 日正式开工。至 2004 年 10 月，导流洞工程基本完工，并通过截流阶段验收；10 月下旬，导流洞出口围堰拆除基本完成，进口围堰已破堰过水，具备 11 月中旬截流条件。但由于受"10·27"突发事件的影响，工程于 2004 年 11 月初停工，于 2005 年 9 月 19 日正式复工建设。2005 年 11 月 22 日顺利截流后，于 2005 年 12 月至 2006 年 5 月完成了围堰施工。根据工程进度安排，2005 年 12 月至 2008 年 10 月，左岸两条导流洞泄流；2008 年 11 月初下闸封堵 1 号导流隧洞，2008 年 12 月初下闸封堵 2 号导流洞，2008 年 12 月至 2009 年 4 月进行导流洞堵头施工，期间来水量由右岸放空洞下泄；之后，永久泄洪建筑物完建，2009 年 5 月初放空洞下闸并用闸门调控来水量，水库再次蓄水，2009 年 12 月第一台机组发电。

3.1.1 导流程序

3.1.1.1 施工导流程序及导流方式

瀑布沟水电站在可行性研究补充报告的基础上，根据工程建设实际进程和首台机组发电目标的需要，调整后的施工导流程序见表 3.1。

表 3.1 施 工 导 流 程 序

导流分期	导流时段	导流标准		泄水建筑物	河床水位/m	
		频率/%	流量/(m³/s)		上游水位	下游水位
河道截流	2005 年 11 月中旬	10（旬平均）	1000	1 号、2 号导流洞	679.73	673.50
围堰挡水	2005 年 11 月—2008 年 5 月	3.33	7320	1 号、2 号导流洞	719.60	681.46
坝体挡水度汛	2008 年汛期（6—9 月）	0.5	8770	1 号、2 号导流洞	735.84	682.20
1 号导流洞下闸	2008 年 11 月初	10（旬平均）	1340	1 号、2 号导流洞	683.54	676.00
2 号导流洞下闸	2008 年 12 月初	10（旬平均）	704	2 号导流洞	683.70	673.50
导流洞封堵	2008 年 12 月—2009 年 4 月	20	1150	右岸放空洞	774.91	675.00
水库蓄水	2009 年 5 月	85（月平均）	790	右岸放空洞		

满足导流程序规划的主要节点目标为：2005 年 11 月河道截流，2006 年 5 月围堰开始挡水，2008 年汛期由坝体挡水度汛，按 200 年一遇洪水流量 8770m³/s 计算，上游水位 735.84m；2008 年 11 月初下闸 1 号导流洞、12 月初下闸封堵 2 号导流洞；2 导流洞下闸封堵后，由放空洞工作闸门全部敞开下泄河道天然来水。导流洞下闸后，2009 年 4 月底前，保坝洪水标准按 200 年一遇设计，上游控制水位高程 760.58m，坝体填筑高程超过 770.00m；2009 年 5 月底坝体填筑达到高程 854.00m。

3.1.1.2 蓄水代表时段选择

根据动能设计规范，瀑布沟水电站初期蓄水计算的设计保证率选择 80%。

按照施工导流规划，瀑布沟水电站的初期蓄水分为两个阶段，第一阶段为导流洞封堵开始蓄水至放空洞下闸前；第二阶段为放空洞下闸开始到水库水位蓄至死水位。计划于工程开工后的 2008 年 12 月初封堵导流洞；2009 年 5 月 1 日放空洞下闸蓄水。

第一阶段，从 2008 年 12 月初导流洞封堵开始蓄水至放空洞下闸前。依据瀑布沟水库库容曲线，放空洞底板顶高程 730m 以下水库库容 4100 万 m³，经过对瀑布沟坝址 12 月上旬径流资料分析，最大日平均流量 769m³/s，最小日平均流量 443m³/s，旬平均流量 572m³/s。经初步估算，导流洞封堵后在 1 天之内可蓄至放空洞进口，之后放空洞工作闸门全部敞开下泄河道天然来流，2 天之内可满足下泄 327m³/s 下游用水流量要求。

为分析导流洞封堵后对下游用水的影响，选择瀑布沟电站坝址处 12 月 $P=5\%$、$P=50\%$、$P=80\%$、$P=95\%$ 四个流量过程进行水量平衡。

第二阶段，从放空洞下闸开始到水库水位蓄至死水位。经初步计算分析，5 月 80% 保证率的来水在一个月内可以蓄至死水位，因此，以 5 月为主选择典型来水过程。经过对瀑布沟坝址 62 个水文年（1937 年 5 月至 1999 年 4 月）5 月的径流系列进行分析计算，选择 1988 年 5 月作为水库初期蓄水的代表时段，选择丰、平、枯 3 个代表时段分别为 1977 年 5 月、1976 年 5 月、1987 年 5 月，瀑布沟坝址 5 月 3 个代表时段的水量及频率对照表见表 3.2。

表 3.2　瀑布沟坝址 5 月 3 个代表时段水量及频率对照表

项　　目	平均流量/(m³/s)	频率/%
丰水年（1977 年 5 月）	1360	4.8
中水年（1976 年 5 月）	1010	49.2
枯水年（1987 年 5 月）	660	95.2
3 个时段均值	1010	
系列均值	1010	

3.1.1.3 导流洞及放空洞泄流

2 条导流洞按同高程等断面设计，进口高程 673.00m，出口高程 668.00m。

放空洞进口高程 730.00m，下闸前入库流量由放空洞自由敞泄，5 月起利用放空洞弧形闸门控制下泄流量结合区间来水满足下游用水流量 327m³/s 要求。

泄洪洞进口底板高程 795.00m，断面尺寸为 11m×11.5m。

3.1.2　下闸蓄水时工程形象面貌

3.1.2.1　大坝工程

根据导流规划要求，2008 年汛期由坝体挡水度汛，由 2 条导流洞泄洪，按 200 年一遇洪水流量 8770m³/s 计算，上游水位 735.84m，2008 年 5 月底坝体填筑高程约 760.00m，满足度汛要求。2008 年 11 月初 1 号导流洞下闸、12 月初 2 号导流洞下闸，2 号导流洞下闸后，在导流洞封堵施工期（2008 年 12 月至 2009 年 4 月）由放空洞下泄河道天然来流。

2 号导流洞下闸后，封堵施工期上游控制水位及坝体挡水最低高程见表 3.3。

表 3.3　　　　　　　封堵施工期上游控制水位及坝体挡水最低高程

时间	洪水频率/ %	流量/ (m³/s)	上游水位/ m	坝体挡水最低高程/ m	泄水建筑物
2008 年 12 月	5	814	757.37	770.00	放空洞
	0.5	933	760.58	770.00	放空洞
2009 年 1 月	5	541	(746.00)	770.00	放空洞
	0.5	629	(749.62)	770.00	放空洞
2009 年 2 月	5	432	(742.37)	770.00	放空洞
	0.5	493	(739.26)	770.00	放空洞
2009 年 3 月	5	589	(747.97)	770.00	放空洞
	0.5	821	(759.51)	770.00	放空洞
2009 年 4 月	5%	1150	774.91	790.00	放空洞
	0.5	1440	782.35	800.00	放空洞

注　括号内水位为未调洪水位，坝体挡水最低高程为前一个月月底最低高程。

根据分析计算，2008 年 12 月 2 号导流洞下闸后，大坝挡水采用 200 年一遇洪水标准，经调洪演算后上游水位 760.58m，2008 年 11 月底大坝填筑达到高程 770.00m 即可满足挡水要求；2009 年 4 月上游水位 782.35m，2009 年 3 月底坝体填筑达到高程 800.00m 可满足挡水要求。

但根据导流规划及发电工期要求，2009 年汛前大坝需要填筑到高程 854.00m 方能满足挡水要求，为使大坝填筑均衡上升，同时，根据大坝填筑情况分析，为保证施工质量，2008 年 9 月底大坝填筑至高程 790.00m，在 2 号导流洞下闸前的 2008 年 11 月底大坝填筑高程达到 805.00m。

2009 年汛期，大坝采用 500 年一遇洪水标准，为满足度汛安全，工程永久布置的溢洪道、泄洪洞需全部投入正常运行，2009 年 4 月底大坝填筑达到高程 845.00m，2009 年 5 月底大坝填筑达到高程 854.00m。

3.1.2.2 泄水建筑物

溢洪道工程是 2009 年汛期泄洪的主要通道,在 2009 年 4 月底前完成所有的土建和金属结构施工,并通过验收,具备过流条件。

泄洪洞工程是 2009 年汛期泄洪的主要通道,在 2009 年 4 月底前完成所有的土建和金属结构施工,并通过验收,具备过流条件。

放空洞工程在 2008 年 12 月 2 号导流洞下闸封堵后,是工程后期导流的唯一泄洪通道,在 2008 年 9 月底前完成所有施工项目并通过验收。

3.1.2.3 引水发电系统工程

2008 年 11 月 1 号导流洞下闸前,引水系统不受洪水影响,尾水系统在出口围堰(20年一遇)保护下正常施工。

导流洞下闸后,2008 年 12 月至 2009 年 3 月,大坝挡水度汛采用 200 年一遇标准,流量以 12 月上旬流量 933m³/s 控制上游水位 760.58m,不影响厂房进水口施工。

2009 年 4 月,上游控制水位 782.35m,为满足 2009 年 7 月 1 日首台机组发电需要,进水口施工(含金属结构安装)应在 2009 年 3 月底前完成所有施工项目并通过验收,2009 年 4 月由进口闸门挡水。

厂房尾水洞出口围堰在 2009 年 4 月底前拆除完成,5 月开始由尾水洞出口检修闸门(或尾水闸门室工作闸门)挡水,满足 2009 年度汛和发电需要。

3.1.2.4 导流洞工程

2008 年 9 月底前,完成导流洞进口启闭机排架,并通过验收。

3.1.2.5 机电设备

(1) 2008 年 9 月底前放空洞工作闸门、事故闸门门叶、门槽、拉杆、锁定装置、工作闸门充压伸缩式水封的充压系统、启闭机及相关电气操作设备安装完成并经验收合格,具备挡水条件。2008 年 10 月中旬导流洞封堵闸门的门槽填框全部拆除,门叶、门槽、拉杆、锁定装置及启闭机和相关电气操作设备安装完成并经验收合格,具备挡水条件。

(2) 2009 年 4 月底前其他各部位的闸门完成安装调试、验收。

(3) 2008 年 9 月底至 2009 年 4 月底,放空洞工作闸门及启闭机房内的通风、照明由临时施工电源供电;2009 年 4 月底地面副厂房 10kV 厂用配电系统和厂外 10kV 配电系统各配电房所有 10kV 开关柜、400V 配电盘、厂用变压器、10kV 与 400V 电缆连接均完成安装调试、验收。

(4) 2009 年 4 月底溢洪道、泄洪洞、放空洞、厂房进水口等部位所有控制、保护及通信设备均完成安装调试、验收。

3.1.2.6 其他

大坝防渗帷幕灌浆及土心墙基础固结灌浆在 2008 年 9 月底达到高程 785.00m、2009年 4 月底达到高程 840.00m。

大坝防渗线上游高程 850.00m 以下的探洞按要求完成封堵。

库首右岸拉裂变形体和古拉裂体的处理施工,在 2008 年 11 月底前完成高程 790.00m以下的处理和监测施工,在 2009 年 5 月底前应完成高程 860.00m 以下所有施工项目并通过验收。

上游左岸觉托台地布置的所有施工附属企业，在 2008 年 11 月底前拆除完成并完成场地清理。

上游觉托跨河临时大桥在 2008 年 11 月底前完成拟拆部分的拆除。

按水库蓄水要求完成库底清理；水库诱发地震监测台网投入运行。

下游河道防护及清理工程在 2009 年 5 月底前完成；下游雾化区初步治理在 2009 年 5 月底前完成。

2008 年 11 月底前，专家组审查通过蓄水安全鉴定监测报告；相关部位监测设施应具备基本运行条件。

解决下游临时供水的壅水工程按初期蓄水要求在 2008 年 11 月底前初步形成。

库区高线公路 2008 年 11 月底前通过验收具备通车能力。

在 2008 年 11 月底前，库区内的高塑性土转运完毕；右岸皮带机洞出口与右高线之间的临时公路具备通车条件。

2009 年 4 月底前完成黑马砾石土料的转存或运输道路的建设，2009 年 5 月 20 日前完成皮带机系统的拆除和隧洞封堵。

尼日河引水系统施工不影响枢纽工程下闸蓄水和工程发电，可在确保安全的前提下灵活安排施工。

水库下闸蓄水分时段工程形象见表 3.4。

表 3.4　　　　　　　　　　水库下闸蓄水分时段工程形象

序号	工程项目	工程形象进度要求			备注
		2008 年 9 月底	2008 年 11 月底	2009 年 4 月底	
1	导流洞工程	导流洞进口启闭机排架施工完成，1 号导流洞闸门及启闭机安装调试完成并通过验收	2 号导流洞闸门及启闭机安装调试完成并通过验收，门槽检查完成	1 号和 2 号导流洞封堵施工完成	在下闸前对门槽进行必要的检查并根据需要调整闸门
2	大坝工程	大坝整体填筑、帷幕灌浆及固结灌浆达到高程 790.00m	大坝整体填筑达到高程 805.00m	大坝填筑、帷幕灌浆及固结灌浆达到高程 845.00m	
3	放空洞工程	放空洞工程完成所有的土建和金属结构施工并通过验收			
4	泄洪洞工程		泄洪洞工程所有施工项目，包括进出口施工及闸门安装调试在 2009 年 4 月底前完成并通过验收，具备过水条件		
5	溢洪道工程		溢洪道工程所有施工项目，闸门安装调试在 2009 年 4 月底前完成并通过验收，具备过水条件		

续表

序号	工程项目	工程形象进度要求			备注
		2008年9月底	2008年11月底	2009年4月底	
6	地下厂房系统工程	6号机组2008年8月1日提供机组安装工作面	进水口高程765m以下的施工项目全部完成	进水口施工项目，含金属结构工程在2009年3月底前全部完成并通过验收，具备挡水条件 尾水出口施工项目全部完成，闸门安装调试完成，具备挡水条件 尾水出口施工围堰在2009年4月底前拆除完成	
7	其他工程		库首右岸拉裂变形体和古拉裂体处理施工，在2008年11月底前，应完成高程790.00m以下的处理和监测施工 上游左岸觉托台地布置的所有施工附属企业，应在2008年11月底前拆除并完成场地清理	库首右岸拉裂变形体和古拉裂体处理施工在2009年5月底前完成高程860.00m所有施工项目，并通过验收 下游河道防护工程及清理工程在2009年5月底前完成；下游雾化区初步治理在2009年5月底前完成	

3.2 水库下闸蓄水调度

3.2.1 蓄水位及上升速率控制

综合坝体结构计算分析、大坝施工进度安排、蓄水速度和河道断流对下游梯级发电影响等因素，参考已建工程经验，除电站发电和水库存蓄水外，多余流量由放空洞、泄洪洞、溢洪道下泄，正常情况下2009年水库蓄水后上升速率控制标准如下：

（1）高程760～790m，按蓄水上升平均速率不大于2.0m/d控制。

（2）水位蓄至790m后，维持790m水位10d。

（3）高程790～810m，按蓄水上升速率不大于1.0m/d控制。

（4）水位蓄至810m后，维持810m水位10d。

（5）高程810～830m，按蓄水上升速率不大于0.5m/d控制。

（6）水位蓄至830m后，维持830m水位10d。

（7）高程830～841m，按蓄水上升速率不大于0.5m/d控制（汛期9月底前）。

（8）高程841～850m，按蓄水上升速率不大于0.5m/d控制。

蓄水期间应加强观测，确保安全。

3.2.2 下闸蓄水后2010年防洪度汛要求

2010年汛前，本工程所有挡水及泄水建筑物均已完建，可以按照水库及水电站的正常运行和调度要求调控各泄水建筑物闸门开度，确保工程的安全度汛。根据本工程汛期运行要求，汛期 9 月底前控制运行水位低于 841.00m。

3.2.3　水库初期蓄水过程

3.2.3.1　导流洞封堵至放空洞下闸前蓄水过程

2010 年 12 月初导流洞下闸封堵开始至放空洞下闸前，由于导流洞封堵后水库水位蓄至放空洞进口之前没有过水设施，在该时段内天然水量全部蓄积在水库内，经 14.8～22.7h 后入库径流经放空洞自由敞泄。在此期间，由于受放空洞泄流能力限制，还需 6.6～16.8h 水库下泄的流量加上尼日河流量才能达到下游用水要求流量 327m³/s 的要求。

按照 2010 年 12 月不同频率的日平均径流进行初期蓄水计算，计算出该阶段蓄水至能满足下游用水要求的时间，计算成果见表 3.5。

表 3.5　　　　瀑布沟水库 2010 年 12 月不同频率来水蓄至满足用水要求成果表

频　　率	$P=5\%$	$P=50\%$	$P=80\%$	$P=95\%$
导流洞封堵开始至水位蓄至放空洞底板时间/h	14.8	18.2	20.5	22.7
放空洞过水至可满足下泄用水水位流量时间/h	6.6	10.5	13.4	16.8
合计	21.4	28.7	33.9	39.5

3.2.3.2　放空洞下闸开始蓄至死水位过程

2010 年 5 月初放空洞下闸，水库水位继续抬高，在考虑尼日河来水基础上，控制放空洞弧形闸门按满足下游用水要求下泄流量，同时为了保证大坝的安全，当水库水位在 770.00m 以下时，水库蓄水上升速率按不大于 2.0m/d 控制；达到 770m 时水库暂缓蓄水，观察 5d 后再继续蓄水；当水库水位在 770.00m 以上时，水库蓄水上升速率按不大于 1.5m/d 控制，逐渐蓄至死水位 790.00m。蓄水期间的水量损失暂按日平均水量的 1.5% 计算。

按照 4 个代表时段的日平均径流进行初期蓄水计算，计算成果见表 3.6。

表 3.6　　　　瀑布沟水库 2010 年 5 月不同频率来水初期蓄水计算成果表

频　　率	$P=5\%$	$P=50\%$	$P=80\%$	$P=95\%$
开始蓄水时间	5 月 1 日	5 月 1 日	5 月 1 日	5 月 1 日
水位蓄至死水位时间	5 月 24 日	5 月 30 日	6 月 3 日	6 月 10 日

1）来水频率 5% 典型约蓄水 24d 即可蓄至死水位 790.00m，2010 年 5 月 25 日第一台机组可开始充水发电测试。

2）来水频率 50% 典型约蓄水 30d 即可蓄至死水位 790.00m，2010 年 6 月 1 日第一台机组可开始充水发电测试。

3）来水频率 80% 典型约蓄水 34d 即可蓄至死水位 790.00m，2010 年 6 月 4 日第一台机组可开始充水发电测试。

4）来水频率95%典型约蓄水41d即可蓄至死水位790.00m，2010年6月11日第一台机组可开始充水发电测试。

瀑布沟水库2010年5月、6月蓄水过程见表3.7～表3.10。

表3.7 瀑布沟水库2010年5月、6月放空洞下闸后蓄至死水位790m计算成果表（80%来水频率）

日期	入库流量/（m³/s）	出库流量/（m³/s）	蓄水流量/（m³/s）	水量损失/万m³	时末库容/万m³	时末水位/m	尼日河流量/（m³/s）	出流合计/（m³/s）
					9211.3	744.64		
5月1日	505	367.7	137.3	145.97	10251.3	746.64	36.4	404.1
5月2日	519	379.9	139.1	161.57	11291.3	748.64	33.0	413.0
5月3日	545	364.7	180.3	179.70	12669.0	750.64	31.4	396.2
5月4日	650	383.1	266.9	205.79	14769.0	752.64	30.4	413.5
5月5日	746	475.5	270.5	237.29	16869.0	754.64	29.6	505.0
5月6日	798	523.8	274.2	268.79	18969.0	756.64	28.7	552.5
5月7日	826	548.2	277.8	300.29	21069.0	758.64	27.2	575.4
5月8日	796	433.6	362.4	336.99	23863.6	760.64	26.4	460.0
5月9日	771	301.3	469.7	385.50	27536.3	762.35	25.7	327.0
5月10日	759	297.8	461.2	439.63	31081.3	764.01	29.2	327.0
5月11日	797	293.4	503.6	495.14	34937.7	765.81	33.6	327.0
5月12日	765	294.7	470.3	550.41	38450.5	767.45	32.3	327.0
5月13日	774	283.2	490.8	604.03	42087.1	769.15	43.8	327.0
5月14日	804	519.5	284.5	644.90	43900.0	770.00	53.1	572.7
5月15日	737	737.0	0.0	653.60	43246.4	769.69	42.5	779.5
5月16日	705	705.0	0.0	643.87	42602.5	769.39	36.9	741.9
5月17日	657	657.0	0.0	634.28	41968.3	769.10	51.7	708.7
5月18日	673	673.0	0.0	624.84	41343.4	768.81	56.4	729.4
5月19日	767	767.0	0.0	615.53	40727.9	768.52	47.1	814.1
5月20日	818	284.4	533.6	640.69	44697.4	770.24	42.6	327.0
5月21日	830	287.1	542.9	700.39	48687.3	771.45	39.9	327.0
5月22日	920	282.5	637.5	765.87	53429.0	772.89	44.5	327.0
5月23日	951	282.1	668.9	838.49	58370.2	774.38	44.9	327.0
5月24日	904	279.6	624.4	909.20	62856.1	775.74	47.4	327.0
5月25日	961	279.6	681.4	979.65	67764.1	777.23	47.4	327.0
5月26日	1110	415.1	694.9	1053.59	72714.1	778.73	46.7	461.8
5月27日	1230	503.9	726.1	1129.29	77858.5	780.23	51.9	555.8
5月28日	1320	460.7	859.3	1214.45	84068.5	781.73	58.4	519.0
5月29日	1330	459.9	870.1	1307.60	90278.5	783.23	73.9	533.8

续表

日期	入库流量/ （m³/s）	出库流量/ （m³/s）	蓄水流量/ （m³/s）	水量损失/ 万 m³	时末库容/ 万 m³	时末水位/ m	尼日河流量/ （m³/s）	出流合计/ （m³/s）
5 月 30 日	1350	469.1	880.9	1400.75	96488.5	784.73	127.9	597.0
5 月 31 日	1460	568.3	891.7	1493.90	102698.5	786.23	146.5	714.9
6 月 1 日	1390	487.6	902.4	1587.05	108908.5	787.73	97.8	585.4
6 月 2 日	1330	416.8	913.2	1680.20	115118.5	789.23	84.2	501.0
6 月 3 日	1180	259.8	920.2	1773.11	121296.0	790.62	67.2	327.0

表 3.8　　　　　　　瀑布沟水库 2010 年 5 月放空洞下闸后蓄至死水位
790m 计算成果表（5% 来水频率）

日期	入库流量/ （m³/s）	出库流量/ （m³/s）	蓄水流量/ （m³/s）	水量损失/ 万 m³	时末库容/ 万 m³	时末水位/ m	尼日河流量/ （m³/s）	出流合计/ （m³/s）
					29688.7	763.36		
5 月 1 日	884	333.4	550.6	477.43	33968.7	765.36	51.9	385.3
5 月 2 日	986	427.9	558.1	541.63	38248.7	767.36	49.7	477.6
5 月 3 日	991	425.5	565.5	605.83	42528.7	769.36	48.7	474.2
5 月 4 日	934	700.3	233.7	648.22	43900.0	770.00	53.1	753.4
5 月 5 日	898	898.0	0.0	653.60	43246.4	769.69	66.4	327.0
5 月 6 日	903	903.0	0.0	643.87	42602.5	769.39	61.3	327.0
5 月 7 日	1010	1010.0	0.0	634.28	41968.3	769.10	55.4	327.0
5 月 8 日	1030	1030.0	0.0	624.84	41343.4	768.81	56.6	327.0
5 月 9 日	1060	1060.0	0.0	615.53	40727.9	768.52	53.1	327.0
5 月 10 日	1190	742.6	447.4	635.15	43958.4	770.02	49.7	792.3
5 月 11 日	1200	546.5	653.5	696.50	48908.4	771.52	48.7	595.1
5 月 12 日	1140	477.9	662.1	770.75	53858.4	773.02	47.6	525.4
5 月 13 日	1170	499.3	670.7	845.00	58808.4	774.52	44.5	543.7
5 月 14 日	1270	590.7	679.3	919.25	63758.4	776.02	46.6	637.3
5 月 15 日	1410	722.1	687.9	993.50	68708.4	777.52	48.7	770.8
5 月 16 日	1470	773.5	696.5	1067.75	73658.4	779.02	45.4	818.9
5 月 17 日	1750	994.2	755.8	1145.26	79043.3	780.52	45.4	1039.6
5 月 18 日	1950	1088.6	861.4	1232.22	85253.3	782.02	43.5	1132.1
5 月 19 日	2070	1197.9	872.1	1325.37	91463.3	783.52	49.7	1247.5
5 月 20 日	2060	1177.1	882.9	1418.52	97673.3	785.02	59.0	1236.0
5 月 21 日	1790	896.3	893.7	1511.67	103883.3	786.52	49.7	946.0
5 月 22 日	1600	695.5	904.5	1604.82	110093.3	788.02	44.5	740.0
5 月 23 日	1620	704.7	915.3	1697.97	116303.3	789.52	41.6	746.3
5 月 24 日	1600	589.7	1010.3	1796.54	123235.9	791.02	40.7	630.4

表3.9　　　　　　瀑布沟水库2010年5月放空洞下闸后蓄至死水位
790m计算成果表（50%来水频率）

日期	入库流量/ （m³/s）	出库流量/ （m³/s）	蓄水流量/ （m³/s）	水量损失/ 万m³	时末库容/ 万m³	时末水位/ m	尼日河流量/ （m³/s）	出流合计/ （m³/s）
					16051.9	753.86		
5月1日	717	444.3	272.7	256.53	18151.9	755.86	87.2	531.4
5月2日	759	482.6	276.4	288.03	20251.9	757.86	126.7	609.3
5月3日	743	463.0	280.0	319.53	22351.9	759.86	102.8	565.8
5月4日	682	219.3	462.7	362.54	25986.7	761.63	107.7	327.0
5月5日	670	217.7	452.3	415.99	29478.3	763.26	109.3	327.0
5月6日	655	228.9	426.1	466.29	32693.4	764.76	98.1	327.0
5月7日	616	224.2	391.8	511.95	35566.7	766.11	102.8	327.0
5月8日	591	195.4	395.6	554.97	38429.9	767.44	131.6	327.0
5月9日	625	206.2	418.8	599.09	41449.3	768.85	120.8	327.0
5月10日	720	362.3	357.7	640.12	43900.0	770.00	130.4	492.6
5月11日	815	815.0	0.0	653.60	43246.4	769.69	130.4	945.4
5月12日	787	787.0	0.0	643.87	42602.5	769.39	120.8	907.8
5月13日	729	729.0	0.0	634.28	41968.3	769.10	117.6	846.6
5月14日	673	673.0	0.0	624.84	41343.4	770.00	161.4	834.4
5月15日	695	695.0	0.0	615.53	40727.9	768.52	284.3	979.3
5月16日	790	342.6	447.4	635.15	43958.4	770.02	188.7	531.3
5月17日	796	178.0	618.0	694.22	48603.7	771.43	149.0	327.0
5月18日	847	185.4	661.6	766.18	53553.7	772.93	222.3	407.7
5月19日	1040	369.8	670.2	840.43	58503.7	774.43	146.5	516.3
5月20日	1190	511.2	678.8	914.68	63453.7	775.93	247.1	758.3
5月21日	1350	662.6	687.4	988.93	68403.7	777.43	211.1	873.7
5月22日	1210	514.0	696.0	1063.18	73353.7	778.93	193.7	707.7
5月23日	1130	383.8	746.2	1140.11	78661.0	780.43	198.7	582.4
5月24日	1230	369.3	860.7	1226.49	84871.0	781.93	180.0	549.3
5月25日	1370	498.5	871.5	1319.64	91081.0	783.43	151.5	650.0
5月26日	1560	677.7	882.3	1412.79	97291.0	784.93	126.7	804.4
5月27日	1820	927.0	893.0	1505.94	103501.0	786.43	126.7	1053.6
5月28日	1680	776.2	903.8	1599.09	109711.0	787.93	124.2	900.3
5月29日	1520	605.4	914.6	1692.24	115921.0	789.43	116.0	721.4
5月30日	1530	528.0	1002.0	1790.32	122788.1	790.93	107.7	635.6

表 3.10　　　　　瀑布沟水库 2010 年 5 月、6 月放空洞下闸后蓄至死水位
790m 计算成果表（95％来水频率）

日期	入库流量/ （m³/s）	出库流量/ （m³/s）	蓄水流量/ （m³/s）	水量损失/ 万 m³	时末库容/ 万 m³	时末水位/ m	尼日河流量/ （m³/s）	出流合计/ （m³/s）
					8355.9	742.99		
5 月 1 日	452	316.2	135.8	133.14	9395.9	744.99	28.9	345.2
5 月 2 日	466	328.4	137.6	148.74	10435.9	746.99	26.3	354.7
5 月 3 日	491	351.6	139.4	164.34	11475.9	748.99	26.1	377.7
5 月 4 日	513	310.5	202.5	183.88	13041.6	750.99	25.6	336.1
5 月 5 日	524	301.9	222.1	208.45	14752.0	752.62	25.1	327.0
5 月 6 日	532	301.9	230.1	234.43	16505.4	754.29	25.1	327.0
5 月 7 日	528	302.2	225.8	260.26	18196.4	755.90	24.8	327.0
5 月 8 日	510	301.8	208.2	284.31	19711.0	757.34	25.2	327.0
5 月 9 日	505	301.3	203.7	306.57	21164.4	758.73	25.7	327.0
5 月 10 日	565	301.9	263.1	332.02	23105.4	760.28	25.1	327.0
5 月 11 日	590	302.5	287.5	362.49	25226.6	761.27	24.5	327.0
5 月 12 日	607	302.9	304.1	395.14	27458.8	762.32	24.1	327.0
5 月 13 日	663	301.0	362.0	432.09	30153.9	763.58	26.0	327.0
5 月 14 日	680	297.1	382.9	473.57	32988.8	764.90	29.9	327.0
5 月 15 日	671	292.9	378.1	515.47	35740.5	766.19	34.1	327.0
5 月 16 日	730	220.3	509.7	564.90	39579.1	767.98	106.7	327.0
5 月 17 日	738	228.3	509.7	622.05	43361.0	769.75	98.7	327.0
5 月 18 日	674	535.9	138.1	654.46	43900.0	770.00	68.8	604.7
5 月 19 日	633	633.0	0.0	653.60	43246.4	769.69	59.8	692.8
5 月 20 日	596	596.0	0.0	643.87	42602.5	769.39	46.7	642.7
5 月 21 日	806	806.0	0.0	634.28	41968.3	769.10	93.5	899.5
5 月 22 日	712	712.0	0.0	624.84	41343.4	768.81	65.2	777.2
5 月 23 日	780	780.0	0.0	615.53	40727.9	768.52	60.2	840.2
5 月 24 日	690	282.7	407.3	632.57	43614.6	769.87	44.3	327.0
5 月 25 日	692	288.6	403.4	675.29	46424.4	770.76	38.4	327.0
5 月 26 日	755	286.0	469.0	721.35	49755.0	771.77	41.0	327.0
5 月 27 日	775	287.9	487.1	772.10	53191.6	772.82	39.1	327.0
5 月 28 日	812	289.6	522.4	825.53	56879.4	773.93	37.4	327.0
5 月 29 日	914	289.4	624.6	887.01	61389.1	775.30	37.6	327.0
5 月 30 日	947	289.0	658.0	956.30	66117.9	776.73	38.0	327.0
5 月 31 日	910	289.7	620.3	1024.28	70452.5	778.05	37.3	327.0
6 月 1 日	824	287.5	536.5	1083.43	74004.5	779.12	39.5	327.0

日期	入库流量/ （m³/s）	出库流量/ （m³/s）	蓄水流量/ （m³/s）	水量损失/ 万 m³	时末库容/ 万 m³	时末水位/ m	尼日河流量/ （m³/s）	出流合计/ （m³/s）
6月2日	766	274.7	491.3	1133.40	77115.9	780.05	52.3	327.0
6月3日	717	275.5	441.5	1176.52	79753.9	780.69	51.5	327.0
6月4日	732	276.1	455.9	1216.73	82476.2	781.35	50.9	327.0
6月5日	837	273.4	563.6	1264.18	86081.5	782.22	53.6	327.0
6月6日	966	125.0	841.0	1335.70	92012.1	783.65	202.0	327.0
6月7日	1300	416.1	883.9	1426.76	98222.1	785.15	134.0	550.1
6月8日	1330	235.1	1094.9	1532.78	104432.1	786.65	91.9	327.0
6月9日	1150	257.1	892.9	1612.25	110642.1	788.15	69.9	327.0
6月10日	1010	269.0	741.0	1694.94	116852.1	789.65	58.0	327.0
6月11日	993	270.8	722.2	1786.18	118300.0	790.00	56.2	327.0

3.2.3.3 对下游龚嘴、铜街子水电站发电和下游通航影响

1. 2010 年 12 月蓄水过程对下游影响分析

2010 年 12 月导流洞下闸封堵蓄水过程中，大渡河干流流量减少比较显著的时间大约是 21～40h，应在瀑布沟导流洞下闸封堵前，使龚嘴、铜街子水电站在正常高水位运行，则龚嘴水库有 8316 万 m³ 的调节库容，铜街子水库有 4803 万 m³ 的调节库容，相应龚嘴水库蓄水可以满足单机 87h 的发电需要，龚嘴水库加铜街子水库的蓄水可以满足铜街子电站单机 66h 的发电需要。这样，尽量减小因瀑布沟导流洞下闸封堵蓄水对这两个水电站发电运行的影响。

铜街子水电站下游通航要求的流量是 200m³/s，小于铜街子水电站单机的发电流量，因此，2010 年 12 月蓄水过程不会影响下游通航。

2. 2010 年 5 月蓄水过程对下游影响分析

依据瀑布沟水库库容曲线，瀑布沟水库死水位 790.00m 以下死库容为 11.17 亿 m³，经计算，蓄水期间该损失水量减少龚嘴电站发电量约 1.17 亿 kW·h，减少铜街子水电站发电量约 0.92 亿 kW·h，合计减少两电站发电量约 2.09 亿 kW·h。

铜街子水电站下游通航要求的流量是 200m³/s，小于下游要求 327m³/s 流量。因此，2010 年 5 月蓄水过程不会影响下游通航。

3.3 水库发电调度

3.3.1 基本资料

1. 大渡河干流径流资料

瀑布沟水电站选定坝址为尼日河汇口以上的上坝址，通过无压引水隧洞将尼日河水引入瀑布沟水库。因此，径流资料包括大渡河干流和尼日河水两部分。

瀑布沟水电站附近无水文测站，瀑布沟坝址的年、月平均流量系以沙坪站、铜街子站

以及毛头码站的年、月平均流量扣除区间流量推求，并经插补延长形成 1937—2007 年径流系列资料（比初设阶段增加 18 年）。坝址处多年平均流量 1230m³/s，多年平均年径流量 388 亿 m³。最丰水年平均流量 1640m³/s，最枯水年平均流量 893m³/s，分别为多年平均流量的 1.33 倍和 0.73 倍，年际间径流变化相对稳定。径流年内分配不均匀，5—10 月径流量占年水量的 80.2%，11 月至翌年 4 月径流量占年水量的 19.8%。历史最大月平均流量为 4330m³/s，历史最小月平均流量为 274m³/s。

2. 尼日河径流资料及引水流量

开建桥处多年平均流量 127m³/s，最丰年平均流量 177m³/s，最枯年平均流量 88.5m³/s，历史最大月平均流量 448m³/s，历史最小月平均流量 19.6m³/s。

瀑布沟推荐坝轴线位于尼日河汇口以上约 0.7km，为了利用尼日河水量，将尼日河水引入瀑布沟水库。引水工程首部枢纽位于尼日河开建桥下游 400m 处，最大引用流量为 80m³/s。根据大渡河水文资料统计，大渡河 7—9 月天然来水较大，而这 3 个月尼日河含沙量也较大，为减少泥沙入库，设计中考虑 7—9 月不从尼日河引水，全年引水时间为 1—6 月、10—12 月共 9 个月，考虑尼日河引水并且考虑尼日河开建桥处基流量 10m³/s 后，瀑布沟电站年、月径流系列多年平均流量为 1270m³/s。

3. 库容曲线

瀑布沟水库库容曲线，根据成都勘测设计研究院 2008 年提供的 1∶2000 水库地形图量算而得，见表 3.11。

表 3.11　　　　　　　　　瀑布沟水库库容曲线 （1∶2000）

高程/m	总库容/亿 m³	高程/m	总库容/亿 m³
680	0	798	14.95
690	0.018	800	15.97
700	0.0549	802	17.03
710	0.1281	804	18.11
720	0.2283	806	19.21
730	0.3727	808	20.35
740	0.6333	810	21.51
750	1.1202	812	22.71
760	2.0632	814	23.93
770	4.1062	816	25.18
780	7.2113	818	26.46
786	9.48	820	27.76
788	10.31	822	29.08
790	11.17	824	30.42
792	12.07	826	31.79
794	13	828	33.18
796	13.96	830	34.59

高程/m	总库容/亿 m³	高程/m	总库容/亿 m³
832	36.03	848	48.45
834	37.5	848.4	48.78
836	38.99	850	50.11
838	40.51	850.24	50.31
840	42.05	852	51.8
841	42.835	853.78	53.37
842	43.62	854	53.51
844	45.21	856	55.24
846	46.82		

4. 厂房尾水位

采用 2002 年成都勘测设计研究院水文室复核的地下厂房长尾水洞出口水位流量关系曲线，尾水系统水力学计算成果见表 3.12。

表 3.12 尾水系统水力学计算成果表

计算工况	流量/(m³/s)	尾闸室水深/m	尾闸室水位/m	隧洞始断面水深/m	隧洞始断面水位/m	尾水渠末端水深/m	尾水位/m
1 台机组运行	435	11.50	668.78	7.20	668.40	2.64	667.64
正常运行情况（3 台机组）	1305	17.036	674.53	12.33	673.53	7.13	672.13（6 台机）
设计洪水	9440	22.170	679.45	17.94	679.14	13.9	678.90
校核洪水	10670	23.07	680.35	18.88	680.08	14.84	679.84
3 台机组同时弃荷		686.616					

5. 水头损失

引水发电系统由引水隧洞、主副厂房、尾水闸门室、无压尾水隧洞等组成。引水隧洞共 6 条，内径 9.5m，长度 439.7～519.7m，最大引用流量 417m³/s，相应流速 5.88m/s；主厂房内安装 6 台单机容量 600MW 的水轮发电机组，主厂房尺寸 293.9m×26.8m×70.1m（长×宽×高）。在主厂房的下游平行布置主变室和尾水闸门室。无压尾水隧洞断面尺寸 20m×24.2m（宽×高），布置 2 条。水头损失采用 5.5m。

机组满负荷时水头损失及其计算成果见表 3.13、表 3.14。

表 3.13 机组满负荷时水头损失表

项目	水头损失表达式/m		水头损失/m		总损失/m
	局部	沿程	局部	沿程	
1 号洞	$1.13 \times 10^{-5} Q^2$	$6.64 \times 10^{-6} Q^2$	1.984	1.166	3.150
2 号洞	$1.13 \times 10^{-5} Q^2$	$6.30 \times 10^{-6} Q^2$	1.984	1.107	3.091

项目	水头损失表达式/m		水头损失/m		总损失/m
	局部	沿程	局部	沿程	
3 号洞	$1.13 \times 10^{-5} Q^2$	$5.97 \times 10^{-6} Q^2$	1.984	1.049	3.033
4 号洞	$1.13 \times 10^{-5} Q^2$	$5.64 \times 10^{-6} Q^2$	1.984	0.991	2.975
5 号洞	$1.13 \times 10^{-5} Q^2$	$5.31 \times 10^{-6} Q^2$	1.984	0.932	2.916
6 号洞	$1.13 \times 10^{-5} Q^2$	$4.97 \times 10^{-6} Q^2$	1.984	0.874	2.858

表 3.14　　　　　　　　　　尾水洞水头损失计算成果表

工　　况	水头损失/m	工　　况	水头损失/m
1 台机组运行	1.14	6 台机组运行	2.40

6. 景观及环境用水影响补偿措施（生态流量）

为弥补每年 10 月至翌年 6 月因瀑布沟水电站引水造成尼日河开建桥以下景观用水及环境用水缺乏，按尼日河开建桥处每年 10 月至翌年 6 月多年平均流量 86.8m³/s，12% 保持基流量约为 10m³/s。

7. 大渡河干流综合用水要求

根据综合利用调查，瀑布沟下游大渡河干流来水应不小于 327m³/s，以满足四川红华实业总公司取水要求。

8. 机组特性

水轮机采用 HL418，综合出力系数采用 8.55，经计算，出力限制线公式为

$$N = 3.228H - 147.732 \tag{3.1}$$

式中　　N——电站出力，万 kW；

　　　　H——计算水头，m。

3.3.2　水库调度图的绘制原则

瀑布沟水电站是一座以发电为主、兼顾防洪任务的大型水电工程。其水库调度图的绘制原则如下：

（1）本工程的开发任务为发电，其水库调度图的绘制应以保证工程安全运行并取得较大发电效益为前提。

（2）6—9 月水库水位不高于汛期限制水位 841m，并于 10 月底之前蓄至正常蓄水位 850m。

（3）以上游支流南桠河上冶勒水库调蓄后为基本方案，冶勒多年调节水库库容为 2.78 亿 m³。

3.3.3　水库调度图的绘制方法

（1）瀑布沟水电站水库调度图采用时历法进行绘制，电站设计保证率为 95%。

（2）水库调度图绘制步骤。通过对水库径流系列水文特性、水库调节性能及蓄水要求和调节计算综合分析得出，一般情况下瀑布沟水库每年 6—10 月为蓄水期，12 月至翌年 5

月为供水期。

瀑布沟水电站调度图绘制保证出力区、加大出力区、全部装机过水区、降低出力区及防洪区。

1）供水期保证出力区上、下界限线绘制。将径流系列中水文年供水期分别按等出力调节方法计算出力，求出各水文年供水期的平均出力。将各年供水期平均出力，按经验频率公式计算保证率。选取与发电保证率 $P=95\%$ 相近的一年，即 1959 年 6 月至 1960 年 5 月作为保证出力代表年。

找出供水期调节流量与 1959 年 6 月至 1960 年 5 月流量相近而供水起讫日期早晚不同的若干年，以 1959 年 12 月至 1960 年 5 月供水期平均调节流量为准，修正所选出的其他年份供水期的各月入库流量。

按各月出力等于保证出力要求以及各典型年供水期修正后的入库流量，自死水位 790m 开始逆时程进行径流调节计算。

按上述调节计算求得各典型年相应的水库水位，并据此绘制各典型年的水位过程线，其上下包线之间区域即为供水期保证出力区。

2）供水期加大出力区。在供水期，由于瀑布沟水电站全部装机过水量远远大于系列中最丰年份供水期的来水量与有效库容之和，无须绘制防弃水线。为了充分利用水力资源同时使出力均匀，采用库容分配法作加大出力线。

以供水期保证出力区上界限线相应的水位及出力推算入库径流量，自供水期末（5 月底）开始分别按 1100MW、1200MW、…、2000MW 等出力要求，逆时程进行调节计算。保证出力区上界限线至 1100MW 线之间的区域即为加大出力 1100MW 区；1100MW 线至 1200MW 线之间的区域即为加大出力 1200MW 区；……；2000MW 线以上为大于 2000MW 以上区域。

3）降低出力区的划分。方法和步骤与供水期加大出力区完全相同，降低出力区按 850MW、800MW 绘制。

4）蓄水期保证出力区上、下界限线绘制。将径流系列中水文年蓄水期 6—10 月入库流量按经验频率公式计算保证率，选取与发电保证率 $P=95\%$ 相近的一年，选用 1972 年 6 月至 1973 年 5 月作为保证出力代表年。

同供水期一样选取典型年，以 1972 年 6—10 月蓄水期入库流量为准，修正所选出的其他年份蓄水期的各月入库流量。按保证出力要求，分别对 1942 年、1943 年、1944 年、1959 年、1961 年、1967 年、1970 年、1973 年、1977 年、1984 年各典型年蓄水期 6—10 月入库流量，自正常蓄水位 850m 开始逆时程进行水库调节计算。

根据计算结果绘制各典型年的水位过程线，其上下包线之间区域即为蓄水期保证出力区。

遵循上述原则和方法绘制水库调度图后，用全系列径流资料按调度图进行操作检验，为了在满足电站设计保证率和蓄水要求的前提下尽可能多发电，同时尽量达到水库蓄放水控制速率 1.0～1.5m/d 的要求，进一步对水库调度图逐次进行调整，汛初为满足四川电网发电调峰的需要，将 6 月初至 7 月下旬调整为按水位控制蓄水发电，绘制成瀑布沟水库调度图（图 3.1）。

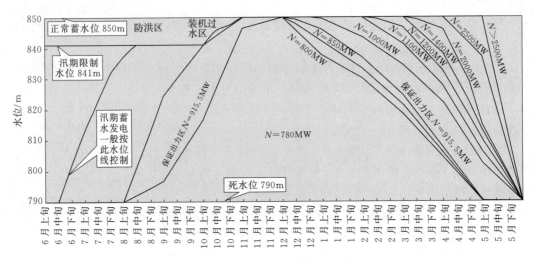

图 3.1　瀑布沟水库调度图

3.3.4　水库调度规则

瀑布沟水电站是一座以发电为主、兼顾防洪任务的大型水电工程。其水库调度规则如下：

（1）6—10月为汛期，6月上旬水库水位维持不变；为提高电站的运行水位，从6月中旬、6月下旬、7月上旬、7月中旬、7月下旬开始电站按旬末水位分别达到802m、813.3m、822.5m、831.9m、837.3m蓄水发电；8月上旬末水库水位蓄至防洪限制水位841m（并且不高于防洪限制水位841m）；此后，为防洪度汛，直至9月下旬末，按天然来水发电，控制水库水位不高于防洪限制水位841m。10月初水库继续蓄水，按各旬末水位分别达到845.8m、847.5m、850m蓄水发电，电站可于10月底之前蓄至正常蓄水位850m。

（2）11月为平水期，库水位维持在正常蓄水位850m。

（3）每年12月至翌年5月为供水期，水库水位由正常蓄水位850m逐渐消落至死水位790m。

（4）在保证出力区时，按发电保证出力供水，其中供水期保证出力为915.5MW；水库水位在加大出力区时，分别按加大出力区所示（1100MW，1200MW，1300MW，…，2000MW等）供水。

（5）当水库水位降至发电出力800MW的下界限以下，允许电站按本身可能的出力运行。

（6）在正常运行期间，下泄流量为调节发电流量，若电站因故不能发电，则用溢洪道或泄洪洞的局部开启泄放生态流量。为满足下游取水要求，即大渡河干流来水不小于327m³/s的条件，在下游深溪沟梯级电站投产前，在瀑布沟水电站机组出现故障无发电下泄流量时，用溢洪道或泄洪洞的局部开启均可泄放327m³/s的生态流量；在下游深溪沟梯级电站投产后，由于其具有反调节库容，在瀑布沟水电站机组出现故障无发电下泄流量

6h 内，可不泄放生态流量。

（7）水库蓄放水控制速率一般为 1.0～1.5m/d。

3.3.5　水库多年运行特性分析

瀑布沟水库采用 1937 年 6 月至 2007 年 5 月共 70 年旬径流系列按本水库调度图进行操作，计算中考虑水轮机水头受阻限制，以此确定各方案能量指标。其多年运行特性如下：

（1）电站调节流量。按水库调度图操作后，设计枯水年（1959 年 6 月至 1960 年 5 月）供水期（12 月至翌年 5 月）平均流量由 $523m^3/s$ 提高到 $770m^3/s$，即提高天然流量 47.2%。

（2）水库水位。水库最高运行水位 850m，最低水位 790m；70 年平均运行水位 832.10m。每年均可蓄到正常蓄水位 850m，水库蓄满率为 100%。

（3）水电站运行水头。按水库调度图运行时，最大旬平均水头为 181.4m，最小旬平均水头为 116.2m，加权平均水头 158.9m。

（4）多年平均年发电量。经计算，多年平均年发电量为 145.8 亿 kW·h。丰水期（6—10 月）多年平均年发电量 92.3 亿 kW·h，占多年平均年发电量的 63.3%，平水期（5 月、11 月）多年平均年发电量 18.7 亿 kW·h，占多年平均年发电量的 12.8%，枯水期（每年 12 月至翌年 4 月）多年平均年发电量 34.8 亿 kW·h，占多年平均年发电量的 23.9%。电站装机容量年利用小时数为 4420h。最丰水年多年平均年发电量 181.18 亿 kW·h，最枯水年多年平均年发电量 106.41 亿 kW·h。

（5）电站运行保证率分析。在 70 年径流资料中，电站保证出力有 3 年共计 6 个旬遭遇破坏，即 1942 年 6 月中旬、6 月下旬，1970 年 6 月中旬，2003 年 4 月下旬、5 月上旬、5 月中旬，出力比保证出力减少 4.7～322.1MW，旬历时保证率达 99.7%，年历时保证率达 94.4%。

瀑布沟水电站主要动能指标计算成果见表 3.15。

表 3.15　　　　　　　　瀑布沟水电站主要动能指标表

项　　目	单　位	指　标	备　　注
控制流域面积	km^2	68512	
多年平均流量	m^3/s	1230	不含尼日河引用流量
正常蓄水位	m	850	
死水位	m	790	
汛期限制水位	m	841	
正常蓄水位时水库面积	km^2	83.4	
正常蓄水位以下库容	亿 m^3	50.64	
防洪发电共用库容	亿 m^3	7.3	
死库容	亿 m^3	11.2	
调节库容	亿 m^3	38.82	

项　　目	单　位	指　标	备　注
库容系数	%	9.8	
调节性能		不完全年调节	
水量利用率	%	89.8	
装机容量	MW	3600	
保证出力（枯水年枯水期平均出力）	MW	926	
多年平均年发电量	亿 kW·h	145.8	
其中：丰水期（6—10月）电量	亿 kW·h	92.3	
平水期（5月、11月）电量	亿 kW·h	18.7	
枯水期（12月至翌年4月）电量	亿 kW·h	34.8	
年利用小时数	h	4420	
最大水头	m	181.7	
最小水头	m	114.3	
加权平均水头	m	161.1	
额定水头	m	148	
多年平均运行水位	m	835	

3.3.6　调度图成果分析

瀑布沟水电站下游主要已建电站有：龚嘴水电站（73万 kW）、铜街子水电站（60万 kW），瀑布沟水电站调节库容将增加下游已建龚嘴、铜街子梯级电站的平水枯水期效益。经计算，增加龚嘴和铜街子水电站枯水年12月至翌年5月平均出力167MW，增加年发电量、平水期电量、枯水期电量分别为5.45亿 kW·h、1.68亿 kW·h、5.23亿 kW·h。

本阶段水文资料较初设阶段增加1989年6月至2007年5月共18年实测径流系列；但共计70年的多年平均流量与初设阶段的多年平均流量几乎相同，年内分配与初设阶段相比亦无较大差别。

考虑尼日河引水后，尼日河开建桥处基流量 $10m^3/s$，若不考虑尼日河开建桥处基流量 $10m^3/s$ 情况下，多年平均年发电量减少0.68亿 kW·h，瀑布沟水电站较初设阶段多年平均年发电量145.8亿 kW·h，减少约0.3%；枯水年枯水期平均出力为915.5MW，与初设阶段926MW减少约1.1%。

故经过复核，瀑布沟水电站的多年平均年发电量采用145.8亿 kW·h；保证出力（枯水年枯水期平均出力）采用916MW，较初设阶段略有减少。

3.4　防洪调度

3.4.1　工程等级与洪水标准

瀑布沟水电站水库正常蓄水位以下库容50.1亿 m^3，装机容量3600MW。根据《防洪标准》(GB 50201—94)和《水电枢纽工程等级划分及设计安全标准》(DL 5180—2003)，并经审查同意，枢纽工程为一等工程；主要水工建筑物为 1 级建筑物，次要水工建筑物为 3 级建筑物。

大坝设计洪水频率 $P=0.2\%$，相应设计洪水流量 9460m³/s；校核洪水采用可能最大洪水 (PMF)，相应洪水流量 15250m³/s。

电站厂房采用设计洪水频率 $P=0.5\%$，相应设计洪水流量 10900m³/s；校核洪水频率 $P=0.1\%$，相应校核洪水流量 11500m³/s。

下游消能防冲设施按 100 年一遇洪水标准设计，相应洪水流量为 8230m³/s。

尼日河引水工程属Ⅲ等工程，主要水工建筑物为 3 级建筑物；设计洪水频率 $P=2\%$，相应流量 2560m³/s；校核洪水频率 $P=0.2\%$，相应流量 3520m³/s。

安全超高标准按《水电枢纽工程等级划分及设计安全标准》(DL 5180—2003) 及《碾压式土石坝设计规范》(DL/T 5395—2007)，堆石坝的顶部高程应按正常运用洪水或非常运用洪水下的水库静水位加相应的波浪高度、风壅高度和安全加高确定，其中地震工况的坝顶超高，应为正常运用坝顶超高再加地震安全加高。坝顶安全加高为：正常运用洪水 1.5m；非常运用洪水 1.0m。

3.4.2　防洪保护对象和控泄要求

洪灾历来是威胁人民生命财产安全的心腹之患。长江上游水力资源丰富，又是洪水的多发区，在长江的治理中，水利水电工程占有重要的地位和作用。

据统计，长江上游干、支流洪水遭遇是造成长江中游洪灾重要因素。长江上游洪水主要来自金沙江、大渡河、嘉陵江和乌江，其年最大 30 天的洪量约占长江上游相应洪量的80.7%，年输沙量约占长江上游年输沙量的 92.8%。根据国务院审定的《长江流域综合利用规划要点报告》，瀑布沟水库作为大渡河的控制性水库，属长江上游防洪体系的重要组成部分。

通过修建瀑布沟水库，可以有效解决由于龚嘴水库淤积降低成昆铁路峨边沙坪路段标准的问题，使该路段在大渡河发生 100 年一遇洪水时能安全通行；提高龚嘴发电厂的防洪标准，解除洪水威胁；使下游河心洲的防洪标准由不到 2 年一遇提高到 20 年一遇，并在一定程度上减轻乐山市的洪灾损失。

根据乐山市人民政府防汛抗旱指挥部就瀑布沟电站有关解决乐山市大渡河沿江地区防洪问题提出意见：

设计瀑布沟电站时，在允许的条件下，预留一定防洪库容，适当削减上游洪峰，以减轻下游洪水灾害。建议当发生 20 年一遇及以下洪水时，上游入库流量超过 3000m³/s，滞留超出部分的一半洪水，下泄一半洪水。尽量控制福禄水文站最大流量不超过 6000m³/s，使沿江一带城镇及河心洲坝的防洪标准尽量提高到 20 年一遇。

3.4.3　设计洪水

根据水文的复核成果，设计洪水与初步设计相同。其设计洪水过程采用由 1965 年 7月和 1981 年 9 月为典型推求的设计洪水过程线，1965 年 7 月的洪水是以上游来水与区间洪水遭遇所形成；1981 年 9 月的洪水则以上游来水为主。这两种洪水都能代表一般大洪水的特性，是对工程安全较为不利的典型。

经调洪演算后表明 1981 年 9 月的洪水对工程安全较为不利，故选定该次洪水作为瀑布沟水电站设计洪水过程线的放大典型。

瀑布沟坝址可能最大洪水也有两种典型，第一种是泸定以上流域发生可能最大洪水，区间发生相应洪水；第二种是区间发生可能最大洪水，泸定以上流域发生相应洪水。

经调洪演算后表明以泸定以上流域发生可能最大洪水，区间发生相应洪水对工程安全较为不利，故选定该次洪水作为瀑布沟水电站校核洪水过程线。

洪水特性见表 3.16、表 3.17。

表 3.16　　　　　　　瀑布沟水电站校核洪水（PMF）特性表

项目	PMF（泸定以上流域 PMP＋区间相应）	PMF（区间 PMP＋泸定以上流域相应）
洪峰流量/(m³/s)	15250	16300
24h 洪量/亿 m³	11.5	11
3d 洪量/亿 m³	30.1	26.2
7d 洪量/亿 m³	52.4	44.7

表 3.17　　　　　　　瀑布沟水电站洪水特性表

洪水频率/%	20	10	5	0.2
洪峰流量/(m³/s)	5680	6370	6960	9460
24h 洪量/亿 m³	4.78	5.36	5.85	7.95
3d 洪量/亿 m³	12.9	14.1	15.3	19.9
7d 洪量/亿 m³	26.8	29.2	31	39.6

3.4.4　汛期限制水位

根据中国国际工程咨询有限公司《关于四川瀑布沟水电站项目建议书的评估意见》：综合考虑水库汛期回水淤积影响、下游防洪要求，通过技术经济比较，推荐瀑布沟水电站汛期限制水位 841m 基本合适。可行性研究阶段，根据长江流域和四川省最新防洪规划、乐山市新的防洪要求，结合水库运用方式，进一步研究适当降低汛期限制水位、增大防洪库容的可能性；拟定汛期限制水位为 840m 和 841m，洪水起调水位为 840m 和 841m 两种情况进行研究。研究结论是从水库的水位方面分析，汛期限制水位 841m 和 840m 都能够满足下游防洪的要求，汛期限制水位采用 841m。

3.4.5　泄流曲线

3.4.5.1　泄水建筑物

1. 溢洪道

溢洪道紧靠左坝肩布置，进口闸轴线走向为 N24°E。设 3 孔 12m×17m（宽×高）的开敞式进水闸，堰顶高程 833.00m，堰底长度 42.40m，堰后接两段底坡 $i=0.05$ 和 $i=$

0.21 的泄水陡槽，泄槽断面为矩形，在桩号溢 0+090.00～0+240.00m 段槽宽由 48m 渐变为 34m，出口采用挑流消能，挑流鼻坎坎顶高程 793.26m。溢洪道总长约 575m，最大泄量 6941m³/s，最大单宽流量 204m³/(s·m)，最大流速 36.3m/s。

2. 泄洪洞

深孔无压泄洪洞由进口、洞身（含补气洞）、出口 3 部分组成。

进口为岸塔式，塔顶高程 856.00m，塔体尺寸 52.0m×22.0m×67.0m（长×宽×高），置于弱风化、弱卸荷的花岗岩岩体上，最大开挖边坡高度约 117m。进口底板顶高程为 795.00m，采用有压短管进口。进口岸塔内设事故检修闸门和工作闸门各一道，工作闸门为弧形闸门，孔口尺寸为 11.0m×11.5m（宽×高），进口塔顺水流向长 52.0m。

洞身段长约 2024.82m，采用同一底坡 $i=0.058$，最大泄量 3380m³/s，最大流速约 40m/s；圆拱直墙式断面，宽度 12.0m，洞高 15.0～16.5m，衬砌厚度 0.5～2.0m。隧洞沿线设有掺气槽，掺气槽间距 200m；在桩号（泄）0+931.00m 处设置一补气洞。

出口位于瀑布沟沟口附近，扭曲挑流鼻坎坎顶高程 687.88m，长度 43.0m，反弧半径为 96.12m，挑角 30°07′32″，挑流水舌冲坑靠河床左岸。

3. 放空洞

放空洞进口布置在距离坝轴线上游 300m 处，采用深式有压进口与竖井式闸门井结合的布置形式，进口底板顶高程为 730.00m；事故检修闸门井高 126m，平板检修闸门孔口尺寸为 7.0m×9.0m（宽×高），最大泄量 1398m³/s。进口至事故检修闸门井段为有压盲肠洞段，长 122.36m，断面直径 10.0m，衬厚 1.0m，底坡为平坡。

圆形有压洞段由直段和两弯段组成。两弯段洞长约 457.15m，底坡 0.0062878，洞径 9.0m，衬厚 0.8～1.0m，最大流速约 22.5m/s。工作闸室设在右岸防渗帷幕线下游的Ⅱ类围岩区，闸门孔口尺寸 6.5m×8.0m（宽×高），闸室底高程 727.50m，在高程 757.50m 设操作平台和对外交通洞。

工作闸室后接直线布置的圆拱直墙式无压洞，长 556.54m，平均底坡 0.056575，衬厚 0.8～1.0m，洞内最大流速达 30m/s，采用 C40 的抗冲磨混凝土衬砌。在距出口 200m 处设一掺气坎，其后 40m 范围内的底坡为 0.15。

出口底板高程 679.00m，采用挑流消能，水流泄入大渡河与尼日河的汇口段。

放空洞承担施工期导流洞下闸封堵后向下游供水，保证下游龚嘴和铜街子水电站发保证出力的用水需要。

3.4.5.2 溢洪道泄流能力和泄流曲线

1. 溢洪道泄流能力曲线计算成果

岸边溢洪道溢流堰泄流能力计算成果见表 3.18。

表 3.18 岸边溢洪道溢流堰泄流能力计算成果

水库水位/m	853.78	850.24	850	849	846	844	842	840	838	836	833
水头/m	20.78	17.24	17	16	13	11	9	7	5	3	0
下泄流量/(m³/s)	6941	5153	5040	4563	3242	2461	1763	1163	700	325	0

2. 溢洪道泄流曲线模型试验成果

岸边溢洪道单体水工模型试验（比尺：1：50）委托中国水利水电科学研究院进行，模型试验提供的泄流能力见表 3.19。

表 3.19　　　　　　　　岸边溢洪道溢流堰泄流能力模型试验成果

水库水位/m	853.78	848.31	847.97	845.90	843.4	841
水头/m	20.78	15.31	14.97	12.9	10.4	8
下泄流量/(m^3/s)	6964	4320	4171	3305	2360	1566

表 3.20 为各级设计水位下试验流量和设计流量的比较。由表可见，泄流能力试验值比设计值偏大 0.3%～8%，且随着水位的增加试验值和设计值越来越接近，根据设计计算及模型试验复核，岸边溢洪道设计体型及尺寸，能够满足工程泄洪要求。

表 3.20　　　　　　　　各级设计水位下试验流量和设计流量比较

水库水位/ m	试验流量/ (m^3/s)	设计流量/ (m^3/s)	相对误差/ %
841.00	1565.76	1449.94	7.99
843.40	2359.77	2239.16	5.39
845.90	3304.77	3204.99	3.11
847.97	4170.52	4093.03	1.89
848.31	4319.56	4247.02	1.71
853.78	6964.08	6941.35	0.33

正常蓄水位条件下闸门开度与下泄流量见表 3.21，汛期限制水位条件下闸门开度与下泄流量见表 3.22。

表 3.21　　　　　　　　正常蓄水位条件下闸门开度与下泄流量

闸门开度/ m	夹角/ (°)	流量系数	孔口宽度/ m	下泄流量/ (m^3/s)
0	63.74	0.68	12	0
1	67.22	0.65	12	142.43
2	70.62	0.62	12	271.71
3	73.95	0.6	12	394.42
4	77.22	0.57	12	499.59
5	80.45	0.55	12	602.58
6	83.65	0.53	12	696.8
7	86.83	0.51	12	782.26
8	90	0.49	12	858.95
9	93.17	0.49	12	966.32
10	96.35	0.49	12	1073.69

表 3.22   汛期限制水位条件下闸门开度与下泄流量

闸门开度/ m	夹角/ (°)	流量系数	孔口宽度/ m	下泄流量/ （m³/s）
0	63.74	0.68	12	0
1	67.22	0.64	12	96.23
2	70.62	0.59	12	177.42
3	73.95	0.55	12	248.09
4	77.22	0.52	12	312.75
5	80.45	0.48	12	360.86
6	83.65	0.46	12	414.99
7	86.83	0.43	12	452.58
8	90	0.41	12	493.18

3.4.5.3 泄洪洞泄流能力

泄洪洞进口设置平板检修闸门及弧形工作闸门各一道，工作门尺寸为 11.0m×11.5m（宽×高）。泄洪洞的泄流能力受工作闸门孔口尺寸控制，水库水位高于 815.00m 时为闸孔出流，低于 815.00m 时为宽顶堰流。闸孔出流计算公式：

$$Q = \mu A \sqrt{2g(H - \varepsilon h)} \tag{3.2}$$

式中 Q——泄流量，m³/s；

　　　μ——流量系数，工作门后为 1:4 的压坡时，流量系数取 0.876；

　　　A——压力段出口过水断面积，m²，$A = 11m×11.5m = 126.5m^2$；

　　　g——重力加速度，m/s²；

　　　H——进口底板高程以上水头，m；

　　　ε——水流垂向收缩系数，取 0.895；

　　　h——压力段出口孔高，m。

堰流计算公式：

$$Q = mb \sqrt{2g} H_0^{\frac{3}{2}} \tag{3.3}$$

式中 Q——堰流量，m³/s；

　　　m——流量系数；

　　　b——堰顶过水净宽，m；

　　　g——重力加速度，m/s²；

　　　H——包括流速水头在内的堰前总水头，m。

在设计水位 850.24m、闸门全开时，相应泄流量为 3282m³/s；在校核水位 853.78m、闸门全开时，相应泄流量为 3418m³/s，满足泄流要求。

泄流计算成果与河海大学所作的瀑布沟水电站泄洪洞模型试验成果见表 3.23。

表 3.23　　　　　　　　　　泄洪洞下泄流量设计值与试验值比较表

| 工　况 | 水库水位/
m | 泄流量/(m³/s) | | $Q_{试}-Q_{设}$/
(m³/s) | $(Q_{试}-Q_{设})/Q_{设}$/
% |
		设计值	试验值		
常年洪水（5 年一遇）	845.83	3125	3289.00	164.00	5.2
设计洪水（500 年一遇）	850.24	3311	3245.6	−65.4	−2.0
校核洪水（PMF）	853.78	3418	3452.00	72.00	1
正常蓄水位	850.00	3282	3344.50	62.5	1.9
其他水位	858.00	3564			
	857.00	3530			
	856.00	3495			
	855.00	3461			
	854.00	3426			
	853.00	3390	3457.90	67.9	2.0
	840.00	2892	2931.80	39.8	1.4
	830.00	2440	2452.80	12.8	0.5
	820.00	1882	1865.20	−17	−0.9

泄洪洞闸门不同开度流量系数及流量见表 3.24，不同水位时下泄 2000m³/s 的闸门开度见表 3.25。

表 3.24　　　　　　　　　　泄洪洞闸门不同开度流量系数及流量

工　况		0.1	0.2	0.3	0.4	0.5	0.6	0.7	0.8	0.9
校核水位 853.78m	Q/(m³/s)	306.7	606.8	898.0	1178.4	1446.3	1700.4	1939.7	2258.7	2636.3
	μ_0	0.999	0.995	0.989	0.98	0.97	0.958	0.944	0.933	0.909
设计水位 850.24m	Q/(m³/s)	297.1	587.4	868.9	1139.6	1397.9	1642.6	1872.7	2179.0	2540.5
	μ_0	0.999	0.995	0.989	0.98	0.97	0.958	0.944	0.933	0.909
正常蓄水位 850.00m	Q/(m³/s)	296.4	586.1	866.9	1136.9	1394.6	1638.7	1868.1	2173.6	2534
	μ_0	0.999	0.995	0.989	0.98	0.97	0.958	0.944	0.933	0.909

表 3.25　　　　　　　　　　不同水位时下泄 2000m³/s 的闸门开度

水库水位/m	闸门开度/m	下泄流量/(m³/s)	水库水位/m	闸门开度/m	下泄流量/(m³/s)
850	0.74	2007	845	0.79	2005
849	0.75	2008	844	0.80	2034
848	0.76	2009	843	0.81	2029
847	0.77	2008	842	0.82	2023
846	0.78	2007	841	0.83	2017

3.4.5.4 放空洞泄流能力

放空洞泄流能力受闸门孔口控制，孔口尺寸为 6.5m×8.0m（宽×高）。根据枢纽运行调度，水库有放空要求时，先将库水位降至 805.00m，再开启放空洞工作闸门，最大泄量为 1398m³/s。

泄洪能力按有压洞长管自由出流公式计算：

$$Q = \mu \omega \sqrt{2g(H_0 - h)} \tag{3.4}$$

式中 Q——下泄流量，m³/s；

μ——流量系数，与有压洞沿程水头损失和各部分局部水头损失有关，经计算，$\mu = 0.751$；

ω——出口断面面积，m²；

g——重力加速度，m/s²；

H_0——出口断面水头，m，$H_0 =$ 水库水位－出口底板高程；

h——出口断面的比势能，m。

放空洞泄流计算成果与模型试验成果见表 3.26。

表 3.26　　　　　　　放空洞泄流计算成果与试验成果对比表

水库水位/m	下泄流量/(m³/s)		相差/%
	计算值	试验值	
745.00	516.69		
750.00	638.34	744.0	17
755.00	740.26		
760.00	829.76		
765.00	910.50		
770.00	984.64	1073.3	9
775.00	1053.57		
780.00	1118.27		
785.00	1179.42		
790.00	1237.56	1323.0	7
795.00	1293.08		
800.00	1346.32	1431.7	6
805.00	1397.52	1483.0	6
810.00	1446.92		
815.00	1494.69		

工作闸门前的有压段，洞径为 9.00m，下泄流量 1398m³/s 时，洞内平均流速 22m/s。

3.4.5.5 总泄流能力

瀑布沟水电站泄流能力见表 3.27。

表 3.27 瀑布沟水电站泄流能力

水位/m	溢洪道/(m³/s)	泄洪洞/(m³/s)	机组/(m³/s)	泄流能力(泄洪洞不过流)/(m³/s)	泄流能力(泄洪洞按2000过流)/(m³/s)	泄流能力(机组不过流)/(m³/s)
840	1162.84	2891.717	1400	2562.84	4562.84	4054.557
841	1449.94	2933.08	1400	2849.94	4849.94	4383.02
842	1762.68	2973.867	1400	3162.68	5162.68	4736.547
843	2099.88	3014.102	1400	3499.88	5499.88	5113.982
844	2460.83	3053.808	1400	3860.83	5860.83	5514.638
845	2845.67	3093.003	1400	4245.67	6245.67	5938.673
846	3242.33	3131.709	1400	4642.33	6642.33	6374.039
847	3665.64	3169.941	1400	5065.64	7065.64	6835.581
848	4105.34	3207.718	1400	5505.34	7505.34	7313.058
849	4563.06	3245.055	1400	5963.06	7963.06	7808.115
850	5039.71	3281.968	1400	6439.71	8439.71	8321.678
851	5530.32	3318.47	1400	6930.32	8930.32	8848.79
852	6033.18	3354.575	1400	7433.18	9433.18	9387.755
853	6538.81	3390.295	1400	7938.81	9938.81	9929.105
854	7060.16	3425.643	1400	8460.16	10460.16	10485.8
855	7592.62	3460.629	1400	8992.62	10992.62	11053.25
856	8120.89	3495.266	1400	9520.89	11520.89	11616.16
857	8656.23	3529.563	1400	10056.23	12056.23	12185.79
858	9202.84	3563.529	1400	10602.84	12602.84	12766.37

泄洪建筑物按以下方式运行：

（1）当入库流量 $Q \geqslant 9460 \text{m}^3/\text{s}$（重现期为 500 年一遇 $P=0.2\%$）时，溢洪道、泄洪洞参与泄洪，机组不参与泄洪。

（2）当入库流量 $Q < 9460 \text{m}^3/\text{s}$（重现期为 500 年一遇 $P=0.2\%$）和 $Q \geqslant 8230 \text{m}^3/\text{s}$（重现期为 100 年一遇 $P=1\%$）时，溢洪道、泄洪洞参与泄洪，同时考虑 4 台机组正常引水发电，单机引用流量为 $350 \text{m}^3/\text{s}$。

（3）当入库流量 $Q < 8230 \text{m}^3/\text{s}$（重现期为 100 年一遇 $P=1\%$）时，首先开启溢洪道参与泄洪，泄洪洞按 $2000 \text{m}^3/\text{s}$ 控制泄流，同时考虑 4 台机组正常引水发电，单机引用流量为 $350 \text{m}^3/\text{s}$。

电站共装机 6 台，额定流量为 $417 \text{m}^3/\text{s}$，在调洪计算中为了安全，考虑机组 4 台参与过流，流量为 $350 \text{m}^3/\text{s}$。

3.4.6 水库库容曲线

根据 1:2000 的地形图量测的瀑布沟水库库容曲线，见表 3.28。

表 3.28　　　　　　　　　瀑布沟水库库容曲线（1:2000）

高程/m	总库容/亿 m³	高程/m	总库容/亿 m³
680	0	816	25.18
690	0.018	818	26.46
700	0.0549	820	27.76
710	0.1281	822	29.08
720	0.2283	824	30.42
730	0.3727	826	31.79
740	0.6333	828	33.18
750	1.1202	830	34.59
760	2.0632	832	36.03
770	4.1062	834	37.5
780	7.2113	836	38.99
786	9.48	838	40.51
788	10.31	840	42.05
790	11.17	841	42.835
792	12.07	842	43.62
794	13	844	45.21
796	13.96	846	46.82
798	14.95	848	48.45
800	15.97	848.4	48.78
802	17.03	850	50.11
804	18.11	850.24	50.31
806	19.21	852	51.8
808	20.35	853.78	53.37
810	21.51	854	53.51
812	22.71	856	55.24
814	23.93		

3.4.7 调洪原则

对于各种频率的洪水，由于没有考虑洪水预报，洪水起调水位均为 841.00m。

当入库流量大于 3000m³/s 时，超出部分拦蓄一半泄一半，当库水位超过 848.41m 时，且入库流量 $Q<8230\text{m}^3/\text{s}$（重现期为 100 年一遇 $P=1\%$）和水库水位小于 850m 时，水库按不大于 5810m³/s（不淹下游金口河段成昆铁路）控泄；当库水位超过 848.41m

时，且入库流量 $Q > 8230 \mathrm{m}^3/\mathrm{s}$（重现期为 100 年一遇 $P=1\%$）时，水库敞泄；当水库水位大于 850m 时，水库按敞泄方式运行以尽快降低水位确保大坝安全，退水段情况下，对于入库流量 $Q < 6960 \mathrm{m}^3/\mathrm{s}$（重现期为 20 年一遇 $P=5\%$），下泄流量按最大不超过 $4980 \mathrm{m}^3/\mathrm{s}$（考虑对深溪沟防洪影响）控制，当水位达到 841m 时，水库保持在汛期限制水位 841m，不再降低水位。

3.4.8 调洪计算

根据下游的防洪要求，将下游的防洪标准提高到 20 年一遇，对 20 年一遇、500 年一遇、校核洪水（PMF）进行计算见表 3.29。

表 3.29 瀑布沟水电站各方案调洪计算成果

洪水典型	调洪前流量/(m³/s)	最大下泄流量/(m³/s)	水库最高水位/m
校核洪水（PMF）	15250	10312	853.69
设计洪水（$P=0.2\%$）	9460	8448	850.24

瀑布沟水电站的正常蓄水位为 850.00m，死水位 790.00m，汛期限制水位 841.00m，防洪高水位 850.00m，设计洪水位 850.24m，校核洪水位 853.78m。

瀑布沟水电站特征水位见表 3.30。

表 3.30 瀑布沟水电站特征水位

项 目	单位	指标	项 目	单位	指标
正常蓄水位	m	850	防洪高水位	m	850
正常蓄水位以下库容	亿 m³	50.11	防洪库容	亿 m³	7.27
死水位	m	790	设计洪水位	m	850.24
死水位以下库容	亿 m³	11.17	校核洪水位	m	853.78
汛期限制水位	m	841	总库容	亿 m³	53.37
汛期限制水位以下库容	亿 m³	42.84	调洪库容	亿 m³	10.53

瀑布沟水电站 $P=5\%$ 洪水调节计算过程见表 3.31。

表 3.31 瀑布沟水电站 $P=5\%$ 洪水调节计算过程

时间/h	入流/(m³/s)	出流/(m³/s)	蓄量/(m³/s)	水位/m	时末库容/亿 m³
9	3600	3300	300	841.31	43.08
3	3700	3350	350	841.36	43.11
12	3870	3435	435	841.57	43.28
6	3950	3475	475	841.7	43.38
6	3900	3450	450	841.83	43.48
6	3800	3400	400	841.94	43.57
3	3810	3405	405	842	43.62

时间/h	入流/(m³/s)	出流/(m³/s)	蓄量/(m³/s)	水位/m	时末库容/亿 m³
3	3870	3435	435	842.06	43.66
6	3940	3470	470	842.18	43.76
3	4000	3500	500	842.25	43.81
3	4000	3500	500	842.31	43.87
3	3970	3485	485	842.38	43.92
3	4010	3505	505	842.45	43.97
6	4070	3535	535	842.59	44.09
6	4120	3560	560	842.74	44.2
6	4040	3520	520	842.88	44.32
6	4060	3530	530	843.03	44.43
6	4170	3585	585	843.18	44.55
6	4380	3690	690	843.35	44.69
6	4520	3760	760	843.55	44.85
6	4610	3805	805	843.76	45.02
3	4720	3860	860	843.88	45.11
3	4870	3935	935	844	45.21
6	5170	4085	1085	844.27	45.42
6	5460	4230	1230	844.58	45.67
3	5450	4225	1225	844.74	45.81
9	5350	4175	1175	845.23	46.19
3	5350	4175	1175	845.38	46.32
3	5380	4190	1190	845.54	46.45
6	5440	4220	1220	845.87	46.71
3	6100	4550	1550	846.05	46.86
2	6750	4875	1875	846.2	46.98
3	6860	4930	1930	846.45	47.19
3	6940	4970	1970	846.71	47.4
1	6960	4980	1980	846.8	47.47
2	6920	4980	1940	846.97	47.61
3	6870	4980	1890	847.22	47.82
3	6810	4980	1830	847.47	48.02
3	6690	4980	1710	847.7	48.21

时间/h	入流/(m³/s)	出流/(m³/s)	蓄量/(m³/s)	水位/m	时末库容/亿 m³
4	6400	4980	1420	847.98	48.43
3	5850	4980	870	848.13	48.56
6	5400	4980	420	848.3	48.7
6	5200	4980	220	848.38	48.77
6	5000	4980	20	848.41	48.79
12	4730	4980	−250	848.35	48.74
6	4750	4750	0	847.63	48.15
6	4600	4980	−380	847.58	48.11
12	4370	4980	−610	847.31	47.89
9	4200	4980	−780	847.04	47.67
9	4070	4980	−910	846.7	47.39
6	3990	4980	−990	846.45	47.19
12	3860	4980	−1120	845.89	46.73
12	3740	4980	−1240	845.26	46.22
12	3660	4980	−1320	844.57	45.67
6	3680	3680	0	843.96	45.17
6	3660	4980	−1320	843.78	45.03
6	3650	4980	−1330	843.42	44.74
12	3570	4980	−1410	842.67	44.15
6	3510	4980	−1470	842.28	43.84
3	3420	3420	0	841	42.84

瀑布沟水电站 $P=0.2\%$ 洪水调节计算过程见表 3.32。

表 3.32　　　　　　　　　瀑布沟水电站 $P=0.2\%$ 洪水调节计算过程

时间/h	入流/(m³/s)	出流/(m³/s)	蓄量/(m³/s)	水位/m	时末库容/亿 m³
2	3930	3465	465	841	42.87
2	3960	3480	480	841.09	42.9
6	4050	3525	525	841.23	43.01
9	4340	3670	670	841.47	43.21
3	4430	3715	715	841.57	43.28
12	4590	3795	795	841.98	43.61
6	4690	3845	845	842.21	43.78

续表

时间/h	入流/(m³/s)	出流/(m³/s)	蓄量/(m³/s)	水位/m	时末库容/亿 m³
6	4630	3815	815	842.43	43.96
6	4510	3755	755	842.65	44.13
3	4520	3760	760	842.75	44.21
3	4590	3795	795	842.86	44.3
6	4680	3840	840	843.08	44.47
3	4750	3875	875	843.2	44.57
3	4750	3875	875	843.31	44.66
3	4720	3860	860	843.43	44.76
3	4760	3880	880	843.55	44.85
6	4890	3945	945	843.8	45.05
6	4970	3985	985	844.06	45.26
6	4900	3950	950	844.32	45.46
6	4980	3990	990	844.58	45.67
6	5300	4150	1150	844.87	45.9
6	5590	4295	1295	845.19	46.17
6	5750	4375	1375	845.55	46.46
6	5860	4430	1430	845.93	46.76
3	5950	4475	1475	846.12	46.92
3	6150	4575	1575	846.32	47.08
6	6570	4785	1785	846.77	47.44
6	7000	5000	2000	847.27	47.85
3	6990	4995	1995	847.53	48.07
9	6820	4910	1910	848.3	48.7
3	6820	4910	1910	848.55	48.91
3	6850	5810	1040	848.74	49.07
6	6930	5810	1120	849.02	49.3
3	8100	5810	2290	849.25	49.48
2	9060	8100.87	959.13	849.39	49.6
3	9300	8209.91	1090.09	849.52	49.71
3	9450	8281.36	1168.64	849.67	49.83
1	9460	8305.42	1154.58	849.72	49.88
2	9430	8351.59	1078.41	849.82	49.96

时间/h	入流/(m³/s)	出流/(m³/s)	蓄量/(m³/s)	水位/m	时末库容/亿 m³
3	9320	8413.15	906.85	849.94	50.06
3	9210	8464.71	745.28	850.05	50.15
3	9070	8400.21	669.79	850.14	50.23
4	8850	8444.83	405.16	850.23	50.31
3	8150	8448.28	−298.28	850.24	50.31
6	6970	8335.93	−1365.93	850.03	50.13
6	6550	8138.4	−1588.4	849.64	49.81
6	6270	7921.84	−1651.84	849.22	49.46
12	5880	7496.26	−1616.26	848.37	48.76
6	5910	5910	0	848.16	48.58
6	5790	7207.24	−1417.24	847.97	48.43
12	5400	6918.35	−1518.35	847.2	47.8
9	5160	6650.47	−1490.48	846.6	47.31
9	4970	6385.45	−1415.45	846.02	46.84
6	4860	6222.84	−1362.84	845.65	46.54
12	4650	5916.49	−1266.5	844.95	45.97
12	4470	5639.49	−1169.49	844.29	45.44
12	4310	5389.24	−1079.24	843.69	44.96
6	4340	4340	0	843.41	44.74
6	4310	5180.64	−870.65	843.17	44.54
6	4300	5091.48	−791.48	842.94	44.37
12	4190	4933.86	−743.86	842.52	44.03
6	4130	4858.3	−728.3	842.32	43.87
6	4060	4783.77	−723.78	842.13	43.72
3	4050	4747.31	−697.31	842.03	43.64
3	3980	4711.91	−731.91	841.93	43.56
6	3960	4642.86	−682.86	841.73	43.41
3	4010	4010	0	841.65	43.34

瀑布沟水电站可能最大降雨（PMP）洪水调节计算过程见表 3.33。

表 3.33　　　　　瀑布沟水电站可能最大降雨（PMP）洪水调节计算过程

时间/h	入流/(m³/s)	出流/(m³/s)	蓄量/(m³/s)	水位/m	时末库容/亿 m³
3	3720	3360	360	841.15	42.95
3	4212.5	3606.25	606.25	841.22	43.01
3	4705	3852.5	852.5	841.32	43.09

续表

时间/h	入流/(m³/s)	出流/(m³/s)	蓄量/(m³/s)	水位/m	时末库容/亿 m³
3	5197.5	4098.75	1098.75	841.45	43.19
3	5690	4345	1345	841.62	43.32
3	6095	4547.5	1547.5	841.82	43.48
3	6500	4750	1750	842.05	43.66
3	6905	4952.5	1952.5	842.3	43.86
3	7310	5155	2155	842.58	44.08
3	7622.5	5311.25	2311.25	842.88	44.32
3	7935	5467.5	2467.5	843.21	44.58
3	8247.5	5623.75	2623.75	843.55	44.85
3	8560	5780	2780	843.92	45.14
3	9145	5983.07	3161.93	844.32	45.47
3	9730	6158.13	3571.87	844.77	45.83
3	10315	6355.73	3959.27	845.28	46.24
3	10900	6575.99	4324	845.83	46.68
3	11877.5	6834.69	5042.81	846.45	47.19
3	12855	7138.53	5716.47	847.17	47.77
3	13832.5	7489.08	6343.42	847.96	48.42
3	14810	7884.39	6925.61	848.83	49.14
3	15030	8304.58	6725.42	849.72	49.87
3	15250	8719.24	6530.76	850.57	50.59
3	14335	9028.73	5306.27	851.33	51.24
3	13420	9352.19	4067.8	851.93	51.74
3	13022.5	9608.07	3414.42	852.41	52.15
3	12625	9820.46	2804.53	852.8	52.48
3	12227.5	9994.31	2233.19	853.12	52.75
3	11830	10132.36	1697.63	853.37	52.97
3	11345	10231.1	1113.89	853.54	53.12
3	10860	10290.22	569.77	853.65	53.21
3	10375	10312.45	62.55	853.69	53.24
3	9890	10300.25	−410.25	853.67	53.22
3	9570	10261.55	−691.55	853.6	53.16
3	9250	10203.75	−953.75	853.49	53.08
3	8930	10128.18	−1198.19	853.36	52.96
3	8610	10036.03	−1426.04	853.19	52.82
3	8340	9930.09	−1590.09	853	52.65

续表

时间/h	入流/(m³/s)	出流/(m³/s)	蓄量/(m³/s)	水位/m	时末库容/亿 m³
3	8070	9816.14	−1746.14	852.79	52.47
3	7800	9691.9	−1891.9	852.56	52.28
3	7530	9558.02	−2028.02	852.31	52.07
3	7305	9416.63	−2111.64	852.05	51.84
3	7080	9268.54	−2188.54	851.78	51.61
3	6855	9115.02	−2260.02	851.49	51.37
3	6630	8956.75	−2326.76	851.2	51.12
3	6470	8797.31	−2327.32	850.9	50.87
3	6310	8640.12	−2330.12	850.6	50.62
3	6150	8482.76	−2332.77	850.31	50.37
3	5990	8325.22	−2335.22	850.01	50.12

第4章　机组启动试运行及验收

4.1　机电设备、金属结构供货与安装调试

4.1.1　主要机电设备采购及分标情况

瀑布沟水电站勘测设计由中国水电顾问集团成都勘测设计研究院承担，主要设备供货单位通过招标确定。主要机电设备采购及分标情况见表4.1。

表4.1　主要机电设备采购及分标情况

序号	设备采购合同名称	承包单位	监造单位
1	2号、4号、6号水轮机、圆筒阀及附属设备	东方电机股份有限公司	四川二滩国际工程咨询有限责任公司（简称二滩国际）
2	1号、3号、5号水轮机、圆筒阀及附属设备	通用电气亚洲水电设备有限公司	
3	水轮发电机及附属设备	东方电机股份有限公司	
4	主厂房420t＋420t双小车桥式起重机	太原重工股份有限公司	
5	主变压器及附属设备	西安电力机械制造公司	
6	550kV交联聚乙烯绝缘电缆	法国雪力克电缆公司	
7	调速器及其附属设备	武汉事达电气股份有限公司	
8	20kV/22kA全连续式离相封闭母线及附属设备	北京电力设备总厂	无
9	500kV并联电抗器及其附属设备	保定天威保变电气股份有限公司	
10	水轮机发电机组自动化组件	成都锐达自动控制有限公司	
11	水轮发电机组励磁系统及其附属设备	广州电器科学研究院	
12	计算机监控系统及附属设备	北京中水科水电科技开发有限公司	
13	机组辅助、公用控制设备	成都锐达自动控制有限公司	
14	泄洪系统闸门	中国葛洲坝集团机械船舶有限公司	长江勘测设计研究院（简称长勘院）、二滩国际
15	泄洪系统闸门	夹江水工机械厂	长勘院

序号	设备采购合同名称	承包单位	监造单位
16	引水系统闸门（含拦污栅）	中国水利水电第十三工程局	二滩国际
17	施工导流、尾水系统、尼日河工程闸门	中国水利水电第七工程局	长勘院、四川二滩建设咨询有限公司
18	固定卷扬式启闭机	中国水利水电第五工程局	二滩国际、长勘院
19	移动式启闭机	郑州水工机电装备有限公司	二滩国际、长勘院

4.1.2 机电安装调试

4.1.2.1 机电安装工程概况

瀑布沟水电站设计安装 6 台单机额定容量 600MW 的混流式水轮发电机组，装机总容量 3600MW。

机电设备安装工程主要包括：水轮机、圆筒阀及其附属设备安装；调速系统安装；发电机及其附属设备安装；励磁系统安装及调试；机组自用电系统安装；机组控制保护设备安装，以及机组辅助和公用设备的安装。

葛洲坝集团机电建设有限公司主要承担 1 号、2 号水轮发电机组安装工程，以及机组辅助和公用设备的安装；中国水利水电第七工程局有限公司承担 3～6 号水轮发电机组安装工程。

瀑布沟水电站 6～1 号机组于 2006 年 11 月 1 日正式开工，分别于 2009 年 12 月 13 日、2009 年 12 月 23 日、2010 年 3 月 31 日、2010 年 6 月 29 日、2010 年 12 月 8 日和 2010 年 12 月 26 日完成 72h 试运行投入商业运行。

4.1.2.2 主要设备安装施工方法及质量控制

1. 水轮机设备安装

（1）尾水管安装。尾水肘管采用瓦片拼装的方式进行安装。预先测量放出控制线，并根据瓦片的安装位置摆放好支墩及楔子板。瓦片吊到位后，利用楔子板、压缝器、拉紧器、压机及大锤等工具调整其安装尺寸及合缝，满足安装要求后，再定位焊接。调整好的瓦片经验收合格后，进行正式焊接。肘管安装完成后，进行锥管安装。

焊接前，用焊条烘箱对焊条烘烤并保持 2h，装进焊条保温箱内，焊条保温箱温度控制在 120～150℃，随用随取。焊接时，由焊工取出装入接有地线的焊条保温筒使用。用 $\phi3.2mm$ 焊条打底，厚度约 4mm，其余各层用 $\phi4.0mm$ 焊条焊接，层厚控制在 4～5mm，各层间焊接头错开 150mm。每节安装时，控制其上口尺寸控制，满足规范要求。

（2）基础环、座环安装。基础环分成 2 瓣运输到工地，用螺栓把合后工地焊接，焊缝打磨光滑。基础环上的转轮下固定止漏环在安装间组圆，冷套到合缝的基础环上，其中 1 台机的下固定止漏环在 GEHA 指导下在机坑内冷套完成。座环用钢板焊接制成，作为底环、顶盖及导水机构的支承平面。座环分成 4 瓣运输到工地，用螺栓把合后工地焊接。座环与顶盖装配法兰面不留加工余量，由 GEHA 提供研磨工具，浇筑混凝土后座环如有变形，可进行上法兰面的研磨。

1）基础环及座环组装。根据设备尺寸在安装间组装工位测量放出支墩摆放圆，按每瓣至少3个支墩的要求，摆放好临时支墩。按组装标记及顺序，将各分瓣吊入就位进行组装；组装时，将先吊入的分瓣调平，并临时固定，再用桥机及手动葫芦将准备组装的分瓣吊入，靠近已固定的分瓣，调整螺孔与固定分瓣对正，穿入螺栓并拧紧，使其合缝。同样组装其余分瓣。以上平面为基准，用楔子板、千斤顶调整水平及组合缝间错位，合格后根据要求打紧组合螺栓，复测各组装数据满足要求。

2）座环的焊接。焊接顺序为：座环上、下环板定位焊→座环上、下环板焊接→座环围板焊接→座环底环板焊接→座环过渡板焊接→座环下围板焊接→座环上围板焊接；在座环部件连接螺栓全部拧紧后先进行定位焊，定位焊部位的预热温度同正式焊接预热温度相同，8条组合缝上下定位焊长度100mm，分别在焊缝中间和焊缝两端，其他地方的定位焊长度为100mm、间距400mm；座环上、下环板焊接采用上下对称焊接，焊接时上下环板均预热到厂家指定温度，采用分段多道镶边退步焊法，逐步缩小焊接坡口，每道焊缝焊高不超过5mm，打底焊用ϕ3.2mm焊条，其余用ϕ4mm焊条施焊；环板的焊接顺序为（以上环板焊接为例）：焊接前，在上环板两端各点焊一块引弧板，先在上环板下部仰焊部位将环板的对接钝边刨掉，然后打磨，经检查合格后开始焊接，焊满坡口高度的70%，转至环板上部，用碳弧气刨去掉座环分瓣连接的对装块，在平焊部位进行清根，清根后仔细打磨并做PT探伤检查合格，此时加热板仍保持在110℃。无损检验合格后，焊接坡口深度的70%，再返回仰焊位置，去掉下部的连接对装块，将仰焊部位焊接完成，最后回到平焊部位，完成整个焊缝的焊接；座环的上环与下环及围板顶部的焊接同步进行，因围板与下环板垂直相交，相交处不易于焊接及清根，为保证焊接质量及便于清根，在下环板上边焊接70%的过程中，每次均从围板靠顶部处引弧，在转角处连续施焊，下边焊接时，亦从围板靠顶部引弧，这样有效避开了容易造成焊接缺陷的转角部位；座环环板以上述过程用平衡式完成焊接，焊接的上、下层焊道的接头错开50mm以上，焊条摆动宽度不大于3倍焊条直径，盖面时从坡口的一侧开始，最后一条焊道不与母材相接；焊接完成后用石棉布盖住焊缝使温度缓慢降低，然后打磨过流面焊缝，做PT及UT探伤检测合格。

3）座环焊接监测及焊后复测。座环在焊接过程中进行变形监测，每间隔一定时间，用高精度水准仪监测座环的水平变化，用内径千分尺检测座环径向变化，用钢板尺检查座环焊缝收缩情况；根据变形情况，调整焊接速度、线能量及焊接工位；座环焊接完成后重新检查座环水平、直径、圆度符合要求。

4）基础环、座环吊装及安装。用全站仪测放机组的X、Y中心线及高程基准点；按图纸高程配割锥管配割段，打磨好坡口，准备好支墩及千斤顶；用厂房大桥机将基础环整体吊入机坑就位，调整其中心、方位、高程及水平，满足要求后进行加固；将座环吊入机坑与基础环进行对接，拧紧连接螺栓，对称均匀紧固；整体调整座环及基础环的水平、高程、中心方位等，合格后按设计要求加固，对称拧紧拉紧器，力矩达到要求后将其点焊；对称点焊座环支墩与楔子板，加固后复测基础环、座环高程、水平度、方位、中心，满足要求，待座环下部基础回填混凝土达到强度后对称拧紧全部地脚螺栓。

（3）蜗壳安装。根据厂家及设计要求，蜗壳在现场装配完成后，需进行强度压力试验及保压浇筑混凝土。后根据建设分公司、设计院、厂家及安装施工单位的四方会议纪要确定，取消蜗壳的强度压力试验，只需保压浇筑混凝土，保压浇筑混凝土压力 1.4MPa；蜗壳安装包括定位节的安装、其余管节的安装、蜗壳延伸段的安装、凑合节的安装和附件的安装等。

1）蜗壳定位节的安装。根据施工布置，沿水流方向在相应位置设定 4 个定位节。利用桥机将定位节缓缓落在事先摆放在蜗壳混凝土支墩的钢楔上就位，使管节上、下口的焊缝坡口分别与座环上、下过渡板的焊缝坡口对正；就位时以管节进水口面为基准面，调整管节使其方位、垂直度、最远点半径和高程均满足要求；在管节腰部上下游外侧用两根自制的、有足够刚性的角钢支撑或管支撑将其斜撑住，支撑的上端与管节腰部外侧焊接，下端同地面裸露的加固钢筋焊接，管节上、下口分别与座环上、下过渡板用拉紧器拉紧，管节底部用千斤顶支撑并打紧楔子板，防止倾倒和移位。

2）蜗壳其余管节的安装。与定位节的安装相似，安装调整时要控制与相邻管节的焊缝错牙量及非对缝侧的最远点半径及高程，调整合格加固后即可进行下一管节的吊装。

3）蜗壳延伸段的安装。由于用桥机不能将延伸段（特别是延伸段 A）直接吊装就位，所以事先从 1 号蜗壳节进口处向上游铺设约 12m 长的运输轨道，再用桥机将延伸段吊在轨道上，用两台 10t 导链作牵引，采用滑移法分别将延伸段运入并暂时存放起来，然后再按 C→B→A 的顺序分别进行安装。

4）蜗壳凑合节的安装。蜗壳凑合节均为瓦片供货，安装时，先将凑合节瓦片与座环上、下过渡板相对接，上半部分和下半部分吊装在座环和蜗壳管节上，根据实际外形轮廓在凑合节瓦块上标出切割线，切割多余部分，与管节对好缝并点焊；再将凑合节的中间部分吊装至管节上，根据实际轮廓线切割多余部分，与管节对缝点焊。

5）蜗壳的焊接。焊缝清理，将坡口及坡口两侧 50mm 范围内清理干净，直至露出金属光泽；焊条烘焙，达到制造厂家和设计要求后，保温待用；焊前预热，预热温度参照厂家要求执行；焊接过程中层间温度不得大于 200℃；焊接时环境温度高于 10℃，湿度小于 90％；焊接顺序，根据安装顺序，与安装管节隔开一条缝焊接，总的焊接顺序依次为：蜗壳环缝→过渡板纵缝→蜗壳延伸段管节纵缝→大舌板焊缝→凑合节纵缝→凑合节一侧环缝→凑合节与过渡板的焊缝→凑合节封闭环缝→蜗壳延伸段管节环缝；在蜗壳挂装期间同步进行蜗壳焊接（蜗壳挂装期间只焊接节与节间的环缝），在环缝两端预留出 300mm，在蜗壳与座环过渡板对接焊缝焊接时再焊。

6）蜗壳安装的质量控制要点。蜗壳安装位置的检查包括定位节安装的中心、高程及最远点半径、垂直度及凑合节的切割、对装及蜗壳延伸段瓦片吊装等；严格执行蜗壳焊接工艺及要求；蜗壳焊缝的错位及焊缝检查，包括与座环的对接焊缝、管节对接环缝、凑合节及蜗壳延伸段的纵环缝和与压力钢管的合拢环缝的焊前检查及焊后内部、外观检测；附件的安装及加固措施的检查。

（4）机坑里衬和导叶接力器基础安装。机坑里衬瓦片在厂房外施工营地平台拼装组焊成两个半圆，再运至主厂房组装；机坑里衬吊入机坑就位后，调整机坑里衬圆度和垂直度满足设计要求，检验合格后焊接机坑里衬与座环结合缝之间的环缝，并进行孔洞配割、焊接；安装调整导叶接力器基础，在高程、中心、垂直度等调整合格后进行加固，焊接接力器基础与机坑里衬间的焊缝；按设计图纸要求在机坑里衬外壁布置和焊接锚固件。

（5）座环及基础环打磨。根据机坑测定结果，按实际定位情况以砂轮机及平尺、水准仪等，打磨座环顶面支持环，同时以座环B面为基准，测量基础环底环安装面上的A、B面高程及水平，并根据开档情况按座环打磨方案，打磨至合格。

（6）导水机构预装：

1）底环、顶盖组装。按施工详图在顶盖组装工位布置12个支墩，成对楔子板；按制造厂标记用桥机将分瓣顶盖分别吊放在支墩上，并调整水平；吊装另一瓣顶盖与其组合，组合面涂抹密封胶，对称拧紧组合螺栓并穿入定位销钉，检查组合缝没有错牙后，用专用扳手把紧组合螺栓，完成后用塞尺检查组合缝无间隙；检查顶盖水平、圆度，合格后按制造厂要求打紧组合螺栓；对称焊接顶盖止漏环组合缝，焊后修磨焊缝，并按制造厂要求检验焊缝；再次检查顶盖水平、圆度，符合设计要求；底环的组装方法同顶盖。

2）底环预装。以固定导叶上下环面内侧为基准确定机组中心高程，并通过N3精密水准仪将基准反射到座环的下环板平面上，作为安装基准；采取挂钢琴线找中心的方式，测量调整底环下止漏环与座环的同心度，用内径千分尺测量底环平面到座环上平面的高度，综合考虑确定底环与基础环间A、B面的修磨量并按初期打磨方式进行控制；各项指标合格后，打紧把紧螺栓，并配钻铰定位销钉孔。

3）筒阀组装。在安装场准备好组装用的支墩及楔子板；按图纸装配顺序将筒阀分瓣运入安装场，并用桥机吊至支墩上，调整好水平及高程；按同样方法将另一瓣吊入就位，调整好；对好螺孔后，穿入组合螺栓，拧紧至要求紧度，调整筒阀的圆度等，符合要求；按对称分段工艺封焊筒阀的组合缝；筒阀组装完成后，重新检查并调整其圆度及高程、水平，调整好后，将组装好的顶盖吊入筒阀与筒阀一起进行预装配，定位筒阀接力器座并进行焊接及接力器的调整安装。

4）顶盖及筒型阀预装。将筒形阀筒体用厂家提供的吊具水平起吊，就位在底环上，检查水平及中心符合要求；测量筒体与固定导叶间的间隙，装焊打磨固定导向条；顶盖吊装前，在底环上插入20个导叶；用桥机将筒阀及顶盖吊入机坑进行预装，以下止漏环为中心基准、底环顶面高程为高程基准进行顶盖的调整定位；检查记录未插导叶的4个导叶处上、下轴套的同心度，检查其他导叶端面间隙及各导叶的灵活性符合要求，配钻铰顶盖与座环把合面销钉孔，将需要处理的螺栓孔作好标记，检查筒阀导向条间隙，确定导向条的配创量，完成后将顶盖及筒阀整体吊出，放在组装场支墩上；处理与座环把合的螺栓孔，同时，挂钢琴线进行密封座和轴承座等的预装，合格后钻铰销钉孔，进行正式安装。

（7）水轮机及筒型阀的正式安装：

1）转轮与水轮机轴连接。在基础环支持环面摆放8对楔子板用以调整转轮水平，安装好转轮吊具后，用厂房2号桥机将转轮吊入机坑，调整其中心及水平，满足要求后，用胶带纸封死转轮与底环间的间隙缝，防止异物掉入；用桥机420t钩将主轴连运输支架一起吊放于安装间；用清洗剂清扫主轴的法兰、销孔、螺孔及销套螺柱、螺母等，检查清扫主轴轴颈，配对研磨连轴螺栓及螺母的螺纹并达到组装要求；检查转轮、主轴各法兰面、主轴轴颈，用细油石去除高点，用平台或刀口尺检查转轮、主轴各法兰面的平面度，符合要求；用桥机420t钩水平吊起主轴，然后通过桥机双钩在空中进行立轴，将主轴调整垂直，然后吊入机坑，对正转轮螺孔就位；按制造厂要求用专用工具对称均匀拧紧连轴螺母，用专用工具按对称方式分阶段拉伸连轴螺栓至设计伸长值，用 0.03mm 塞尺检查组合面无间隙；装补气管下法兰；螺栓设计拉伸值为：0.44±0.07mm（设计值）。5 号机投入后，电厂向供货厂家提出需加大伸长值，厂家同意将转轮联轴螺栓、水轮机与发电机联轴螺栓拉伸值调为 0.44～0.62mm，最大不超过 0.62mm。

2）导水机构安装。转轮吊入机坑后，进行导水机构及筒阀的正式回装施工；利用桥机将筒形阀阀体吊入机坑就位，检查调整阀体中心水平；利用桥机将顶盖、控制环等设备吊入机坑，按序按要求安装导水机构各部件，调整导叶的端面、立面间隙至满足要求，锁锭导叶偏心销；安装其余各附件，并配钻各定位销钉，完成导水机构的正式安装。

3）导叶接力器安装。先按照厂家图纸进行清扫和打压试验，合格后用桥机吊入机坑安装，用手动葫芦调整好高程、水平、方位及行程，合格后先间隔紧固 1/2 基础螺栓，按接力器支撑座与基础板间的测量值加工垫板，然后按标记安装垫板，检查所有数据合格后紧固全部螺栓，螺栓紧固力矩符合要求；在导叶处于全关闭位置时用钢丝绳及两台 10t 手动葫芦捆紧，控制环置于全关位置，临时固定，安装导叶与控制环间的连杆，接力器置于全关位置后连接接力器和控制环；拆除导叶捆绑钢丝绳和控制环的临时加固，调速系统充油后作接力器的开关试验，调整压紧行程，撤除油压测量活塞返回行程即压紧行程值。

4）主轴密封安装。主轴工作密封位于水轮机水导轴承下方，在机组盘车合格后，利用厂家提供的专用工具，按照厂家要求进行设备安装与调整，密封与抗磨板之间的间隙、密封座与主轴之间的间隙、密封润滑水孔等均符合厂家要求；主轴检修密封位于主轴工作密封下方，采用压缩空气充气橡胶密封，在安装前进行材质检查和充气检漏试验合格，安装后进行 0.4MPa 的充气保压试验 50min，不漏气。在不充气的情况下检查密封与主轴间的间隙符合要求。

5）水轮机与发电机联轴。发电机大轴吊入机坑后，按照水轮机联轴方式进行水轮机与发电机大轴联轴施工，5 号机投入后，电厂向供货厂家提出需加大伸长值为 0.44～0.62mm，最大不超过 0.62mm，厂家同意。

6）导轴承和润滑、冷却系统安装。清扫检查导轴承油箱的安装部位及导轴承各部件；用专用工具安装挡油筒、油箱、轴承座及其他部件，并进行油箱的 24h 煤油渗漏试验合格，验收后清扫油箱内各组件和盖板等；吊入清扫好的导轴瓦，机组盘车后按测量的摆度调整瓦间隙，合格后锁定牢靠；自动化组件安装好后，封盖注油，并在密封盖与大轴之间贴密封条防止灰尘和水分进入轴承体；冷却器及管路安装前进行清扫打压试验合格；根据盘车数据，在机组中心确定以后，水导按照设计间隙值平均分配，水导轴承瓦间隙设计值为 0.30mm。

7）补气系统安装。主轴内补气管路在机组轴线检查合格后安装；用厂房桥机，先由下而上逐节吊装轴内的补气管道，在法兰工作面之间装设密封圈，并以法兰为基准调整中心，连接螺栓对称均匀拧紧，并按图纸要求锁定；集电环、集电环室补气头和管路及阀门，按图纸交替安装与调整；补气装置调试，整定自动开启和关闭的数值，按供货厂家要求进行动作试验。

8）圆筒阀安装。圆筒阀在导水机构正式安装前，按预装方位吊入机坑，并复测其水平及圆度满足要求后，再吊入顶盖等导水机构设备；顶盖及筒阀接力器安装后，用筒阀提升螺杆，对称均匀地将筒阀提起，待筒阀受力后，按导向条间隙找正筒阀中心；将筒阀保持自由状态放下至全关位置，放下接力器活塞，连接筒阀并锁紧连接螺母，待接力器充油后，可根据筒阀的实际运行情况，再行调整，直至合格。

（8）水轮机管道、测量、监测系统安装：

根据技术资料和图纸，结合现场情况编制管路制作安装施工工艺；在临建施工场内预制管段和附件；安装前清扫管道、阀门，校验和检查自动化组件及显示仪表；对预埋管路进行通流及通气检查，有必要的进行水压或气压试验；管路安装位置偏差，一般室外偏差不大于15mm，室内偏差不大于10mm；水平管弯曲和水平偏差，一般不超过0.15%且最大不超过20mm；立管垂直度偏差，一般不超过0.2%，最大不超过15mm；成排布置的管路在同一平面上，偏差不大于5mm，管道间距偏差在0～±5mm范围内；平焊法兰与管道连接时，采用内外焊接，内焊缝不高出法兰工作面，所有法兰与管道焊接后垂直，一般偏差不超过1%。

管路安装工作如有间断，及时封闭敞开的管口；阀门安装前清理干净，保持关闭状态，止回阀按设计规定管道系统介质流动方向正确安装，安装阀门与法兰的连接螺栓时，螺栓露出2～3扣，螺母位于法兰的同一侧；法兰密封面及密封垫不得有影响密封性能的缺陷存在，垫圈尺寸与法兰密封面相符，内径允许大2～3mm，外径允许小1.2～2.5mm，垫圈不准超过两层。

法兰把合后平行度偏差不大于法兰外径的1.5%，且不大于2mm，螺栓拧紧力均匀；法兰、焊缝及其他连接件的设置便于检修，并不得紧贴墙壁楼板或管架上；后置式管路支吊架根据厂家和设计规范要求进行安装，位置准确，排列整齐；管道按规定进行吹扫，清洗干净后才能回装；所有的油、气、水管路及附件，在安装完后均进行液压强度耐压和严密性试验，强度耐压试验压力为1.5倍额定工作压力，保持10min无渗漏及裂纹等异常现象。

所有的油、气、水管路及附件，安装检查完毕后按规定做防腐处理、涂刷防腐漆，设备表面按国家标准涂刷颜色标志。

（9）油压装置安装：

1）调速器油压装置安装，用桥机自吊物孔将设备吊入水机层，再用手动葫芦及滚杠拖运就位调整安装；按图纸配装管路及事故配压阀、分段关闭阀设备，配好后将管路拆出进行酸洗，再行回装；进行电气接线及设备分部调试，整定合格；进行调速器调整，使油泵出口阀组、导叶开度与接力器行程关系曲线、伺服机构、主配、电磁阀、调速器静态试验、导叶接力器开启时间、导叶分二段关闭时间、事故配压阀分二段关闭时间足设计及规范要求。

2）圆筒阀油压装置安装，安装程序同调速器油压装置安装，其调整结果满足设计及规范要求。

（10）自动化组件安装。

水轮机自动化组件包括：温度测量组件、液位信号器、流量传感器、示流信号器、限位开关、压力开关、剪断销、水轮机导叶位置传感器和接力器锁定行程开关、水轮机摆度、振动传感器及检测装置、水轮机仪表盘、端子箱等。安装时按图施工，各组件校验合格，接线正确，整定合格，显示及动作可靠。

2. 发电机设备安装

（1）发电机定子安装。发电机定子安装内容包括定子机座组装及焊接，定子铁芯叠装及磁化试验，定子安装及机坑下线和整体耐压试验等。

1）定子机座组装。定子机座分瓣按序运入安装间装配工位，用桥机吊放支墩上，利用压机及楔子板等调整其高度一致，对正合缝穿入组合螺栓，对称均匀拧紧螺栓，并调整使其合缝错牙满足要求，打紧螺栓；全部合缝螺栓打紧后，按图纸要求，安排 4 名焊工对称施焊合缝，焊接过程中控制其变形，焊完后检查其装配尺寸满足要求。

2）定位筋安装。重新调整机座水平，安装调整定子测圆架符合要求按大等分弦距法安装定位筋基准筋，调整其半径、向心、弦距、垂直度均符合要求后，用单头千斤顶、大小 C 形夹将其固定，进行托板及筋的点焊后，重新检查上述控制数据符合要求，如超标，则磨除焊点后，再调整至合格；按此法并以已经定位的大弦距定位筋为基准，安装其余各筋至完成；定位筋按对称同序焊接，由中间环分别向上、下对称焊接，通过测圆架定期监测定位筋的焊接，控制焊接变形；待定位筋焊接后，校核测圆架，重新测量所有定位筋的安装质量符合要求，局部不符合的磨开焊点处理合格。

3）下齿压板安装。下齿压板定位孔直径 20mm，180 个圆周分布，机座焊接后，在下环板上分点、钻孔，检查压指上平面的径向水平以及圆周波浪度，符合要求；挂钢琴线，调至以水轮机底环固定止漏环确定的中心位置，分上、中、下 3 个断面调整定子铁芯中心；定子铁芯圆度测量时，要求每个断面均匀分布 24 个测点，安装调整合格后浇筑二期混凝土。

4）定子叠片及压紧。以定位筋为基准，预叠定子冲片，同时调整齿压板以保证压指中心及指尖上翘值符合要求。继续叠片，插入槽样棒及槽楔槽样棒，以固定槽形，叠片过程中以整形棒适时整形。根据要求分上、中、下 3 个断面进行铁芯圆度测量，每个断面至少有 48 测点，各个圆度的半径在 6590mm±0.65mm 内。铁芯叠到适当高度后，按要求进行预压，根据预压结果对铁芯进行调整。铁芯最终压紧后，全面测量铁芯装配尺寸，测量铁芯槽底高度，其冷压后槽底高度 3050mm。铁芯上端槽口齿尖波浪度 1.5mm。铁芯最终压紧力矩分别达到 1600N·m。

5）定子铁损试验。定子现场组装，定子硅钢片采用现场叠压工艺，在铁芯硅钢片的制造或现场叠装过程中，可能存在片间绝缘损坏，而造成片间短路。为防止因片间短路引起局部过热，甚至威胁到机组安全运行，定子叠压成整体后必须进行铁芯磁化试验，以便及时检查出铁芯片间绝缘是否短路，压紧螺栓是否压紧；铁芯铁损考核参数符合有关规定要求，考虑到试验过程中的一些其他附加损耗，一般为单张冲片值的 1.3 倍（1.1W/kg）。定子铁芯磁化试验检测：最高温度 23.5℃，最高温升为 5.1685K＜25K（标准要求值），铁芯最大温差 7.057K＜10K（标准要求值），平均单位铁损值 1.427W/kg＜1.43W/kg（标准要求值）。

由于定子组装地点不同（6 号机组在安装场、5 号机组定子组装在 1 号机坑、其余 4 台机组在各自机坑），所以定子组装后的就位方式不完全相同，但都要进行磁化试验，重新将定子铁芯压紧后吊装定子就位（已经就位的则进行必要的调整）。基本原则是，以水轮机座环支持环上平面为基准，用千斤顶调整定子的铁芯中心线高程和定子铁芯垂直度。考虑水轮机主轴、发电机主轴的长度偏差等综合因素精心调整铁芯中心高程。

6）定子下线。发电机定子绕组为三相六支路星形连接，绕组形式为双层条形线棒、叠绕，共 1080 根线棒；定子铁芯高 3050mm，线槽宽 26.5mm×210mm，线棒绝缘用 Micadur®环氧云母绝缘系统，绝缘等级 F 级，嵌线时，在线棒绕包 2.2×8.2/(2.4×8.4)涤纶玻璃丝包烧结线 DSBEB—20/155 和 1×82 环氧预浸渍玻璃毡布 J0401，线棒上下层之间安装 5×26×3080F 级高强度玻璃布层压板 D327 或嵌有 RTD 组件（共 54 只，线圈上、中、下部各 18 只）的层间测温垫条，上、下压指和铁芯中部装设 RTD 组件（共 47 只，上、下压指各 10 只，铁芯中部 27 只）；绕组端部装设波环板、槽楔、斜楔，且波纹板与线圈间的间隙用高强度玻璃布层压板 D327 填充；线棒电接头采用钎焊工艺，焊接材料为 ϕ3mm 银焊丝 HLAgCu80-5、0.2 银焊片 HLAgCu80-5；三相六支路引出采用 ϕ45mm 铜环引至定子机座出口和中心处汇流铜环支架，汇流环共 12 层；绕组接头端部绝缘采用绝缘盒灌胶工艺，极间连线和汇流环接头绝缘采用 0.18mm×25mm 聚酯薄膜补强三合一粉云母带手工包扎；定子绕组采用全密闭循环空水冷却方式。

（2）发电机转子安装：

1）转子支架组装焊接。转子支架分瓣运至安装间工位，与转子中心体组装成整体，转子支架共有 16 个立筋，立筋在转子支架焊接完毕后，现场配刨；转子支架下部设 52 块制动闸板；转子磁轭由 2.5mm 厚的高强度冲片现场叠压而成，磁轭冲片每 2 张搭叠一层，错一个极距并正反交错叠片。磁轭与转子支架采取磁轭弹性键和切向键的连接方式，通过热打键的方式使磁轭与转子支架形成一个整体；48 个转子磁极挂装于磁轭外侧；利用千斤顶等工具，桥机配合，调整控制转子支架，当各控制尺寸满足要求后，安排 8 名焊工按厂家焊接工艺进行施焊，焊接时进行变形控制。

2）转子支架立筋安装。正式施工前，复测转子中心体水平；转子支架立筋外径尺寸，必须确保磁轭冷、热打键及机组过速试验后再次打紧磁轭主键的要求，主要控制转子支架立筋上弹性键安装凹槽绝对半径；转子支架立筋上弹性键安装槽的轴向、周向垂直度均不大于 0.05mm/m，最大不超过 0.15mm/m；转子支架立筋上弹性键安装槽中心线的弦距控制在 2062.5mm±1mm。

3）磁轭叠片。转子磁轭分两大段进行叠装，磁轭冲片厚 2.5mm，整圆由 12 张扇形片（每张磁轭冲片上有 4 个磁极）组成。以磁轭键、圆柱销和叠片导键为基准进行叠装，磁轭叠片按每 2 张冲片为一层搭叠（一层冲片指由 2 张扇形片组合的复合冲片），层间相错一个极距并正反向叠片；在预压后测定磁轭冲片高度，必要时插入调整垫片；清理转子测圆架中心柱法兰面，利用止口及连接螺栓，将测圆架中心柱初步固定在转子中心体上法兰面，以转子中心体下法兰面止口内镗口为基准，调整转子测圆架中心柱的中心偏差在 0.02mm 以内，把框式水平仪放置在测臂上旋转 8 个方向位置，检查测圆架中心柱的垂直度情况，偏差不大于 0.02mm/m；根据转子磁轭整体高度，确定出转子磁轭每段分 3 次进行预压，其预压高度约为 500mm，从而确保转子磁轭整体叠压系数不小于 0.99；最后一段磁轭冲片叠装完成并预压后，用专用圆拉刀逐一拉铣螺孔，换装永久螺杆。换装时要跳跃进行，全部永久螺栓换装完毕后，调整上端螺栓露出的丝扣长度符合设计要求，按照预压时的压紧顺序，用液压力矩扳手跳跃压紧。压紧时第一次磁轭拉紧螺杆力矩为 1750N·m；第二次磁轭拉紧螺杆力矩为 2200N·m。将永久磁轭拉紧螺杆更换并压紧完后，复测转子测圆架的中心和水平合格后，进行冷打键；测量磁轭高度，分上、中、下 3 个断面测量转子磁轭半径，要求每断面半径与该断面平均半径之差不大于 ±0.5mm；转子磁轭整体偏心值不大于 0.2mm；磁轭平均高度与设计高度的偏差在 0~6mm 范围之内；沿圆周方向高度差不大于 3mm；同一纵面上高度偏差不大于 1.5mm；转子磁轭的叠压系数不小于 0.99；转子磁轭径向垂直度偏差不得大于 0.66mm（即 2%δ）；转子磁轭磁极挂装 T 形槽的周向垂直度不得大于 0.30mm/m。

4）转子热打键。通电加热使磁轭膨胀，在热态下将磁轭键打紧，待冷却后，中心体与磁轭之间产生必要的紧量；磁轭热打键的单边紧量为 3.5mm。

5）转子磁极挂装。转子磁极挂装时各磁极挂装高程与平均高程之差不大于 ±2mm，分上、中、下 3 个断面测量各转子磁极铁芯轴对称线位置处的半经，要求各半径与磁极相应断面半径的平均值之差不大于空气气隙的 ±4%；测量转子圆度半径、同心度、垂直度，质量要求为磁极圆度不大于 0.7mm、磁极半径公差不大于 0.5mm、磁极同心度不大于 0.20mm、垂直度不大于 0.66mm。

6）转子磁极极间连线安装。全面清理转子磁极引线头把合面及磁极极间连接线把合面，除去其表面油污及毛刺等，并检查同一磁极极间连接线所把合的相邻磁极引线头间高程差；安装磁极极间连接线支撑垫铁以及其绝缘垫块，根据极间连接线的布置，布置磁极极间连接线支撑垫铁以及其绝缘垫块，要求极间连接线和磁极引线头间的搭接长度符合图纸要求；用把合螺栓将极间连接线支撑垫铁与其绝缘支撑垫块把合为一体，根据图纸要求，将支撑垫铁焊接于上磁轭压板上，焊接时采取相应的保护措施；将极间连接线安装就位，检查极间连接线和磁极引线头间是否存在间隙，否则进行处理，以满足极间连接线和磁极引线头把合面间隙要求；把紧极间连接线和磁极引线头间的把合螺栓，用 0.05mm 塞尺检查极间连接线和磁极引线头间的接触面，塞入深度不超过 5mm。

7）转子吊装。磁极挂完成后进行转子喷漆，装配转子吊具；两台 2×420t 桥机并车后连接平衡梁，检查销轴应安装合格，桥机连接平衡梁后开到机坑预找位置，在大、小车轨道上做好标记；将平衡梁调至水平，连接平衡梁与起吊轴，检查卡环应安装合格；在安装间试吊转子，按 100mm、200mm、500mm 高度起落 3 次，静置几分钟，检查桥机运行正常，抱闸可靠，检查吊具受力无异常；将转子吊离支墩，清扫转子与推力头连接面，用细锉刀、油石磨平连接面高点和毛刺，用酒精擦净；将转子吊至定子上方，对正定子下落，吊下转子时，注意空气间隙，并使用木板引导转子至定子的中心位置；此时站在定子上方负责保护的人员将板条放入定子与转子气隙之间，随着转子的下降不停地上下抽动板条，如板条不能抽动应及时报告，指挥人员将停止转子下落，间隙调整好后继续下落；吊下转子距制动器约 10mm 时，检查转子的位置，转动转子，使转子上标记号与推力头标记号对应，将螺栓穿入，镜板和推力头吊入机坑时应按标记号就位把合，同时要和发电机轴上的标记号位置一致；旋转转子，使转子下法兰面的键槽号与发电机轴的键槽号相对应，将转子落于制动器上，穿入联轴螺栓，进行联轴，完成后拆除吊具。

（3）下机架安装。下机架为承重型机架，其结构特征为箱型结构，在下机架中心体的上部和内部分开布置推力轴承和下导轴承两部轴承，机组运行时产生的轴向力通过支臂的基础装置传递到机坑混凝土面，其中满载运行时每个基础板的轴向载荷为4570kN，径向载荷为100kN，另外在支臂的上面距中心9600mm位置布置24个制动器，用于机组停车时使用；由于受运输条件的限制，瀑布沟水电站下机架采用中心体和支臂单件运至安装间现场整体组焊，其中支臂分为8个，单件约重11.1t，下机架中心体约重58.9t，组焊后的下机架总重约为147.7t，其外形尺寸为φ2755mm×2560mm。其组装尺寸要求是，各支臂上风闸把合面中心至下机架中心半径尺寸4800mm＋2.2mm；相邻两支臂弦距±5mm；风闸把合面至中心体高差60mm±1.5mm；下机架各基础板高差小于±2mm；按供货厂家编号对称挂装支臂，在各支臂下面支墩上垫2对调整楔子板，并在合缝定位座上穿入组合螺栓将支臂与中心体把合成整体；复测并调整中心体水平不大于0.05mm/m，用水准仪和钢卷尺测量调整下机架各支臂组装尺寸符合设计要求；为减小下机架支臂焊接变形，焊接前，在每条支臂的上、下翼板处各焊接两块骑马板，按对称、分段、多层多道镶边焊的焊接工艺进行，下机架焊接完成后进行挡油筒安装焊接，并进行推力轴承预装，待水发机大轴调整完毕后，将下机架吊入机坑进行调整；利用压机调整下机架中心体高程、水平及中心，下机架高程以转轮上法兰面高程＋水发大轴长度＋下机架挠度－发电机轴上法兰面至下机架中心体上法兰面距离，并综合考虑定子安装高程偏差，以发电机主轴下导轴领为基准，调整下机架中心体的中心偏差不大于0.5mm，调整下机架水平偏差不大于0.05mm/m，高程偏差±0.5mm。

（4）上机架安装。上机架由三角支撑、支臂与中心体现场组焊而成，支臂与中心体间采用焊接结构，三角支撑与支臂间采用合缝板把合结构，三角支撑与上机架基础板在径向方向上有间隙，切向方向与基础为打键紧结构，通过将机组的径向力转化为对机坑的切向力的方法改善机坑的受力状况，上机架把合在其轴向支撑上，上机架外形尺寸为φ17200mm×795mm上导轴承、上机架及上盖板重量121.38t；将上机架支臂吊放到支臂调整用千斤顶上，调整支臂基础板与中心体间的轴向位置，并利用千斤顶调整支臂高度和水平，利用组合块将支臂、三角支撑、连接支臂及中心体组装为一体，现场根据实际情况可修配组合块螺栓；上机架预留挠度2mm，用千斤顶将中心体调高2mm，保持中心体水平不超过0.05mm/m。机架支臂焊接时，先焊接上机架支臂与中心体立缝、再对称交替焊接上机架支臂与中心体之间上、下横缝；焊接完成后，进行三角支撑的检查，要求支撑外侧距中心的距离偏差±5mm，两支臂的弦长误差±5mm，相邻两支臂的高层偏差±1mm；上机架安装时先安装基础板，吊装三角支撑，将三角支撑与上机架支臂装配好，并检查配合面的间隙，0.05mm的塞尺检查，接触面积大于70%，检查上机架中心体中心偏差不大于1mm，中心体高程偏差不超过设计值的±1.5mm，中心体水平偏差不大于0.10mm/m。

（5）发电机联轴。发电机联轴分为上端轴联轴及转子与主轴连接，采用厂家供货的液压拉伸器进行。

转子与下端轴，用拉伸器对称拉两颗螺栓，提起转轮直至法兰合缝，按对称方式，分两次将联轴螺栓拉长到设计值，待所有螺栓均拉到位后，再将最先提升转轮的螺栓松开，按其余螺栓的拉升方式，拉伸设计值，要求下端轴螺栓伸长值 0.70mm，允差±10％；转子与上端轴要求上端轴螺栓伸长值 0.40mm，用液压拉伸器按对称方式，将螺栓拉伸到位。

（6）推力轴承受力调整。推力轴承共 20 块推力瓦，在每个推力瓦处同一侧沿径向架 2 块百分表，内侧百分表至支柱螺栓中心处距离 277.5＋50＝327.5（mm），外侧表 277.5＋240＝517.5（mm）；对于液压支柱式推力轴承，在上导及水导轴瓦抱紧情况下，起落转子，落下转子后松开导轴瓦时各弹性油箱压缩量偏差 0.07mm＜0.15mm（标准要求值），符合设计要求，且镜板水平 0.00625mm/m＜0.02mm/m（标准要求值）。

（7）机组轴线调整。机组轴线调整采用机械盘车（电动机＋齿盘）方式进行，盘车前在机组各测量面沿周向在同一纵向线上，按逆时针方式进行分点编号，盘车时，在各部位 X、Y 轴线上各架一只百分表进行读数并记录数据，计算各部位的摆度情况，盘车采取抱上导和水导弹性方式。

（8）轴瓦间隙分配。机组在止漏环间隙及定子气隙值定完中心后，利用小楔子板，在止漏环处将转轮固定，同时在上导及水导处，各对称抱 4 块瓦固定机组，防止瓦隙调整时机组移位；利用顶丝，按对称并架设百分表方式，将轴瓦顶靠在轴颈上，在抱上导、水导盘车时，下导摆度为 0.069mm，镜板外缘轴向跳动 0.03mm 满足设计要求，因此，在机组转动部分中心固定后，上导、下导各瓦均按供货厂家要求取 0.30mm 瓦间隙（设计单边间隙值：0.25～0.30mm）平均分配。利用塞尺测量并调整轴瓦支柱螺栓，间隙满足要求后，将支柱螺栓背帽锁死。

（9）机组旋转中心调整。机组轴线调整结束后，根据止漏环间隙及发电机定转子空气间隙调整机组至中心位置。

3. 电器部分主要设备安装

（1）励磁系统安装。采用微机自并励静止可控硅励磁系统，励磁系统由励磁变压器、可控硅整流装置、灭磁装置、转子过电压保护装置、微机励磁调节器、交直流励磁电缆、辅助单元、起励装置、励磁控制保护装置、变送器、电流及电压互感器等组成；励磁变压器为单相、自冷干式变压器，无励磁调压分接开关、环氧树脂浇筑变流变压器，高压侧与 IPB 连接，低压侧与电缆连接。

可控硅整流装置采用三相全控桥式结线，可控硅整流桥的设置满足 N＋1 的运行原则，共设 4 组可控硅整流桥，每个柜装设一组桥，4 组整流桥的直流侧采用母排与直流灭磁开关柜相连。

发电机正常停机采用逆变灭磁，事故停机采用灭磁开关和非线性电阻灭磁，在励磁系统直流侧及硅组件上均装设过电压保护装置；励磁电压调节器采用两套完全独立的微处理器构成的数字式电压调节器，每套电压调节器包括电压调节器（AVR）、自动励磁电流调节器（AER）、电力系统稳定器（PSS）及其他限制和控制功能设备，两套调节器互为热备用；屏柜的接地应牢固良好，可开启的屏柜门，均以裸铜软导线与接地的金属构架可靠地连接；引进屏柜内的电缆要排列整齐，无交叉现象，并固定牢固，二次回路接线按图施工，接线正确，电气回路的连接，牢固可靠，电缆芯线和所配导线的端部均标明其回路编号，编号正确字迹清晰且不易脱色，配线整齐、清晰、美观，导线绝缘良好，无损伤，屏柜内的导线无有接头，每个端子板的每一侧接线一般为 1 根，最多不超过 2 根。

（2）机组厂用电系统。1 号机组 400V 自用电系统布置在主厂房电气夹层（高程671.70m）机组段的发电机风罩壁外，低压配电盘呈单列布置，变压器布置在盘的两端，变压器与进线盘之间采用插接母线槽连接；屏柜安装中应严格遵守作业指导书和相关的规程规范，盘柜基础安装均由专业人员进行测量放样，基础型钢调整合格后牢靠固定在地板钢筋上，盘柜安装时，用线坠和钢板尺对盘柜的前后、左右两个方向调垂直，然后用电焊将盘柜与基础型钢固定牢固。每个盘柜接地使用 120mm^2 的铜辫子将基础上的镀锌螺栓与柜内接地端子连接；盘柜配线时，进入馈线柜的电缆结把整齐，固定牢固，盘柜内走线"横平竖直"，接线位置与设计图纸吻合，线头与端子连接牢固，铠装电缆在进入馈线柜后，钢带切断并扎紧，同时将钢带接地，强弱电回路及交直流回路不使用同一根电缆，并分别成束分开排列，每根电缆芯线按芯对线后，均已套有永久标签，标明连接端子位置，并保证每根芯线的两端一致。

（3）机组控制保护设备。机组电气二次控制、保护、监控、测量及信号等设备均布置于发电机层机旁，发变组保护屏中含有发电机、主变压器、厂用变压器、励磁变压器的主后保护，其中发电机和主变压器的电气保护均采用双重化配置，两套主保护采用不同原理构成，两套保护的交流电流/交流电压回路、直流电源回路、跳闸输出回路及信号回路等完全独立，其中一套保护因检修维护等原因短期退出运行时不影响另一套的正常工作，即不影响发电机变压器组的正常运行。主变压器的非电气量保护装置及出口回路与其他电气保护完全独立分开，在保护柜内的安装位置也相对独立；发变组保护试验均已完成；机组现地控制单元 1LCU 布置在发电机层的机旁，主要用于机组及机组辅助设备的数据采集处理、数据发送、过程控制和调节，以及现地操作和监视等功能；计算机监控系统设备的屏柜等相应设备及附件按设计要求已安装完毕，电缆、光缆等已敷设。

机组的安装过程比较顺利，没有出现大的问题。

4.1.2.3 机组及机电设备静态调试情况

对已完成机组技术供水系统及机组各油、水循环冷却系统、机组调速系统、筒阀控制系统、机组辅助系统、机组过速保护系统、励磁系统、400V 系统、计算机监控系统以及机组开关机流程和紧急事故停机流程等 1 号机组启动试运行必须投入运行的各系统调试、试验及整定工作，机组已具备充水启动试运转条件。

（1）1 号机组强迫补气系统。机组强迫补气系统已经安装完成并调试合格，能够满足机组运行需要，各自动化组件、测量、控制、保护系统已按设计要求进行了调试及整定，系统各部件均动作准确、可靠，信号反馈正确，运转可靠，具备手、自动运行条件。大轴补气阀及管道已经安装完成，气动阀经充气检验动作准确可靠。

（2）1 号机组技术供水系统。各技术供水泵、滤水器、电动阀门、压力传感器等自动化元器件均已按设计要求进行了调试及整定；控制、保护系统已按设计要求进行了调试整定，并已充水进行试验，系统动作操作准确可靠，信号反馈正确，远传可靠，具备手、自动运行条件。

（3）1 号机组推力轴承外循环冷却系统。各循环油泵、表计、流量计、滤油器、冷却器等各元器件已按设计进行调试及整定，系统各部件动作准确、可靠，信号反馈正确、远传可靠，具备手、自动运行条件，油循环试验已完成。

（4）1号机组调速系统。机组调速器油压装置、自动补气阀及各表计、分段关闭阀、事故配压阀等各元器件已按设计进行了调试及整定，系统各部件动作准确、可靠，信号反馈正确、远传可靠，具备手、自动运行条件。

调速器操作正确可靠，信号反馈正确、远传可靠，静特性数据符合国家规范要求，接力器不动时间满足国家规范要求，通道切换平稳，调速器静态调试已完成。

（5）1号机组筒阀控制系统。筒阀油压装置、自动补气阀及各表计、控制等均按设计要求进行了调试及整定，系统各部件动作准确、可靠，信号反馈正确、远传可靠，筒阀已具备现地手动开启关闭操作和远方自动开启关闭操作的运行条件，油压装置已投入自动运行。

（6）1号机组辅助系统。制动器位置开关及各表计等已按设计进行了调试及整定，系统各部件动作准确、可靠，信号反馈正确、远传可靠，具备手动操作、自动操作的运行条件。

机组顶盖排水泵、超声波水位计、水位开关、各表计、控制等均按设计要求进行了调试及整定，各部件动作准确、可靠，信号反馈正确，机组顶盖排水已具备手动操作、自动操作的运行条件，且已投入自动运行，满足厂房机组调试及运行需要。

上导排油雾、推力排油雾、下导排油雾、制动吸尘装置、碳粉吸尘装置、蠕动装置、电加温装置均按设计要求进行了调试及整定，各装置动作准确、可靠，信号反馈正确、远传可靠，已具备现地手动开启关闭操作和远方自动开启关闭操作的运行条件，且已投入自动运行。

（7）1号机组过速保护系统。1号机组电气过速保护系统已按设计进行调试及整定，信号反馈正确，动作准确、可靠，可以对机组进行保护。机组机械过速保护装置已按厂家及设计要求进行了安装调整，且信号油源已经与调速器及筒阀控制系统实现了对接。

（8）1号机组励磁系统。励磁变试验已完成，耐压合格具备带电条件，励磁变测温回路调试完毕。

励磁操作正确可靠，信号反馈正确、远传可靠，采样数据符合国家规范要求，灭磁开关操作灵活可靠，通道切换平稳，小电流开环数据符合厂家技术要求，励磁静态调试已完成。

（9）1号机组自用电系统。1号机组400V自用电系统的变压器、电流互感器、电压互感器、断路器、表计均已试验合格。二次回路已按照设计图纸进行了检测，对各断路器进行了现地和远方操作，断路器动作正确，信号反馈正确、远传可靠，模拟进行了400V备自投试验，各断路器动作正确可靠，且已经投入自动运行。

（10）计算机监控系统及机组自动开、停机流程和事故停机流程。对1号机组LCU所有SOE中断量、开关量、温度量、模拟量、开出量进行了点对点的检测核对，信号正确无误，测量指示正确，设备动作正确可靠。1号机组LCU与调速器、励磁的通信正常，调速器、励磁已能将各种运行参数传递给机组LCU，1号机组LCU与上位机的通信正常，上位机已能操作机组各设备。

1号机组LCU带机组技术供水系统、调速系统、筒阀装置、机组辅助装置、励磁系统、发电机出口断路器进行了机组自动开停机、事故停机、紧急事故停机的流程试验，各设备动作正确，与设计流程一致。

以上主要介绍的是1号机组的有关安装和调试情况，其他机组的情况基本与此一样。

4.1.2.4 单元工程及分部安装工程质量评定和结论

1. 单元工程及分部工程质量评定

1号机组质量评定42个单元，合格率100%，优良率100%。6号、5号、4号、3号机组质量评定190个单元，合格率100%，优良率100%。

2. 安装调试结论

瀑布沟水电站机电安装施工过程中，工程质量、安全及施工进度得到了很好的控制，按计划顺利、安全地完成了安装施工任务。

举例的1号机组为瀑布沟水电站最后投运的一台机组，已处于冷备用状态，具备充水启动试运行条件。实践证明1号机组启动试运行和投运是成功的。

总体看，瀑布沟水电站6台机组安装工作已经相继完成，各项控制指标符合厂家、设计及相关规范要求；相关的公用系统、电气一次、电气二次系统以及机组自动化测量控制系统等均已安装、调试和整定，验收合格；经过无水调试、系统联合调试检查、启动试运行和商业运行，机组及封闭母线、主变压器、高压电缆、相关保护、监控设备、送电系统等各机电设备的性能指标符合设计及相关规范要求，质量较优，安装质量合格和总体较优，满足机组安全稳定发电要求，工程效益发挥较好。

4.1.3 金属结构安装调试

由于本卷没有设专门的章节来介绍金属结构，而金属结构又是机组启动试运行中不可或缺的重要部分，所以这里补充作一简要介绍。

4.1.3.1 金属结构安装技术特性

瀑布沟水电站是以发电为主，兼顾拦沙、防洪等综合利用效益的大型水利枢纽工程，具有水头高、流量大及水流条件复杂的特点。其引水发电和泄洪建筑物规模巨大。闸门、启闭机及压力钢管等金属结构为大容量、大尺寸设备和结构物。因此金属结构安装是一项艰巨的任务。因枢纽工程大，各部位的金结安装由多家单位承担。尾水洞、进水口部位是由水电七局和水电十四局组成的714联营体承担；导流洞部位由葛江津联营体承担；放空洞部位由水电十一局承担泄洪洞承担；泄洪洞部位由四川力豪建设工程有限责任公司承担；葛洲坝一公司承担了溢洪道金属结构安装工程。

枢纽左岸引水发电系统的进水口和尾水洞的快速门、检修门共有9扇；拦污栅31扇；拦污栅槽、快速门槽、检修门槽76套，安装重量总计5563.3t。左岸溢洪道和右岸放空洞工程的高水头、大型工作闸门和事故门共有10扇以及相应大容量启闭机9台。

放空洞工作闸门孔口尺寸6.5m×8.6m，选用主纵梁直臂球面铰弧形闸门。闸门挡水水头126.28m，承受最大水头压力115000kN，荷载的承受能力居全国首位。为此，对超高压深水闸门的门叶和止水装置的设计、制造和安装要求非常高，在金属结构安装时，经过设计优化和对三维有限元静动力仿真进行研究。本工程选用先进的弧门冲压、泄压式和门叶面板整体机加工技术，以及弧门支铰采用自球面滑动轴承，并在制造过程中对主止水装置单件拼焊完成后，进行了大拼装试验，以保证高压止水装置的止水效果。该工程将我国深水高压工作门止水装置和门叶面板的制造、安装技术提高到了一个新水平，为国内同类闸门设计和安装积累了经验。

放空洞和溢洪道工程金属结构和启闭机设备，从原材料采购、加工制造至安装过程中都处于质量控制中，各项检验、检测和试验结果符合设计及相关规范要求，未发现影响设备特性的质量隐患，安装单位采取了可靠的技术措施，综合评价设备生产和安装质量合格，可保证金属结构设备安全运行。

左岸引水发电压力钢管最大直径 $\phi 9.5m$，管壁材料采用 WDB620 非调质高强钢板和 WDL610D2 高强调质钢板，阻水环和加劲环材料为 610MPa 级钢板。压力钢管总重量 4463t。压力钢管管径大、钢材强度高，特别是大批量制作 610MPa 高强钢，对焊接工艺要求高，并在施工中解决打直孔、全位置同时协从作业等问题，经施工单位精心组织并采取有效的技术保障措施，完成了压力钢管的制作与安装。安装质量总体达到优良水平。

4.1.3.2　评价意见

（1）瀑布沟水电站是以发电为主，兼顾拦沙、防洪等综合利用效益的大型工程，具有水头高、流量大及水流条件复杂的特点。其引水发电和泄洪建筑物规模巨大，各部位配套设置的闸门、启闭机及压力钢管等金属结构为大容量、大尺寸设备和结构物，因此金属结构安装是一项艰巨的任务；因枢纽工程大而复杂，各部位的金属结构安装由多家单位承担，经过各单位的共同努力，闸门及其相应的启闭设备等均已适时安装调试完成，并按规程完成了动、静等有关试验，符合设计和规程要求。

（2）压力钢管制作安装已完成并经超声波探伤检查，无超标缺陷。

（3）金属结构经过运行实践检验，质量合格。

4.2　机组启动试运行前验收工作概述

4.2.1　验收工作简况

根据国家关于水电站建设验收相关规程规范要求，结合瀑布沟枢纽工程建设的实际情况，国电大渡河公司先后邀请有关专家组成验收组，对工程进行了工程蓄水安全鉴定、1 号和 2 号导流洞下闸蓄水验收、790m 和 850m 征地移民验收以及 14 次现场质量监督巡视。各验收组依照国家和行业相关标准和规范要求，深入施工现场检查，阅读汇报材料，并通过与参建单位交换意见，抽查工程验收和档案材料，形成了各次验收报告和鉴定意见。

4.2.2　主要验收鉴定情况

（1）下闸蓄水安全鉴定。2009 年 8 月 21 日至 9 月 1 日，瀑布沟水电站枢纽工程下闸蓄水安全鉴定专家组，对下闸蓄水作出安全鉴定：瀑布沟水电站枢纽工程具备导流洞下闸蓄水条件。

（2）下闸蓄水验收。2009 年 9 月 26 日，瀑布沟水电站工程蓄水验收委员会通过了《四川省大渡河瀑布沟水电站工程 1 号导流洞下闸蓄水验收鉴定书》。蓄水验收委员会认为，瀑布沟水电站工程具备 1 号导流洞下闸条件，同意 1 号导流洞下闸。验收报告还提出了很多有助于提高工程质量及规范管理的意见和建议，对工程建设起到了促进作用。

（3）征地移民验收。根据国务院令第 471 号的规定，按照四川省政府关于瀑布沟水电站移民工作的要求，成立了瀑布沟水电站移民验收委员会，进行征地移民验收。

2010 年 4 月 22 日，省扶贫移民局组织验收委员会召开了瀑布沟水电站蓄水阶段移民专项验收会议，形成了瀑布沟水电站正常蓄水位 850m 验收阶段移民专项验收专家组意见和移民专项验收报告，认为库区 850m 水位建设征地移民安置工作基本完成，移民搬迁安置等工作基本满足相关要求。瀑布沟水电站 850m 水位淹没影响区移民搬迁及库底清理工作方面尚存在的问题，采取相应措施处理后，不会影响瀑布沟水电站按设计投入正常蓄水使用。

（4）送出工程验收。瀑布沟水电站出 4 回 500kV 输电线至东坡 500kV 变电所，接入四川电网川西南环网；出 1 回 500kV 输电线至深溪沟水电站开关站。

瀑布沟—东坡东线 500kV 同塔双回送电东线布坡三线、布坡四线工程，于 2008 年开工，2009 年 10 月底完工并通过运行验收。2009 年 11 月 6 日，启动验收委员会同意启动布坡三线，布坡四线，东坡 500kV 变电站第四和第五串一、二次设备及通信设备，瀑布沟 500kV 升压站至东坡出线间隔，满足瀑布沟电站 5 号、6 号机组投产需要。

深溪沟—瀑布沟 500kV 送电线路工程，于 2009 年 4 月开工，2010 年 5 月通过竣工预验收，2010 年 5 月 31 日至 6 月 2 日完成投运前质量检查，基本具备投运条件。2010 年 6 月 17 日，启动验收委员会同意启动布深线及瀑布沟、深溪沟两个间隔，满足深溪沟电站 1 号机发电需要。

瀑布沟—东坡 500kV 同塔双回送电西线布坡一线、布坡二线工程，于 2009 年 5 月 6 日开工，2010 年 5 月 12 日至 6 月 18 日竣工预验收，2010 年 6 月 20—23 日完成投运前质量检查，具备投运条件。2010 年 6 月 19 日，启动验收委员会同意启动瀑布沟两个间隔、布坡一线、布坡二线及眉山东坡 500kV 变电站两个间隔。

瀑布沟水电站出 4 回 500kV 输电线至东坡 500kV 变电所，接入四川电网川西南环网；接入系统通信方案在两条同塔双回 500kV 输电线路上分别架设一条 OPGW 光缆，采用两条独立的光纤传输通道，互为备用的双 OPGW 光缆线路。

至此，瀑布沟电站 6 台机组及深溪沟电站 4 台机组完全具备全部投产发电的送出条件。

（5）消防验收。瀑布沟水电站每台机组启动前，均接受四川省公安厅消防局或汉源县公安消防大队验收组对地下厂房公用和机组消防系统工程的验收。瀑布沟 2~6 号机组和 1 号机组的消防水系统、火灾自动报警及联动控制系统、防排烟系统工程建设情况，分别到 2010 年 11 月 30 日和 2010 年 12 月 2 日，符合消防设计及规范要求，具备机组启动验收条件。整个消防系统均于机组投产前通过四川省公安厅消防局验收。

4.2.3 机组启动验收委员会对启动试运行机组的验收

（1）2009 年 11 月 20 日，瀑布沟水电站机组启动验收委员会召开了瀑布沟水电站第 1 次机组（6 号机组）启动验收会议。会议认为 6 号机组具备引水系统充、放水和机组启动试运行条件，同意机组启动试运行。6 号机组成为瀑布沟水电站启动试运行的第 1 台机组。

（2）2009 年 12 月 8 日，瀑布沟水电站机组启动验收委员会召开了瀑布沟水电站第 2 次机组（5 号机组）启动验收会议。会议认为 5 号机组具备引水系统充、放水和机组启动试运行条件，同意机组启动试运行。5 号机组成为瀑布沟水电站启动试运行的第 2 台机组。

（3）2010 年 3 月 19 日，瀑布沟水电站机组启动验收委员会召开了瀑布沟水电站第 3 次机组（4 号机组）启动验收会议。会议认为 4 号机组具备引水系统充、放水和机组启动试运行条件，同意机组启动试运行。4 号机组成为瀑布沟水电站启动试运行的第 3 台机组。

（4）2010 年 6 月 18 日，瀑布沟水电站机组启动验收委员会召开了瀑布沟水电站第 4 次机组（3 号机组）启动验收会议。会议认为 3 号机组具备引水系统充、放水和机组启动试运行条件，同意机组启动试运行。3 号机组成为瀑布沟水电站启动试运行的第 4 台机组。

（5）2010 年 11 月 26 日，瀑布沟水电站机组启动验收委员会召开了瀑布沟水电站第 5 次机组（2 号机组）启动验收会议。会议认为 2 号机组具备引水系统充、放水和机组启动试运行条件，同意机组启动试运行。2 号机组成为瀑布沟水电站启动试运行的第 5 台机组。

（6）2010 年 12 月 17 日，瀑布沟水电站机组启动验收委员会召开了瀑布沟水电站第 6 次机组（1 号机组）启动验收会议。会议认为 1 号机组具备引水系统充、放水和机组启动试运行条件，同意机组启动运行。1 号机组成为瀑布沟水电站启动试运行的最后一台机组。

（7）在 6～1 号机组启动验收过程中，验收组对工程形象面貌及有关质量问题提出了整改要求。国电大渡河公司十分重视验收组提出的意见和建议，组织各参建单位认真整改。

4.2.4　机组试运行验收项目、范围和内容

（1）水轮发电机组。水轮机及圆筒阀、发电机、调速系统、励磁系统、辅助设备。

（2）水力机械辅助设备。与启动试运行机组有关的油、气、水系统和水力机械量测设备。

（3）发电机相关的发电电压及升压变电设备。启动试运行机组的封闭母线、断路器、主变压器、500kV 高压电缆、550kV GIS 开关站及相关辅助设备。

（4）自动化及继电保护。发电机、变压器、厂高变、高压电缆、550kV GIS 线路的继电保护和故障录波系统。

（5）电站计算机监控主站、与启动试运行机组相关的及公用的 LCU 系统、500kV 开关站 LCU。

（6）通信系统、与启动试运行机组有关的照明系统。

（7）公用直流电系统。

（8）全厂 10kV、6kV、400V 厂用电系统，启动试运行机组自用电系统。

（9）给排水系统。

（10）消防报警系统。

（11）其他与机组启动试运行及投产相关的设备。

4.3 机组启动试运行组织机构

4.3.1 启动委员会

四川省发改委《关于瀑布沟水电站机组启动验收有关问题的函》明确："根据《国家发展改革委办公厅关于水电站基本建设工程验收管理有关事项的通知》（发改办能源〔2003〕1311号）"，"水轮发电机组启动验收由项目法人会同电网经营管理单位共同组织启动验收委员会进行"。经请示国家能源局，要求国电大渡河流域水电开发有限公司按照国家有关规定做好瀑布沟水电站机组启动验收有关工作。

四川省电力公司于 2009 年 11 月 13 日以川电基建函〔2009〕163 号，同意成立瀑布沟水电站机组启动验收委员会及其工作机构。启动验收委员会闭会期间由验收委员会工作机构代行处理机组启动过程中的有关事宜。

4.3.2 瀑布沟机组启动验收及试运行指挥部

瀑布沟水电站首台机组启动准备工作已于 2009 年 11 月 11—13 日在瀑布沟接受启动委员会专家组验收检查，标志着机组进入启动试运行阶段。根据瀑布沟水电站蓄水进展情况，6 号机组于 2009 年 11 月 20 日召开启动验收委员会会议，11 月下旬机组充水调试，12 月初进入 72h 试运行；5 号机组于同年 12 月底进入 72h 试运行。为顺利实现瀑布沟水电站 2009 年双投目标，经国电大渡河流域水电开发有限公司研究决定，成立瀑布沟机组启动验收及试运行指挥部。指挥部由 2 名总指挥长、4 位副指挥长和 11 位成员组成。指挥部下设办公室，实行联合办公。

办公室下设以下 5 个工作小组：水工建筑交接验收组，金结机电交接验收组，试运行指挥组，综合协调服务组，专家组。5 个工作小组的组长、副组长及成员已具体落实到人。

1. 指挥部、指挥部办公室和工作小组的主要职责

（1）指挥部。负责统筹协调机组启动验收及试运行过程中的对外关系，确定有关验收工作的时间和工作计划，讨论并决定有关重大问题等。

（2）指挥部办公室。在机组启动验收及试运行期间实行联合办公，在指挥部的统一部署和指挥下开展工作，负责指挥部日常事务，统筹协调公司各有关部门、单位相关工作，组织、协调、检查、落实启动委员会会议批复的各项工作计划和方案。

（3）工作小组。对指挥部办公室工作负责；按照指挥部和指挥部办公室的命令或要求，依照专业分工，配合启动验收委员会各专业组，具体组织、协调、落实、督办各自专业相关工作，确保各项工作顺利通过验收并满足启动试运行需要。

2. 各职能部门及有关单位的主要职责

（1）总经理工作部。负责综合协调及对外联络工作，协助机电物资部做好启动委员会会议工作及领导小组有关日常事务综合协调工作；负责做好重大信息的报送工作。

（2）党群工作部。根据公司统一部署，做好机组启动验收的相关新闻报道工作。

（3）机电物资部。负责与省电力公司、川电监理等相关部门机组启动验收方面的联络协调；负责组织机组启动验收及相关机电设备的调试及竣工验收工作；负责机组启动验收委员会交办的日常事务，负责启动验收工作手册事项的执行、督办和协调工作。

（4）工程建设部。负责组织机组启动验收相关的土建工程建设及验收工作及启动委员会土建相关的配合协调工作。

（5）生产运营部。负责与电网公司的协调，完成机组并网前调度协议、购电合同签订，电力生产许可证办理等工作；负责生产试运行过程的生产技术准备、督办、协调。

（6）安全监察部。负责与省安监局、成都电监办的协调，完成机组启动验收安评相关工作。

（7）集控中心。负责机组试运行有关与省电力公司调度中心、通信中心的协调、沟通及调度命令的接受和转达工作。

（8）瀑布沟分公司。负责组织各参建单位按机组启动验收工作计划要求完成工程建设及与机组启动验收相关工作；负责协调启动验收现场工作。

（9）瀑电总厂。负责交接验收、生产准备及接机发电相关工作。

（10）检修公司。配合完成交接验收、生产准备及接机发电相关工作。

4.3.3　启动验收参与单位

启动验收主持单位为瀑布沟水电站机组启动验收委员会，项目法人单位为国电大渡河流域水电开发有限公司，质量监督单位为国家电力建设工程质量监督总站，蓄水安全鉴定单位为水电水利规划设计总院，项目设计单位为中国水电顾问集团成都勘测设计研究院，项目监理单位为四川二滩国际工程咨询有限责任公司和长江勘测规划设计研究有限责任公司，施工单位为水电七局十四局联营体、葛江津联营体、水电七局、葛洲坝集团、水电十一局和水电五局，运行管理单位为国电大渡河公司瀑布沟水力发电总厂。

4.4　机组启动验收工作手册和试运行程序大纲

4.4.1　机组启动验收工作手册

国电大渡河流域水电开发有限公司于 2009 年 9 月编制了《瀑布沟水电站　机组启动验收工作手册》（简称《工作手册》），下发给职工。这里仅列出编制说明、编制原则和依据及主要内容。

1. 编制说明

随着瀑布沟水电站下闸蓄水工作的全面推进，机组启动验收工作已经成为首台机组如期投产发电的核心工作之一，其直接影响机组能否如期通过启动验收、顺利并网发电等关键节点目标。机组启动验收工作流程复杂、程序严格、任务繁重，为进一步理清工作内容、细化工作流程、明晰目标任务、整合内部资源、落实工作责任，根据国家及电力行业关于水电站机组启动验收有关规定，在对数十份相关文件内容要求进行整理、咨询的基础上，借鉴四川其他水电站启动验收的经验教训，特编制《工作手册》，用以作为本阶段启动验收工作计划及指南。

2. 编制原则和依据

(1) 编制原则：本手册编制以 2009 年 11 月 10 日瀑布沟送出工程具备带电条件，升压站带电；2009 年 12 月初，瀑布沟水电站首台 6 号机组并网发电，12 月中旬进入 72h 带负荷试运行，12 月下旬首台机组进入商业运行；2009 年 12 月中下旬，5 号机组启动试运行，12 月月底前完成 72h 带负荷运行等基本状况和要求，编制启动验收工作计划。

《工作手册》中的分管领导是按照公司领导班子分工及部门分管情况进行编制，责任部门按照总分管理办法和归并任务进行确定。牵头部门是责任部门，部门负责人即为工作责任人，工作具体执行部门负责人根据部门内部分工落实责任人。协助单位和部门需落实每项任务责任人并报牵头部门。

机电物资部作为《工作手册》编制牵头部门，由于专业限制，有关内容任务需各有关部门、单位在制定实施措施时进一步细化；若与专业规程、规范要求有冲突的地方，需要有关部门协调进度计划、确保通过验收需要。

启动委员工作计划、内容与《工作手册》不一致部分，以启动委员会要求为准。

(2) 编制依据：

国家发改委办公厅《关于水电站基本建设工程验收管理有关事项的通知》（发改办能源〔2003〕1311 号）；

国家经贸委《水电站基本建设工程验收规程》（DL/T 5123—2000）等相关规程、规范；

四川省经贸委《关于加强水电工程验收管理确保工程安全质量的通知》（川经贸电力〔2001〕830 号）；

四川省电力公司《四川并网水力发电机组启动投运前需完成相关性能试验的技术要求》（川电建〔2006〕613 号）；

成都电监办《关于开展发电机组并网安全性评价的通知》；关于机组启动验收的其他政策性文件。

3. 主要内容

(1) 启动验收的流程。

(2) 工作进度及任务分解。

(3) 国家发改委要求的机组启动验收工作内容，包括：

1) 机组启动验收依据。

2) 机组启动验收申请。

3) 机组启动验收组织管理。

4) 机组启动验收应具备的条件。

5) 机组启动验收现场核查资料。

6) 机组启动验收原则。

7) 机组启动验收程序。

8）机组启动验收资料归档。

9）机组启动验收流程简图。

（4）国家电监会要求的发电机组并网安全性评价（简称安评）工作内容，包括：

1）并网安评工作流程图。

2）并网安评验收依据。

3）并网安评范围。

4）并网安评内容。

5）并网安评相关单位职责。

6）并网安评工作程序。

7）并网安评工作标准。

8）并网安评标准依据（含国家标准、电力行业标准、其他标准）。

（5）国家电网公司要求的新机组并网调度调试工作，包括：

1）并网安评标准依据。

2）并网调度调试前期工作。

3）并网调度协议签订工作。

4）电厂升压站启动调试工作流程。

5）电厂升压站启动调试前的工作。

6）省调在升压站启动调试前的工作。

7）机组首次并网调试工作流程。

8）电厂机组首次并网前的工作。

9）省调在机组首次并网前的工作。

10）机组并网调试期的工作。

11）省调在机组并网调试期的工作。

12）机组进入商业化运行的工作。

13）省调工作联系与开展方式。

14）省调各专业处室联系方式。

15）新建电厂（机组）接入系统需向电网调度机构提供的资料。

16）并网调度要求主要专业技术条件，包括新建电厂（机组）并网继电保护专业必备的技术条件、新建电厂（机组）并网通信专业必备的技术条件、新建电厂（机组）并网自动化专业必备的技术条件和新建电厂（机组）并网调试项目。

17）新建电厂（机组）并网相关的法规、标准、规程、规定等。

（6）机组启动验收的政策性文件。

（7）水电站机组启动验收相关文件参考资料。

（8）关于并网安评的国家标准、电力行业标准、其他标准。

4．采取的主要措施

（1）需要抽调经验丰富人员和外聘专家专门成立专职的启动验收工作小组办公室，负责《工作手册》中计划工作的内外协调、联系、督办工作。

（2）各有关牵头、协助部门需要落实一把手负责制，组织内部资源，手册计划完成时间，倒排工期，落实责任人，并定期检查任务进展情况。

（3）各部门、各单位必须通力合作、密切配合、资源共享，杜绝推诿扯皮现象发生。

（4）强化目标管理、加大督办力度；加强内外沟通、整合各方资源，力求结果圆满，目标务期必成。

瀑布沟水电站机组安全影响重大、送出工程要求高。加之带负荷试验、保护试验等数百项工作被压缩在极短时间内完成，任务艰难而艰巨、协调纷繁而复杂，远非一部门一单位之力可以完成，需整合公司、施工、设计、监理、制造商、试验单位、省电力公司等众多单位的资源和努力，需凝聚机、电、土建等众多行业专家的经验和智慧。"十年心血砺一剑，万众艰辛为今朝"，有集团及公司班子的坚强领导，有各单位和部门的大力支持，通过科学谋划、精心组织，坚信一定能够顺利、圆满完成瀑布沟机组投产目标。

4.4.2 机组启动试运行程序大纲

以瀑布沟水电站建设分公司和葛洲坝集团瀑布沟水电站机电安装项目部编写的《四川大渡河瀑布沟水电站 2 号机组启动试运行程序大纲》为例。

（1）总则。

（2）编制依据。

（3）启动试运行必须投入的设备和系统：

1）土建工程。

2）引水系统。

3）油、气、水系统。

4）电气一次设备。

5）电气二次设备。

6）机组发电及相邻部位的消防及消防报警设施。

7）通风、空调和给排水系统。

（4）机组启动试运行前的检查：

1）试运行基本条件。

2）引水系统的检查。

3）水轮机的检查。

4）调速系统的检查。

5）发电机的检查。

6）励磁系统的检查。

7）油、气、水系统的检查。

8）电气一次设备的检查。

9）电气二次设备的检查。

10）消防及消防报警设施的检查。

11）通风及空调设备的检查。

（5）机组充水试验：

1）充水条件。

2）尾水管充水。

3）压力管道及蜗壳充水。

（6）机组启动试验：

1）启动前的准备。

2）首次手动启动试验。

3）机组手动停机和停机后的检查。

4）动平衡检查与试验。

（7）调速器空载试验。

（8）机组过速试验：

1）试验准备。

2）机组过速试验。

3）机组过速试验后的检查。

（9）机组无励磁自动开/停机试验：

1）自动开/停机试验条件。

2）机组 LCU 自动开机。

3）机组 LCU 自动停机。

4）机组事故及故障停机模拟试验。

（10）发电机升流试验（K1）：

1）发电机升流试验应具备的条件。

2）发电机升流试验。

（11）发电机单相接地试验及升压试验：

1）升压前的准备工作。

2）发电机定子单相接地试验。

3）发电机零起升压试验。

4）发电机空载特性试验。

（12）发电机带厂高变升流试验（K2）。

（13）发电机带主变、高压电缆及 GIS 开关站相关设备升流试验：

1）试验准备。

2）发电机带主变、GIS 第三串 5034 升流（K3）。

3）发电机带主变、GIS 第三串 5033 升流（K4）。

（14）发电机带主变、厂高变、高压电缆升压试验：

1）试验准备。

2）主变高压侧单相接地试验。

3）发电机带主变、厂高变、500kV 高压电缆及 GIS 号 2 主变进线 PT 零起升压。

（15）发电机空载下的励磁调整和试验：

1）试验应具备的条件。

2）励磁系统的调整和试验。

（16）2B 主变压器冲击合闸试验（最终实施方案按系统要求进行）：

1）试验需具备的条件。

2）冲击试验前的检查。

3）主变冲击试验。

（17）机组并网试验：

1）并网前的准备。

2）发电机出口断路器2同期并网试验。

（18）机组带负荷试验：

1）试验前的准备。

2）机组带负荷试验。

3）机组带负荷下调速器系统试验。

4）机组带负荷下励磁系统试验。

5）机组甩负荷试验。

6）机组事故低油压关机试验。

7）机组事故配压阀动作关机试验。

8）动水关闭快速闸门停机和动水关闭筒形阀停机试验（根据设计要求和电站具体情况由启委会讨论后决定）。

9）系统要求的各专项试验。

（19）机组带负荷72h连续试运行。

（20）附件，包括主要测试成果。

4.5 主要调试内容及成果

4.5.1 概述

在机组启动验收委员会召开的启动验收会议上，认为将要进行启动试运行的机组，已经具备引水系统充、放水和机组启动试运行条件，同意机组启动试运行后，则机组开始充水和首次启动进行有水调试，在当前水头下带最大负荷作72h试运行，并要顺利完成72h试运行。在有水调试期间，要完成机组启动验收委员会批准的《瀑布沟水电站3号机组启动试运行大纲》上的所有试验项目，以及四川省电力公司《关于印发〈四川并网水力发电机组启动投运前需完成相关性能试验的技术要求〉的通知》（川电建〔2006〕613号）文件规定的主要强制性试验项目。

当水轮发电机组及其附属设备在完成无水联合调试及机组启动前检查验收签证后，经电站机组启动验收委员会批准，开始进入启动试运行阶段。在试运行指挥部的组织下，经过专家组、设计、监理、制造、施工和各相关责任单位的共同努力，在机组已完成试运行大纲要求的全部试验项目并完成72h连续运行试验、具备移交条件后，移交给瀑布沟电厂运行管理，投入商业运行。

4.5.2 机组试运行主要测试项目

机组试运行主要测试项目及成果，各台机组大同小异，为便于叙述和简化，这里以1

号机组为例。

1. 投入运行的主要设备和系统

进水口检修门、工作门、液压启闭机、坝顶门机及相关设备；1 号引水隧洞及压力钢管、尾水管闸门、移动台车及相关设备，1 号尾水洞、尾水洞出口闸门、尾水洞出口固定卷扬式启闭机及相关设备。上、下游水位量测系统。与 1 号机组试运行相关的供、排油管路、设备。厂内中、低压空压机及强迫补气系统及与 1 号机组供、排气相关的管路、设备。1 号机组、主变的技术供水、排水系统。1 号机组水力量测系统。电气一次设备 1 号发电机封闭母线、分支母线及微正压充气系统，1 号发电机出口断路器、厂用变及发电电压相关设备、中性点接地变等，1 号主变 550kV 高压电缆及附属设备，550kV GIS 设备（1 号机接入部分），与 1 号机组发电相关的 10kV 及 400V 厂用电设备及系统，全厂及与 1 号机组发电相关的防雷及接地系统。1 号机组及相关运行部位的照明及事故照明系统，与 1 号机组发电有关部分的厂用电 400V 动力电源系统，与 1 号机组发电有关部分的直流电源系统，1 号机组相关的继电保护、自动装置、故障录波和测量设备。550kV 主变、高压电缆、550kV GIS 设备、出线设备及线路相关的继电保护、自动装置、故障录波和测量设备。与 1 号机组发电相关的电站计算机监控系统：主控站、厂用电 LCU、公用设备 LCU、开关站 LCU、1 号机组 LCU 等。通信工程（含调度通信、行政通信、自动化及保护通道）。1 号机组发电及相关部位的消防及消防报警设施。

2. 1 号机组充水启动前的检查

1 号机组及相关公用设备在进入启动试运行前，按照工程分部、分项和单元工程的划分，经业主、监理、制造、运行、安装单位共同检查，对涉及 1 号机组启动试运行的过流系统、水轮机、调速器、发电机、励磁系统、电气一次系统、电气二次系统、油气水系统、消防和消防报警系统及厂房照明暖通空调系统等逐一进行了检查、验收和签证。各方共同确认：所有已完成的项目检查结果满足要求，不存在影响 1 号机组安全稳定运行的未完项目，1 号机组具备启动试运行条件。1 号机组转子动平衡试验第一次配重见图 4.1。

机组配重块完成焊接、清扫，通过验收。

对 1 号机组重新电、手动开机，进行配重结果验证。

机组以额定转速运行，导叶开度 12.48%，测发电机残压（一次）为 134.3V，正相序，检查机组各部运行稳定，进行瓦温稳定性试验。

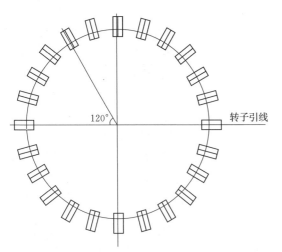

图 4.1　1 号机组转子动平衡试验
第一次配重示意图

3. 调速器空载试验

机组瓦温稳定后，进行调速器空载试验。

（1）空载摆动试验：

A套

试验参数：K_p：2.61；K_i：0.40；K_d：0.10；B_p：0.04

空载摆动试验 A 数据见表4.2。

表4.2　　　　　　　　　　　　　空载摆动试验 A 数据

次数	最大频率/Hz	最小频率/Hz	摆动值/Hz	变化率/%
1	50.04	49.95	0.09	0.18
2	50.04	49.95	0.09	0.18
3	50.04	49.96	0.09	0.17

B套

试验参数：K_p：2.61；K_i：0.40；K_d：0.10；B_p：0.04

空载摆动试验 B 数据见表4.3。

表4.3　　　　　　　　　　　　　空载摆动试验 B 套数据

次数	最大频率/Hz	最小频率/Hz	摆动值/Hz	变化率/%
1	50.04	49.95	0.09	0.18
2	50.04	49.95	0.09	0.17
3	50.04	49.95	0.09	0.18

C套

试验参数：K_p：2.61；K_i：0.40；K_d：0.10；$B_p=0.04$

空载摆动试验 C 套数据见表4.4。

表4.4　　　　　　　　　　　　　空载摆动试验 C 套数据

次数	最大频率/Hz	最小频率/Hz	摆动值/Hz	变化率/%
1	49.89	49.77	0.12	0.23
2	49.45	49.31	0.14	0.28
3	49.41	49.34	0.07	0.14

（2）载扰动试验：

试验参数：K_p：2.61；K_i：0.40；K_d：0.10；B_p：0.04

A套

上扰：扰前频率：48.01Hz；扰后频率：51.97Hz；超调量：0.00%；调节时间：22.50s（超调量小于1.2Hz，调节时间小于$15T_w$）。

下扰：扰前频率：51.98Hz；扰后频率：48.04Hz；超调量：0.00%；调节时间：27.06s（超调量小于1.2Hz，调节时间小于$15T_w$）。

B套

上扰：扰前频率：48.01Hz；扰后频率：51.97Hz；超调量：0.00%；调节时间：

22.50s（超调量小于 1.2Hz，调节时间小于 $15T_w$）。

下扰：扰前频率：52.00Hz；扰后频率：48.06Hz；超调量：0.00％，调节时间；26.58s（超调量小于 1.2Hz，调节时间小于 $15T_w$）。

（3）调速器 A 套、B 套切换试验：

试验参数：K_p：2.61；K_i：0.40；K_d：0.10；B_p：0.04

分别进行 A-B、B-A 切换，各通道切换平稳。

调速器空载试验结束。

4. 机组过速试验

根据启动试运行指挥部参与试验各方的现场会议，按照机组运行情况，同意进行机组过速试验。

（1）机组 115％N_e 过速试验（为第一级过速试验）：

现地手动操作调速器，机组转速升至 115％额定转速后即关回至空载，115％过速接点动作正常。过速时机组最大转速为 115.24％额定转速（频率 57.62Hz），导叶开度为 19.2％。

（2）机组 146％N_e 过速试验（为第二级过速试验）：

现地手动操作机组升速，电气 146％N_e 接点动作正常，机械过速飞摆动作，事故配压阀动作关导叶停机。过速过程中机组状态正常。最大转速为 150.6％额定转速（频率 75.3Hz），导叶开度为 47.3％。

机组停机后，落筒形阀和进水口工作闸门，进行转子及转动部分检查、打磁极键、安装定子上下挡风板以及消缺工作。

5. 发电机升流及短路特性试验

1 号机组调速器电、手动开机滑行，检查机组各部运转正常后分级升至额定转速运行。

开机前，测量发电机转子绝缘电阻，15s：90MΩ；1min：225MΩ；吸收比：2.5。发电机定子绝缘电阻（三相），15s：36MΩ；1min：220MΩ；10min：878MΩ；极化指数：3.99。

合灭磁开关，手动零起升流，逐级升流至 $1.1I_N$，进行发电机短路特性试验，录制发电机短路特性曲线。

在发电机额定电流下测量发电机轴电压，$V=0.08V$。

合灭磁开关，升流至 20％I_N，检查各电流互感器 CT 二次回路正确，无开路，逐级升流至额定。

跳灭磁开关，录取 100％额定电流灭磁波形。

手动停机。拆除三相短路板，恢复接线。

6. 发电机升压试验

（1）发电机定子单相接地试验：

1 号机组电手动开机至机组空转运行。

合灭磁开关，利用发电机残压测得升压范围内电压互感器 PT 二次侧电压幅值，相位正确，三相对称。

在发电机出口电压互感器 PT 一次侧挂单相（A 相）接地线，合灭磁开关，手动逐级

升压至 $20\%U_N$，定子单相接地保护动作（A 相），跳灭磁开关。

在发电机中性点挂接地线，合灭磁开关，手动逐级升压至定子接地保护动作跳灭磁开关。

跳 10kV 他励电源开关，拆除接地线，投入定子接地保护。

（2）发电机零起升压试验：

逐级升压至 $100\%U_N$，检查升压范围内电压互感器 PT 回路相序、电压正确。在 $100\%U_N$ 下测发电机交流轴电压：$0.7V$。

$100\%U_N$ 下跳灭磁开关，录制空载灭磁特性曲线。

100% 电压跳灭磁开关，最大反向电压 670V，灭磁时间 6s。

（3）发电机空载特性试验：

合灭磁开关，手动逐步升压至 $118\%U_N$，进行发电机空载特性试验。

试验结束，手动停机。

7. 励磁装置空载试验

1 号机组电、手动开机，机组空转运行，进行励磁系统空载试验。

（1）起励试验：

合灭磁开关，分别自、手动起励，电压稳定在最小给定电压值。

（2）阶跃试验：

分别在 CH1、CH2 通道 95% 空载电压下加入 5% 阶跃量和在 90% 空载电压下加入 10% 阶跃量，记录励磁调节器超调量、超调次数、调节时间满足设计要求。

（3）额定电压下起励、逆变灭磁试验：

分别在 CH1、CH2 通道发电机零起升压至额定值 U_N，电压超调量不大于额定值的 10%，超调次数不超过 2 次，调节时间符合要求。

（4）信道跟踪及信道切换试验。

（5）V/f 限制器试验：

发电机频率在 $50\sim45Hz$ 内变化，检测 V/f 限制器控制情况，符合设计规范要求。

（6）电压互感器 PT 断相试验：

分别解开 1PT、2PT 接线，励磁调节器自动切换正确。

励磁空载试验完成后，机组手动停机。

8. 转子动平衡试验

根据机组带额定励磁电压后机组振动摆度情况，机组启动试运行指挥部决定对转子进行第二次配重，在转子上幅板靠近外端面处，以转子引线为起点，逆时针方向 95°，加配 120kg 配重块。

1 号机组转子动平衡试验第二次配重见图 4.2。

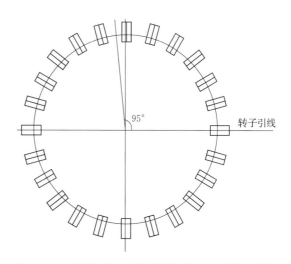

图 4.2　1 号机组转子动平衡试验第二次配重示意图

9. 发电机带厂高变升流试验

1 号机组启动单步开机流程至机组空转运行。

合发电机出口隔离开关 11 及断路器，并采取防跳措施，利用发电机残流检查短路范围内电流互感器 CT 二次回路以及厂高变各电流回路的幅值，相位正确，保护装置差流正确。

试验结束，断开发电机出口断路器及隔离开关 11，合主变低压侧 230V 及厂高变低压侧接地刀闸，拆除短路线，完成后拉开主变低压侧 130V 及厂高变低压侧接地刀闸。

10. 发电机带主变、GIS 开关站设备升流试验

(1) 发电机带主变、GIS 第一串 5012 升流：

升流短路点设在 501227 接地刀闸处，断开与升流无关的所有隔离刀闸及断路器。合上 501227 接地开关和 50116、50121 隔离开关，合 5012 断路器，切除断路器操作电源防跳。

合发电机出口隔离开关 11 及断路器，切断其操作电源。机组空转运行，检查短路范围内的电流互感器 CT 二次电流回路的完整性，无开路现象。

合灭磁开关，起励升流，按 $25\%I_N$、$50\%I_N$、$100\%I_N$ 分级升流，检查 1 号发电机保护、1 号主变压器保护、1 号高压电缆保护、断路器保护、T 区保护、安稳装置、故障录波装置等以及测量回路的电流幅值和相位正确，一次设备工作情况正常。

降电流至零，跳灭磁开关，跳发电机出口断路器，升流试验结束。

(2) 发电机带主变、GIS 第一串 5011 升流：

升流短路点设在 501117 接地刀闸处，断开与升流无关的所有隔离刀闸及断路器。合501117 接地开关，合 50112 隔离开关，合 5011 断路器并切断操作电源防跳。

合发电机出口断路器，切断其操作电源防跳。检查短路范围内的电流互感器 CT 二次电流回路完整性，无开路现象。

合灭磁开关，起励升流，按 $10\%I_N$、$30\%I_N$、$50\%I_N$、$100\%I_N$ 分级升流，检查升流范围内各电流互感器 CT 的二次三相电流平衡情况及其相位正确。检查 1 号发电机保护、1 号主变压器保护、1 号电缆保护、断路器保护、T 区保护、安稳装置、故障录波装置等及测量回路的电流幅值和相位正确，一次设备工作情况正常。

降电流至零，跳灭磁开关，跳发电机出口断路器、断开发电机出口隔离开关，升流试验结束。

11. 发电机带主变、厂高变、高压电缆升压试验

(1) 1 号主变高压侧单相接地试验：

将 501117 接地刀闸作为 1 号主变高压侧单相接地点，合 50112 隔离开关，退出 5011 断路器三相不一致保护，单合 5011 断路器 B 相，适当降低 1 号主变零序保护定值。

合发电机出口隔离开关及断路器，检查主变零序保护电流互感器 CT 残流，无开路。

合灭磁开关，手动逐级升压至主变零序保护动作，跳灭磁开关。

跳开发电机出口断路器，恢复主变零序保护定值，投入主变零序保护。

启动 1 号机组单步停机流程停机。

(2) 发电机带主变、厂高变、500kV 高压电缆及 1 号主变进线电压互感器 PT 零起升

压试验：

1号机组启动单步流程开机至机组空转，合上 50116 隔离刀闸，合发电机出口断路器，测量升压范围内电压互感器 PT 二次残压正确。

合灭磁开关，发电机按 $10\%U_N$、$30\%U_N$、$50\%U_N$、$75\%U_N$、$100\%U_N$ 分级递升加压。升压过程中检查主变、厂用变、500kV 电缆及 GIS 设备带电运行情况、主变高低压侧电压互感器 PT 二次三相电压的幅值和相序及开口三角输出电压值；核对各电压互感器 PT 之间相位并核相（包括 1B1YH、ⅠMYH 及 1B2YH 与机端电压互感器 PT）、在额定电压下核对发电机出口断路器同期点同期装置两侧电压相序、相位和幅值，投入同期装置，检查自动/手动准同期装置测量频差、压差、角差为零，整步表指示在零位。用 1B1YH 校核 1F 电压相位、相序一致。

试验结束，降电压至零。

机旁按电气事故停机按钮，模拟电气事故跳发电机出口断路器，启动事故停机流程停机。

机组停机后，拆除他励电源，恢复自并励接线。

12. 1号主变压器冲击合闸试验

按系统要求分别合 50116、50122、50121、50111、50112 隔离开关，进行主变冲击前的倒闸操作。

断开 1 号发电机出口断路器 1、隔离开关 11、接地刀闸 130 及高压厂用变低压侧 DLC1 断路器，按系统要求设置主变压器分接开关位置为 2 挡，主变冷却系统投入"自动"方式。

合 5011 断路器，对 1 号主变冲击合闸，录制主变冲击合闸励磁涌流，首次持续时间 15min，主变及高压厂用变运行正常，变压器保护工作无异常；间隔 10min 后，再次合 5011 断路器，进行冲击合闸试验。

变压器励磁涌流数据见表 4.5。

表 4.5　　　　　　　　　　　　变压器励磁涌流数据

冲击次数	最大涌流（峰值）/A	冲击时间	冲击次数	最大涌流（峰值）/A	冲击时间点
第 1 次	1890	15：41：06	第 4 次	1620	16：31：25
第 2 次	2160	16：01：34	第 5 次	2070	16：46：25
第 3 次	2370	16：16：25			

第 5 次合 5011 断路器后，进行 10kV 厂用电Ⅱ段母线核相，相序为正相序。

13. 发电机出口断路器同期并网试验

（1）假同期试验：

上游水位 845.8m。

1 号机组现地启动 LCU 自动开机流程到空载运行。

模拟机组出口隔离开关 11 在合位，分别用自动准同期和手动准同期装置进行发电机组出口断路器 1 假同期试验，并录波。同期装置导前时间 80ms。

（2）自动准同期首次并网试验：

1号机组发电机出口断路器自动准同期合闸，1号机组首次与系统并网成功。

1号机组再次同期合闸并网，进行负荷增减试验以及轻负荷下的调速器、励磁装置及保护定值核对等试验。

14. 1号机组甩负荷试验

（1）机组甩25％负荷试验（第一次）：

机组增有功至150MW运行，导叶开度30％。

跳发电机出口断路器，进行甩25％负荷试验。甩时最大转速为128.8r/min额定转速，转速上升率3.0％；蜗壳最大压力2.30MPa，压力上升率28.1％。

（2）机组甩50％负荷试验：

1号机组同期并网，增有功至300MW运行，导叶开度44.6％。

跳发电机出口断路器，进行甩50％负荷试验。甩时最大转速136.8r/min额定转速，转速上升率9.4％；甩时蜗壳最大压力2.34MPa，压力上升率30.6％。

（3）机组甩25％负荷试验（第二次）：

1号机组启动自动开机到发电流程。

1号机组同期并网。

机组增有功至150MW运行，进行甩25％负荷试验，验证调速器不动时间。

跳发电机出口断路器，机组甩25％负荷。甩时最大转速133.5r/min额定转速，转速上升率6.8％；甩时蜗壳最大压力2.03MPa，压力上升率12.6％。调速器不动时间0.17s。

（4）机组甩75％负荷试验：

1号机组同期并网，增有功至450MW运行，导叶开度58.3％。

跳发电机出口断路器，进行甩75％负荷试验。甩时最大转速173r/min额定转速，转速上升率38.4％；甩时蜗壳最大压力2.18MPa，压力上升率22.6％。

（5）机组甩100％负荷试验：

1号机组同期并网，增有功至603MW运行，导叶开度75.8％。

跳发电机出口断路器，进行甩100％负荷试验。甩时最大转速181r/min额定转速，转速上升率44.8％；甩时蜗壳最大压力2.39MPa，压力上升率35.8％。

启动1号机组正常停机流程自动停机，进行甩负荷试验后的检查和消缺。

15. 事故配压阀动作关机试验

机组启动试运行指挥部在1号机组旁召开现场会，根据前期试验情况，决定带150MW负荷进行1号机组事故配压阀动作关机和低油压关机试验。

机组同期并网，增有功至200MW运行。

机旁盘手动操作紧急停机按钮，事故配压阀动作，启动紧急停机流程停机。

机组事故停机回路动作准确。

16. 调速器事故低油压关机试验

1号机组启动自动开机流程到空载运行。

机组同期并网，带有功150MW进行调速器事故低油压关机试验。

人为降低调速器操作油压至 5.0MPa 时，机组自动启动调速器事故低油压停机流程停机。停机流程逻辑正确、可靠。

17. 系统强制性试验

1 号机组自动流程开机到空转，开始进行系统要求的机组稳定性试验、发电机组一次调频、调速器建模、励磁系统 PSS 试验等强制性试验。

试验结束，跳发电机出口断路器，机组按自动流程停机。

18. 1 号机组带负荷 72h 连续试运行

2010 年 12 月 23 日，上游水位 845.9m。启动 1 号机组自动开机流程到空载运行，机组同期并网带负荷。

经电网批准，瀑布沟 1 号机组带 480MW 负荷开始进行 72h 连续试运行。

72h 试运行期间，1 号机组及公用系统设备工作正常，运行稳定，温度、振动摆度、显示无异常。

国电大渡河公司瀑布沟水电站建设分公司，在 1 号机组现场宣布：瀑布沟水电站 6 台机组全部投产目标实现。

至此，1 号机组启动试运行试验圆满结束。

19. 厂用电系统

厂用电系统已于 2009 年 6 月 10 日安装调试完成，6 月 15 日正式送电；安装间下的公用电系统已于 2010 年 6 月送电。引接于主机—主变单元接线之间的厂用变压器，已随每台机组投入运行。全厂备用电源来于西昌供电局供电线路、开关站和尼日河柴油发电机，开关站柴油发电机已安装调试，并经负荷试验检查正常。尼日河柴油发电机已安装调试完成，启闭闸门进行负荷试验正常。

4.5.3　机组安装测试举例

由于瀑布沟水电站的 6 台发电机和 2 号、4 号、6 号水轮机由东方电机股份有限公司制造供货，1 号、3 号、5 号水轮机由通用电气亚洲水电设备有限公司制造供货，在介绍了 1 号机组启动试运行主要测试项目后，再举例 2 号机组的测试结果会更全面一些。

1. 2 号机组水轮机安装

(1) 尾水肘管和锥管安装偏差，焊缝外观和 100％PT 探伤检查无超标缺陷，尾水管安装质量符合设计和规范要求。

(2) 分瓣座环拔河组装的水平、圆度和同轴度检查合格后，按供货厂家焊接工艺焊接，焊前预热，焊后作消氢处理。焊缝经 100％UT＋100％PT 检查合格。座环安装，中心及方位、水平、高程、圆度、同轴度偏差，安装质量符合供货厂家和设计要求。

(3) 蜗壳直管段中心与 Y 轴距离、高程偏差，最远点高程、定位节管口倾斜值、定位节管口与基准线偏差、最远点半径偏差，蜗壳挂装质量符合供货厂家和规范要求。蜗壳按供货厂家焊接工艺施焊，焊前预热，焊后经 250～300℃/4～6h 消氢处理。环、纵焊缝经 100％UT＋100％PT 检查，一次合格率 100％；经第二方对蜗壳纵缝、上下过渡板、舌板焊缝 100％TOFD 检查，第三方对蜗壳凑合节 20％环缝、30％纵缝、100％上下过渡板以及舌板焊缝的 TOFD 探伤检查合格。

（4）机坑里衬中心、高程、圆度和水平，接力器基础垂直度、中心及高程、至机组坐标基准线平行度及距离，安装质量符合设计、厂家和规范要求。

（5）由厂家完成支持环上平面、座环及支持环内圆镗口、支持环内圆导轨立筋以及顶盖把合螺孔加工，质量符合供货厂家图纸要求。

（6）底环与顶盖上下止漏环的圆度、同轴度，顶盖、底环的导叶轴套孔同轴度，导叶的端面间隙和立面间隙，控制环径向和轴向间隙，接力器安装方位、水平、行程、压紧行程以及耐压试验，安装质量符合供货厂家和规范要求。

（7）圆筒阀组焊后的上下口圆度、水平、同心度，筒阀与导向条、密封配合和筒阀接力器的安装偏差，符合供货厂家要求。圆筒阀油压装置调试和圆筒阀无水启闭试验完成。

（8）分瓣转轮由供货厂家在工地装焊，焊缝经100%MT＋100%UT探伤检查，转轮装焊后圆度、静平衡偏差，符合供货厂家设计要求。

转轮与水轮机轴联轴的法兰间隙0.02mm，塞尺检查不能通过，螺栓连接伸长值1.15～1.19mm、转轮安装高程偏差＋0.2mm、转轮与上、下止漏环间隙2.55～3.15mm，转轮安装质量符合供货厂家要求。

（9）水导油槽经煤油渗漏试验、水导冷却器和管路经打压试验无渗漏，合格；水导单侧瓦隙0.35±0.02mm，主轴的检修密封充气试验无泄漏、排气后检修密封与主轴间隙符合供货厂家要求。工作密封抗磨环水平度、密封环水平度和动作灵活性，安装质量符合供货厂家要求。

（10）完成调速器和压油装置安装及在无水状态下的静态调试各项试验，符合供货厂家和规范要求。

2. 2号机组发电机安装

（1）定子组装。定子机座工地组焊，焊缝100%UT＋100%MT检查合格。焊后下环板水平、各环板半径、齿压板水平偏差、定位筋半径、扭斜和弦距偏差、定子铁芯叠装半径、高度、波浪度、内外高差、齿部压紧量，定子安装中心和高程等数据，符合供货厂家和规范要求。铁芯磁化试验：铁芯最高温度23.5℃、最大温升5.1685K＜25K（标准规定值）、最大温差7.057K＜10K（标准规定值）、平均单位铁损1.427W/kg＜1.43W/kg（标准规定值），符合供货厂家要求。

定子各相、各分支间直流电阻相互差值不大于最小值的2%，定子直流耐压从按10kV等级电压递升到60kV时，三相泄漏电流差别不大于最小值50%且不随时间增大，定子整体交流43kV/min耐压通过，符合规范要求。

（2）转子组装。转子中心体与支架组装焊接，立筋刨配加工偏差，磁轭叠装的同一纵截面高度差、周向高度差和圆度偏差，磁极挂装的平均中心高程、转子圆度偏差，制动闸板周向波浪度等数据，符合供货厂家和规范要求。

挂装前，磁极绕组间直流电阻比较偏差1.69%；挂装后，转子各绕组直流电阻比较偏差1.44%；挂装前磁极绕组相互间交流阻抗差和挂装后转子各绕组相互间交流阻抗差均不大于15%～20%；转子48个磁极挂装前后绕组分别经工频交流6300V/min和5800V耐压通过，转子整体经工频交流4800V耐压通过，符合供货厂家和规范要求。

（3）发电机总装。下、上机架在工地装焊，焊后尺寸符合供货厂家要求，焊缝经100％UT检查无超标缺陷。下机架安装中心偏差小于0.14mm、水平偏差小于0.013mm/m、下机架高程偏差小于3.3mm，上机架安装中心偏差小于0.345mm、水平偏差小于0.028mm/m、下机架高程偏差小于0mm，符合供货厂家要求。

转子中心体与下端轴和上端轴的螺栓伸长值分别为0.69～0.72mm和0.39～0.41mm，水轮机与发电机联轴螺栓伸长值在0.70mm±10％内。调整弹性油箱压缩量偏差0.087mm<0.20mm（标准规定值）、镜板水平0.0125mm/m<0.02mm/m（标准规定值）后进行机组盘车：下导轴承处 X 和 Y 摆度0.008mm/m和0.003mm/m、发电机轴法兰 X 和 Y 摆度0.009mm/m和0.032mm/m、水机轴法兰 X 和 Y 摆度0.005mm/m和0.036mm/m，两段轴轴线折弯小于0.02mm/m；定转子气隙实测33.3～35.22mm，平均气隙34.14～34.65mm，底环止漏环平均间隙2.91mm，顶盖平均间隙2.28mm，机组中心 X/Y 偏差0.03mm、-0.04mm。推力、上导、下导轴承冷却器油压试验和其轴承油槽煤油渗漏试验，无泄漏。制动器和管路耐压试验通过、严密性良好，制动器动充排气动作灵活无卡阻。发电机总装质量符合供货厂家要求。

（4）励磁变电气试验和励磁盘柜以及电气接线安装已完成，开机前的励磁静态试验已完成。

工程形象面貌满足2号机组启动试运行的要求，相关工程的施工质量满足规范和设计要求，2号机组具备启动试运行条件。

3．2号机组有水调试

2号机组开始有水调试后，经过过速试验，水轮发电机组振动、摆度及发电机气隙指标正常；调速器及其辅助系统、圆筒阀及其辅助系统工作正常；机组供水系统和排水系统运行正常；厂内中、低压系统运行正常；厂内渗漏及检修排水系统运行正常；机组各监视测量仪器和设备工作正常；机组计算机监控系统运行正常；进水口工作门运行正常；厂内通信系统正常。

4．2号机机组甩负荷试验

2号机组于2010年12月3日23时30分开始甩负荷试验，分别进行甩25％、50％、75％和100％额定负荷试验，当时水库水位850.0m，下游尾水位约670.0m，机组额定负荷600MW。试验成果显示，蜗壳压力上升和机组转速上升出现在甩100％额定负荷时，蜗壳最大压力2.54MPa，转速上升为130.4％，蜗壳压力上升值与主机厂提供的过渡过程计算成果比较接近，但转速上升率有一定裕量。因此，甩负荷程序可行，同时也提请主机厂进一步优化导叶关闭规律，适当降低蜗壳压力上升值。

4.5.4 对调试结果的评价意见

瀑布沟水电站1号机组启动试运行，从2010年12月16日开始充水到26日72h连续试运行结束，完成了《1号机组启动试运行程序大纲》中所确定的全部试验项目，对出现的问题均进行了处理。试验结果表明，1号机组各项试验符合相关规程、规范及设计技术要求，水轮发电机组运行情况良好，辅助设备运行正常，一次设备性能良好，二次设备工作无异常，能够满足机组长期、稳定运行要求，已具备投入商业运行条件。

2 号机组开始有水调试后，经过过速试验、甩负荷等试验，情况正常，具备投入商业运行条件。

4.6　对机组启动试运行的评价及验收

本节以 1 号机组为主进行叙述，也提到其他机组。

4.6.1　机组启动前的有关工程形象面貌

（1）地下主副厂房、安装间、主变室、尾水系统及 GIS 楼的土石方开挖与支护、混凝土浇筑等土建工程已按设计要求基本完成施工，满足设计和规范要求。

（2）进水口各闸门、液压启闭机、拦污栅及坝顶门机安装调试完成；1 号压力钢管制作安装完成；尾水管出口 3 扇检修闸门及启闭机、1 号尾水洞出口 2 扇检修闸门及启闭机，均已安装调试完成。

（3）1 号机组的水轮发电机组设备及圆筒阀安装调试完成；技术供水系统设备及管路、强迫补气系统设备及管路配制、调试完成，已投入正常运行；主轴密封用水设备及管路安装、调试完成；调速器及油压装置，已完成安装和静态调试；水力监测系统设备及管路安装调试完成；消防供水系统及消防监控系统安装调试完成，并通过四川省消防总队检查验收。

（4）1 号机组及公用、开关站、闸门的电气一次、二次设备安装调试完毕，试验合格、动作正常、可靠并能满足升压、变电、送电和测量、控制、保护等要求。机组计算机现地控制单元 LCU 安装调试完毕，具备投入及与全厂计算机监控系统通信的条件。

（5）对 1 号机组启动进行质量巡视监督，到 2010 年 11 月 30 日，电力建设工程质量监督总站巡视组，先后对瀑布沟水电工程进行了 14 次现场质量监督巡视；巡视组专家通过现场检查、听取汇报、查阅验收记录和工程档案，形成工程质量监督巡视报告，对工程建设质量进行评价，提出改进工程质量的意见和建议；认为瀑布沟水电站工程土建施工和机电设备安装质量处于受控状态，其质量满足规范和设计要求；2010 年 12 月 3—4 日巡视组专家进行了第 14 次现场质量监督巡视，认为工程形象面貌基本满足 1 号机组启动调试的要求，1 号机组启动后不影响后续工程项目的施工，1 号机组具备充水启动调试的条件。

4.6.2　工程质量

1．原材料质量总体评价

对所有用于工程的原材料，严格按有关技术标准和行业规范进行进场检验试验；施工中严格过程控制，坚持质量标准；用于工程的各种材料全部合格，满足工程建设质量要求。

2．工程质量评定

截至 2010 年 11 月 30 日，单元工程验收评定情况如下：

（1）主体工程原材料、中间产品合格率 100％。

（2）主体土建单元工程累计验收评定 31581 个，全部合格，其中优良单元 29546 个，优良率 93.56%。

（3）金属结构制作安装单元工程累计验收评定 558 个，全部合格，其中优良单元 553 个，优良率 99.1%。

（4）机电安装单元工程累计验收评定 390 个，全部合格，其中优良单元 390 个，优良率 100%。

工程质量满足设计及规范要求，同时也满足瀑布沟水电站质量管理目标。

截至 2010 年 12 月 8 日，1 号机组启动验收相关的地下厂房土建工程质量评定 5447 个单元，合格率 100%，优良 5099 个，优良率 93.6%。1 号机组启动相关的金属结构质量评定 60 个单元，合格 60 个，合格率 100%，优良 60 个，优良率 100%。1 号机组启动相关的机电安装工程质量评定 54 个单元工程，合格 54 个，合格率 100%，优良 54 个，优良率 100%。土建施工和机电安装合格率优良率均达到国电集团质量控制标准。

3. 工程质量管理情况及评价

（1）项目业主。瀑布沟水电站工程建设管理项目业主为国电大渡河流域水电开发有限公司，下设机构瀑布沟水电站建设分公司代行业主职责。分公司重视质量管理工作，贯彻"科学、创新、追求卓越"的质量方针和"达标投产、争创鲁班奖"的质量目标，建立健全工程质量管理体系，制定质量管理规章制度，明确参建各方在质量管理中的职责和义务以及质量责任，设立质量管理机构和专职人员，成立了测量中心、试验检测中心、安全监测管理中心等机构。业主及时协调解决实际问题，大力整治现场安全文明施工的薄弱环节，发挥了业主在工程建设中的主导作用。

（2）设计单位。成都勘测设计研究院瀑布沟设计项目部实施院本部质量管理体系，加强设计过程控制，有健全的设计文件审核、会签批准制度。重视工程科研试验和设计优化工作，设计供图满足工程要求，设代人员到位，现场设计服务总体良好。设计文件的深度能满足各阶段的有关规定要求，满足工程质量、安全需要，并符合设计规范要求。

（3）监理单位。四川二滩国际工程咨询有限责任公司进场后建立了瀑布沟水电站监理部，实行总监负责制，建立健全质量管理体系，监理机构、人员基本满足监理工作需要；监理工作基本到位；监理规划、监理实施细则控制有效，有关监理质量记录，各种签证、验评运行总体正常。

（4）施工单位。土建施工单位为水电七局、十四局联合体，机电设备安装单位为葛洲坝集团机电建设有限责任公司瀑布沟机电安装项目部，均建立健全质量管理体系，机构、人员职责基本到位，各项管理制度基本得到落实，内部质量实行"三检制"，对质量监督检查发现的问题，认真组织整改。

4. 机组和其他机电设备在生产运行过程中存在的问题及处理

（1）电压互感器 PT 谐振。瀑布沟水电站 500kV GIS 设备在倒闸操作中 T 区停电电压互感器 PT 可能发生分频铁磁谐振。大渡河公司组织两次专题会议，在 2009 年 12 月 24 日就最终解决方案达成一致意见，同意东芝平高设备制造厂提出的在二次侧加装可饱和电抗器消除谐振的永久解决方案。2010 年 4 月初东芝平高设备制造厂将可饱和电抗器供货到现场。但由于国内同类型电站没有可供借鉴的经验，电网公司暂未同意加装可饱和电抗器。

在永久解决方案实施前，大渡河公司编制了《瀑布沟水电站 500kV 设备投运防止铁磁谐振事故防范措施》。对可能发生铁磁谐振设备区域进行重点监视，必要时对 T 区电磁式电压互感器外壳进行红外热成像监视。如在操作过程中发生谐振，及时采取措施，断开断路器侧刀闸的方式破坏谐振。

（2）6 号机组主轴密封滤水器堵塞。厂外低位水池及由其引入地下厂房内的消防灭火及清洁用水管路施工完成后冲洗不彻底，在 6 号机组试运行过程中多次发生主轴密封用水滤水器堵塞导致水压低于设计值的情况。

对此，施工单位及时对流道及滤水器滤网彻底清洗，紧急挪用 4 号机组滤水器，与原滤水器并联安装，实现运行期间在线清洗滤水器功能。6 号机组投运后，设备供货商给每台机组多提供 1 台主轴密封用水滤水器，增加其可靠性。此外，在 2 号、4 号、6 号机组主轴密封供水管路上设置压力传感器和 PLC 控制器，并将信号上传至监控画面，实现主轴密封滤水器滤网堵塞时的自动切换和中控室实时监控。

（3）机组甩负荷时蜗壳压力过高。瀑布沟水电站 3～6 号机组前期低水位甩负荷试验时，蜗壳末端压力上升幅值较大。经设备供货商重新核算调保计算结果，机组现有调保计算结果基本满足机组和流道安全运行要求。上游水位 790m 时，虽蜗壳水压上升幅值较大，但总体水压绝对值较蜗壳设计压力差值较大；库水位上升后，上升幅值将呈现降低趋势，不会超过蜗壳设计压力。

鉴于理论计算与试验结果间存在差异，分公司在 2 号机组启动前组织技术人员对机组导叶关闭时间重新进行试验复核，导叶关闭规律满足供货厂家调保计算结果；在上游水位 850m 甩 600MW 负荷时蜗壳水压上升值与东电计算值接近，转速上升值距设计允许值有较大裕量。因此，要求根据 2 号机 850m 实际甩负荷的情况对导叶关闭规律优化。2010 年 12 月 9 日，安装单位已利用 72h 试运行后消缺机会重新调整了导叶关闭时间。4 号和 6 号机组将结合冬季检修时机进行调整。

4.6.3　机组验收前已完成的工作

验收前已完成的工作，此处是指试运行、带负荷连续运行情况。

瀑布沟水电站 1 号机组自 2010 年 12 月 16 日开始机组充水，12 月 17 日首次启动有水调试，12 月 16 日开始机组 72h 试运行，12 月 26 日完成 72h 试运行。有水调试期间，完成机组启动验收委员会批准的《瀑布沟水电站 3 号机组启动试运行大纲》上的所有试验项目，以及四川省电力公司《关于印发〈四川并网水力发电机组启动投运前需完成相关性能试验的技术要求〉的通知》（川电建〔2006〕613 号）文件规定的主要强制性试验项目，即：

2010 年 12 月 16 日进行机组充水试验，完成压力钢管及蜗壳充水试验、技术供水系统调试、筒型阀静水试验、静水状态下快速门启闭试验。

2010 年 12 月 17 日进行了机组首次启动及瓦温稳定试验，先后完成机组现地手动小开度启动机组滑行试验、机组 25％、50％、70％～100％额定转速开机升速试验、机组 100％额定转速瓦温稳定试验、调速器空载调试。

2010年12月18日机组进行了过速试验，完成115%N_e、146%N_e过速试验。

2010年12月19日机组进行了发电机短路升流试验，包括发电机零起升流、发电机短路特性试验、两相稳态短路试验、两相对中性点稳态短路试验。

2010年12月19日完成发电机升压试验，包括发电机单相接地试验、发电机零起升压试验、发电机空载特性试验、PSS他励下空载试验。

2010年12月22日完成发电机带主变、GIS开关站设备升流试验，包括发电机带主变、GIS第一串5012升流、发电机带主变、GIS第一串5011升流。

2010年12月22日分别完成了发电机带主变、厂高变、高压电缆升压试验，其中包括3号主变高压侧单相接地试验，发电机带主变、厂高变、500kV高压电缆及GIS号1主变进线电压互感器PT零起升压试验。

2010年12月20日进行了转子动平衡试验并配重。

2010年12月20日完成励磁装置自励空载试验，包括启励试验，额定电压下起励、逆变灭磁试验，励磁电压、频率特性试验、10%阶跃试验、电压互感器PT故障通道切换试验。

2010年12月22日完成500kV设备充电及1号主变压器冲击合闸试验。

2010年12月22日完成机组同期并网及甩负荷试验，包括手动假同期试验，自动准同期首次并网试验，机组甩25%负荷试验，机组甩50%负荷试验，机组甩75%负荷试验，机组甩100%负荷试验。

2010年12月23日完成动作事故配压阀和调速器事故低油压关机试验。

2010年12月23—26日完成在当前水头下带480MW负荷72h连续试运行。

根据试运行期间电站实际情况，穿插完成进行下列强制性试验：机组开/停机流程试验、机组稳定性试验、PSS他励、自并励及并网状态下试验、PSS参数整定的励磁空载试验、负载试验、励磁系统参数建模试验、调速系统建模试验调速器一次调频试验、X_2、X_0参数试验、当前水头下机组振动区测试等。

4.6.4 技术验收情况

通过机组有水调试和72h试运行检验，机组各项试验符合相关规程、规范及设计技术要求，水轮发电机组运行情况良好，辅助设备运行正常，一次设备性能良好，二次设备工作无异常，能够满足机组长期、稳定运行要求。

（1）机组流道充水试验和运行中经观察各部位水工建筑无异常渗漏、裂缝及变形，厂房渗漏井无异常漏水，排水泵排水正常；进水口工作闸门、筒形阀远方现地操作启闭正常，动作可靠。

（2）机组启动及稳定性试验：机组运行过程中各部位振动摆度正常，各部瓦温无异常升高，各项数据符合合同及相关规范要求。调速器空载试验显示设备调节稳定，扰动试验调速器最大超调量、超调次数、调节时间满足规范要求；切换试验灵活，调速器稳定可靠。

（3）机组115%N_e、146%N_e过速试验时机组状态正常，过速后检查转动部件各部位无异常。

（4）发电机短路及升流试验：各继电保护设备电流回路极性和相位正确，各计量、测量表计接线及指示正确，轴电流保护装置二次侧电流满足要求，保护装置动作正确，全部投入运行。

（5）机组手/自动开机/停机试验：监控系统数据采集、数据处理、安全运行监视、控制与调节、统计记录与设备运行管理指导、系统诊断、系统通信等功能运行正常，满足合同与相关规范要求，已经投入正常运行。

（6）发电机升压试验：他励运行正常，继电保护装置、计量及测量表计运行正常，数据无误；发电机及离相封闭母线绝缘性能良好，满足要求。

（7）发电机带主变及厂高变升压试验：一次侧核相正确，继电保护装置、计量及测量表计、同期装置工作正常，同期回路正确；主变、厂高变、500kV GIS 绝缘性能良好，满足要求。

（8）励磁装置空载试验：自励磁系统调试顺利，运行稳定、相关性能参数满足规范及合同要求。

（9）500kV 设备充电及主变压器冲击合闸试验：500kV 设备受电正常，主变压器 5 次冲击合闸试验未发现异常情况，冲击后变压器取油色谱试验与冲击前无明显差异。厂高压变压器随主变压器冲击合闸正常。

（10）机组同期并网及甩负荷试验：在现有水头条件下，通过 150MW、300MW、450MW、600MW 甩负荷试验，机组转速上升率、蜗壳水压上升率、尾水真空度均满足调保计算结果要求，发电机断路器并网合闸操作及甩负荷试验正常。

（11）72h 连续试运行：72h 试运行过程中机组负荷稳定在 480MW，各部温度、摆度、振动，投入运行的各系统及设备运行正常。

（12）尚未发现存在什么大的问题。

4.6.5　意见和建议

受试运行期间电站水头及机组出力限制，经与四川省电力公司调度中心沟通，本次启动试运行过程中未对四川省电力公司要求的所有项目进行试验。建议机组投运后在具备条件时继续完成 1 号水轮发电机组发电机进相试验、满负荷下的调速器动态参数建模试验、其他工况下的水轮机运行参数率定试验、发电机温升效率试验、AGC 和 AVC 与四川省电力公司调度中心联调等强制性试验项目。

4.6.6　验收鉴定结论

（1）瀑布沟水电站工程的质量保证体系完善，参建各方质量管理组织机构和规章制度健全，质量管理措施落实到位；所有用于工程的原材料，严格按有关技术标准和行业规范进行进场检验试验；对工程建设，尤其是重要部位和关键工序实施旁站监督，质量管理措施得到有效落实；参建各方严格过程控制，按设计要求和施工规范作业，工程质量取得了良好的成绩，土建工程施工、机电安装包括 1 号水轮发电机组及其电气一次二次等设备和金属结构安装质量符合规范、设计、制造厂要求，为验收创造了条件。

（2）根据成都勘测设计研究院编制的《四川省大渡河瀑布沟水电站枢纽工程试运行说

明书》中规定的验收范围内，各项目设备设计、制造、安装质量符合国家和行业有关标准及合同的规定，满足 1 号机组安全运行条件。

（3）1 号机组及相关的公用系统在启动试运行中已完成有关规程规定的试验项目和 72h 带负荷连续试运行，机组及相关设备运行稳定，技术参数合格。停机后检查，未见异常。瀑布沟水电站机组启动验收委员会认为，四川大渡河瀑布沟水电站 1 号水轮发电机组及相关的公用设备已具备正式投运条件，可以正式投入商业运行。

第5章 电厂接机生产运行

5.1 电厂接机生产运行概况

2009年12月13日、23日，瀑布沟水电站6号机组、5号机组先后投产发电，实现了2009年年内"双投"的目标。瀑电总厂经过3年筹建，在最后冲刺阶段，周密部署，把握时机，迅速落实到位各项措施，保障了首批机组的顺利接机和安全发电。

2010年4月7日，实现了瀑布沟水电站4号机组的接机发电，使瀑电总厂投产装机容量达到了1800MW。

2010年5月27日，深溪沟水电站生产准备工作通过专家组验收，瀑电总厂圆满完成了接机发电准备工作。验收专家组听取了瀑电总厂等单位关于深溪沟水电站生产准备工作的汇报，检查了生产准备规章制度、生产报表和设备台账等基础资料，认真询问了生产准备工作的重点和难点问题。经过充分讨论，验收组一致认为，深溪沟水电站生产准备工作已达到中国国电集团公司新建、扩建电厂生产准备的相关要求，具备接机发电条件，准予通过验收。2010年7月16日，深溪沟水电站1号机组成功并网发电，此时瀑电总厂装机容量达到了2565MW。

2010年12月8日，瀑电总厂水电站2号机组顺利通过72h连续试运行，具备投入商业运行条件。至此，瀑布沟水电站投产机组5台，总装机容量突破3000MW。

2010年12月26日，瀑布沟水电站最后一台机组（1号机组）投入商业运行。至此，历时9年建设、装机6×600MW的四川省目前最大水电站全面投产；深溪沟装机4×165MW，已有2台机组投产发电。

瀑电总厂下辖瀑布沟、深溪沟两座大型水电站，总装机容量4260MW。

5.2 电厂接机生产运行准备情况

5.2.1 概况

瀑电总厂下辖瀑布沟、深溪沟两座大型水电站，实行"一厂两站""运维合一"和"成都远方集中控制、现场无人值班（少人值守）"的生产管理模式，内部采取"自我为主、外委为辅"的调配用工方式。瀑电总厂成立初期定员196人，其中编制内人员151人（为流域后续电站生产筹备储备人员40人），辅助性人员45人。瀑布沟、深溪沟这两座水电站在运行管理、技术、人员等方面做好了充分准备，具备了瀑布沟水电站首台、首批启动发电机组运行管理的条件，以及全面接受这两座电站机组生产运行的条件。

瀑电总厂接受所辖瀑布沟、深溪沟两座水电站机组的工作分为3个阶段：第一阶段为

2009 年 12 月底瀑布沟首台机组发电之前；第二阶段为 2009 年 12 月到深溪沟首台机组发电之前；第三阶段为深溪沟首台机组发电到接受两电站所有机组发电运行。根据每个阶段的工作内容和侧重点，进行了技术准备、人员配置及工作安排。显然，瀑布沟首台机组发电之前的准备工作必须面面俱到，工作量最大也是最复杂的。

5.2.2 管理准备情况

瀑电总厂对接机生产运行初期的组织措施、技术保障措施及操作步骤作了细化和具体规定。

1. 接机运行组织机构

（1）瀑电总厂设置厂长办公室、党群办公室、人力资源处、财务管理处、生产技术处、安全监察处和运行维护处 7 个二级部门，运行维护处下设 6 个运维值和 1 个综合维护值，负责电站生产运行日常管理。成立了技术管理委员会、安全管理委员会、标准化管理委员会等兼职机构。瀑电总厂职工 145 人，辅助性人员 41 人。瀑电总厂人员、专业结构基本满足当前接机发电需要。

（2）国电大渡河公司流域检修安装分公司成立了瀑电检修项目部，配置了相应的设备检修人员，确保随时参与机组缺陷的应急处理。具备了接机发电的应急处理能力和机组检修的组织管理能力。

2. 接机技术措施

（1）根据《中国国电集团公司新建、扩建电厂生产准备导则（试行）》和《瀑布沟水电站蓄水发电工作手册》，编制了内部《接机发电工作手册》，建立了各种生产报表和运行检修试验记录表格；按照瀑布沟水电厂接收首台机组发电的要求，编制了《首台机组接机工作实施方案》《发电初期运行维护工作安排》。

（2）借助"外脑"，全面审视并网条件。通过向四川省电监办申请和以技术服务外委方式，开展了电网安全性评价、自查自评及整改。高分通过了成都电监办专家组的现场查评。

3. 提前磨合，让运行人员熟悉"运维合一"运转方式

2009 年 10 月，开始模拟倒班，理顺"运维合一"工作流程，制定了《运行维护管理办法》，编排了运行维护倒班表，提前 1 个半月按照电厂生产模式开始试运转，营造接机发电氛围。

4. 预先热身，开展大规模现场模拟演练

针对现场实际设备，提前 8 个月大力开展现场演练，有效地提高了员工对现场设备的掌握程度和新进学生对生产流程的熟悉程度；提前 2 个月开始模拟倒班，理顺"运维合一"工作流程，营造接机发电氛围，做好接机准备。

5. 超前谋划，为汛期大发电奠定设备基础

积极与四川省电力公司调度中心联系，征得其同意后，适时安排，对接收的每台机组及时开展消缺性检修，加强对设备的管理。

6. 加强电力市场营销工作

成立了实施"两个细则"工作领导小组，作专题讨论和详细解读，分析制定了"两个细则"各项条款的落实措施；组织生产部门员工深入学习，并将涉及"两个细则"的定期

工作列入本企业定期工作考核之中。同时积极配合集控中心做好水库优化综合调度工作，合理控制水库水位，妥善处理水位与发电的关系。根据入库流量、设备情况及时调整负荷曲线计划，每天分析电力市场需求指标并纳入竞赛活动，千方百计在有限的调节空间内尽可能多发电和优化电量结构。

5.2.3　人员配置与分工

1. 概述

（1）在第一阶段，由运行维护处（以下简称运维处）根据实际工作要求配置至少 1 名技术、运行和安全主管；运行维护处下设 6 个值，每值不少于 15 人，包括值长、副值长不少于 2 人，专责工程师不少于 3 人，组长不少于 3 人。由值长或副值长负责本值的运行、维护及管理工作；每值配置兼职五大员（材料及工器具管理员、安全员、宣传员、考勤员、职工代表）；由值长指定带班人员，报处部批准。

（2）由运维处派员工组成综合组，从正式员工中抽调 2 人任组长，受维护值长调配，也可以单独承担工作任务，如外委工程监护、厂房简单维护、厂区消防设施维护、清水及排污系统维护等。综合组人员培训工作由组长负责协调安排。

（3）维护值的工器具、仪器仪表、维护备品备件及消耗品的管理由综合组内部抽出 2 人专门负责，包括电动工器具和仪器仪表校验及定期试验。夜间可将钥匙交至运行值班人员临时管理，次日上班后领回及完善相关手续。到第三阶段，深溪沟要配备相应人员。

（4）在发电初期，不安排部门内的夫妻在一个值；分别安排寝室并相邻。

（5）在发电初期第一阶段，深溪沟不再抽人筹备，主要依赖现有深溪沟机电物资处人员，由各值自己负责有关深溪沟设备的人员培训工作。在第二阶段，根据工作需要，从每值抽调 1～2 人成立深溪沟筹备组。到第三阶段逐步增加到 30 人左右。

（6）设备检修及专项工程，由处、部成立专门项目部完成。

（7）维护用材料、消耗材料、备品备件和工器具计划，由综合组负责制定，并经处、部综合主管审查后走正常流程。

2. 工作方式

（1）运行、维护倒班方式。采用 6 值 3 运 1 维方式进行倒班，在上班的 4 个值中，3 个值上运行班，1 个值上维护班，每轮倒班约 10d。上运行班的值班时间为白班 8：30—17：30，中班 17：30—次日 1：00，夜班 1：00—8：30。维护班的正常值班时间为 8：30—17：30，中午可以返回营地吃饭，下班后与运行白班人员一同返回乌斯河营地。当接到通知，必须 30min 内赶到现场。具体倒班方式为：维护班（10d）—休班（4d）—中班（3d）—白班（3d）—夜班（3d）—休班（5d）—学班（1d）—中班（3d）—白班（3d）—夜班（3d）—休班（3d）—夜班（3d）—中班（3d）—白班（3d）—休班（4d）—维护班（10d）。

（2）运行与维护工作分工。运行值的主要工作：监盘、倒闸操作、工作票办理、运行巡回检查及定期工作和事故处理、瀑布沟设备调试。运行巡检分为重点巡回和全面巡回，重点巡回白班和中班各一次，全面巡回每轮倒班中的白班进行一次。经讨论最终确定全面巡回路线及重点巡回路线。

维护值的主要工作：设备缺陷处理、设备定期维护保养、设备巡检、参与瀑布沟、深溪沟两水电站设备安装调试。维护巡检主要从设备维护的角度进行，每轮倒班进行两次，接班当日进行一次，接班后第 5 天进行一次。

（3）对 ON-CALL 人员的规定。现场运行值班人员作为一级 ON-CALL 人员；维护值人员作为二级 ON-CALL 人员；乌斯河营地休息人员作为三级 ON-CALL 人员，应对防汛等紧急突发事故。

3. 保安人员配置

适时在发电机层下电气夹层楼梯口、尾闸室隔断处、地下副厂房安装间到电气夹层楼梯口和主变隔断处设置安保点，配置保安人员；倒班方式：所有安保点 24h 值班，三班倒；按照《中华人民共和国劳动合同法》的规定，配置 $4 \times 3 \times 1.2 = 15$ 人。

4. 后勤保障

（1）值班人员接送。现场设置接送专车，根据值班时间进行人员接送，早上 8：00、下午 17：00、晚上 0：30 从营地出发（瀑布沟初期送到地面副厂房，全部接机后送到地下厂房安装间），接送人员车辆归运行值长调度。

（2）值班人员的就餐。采用从营地送餐方式，乌斯河营地至瀑布沟 GIS 楼公路距离为 9.2km，正常驾车时间为 15min。GIS 楼一楼设置餐厅，配备桌椅及冰箱、微波炉等公用设施，就餐完毕由送餐车回收餐具及生活垃圾。值班人员正常进餐时间为：午餐11：30—12：30，晚餐 18：00—18：30。夜间加餐食品储存于餐厅冰箱。

营地夜间的就餐：上夜班人员 0：00—0：30 在食堂就餐，上中班人员 1：00—1：30在食堂就餐。

（3）由于厂区覆盖范围较大，在厂房和大坝配备电瓶车，便于作业及搬运维护工具。

（4）GIS 楼设置员工休息室、吸烟室、浴室及更衣室；配备足够的防寒、护膝等劳保用品，供值班人员冬季上夜班使用。

5.2.4 技术方面的准备

1. 人员培训

（1）为了快速提高生产人员的技能水平，总厂采取多种措施开展技能培训。在内部采用集体培训与个人自学相结合、专题研讨与小组学习相结合，加强培训的针对性，强化了理论知识，提升了实际技能。尤其是在 6 号、5 号、4 号、3 号、2 号机组接机发电和接机后的检修维护中，通过实际作业和亲自操作，生产人员技能水平得到大幅提升。外部培训主要依靠厂家培训为主，根据设备合同执行情况和总厂培训计划安排，已安排 150 多人次到 13 个设备厂家参与了厂家设备培训，进一步熟悉了电站设备。

（2）运行人员培训采用分阶段的方式开展。在总厂首台机组接机前，主要是到同类型电厂进行运行培训，分别安排 100 多人次到龚嘴发电总厂、广州抽水蓄能电厂、龙滩电厂以及紫坪铺电厂等单位跟班运行，安排 300 多人次到龚嘴发电总厂仿真室进行了运行和维护检修技能培训。同时加强取证培训，已有 43 人取得四川电网电力调度运行值班合格证，72 人分别取得电工和压力容器特种作业操作证。按照瀑电总厂岗位管理办法，相应岗位人员均已取得运行专业任职资格证书。首台机组接机后，运行人员培训以瀑布沟电站设备和运行方式为主，加大了培训力度，生产人员掌握了本岗位应具备的专业技术知识与技能，达到了胜任本岗位工作要求。

2. 电站设备技术规程的编制

瀑电总厂行政、安全、生产、党群等各系统管理制度已编制完成并审核发布。瀑布沟电站运行规程、检修规程已经印刷出版。各类生产报表、运行检修试验记录已正式投入使用。已完成各类应急预案的编制，并开展了相应的演练，全面提高了各级生产人员在突发危急事件时的应急、处理能力。

瀑布沟水电站设备运行规程编写目录见表 2.20。

深溪沟水电站设备运行规程见表 2.21。

瀑电总厂完成共计 20 项各类应急预案的编写、审查和正式印发，其中公用 14 项，为建立全面的事故应急预案体系奠定了基础。同时按人员和按专业配备了安全规程。

瀑电总厂应急预案目录见表 2.23。

3. 安全工器具准备情况

瀑电总厂按照先进实用的原则配置了安全工器具和防护用品，检修工具、专用试验设备及仪器仪表已按计划分三批次进行了采购和发放使用，瀑布沟水电站事故备品配件储备定额计划已编制完成，正在按计划进行采购。机电合同采购的备品配件随设备交接时移交。检修工具、专用试验设备及仪器仪表、安全工器具和防护用品已配置，均满足生产需要。

4. 安全运行准备

瀑电总厂结合现场实际，细化了接机运行时的设备运行方式以及值班方式，编制了机组运行期间的安全隔离方案。瀑电总厂各项生产准备工作已经完成，能够满足机组顺利接收和发电设备的安全稳定经济运行的要求。

（1）安全工器具及防护用品。总厂根据生产需要，按照"先进、实用"的原则配置安全工器具和防护用品，包括电气安全工器具、登高作业安全工器具、起重安全工器具、手持电动工具等，并于 2009 年 10 月 30 日前采购到位，经编号、登记，实行专人管理，定期检验，确保人身安全。

（2）检修工具和仪器仪表。检修工具、专用试验设备及仪器仪表按计划分三批次进行采购，采购任务于 2009 年 8 月 30 日前全部完成。同时按规定对相关工具、仪器进行校验，保证了设备和设施运行、检修维护等生产工作的正常进行。

5. 掌握技能达到上岗要求

（1）2009 年 3—9 月，以值为单位，每日针对现场安装中的实际设备，大力开展现场演练，有效地提高了电厂员工对现场设备的掌握程度和新进学生对生产流程的熟悉程度。

（2）2009 年 6—10 月，选派 22 名员工加入水电七局 6F、6B、GIS 及辅助设备的安装调试，负责拉电缆、配管、设备调试。通过与施工单位配屏竞赛促进施工质量的提高；通过实际参与施工过程，提高动手技能；通过对具体设备的作业，去熟悉有关设备的性能。

（3）2009 年 6—10 月，结合现场安装人员反馈的设备实际信息，组织人员修订运行规程，保证运行规程具备实用性。结合现场实际设备情况绘制系统图册并印刷发布。

6. 台账体系建设

按照中国国电集团公司要求，瀑电总厂全面清理了台账，规范了记录格式和内容。依照简洁、适用原则建立了一套涵盖行政、生产、技术、安全、财务、党群 6 个系统的台账管理体系，包括新建电厂必须建立的生产报表、运行检修试验记录表格（典型操作票）等，确保基础管理的规范化和标准化。

为适应数字化管理要求，生产和技术管理系统还建立了电子台账（含数据录入、值班记录等），今后反映在生产管理系统中，与设备树编码对应，反映设备的基本信息。同时，在设备缺陷处理登记表等台账中考虑了监督因素，形成生产管理部门、技术专责、设备主人逐级监督，预防"运维合一"后可能出现的管理疏漏。

瀑电总厂 MIS 系统及与中国国电集团公司的连接，由大渡河流域梯级电站集控中心负责建立，由瀑电总厂派员参与国电大渡河公司流域生产管理系统的建设和开发工作。所涉及的电厂生产业务的模块主要包括："资产"模块、"运行管理"模块、"缺陷跟踪"模块、"工单跟踪"模块和"安全管理"模块。

流域生产管理系统服务器设在流域集控中心机房内，安全防护工作由流域集控中心负责，与电厂各系统没有直接的数据交换。瀑电总厂信息系统（主要是 MIS 系统）安全防护，按照《电力二次系统安全防护规定》"安全分区、网络专用、横向隔离、纵向认证"的原则，生产控制大区与管理信息大区之间，设置了经国家指定部门检测认证的电力专用单向安全隔离装置，禁止信息系统数据流向专用网络系统。管理信息大区对外设置防火墙及具有访问控制功能的交换机，实现了逻辑隔离，能够满足二次安全防护需要以及电站接机发电后生产运行业务实现网上流转。

2009 年 8 月，值班记录台账印刷到位；2009 年 10 月，安全工器具到位并进行试验检查待用、GIS 楼值班用具到位并投入使用、各种试验仪器仪表及维护作业工具到位。

7. 建立健全瀑电检修项目部

流域检修分公司瀑电检修项目部于 2007 年 5 月成立，分 4 批次逐步壮大。由 7 名中层干部组成项目部管理团队，下设技术管理组、机械班、电气班、水工水文班、试验组和安全管理组，员工有 70 人，主要由工程师、高级技师、技师以及高级检修技工组成，工种配置齐全，90％以上具有 5 年以上 A 级检修工作和库坝安全管理经验，基本满足瀑布沟、深溪沟两座水电站检修生产技术组织管理需要。

瀑电检修项目部成立后，针对新的特点，编制了《瀑电检修筹备工作手册》，建立和完善了各类人员的岗位规范和安全职责，新制定并印发了 14 个管理制度、5 个应急预案、1 个 A 修标准。该项目部通过对瀑布沟水电站检修筹备工作的总结，不断完善各项规章制度，理顺管理协调机制，形成了规范有序的管理流程，按计划有条不紊地全速推进瀑布沟、深溪沟两座水电站的检修筹备工作。

瀑电检修项目部检修规程目录见表 5.1。

表 5.1　　　　　　　　　　瀑电检修项目部检修规程目录

序号	名　　　称
1	瀑布沟水电站 500kV 母线差动保护装置检修规程
2	瀑布沟水电站 500kV 并联电抗器保护装置检修规程
3	瀑布沟水电站 500kV 线路保护装置检修规程

续表

序号	名　称
4	瀑布沟水电站 500kV 线路 T 区保护装置检修规程
5	瀑布沟水电站 500kV 主变压器保护装置检修规程
6	瀑布沟水电站 500kV 高压电缆保护装置检修规程
7	瀑布沟水电站 500kV GIS 设备检修规程
8	瀑布沟水电站 500kV 出线场设备检修规程
9	瀑布沟水电站 500kV 电缆检修规程
10	瀑布沟水电站发电机（电气部分）检修规程
11	瀑布沟水电站 500kV 电抗器检修规程
12	瀑布沟水电站 500kV 主变压器检修规程
13	瀑布沟水电站调速器机械液压部分系统检修规程
14	瀑布沟水电站水轮机检修规程（2 号、4 号、6 号机）
15	瀑布沟水电站水轮机检修规程（1 号、3 号、5 号机）
16	瀑布沟水电站水轮机圆筒阀检修规程
17	瀑布沟水电站发电机检修规程（机械部分）
18	瀑布沟水电站 420t＋420t 双小车桥式起重机检修规程
19	瀑布沟水电站 80t/30t/10t 单小车电动双梁桥式起重机检修规程
20	瀑布沟水电站 500kV GIS 室桥机检修规程
21	瀑布沟水电站机组水车室电动葫芦检修规程
22	尾闸 2×100t 台车检修规程
23	尾水管检修闸门检修规程
24	机组进水口拦污栅检修规程
25	机组进水口检修闸门检修规程
26	机组进水口 250t 移动式门机检修规程
27	泄洪洞 25t 门机检修规程
28	机组进水口液压启闭机检修规程
29	泄洪洞 25t 门机检修规程
30	泄洪洞液压式启闭机检修规程
31	泄洪洞 2×450t 固定卷扬式启闭机检修规程
32	溢洪道液压启闭机检修规程
33	溢洪道 100t 门机检修规程
34	尾水洞出口固卷检修规程
35	溢洪道检修闸门检修规程
36	放空洞液压式启闭机检修规程
37	放空洞 55t 桥机检修规程
38	放空洞 500t 固定卷扬式启闭机检修规程

序号	名　称
39	尼日河 100t 单向门机检修规程
40	尼日河引水洞进水口拦污栅检修规程
41	尼日河泄洪闸检修闸门检修规程
42	尼日河引水洞 400kN 固定卷扬式启闭机检修规程
43	尼日河泄洪闸 2×630kN 固定卷扬式启闭机检修规程
44	尼日河电动葫芦检修规程
45	主机机械试验规程
46	机组测量计量测温设备检修规程
47	线路测量计量设备检修规程
48	SF_6 气体及附属表计检测规程
49	尾水洞出口固卷检修规程
50	机组进水口液压启闭机检修规程

瀑电检修项目部作业指导书目录见表 5.2。

表 5.2　　　　　瀑电检修项目部作业指导书目录

序号	名　称
1	瀑布沟水电站放空洞油缸检修起吊作业指导书
2	瀑布沟水电站溢洪道（泄洪洞）油缸检修起吊作业指导书
3	瀑布沟水电站机组进水口油缸检修起吊作业指导书
4	瀑布沟水电站液压启闭机油缸检修作业指导书
5	瀑布沟水电站平面闸门检修作业指导书
6	瀑布沟水电站弧形闸门检修作业指导书
7	瀑布沟水电站固定卷扬式启闭机检修作业指导书
8	瀑布沟水电站移动式启闭机检修作业指导书
9	瀑布沟水电站拦污栅清理作业指导书
10	瀑布沟水电站金属结构喷锌防腐作业指导书
11	瀑布沟水电站调速器及辅助设备检修作业指导书
12	瀑布沟水电站发电机 A 级检修作业指导书
13	瀑布沟水电站发电机水轮机（GE）A 级检修作业指导书
14	瀑布沟水电站发电机水轮机（DFEM）A 级检修作业指导书
15	瀑布沟水电站发电机水轮机圆筒阀（DFEM）A 级检修作业指导书
16	瀑布沟水电站 500kV 电缆保护检修作业指导书
17	瀑布沟水电站 T 区保护检修作业指导书
18	瀑布沟水电站 500kV 并联电抗器保护检修作业指导书
19	瀑布沟水电站机组调速器电气部分检修作业指导书

续表

序号	名　称
20	瀑布沟水电站 500kV 电缆保护检修作业指导书
21	瀑布沟水电站断路器保护检修作业指导书
22	瀑布沟水电站机组保护检修作业指导书
23	瀑布沟水电站励磁系统二次部分检修作业指导书
24	瀑布沟水电站母线保护检修作业指导书
25	瀑布沟水电站主变保护检修作业指导书
26	瀑布沟水电站放空洞大修作业指导书
27	瀑布沟水电站尼日河引水工程大修作业指导书
28	瀑布沟水电站泄洪洞大修作业指导书
29	瀑布沟水电站溢洪道大修作业指导书
30	瀑布沟水电站 20kV 离相封闭母线检修作业指导书
31	瀑布沟水电站 500kV 电缆作业指导书
32	瀑布沟水电站 500kV GIS 作业指导书
33	瀑布沟水电站 500kV 电抗器指导书
34	瀑布沟水电站发电机出口断路器 GCB 检修作业指导书
35	瀑布沟水电站瀑布沟 500kV 变压器检修作业指导书
36	瀑布沟水电站水轮发电机电气一次部分作业指导书
37	瀑布沟电站水工观测仪器设备操作及维护规程
38	瀑布沟水电站水工观测技术规程
39	瀑布沟水电站水文观测技术规程
40	瀑布沟水库大坝安全监测管理制度

8. 并网发电机组安全性评价工作

安全性评价工作是要对发电机组并网发电，可能造成的对电力系统安全稳定运行的影响程度、所涉及的电网安全稳定运行装置，进行评估分析。按照国家相关规定对新建、改建、扩建的发电机组在进入商业化运营前必须通过并网安全性评价（已投入运行的发电机组每 5 年进行并网安全性评价）。遇有并网设备、装置、系统等存在重大隐患、可能危及电网安全稳定运行时；或发电机组进行了重大技术改造投运前、发电机组并网必备条件发生了较大变化，可能影响到电网安全稳定时，需要提前进行并网安全性评价。

瀑电总厂根据成都电监办《关于开展发电机组并网安全性评价的通知》（成电监〔2008〕63 号）要求，于 2009 年 6 月制定《关于开展瀑布沟水电站发电机组并网安全性评价工作的通知》（瀑电生〔2009〕14 号）和《国电大渡河瀑布沟水力发电总厂发电机组并网安全性评价管理办法》，对所辖并网发电机组按程序规范化地开展了安全性评价。

5.2.5 运行调度和送出工程准备情况

1. 运行调度

（1）并网调度协议。并网调度协议由大渡河公司相关部门牵头负责，在首台机组启动前完成了与电力调度机构签订的《机组并网调度协议》及《购售电合同》。

（2）水库调度。由承担远方水库调度的成都集控中心，按照国电集团公司关于瀑布沟和深溪沟两座水电站投产前生产准备的相关要求，及时做好瀑布沟及深溪沟两座水电站的水库调度、通信系统、综合自动化系统、管理信息系统等建设，从组织机构、管理职责及人员培训上为两座水电站投产发电并接入做好充分准备。各系统建设及准备按计划顺利推进，达到集团公司的要求并通过验收。

2. 集控中心

国电大渡河流域梯级电站集控中心（简称集控中心）负责大渡河流域梯级电站电力调度、水库调度及防洪调度等工作，代表大渡河公司接受和执行电网调度命令，实施水电联合经济调度，以实现水能利用最优、经济效益最大化的目标，包括机组开停机、负荷调整、开关站设备倒闸操作及大坝门、孔操作。瀑布沟、深溪沟两座水电站投产发电接入集控中心后，集控中心负责瀑布沟、深溪沟、龚嘴、铜街子四库的水库调度工作，实现了瀑布沟水库的远方调度和已投产设备的远方监视运行。

3. 送出工程

瀑布沟水电站出线场共有 6 条出线，其中 1 条备用，1 条连接深溪沟水电站，4 条连接眉山东坡变电站。其中东线工程全长 194km，西线全长 175km。

2010 年 6 月 22 日，经过四川省电力公司电网调度中心、瀑布沟水电站和深溪沟水电站的通力合作，历时 12h，深溪沟水电站 GIS 开关站母线成功带电，深布线反送电一次性成功。标志着深溪沟水电站 500kV 送出线路满足并网条件，为深溪沟水电站首台机组按期并网发电奠定了基础。

2010 年 7 月 15 日，瀑布沟 500kV 布坡一线反送电工作，在四川省电力公司电网调度中心、眉山东坡变电站、瀑布沟水电站的通力合作下，历时 10 多小时布坡一线正式进入 24h 试运行，标志着瀑布沟 500kV 布坡一线成功启动投产。至此，瀑布沟水电站外送线路由原来的 2 条增加至 3 条。

2010 年 7 月 22 日，瀑布沟 500kV 布坡二线正式进入 24h 试运行，顺利启动投产，标志着瀑布沟水电站至眉山东坡变电站送出工程全面完成。

瀑布沟送出工程布坡三线、四线于 2009 年 11 月 9 日通过验收，2009 年 11 月 12 日正式投入运行。布坡一线、二线分别于 2010 年 7 月 15 日和 22 日投入正式运行；深布线于 2010 年 6 月 22 日正式投运。送出工程适时满足了各台机组发电和送出的需要。至此，所有送出工程已全部完工并投入正式运行，使瀑布沟和深溪沟两座水电站的所有机组，根据电网调度命令发电外送成为现实。

4. 调度知识培训

（1）接机前的培训。在瀑电总厂接收首台机组前，对运行人员采用分阶段方式开展了培训：主要是到同类型电厂进行运行培训，分别安排 100 多人次到龚嘴水电总厂、广州抽水蓄能电厂、龙滩电厂以及紫坪铺电厂等单位跟班运行，安排 300 多人次到龚嘴水电总厂仿真室进行了运行和维护检修技能培训；同时加强了取证培训工作，已有 43 人取得四川电网电力调度运行值班合格证，72 人分别取得电工和压力容器特种作业操作证。按照瀑电总厂岗位管理办法，相应岗位人员均已取得运行专业任职资格证书。接收首台机组后，以瀑布沟电站设备和运行方式为主，加大了培训力度，使运行生产人员基本掌握了本岗位应具备的专业技术知识与技能。为了快速提高生产人员的技能水平，瀑电总厂采取多种措施开展技能培训。在内部采用集体培训与个人自学、专题研讨与小组学习相结合的方法，加强培训的针对性，强化了理论知识，提升了实际技能。尤其是在 6 号、5 号、4 号、3 号、2 号机组接机发电和接机后的检修维护中，通过实际作业和亲自操作，生产人员技能水平得到大幅提升。外部培训主要依靠厂家培训为主，根据设备合同执行情况和总厂培训计划安排，已安排 150 多人次到 13 个设备厂家参与了厂家设备培训，进一步熟悉了电站设备。

（2）培训和实际操作结合。培训和实际操作均包括对电网调度知识和遵守调度命令的学习，养成待电网调度同意后方能进行有关试验、相关设备方能投入或切除的纪律和习惯。通过向省电监办申请和以技术服务外委方式，开展了电网安评、自查自评及整改。高分通过了成都电监办专家组的现场查评。

按成都电监办要求，瀑电总厂安排人员接受电网安评业务培训，已签订电网安评委托服务合同。结合瀑布沟水电站设备安装调试进度，已全面启动并网安评工作。成都电监办组织专家组先于 5 号机组投运和 3 号机组投运后，进行并网安评检查，对并网设备安全性作了高度评价。

瀑电总厂 MIS 系统已在 2009 年 10 月初试运行，同年 11 月底前正式运行，能够满足接机发电后生产运行业务实现网上流转的要求。

5.3　首台机组及其他机组接机措施

5.3.1　概述

为保证瀑电总厂接机后运行设备与正在安装中的设备安全，保证施工人员进入运行设备区域的规范操作，避免误入运行区域造成人员伤亡、误动设备造成设备事故的现象发生，根据机组投产顺序，拟定了投运前各台机组接机发电的有关措施。

5.3.2　机组投运前的隔离措施

1. 6 号机组

（1）因为地面厂房所属设备已全部投运不存在施工作业；大坝不存在施工作业两侧已有保安看守；尼日河闸首不存在施工作业已派遣人员看守。所以这些场所可以不需要物理隔离。

（2）在地下厂房发电机层 5F 与 6F 间设置安全围栏，在 6F 下电气夹层处的楼梯口设置保安。

（3）在地下厂房发电机夹层 5F 与 6F、厂用配电与 1F 间设置木工板隔离，安装间下配电间楼梯口设置保安，进入凭工作票（工作通知单）并作登记。

（4）在地下厂房发电机水轮机层 5F 与 6F 间设置木工板隔离。

（5）在 5 号主变与 6 号主变间设置木工板隔离（设一进人门）。

（6）在尾水闸室在 3F、4F 间设置木工板隔离、留门并设置保安，平时关闭尾水台车操作电源。

（7）地下副厂房电梯只能停在发电机层，在地下副厂房发电机层到电气夹层楼梯设木工板封闭隔离；

（8）封堵各支洞。

（9）规定人员行走路线。

1）地面厂房至安装间。地面副厂房到地下副厂房，乘坐1号电梯至发电机层，经6F发电机层通道至安装间。

2）地面厂房至水轮机层高程666.2m及电气夹层高程672.7m。乘坐1号电梯至发电机层，经6F发电机层通道至楼梯口，凭工作票（工作通知单）经保安登记签字后经楼梯进入。

2. 5号机组

（1）将设置在5F与6F间、相应高层的木工板移及安全围栏至4F与5F间。

（2）将主变洞内5号主变与6号主变间木工板隔离移至4号主变至5号主变间。

（3）在操作廊道层4F与5F间设置木工板隔离。

（4）保安移至5F楼梯口。

3. 4号机组

（1）将设置在4F与5F间、相应高层的木工板及安全围栏移至3F与4F间（含操作廊道）。

（2）保安移至4F楼梯口。

4. 1号机组

（1）保留3F与4F间所设置的木工板。

（2）在地下厂房发电机层1F与2F间、安装间与1F间设置木工板隔离。

（3）在地下厂房发电机夹层1F与2F间设置木工板隔离。

（4）在地下厂房发电机水轮机层1F与2F间设置木工板隔离。

（5）在操作廊道层1F与2F间设置木工板隔离。

（6）撤除尾水闸室3F、4F间设置的木工板隔离、平时关闭尾闸室大门及尾水台车操作电源，设置一保安。

安装间至3F应有人行通道，以便于施工人员进行2F、3F安装。

5. 3号机组

将设置在3F与4F间相应高层木工板移至2F与3F间（含操作廊道）。

6. 2号机组

2号机组投运后撤出全部临时设置的木工板。

5.3.3 现场保安措施

1. 6号机组

（1）在安装间下发电机夹层楼梯口设保安。

（2）在5号主变与6号主变间、木工板隔离进入门处设保安。

（3）在地下厂房发电机层6F梯口处设保安。

（4）在尾闸室 3F、4F 隔离处设保安。

2．5 号机组

（1）在安装间下发电机夹层楼梯口设保安。

（2）在 4 号主变与 5 号主变间、木工板隔离进人门处设保安。

（3）在地下厂房发电机层 5F 梯口处设保安。

（4）在尾闸室 3F、4F 隔离处设保安。

3．4 号机组

（1）在安装间下发电机夹层楼梯口设保安。

（2）在地下厂房发电机层 4F 间楼梯口设保安。

（3）在尾闸室 3F、4F 隔离处设保安。

4．1 号机组

（1）保留 3F 与 4F 间所设置的保安。

（2）在地下厂房发电机层隔离人行通道 1F 处设保安。

（3）在地下厂房发电机夹层 1F 与 2F 间设置木工板隔离。

（4）在地下厂房发电机水轮机层 1F 与 2F 间设置木工板隔离。

（5）在操作廊道层 1F 与 2F 间设置木工板隔离。

5．3 号机组

将设置在 3F 与 4F 间相应高层木工板及安全围栏移至 2F 与 3F 间（含操作廊道）。

6．2 号机组

2 号机组投运后撤出全部临时设置的木工板。

5.3.4　工作许可措施

（1）电厂运行巡回人员凭员工证进入隔离部分。

（2）监理设计、安装施工人员凭工作票（工作通知单）进入隔离部位并登记。

（3）检修公司人员凭工作票进入隔离部位并登记。

（4）工业物管人员凭工作通知单（保洁卡）进入隔离部位并登记。

（5）其他参观人员凭瀑电总厂厂办临时出入证进入隔离部位并登记。

5.4　电厂接机情况

5.4.1　概述

电厂接机生产运行是一个逐步实现的精细过程，机组启动和运行是所必须具备的条件，包括水库、各水工建筑物、机电各专业、金属结构、送电线路、系统调度等应具备的条件，缺一不可。瀑电总厂的接机生产运行还涉及到瀑布沟和深溪沟两座水电站。为清楚起见，以下分别加以叙述。

5.4.2　瀑布沟水电厂从接收首台机组到实现"双投"目标

（1）2009 年 10 月 25 日，为使瀑布沟水库蓄水，电厂接管了放空洞工作门机电设备。

运维处搭建临时值班房，安排人员对放空洞设备进行了卫生清扫；安排人员进行消缺性检修、标定闸门开度和进一步完善闸门控制功能，编制了放空洞工作门临时运行规程、保下游供水和上游水库安全的应急预案，正式安排值班人员。当时水库水位不超过 790m，对下游供水不低于 327m³/s。

（2）2009 年 11 月 1 日，瀑布沟水库开始下闸蓄水，放空洞正式过流，随着水位的上涨，产生负压，放空洞风速较大，人员值班比较艰难，运维处对值班房进行了加固并完善了通信功能。在放空洞生产区域正式启用了瀑电总厂第一份操作票、工作票。

（3）2009 年 11 月 10 日瀑布沟电厂 500kV 开关站进入 24h 试运行，布坡三、四线投入运行，500kV 采用双母两串环并方式运行，1 号电抗器投入，2 号电抗器热备用；第五串、第六串运行，第一串、第三串冷备用。

（4）2009 年 12 月 10 日 15 时 6 号机组带 380MW 开始 72h 试运行，到 13 日 16 时，结束试运行；在停机消缺后，于 2009 年 12 月 16 日 9 时正式投入商业运行。

（5）2009 年 12 月 19 日 23 时 5 号机组带 390MW 开始 72h 试运行；20 日 11 时因水轮机主轴密封水中断事故停机后重新试运行，23 日 11 时结束试运行。在停机消缺后，于 2009 年 12 月 25 日 12 时正式投入商业运行。当时水库水位为 789.62～789.92m，受运行水头影响，机组可发出力 400MW。

（6）2009 年 12 月 12 日启用生产管理系统。2010 年 1 月 1 日，运行维护处创办《设备运行简报》，每月 2 日、12 日、22 日出版。每轮维护值结束时开展设备维护分析。接机后值班分为地面和地下两处。由于厂房通风系统没有形成，地下厂房正在加紧施工，灰尘较多，运行维护处采取加密励磁滤网并清洗更换等措施，但运行条件仍然较差。

（7）2009 年 12 月 13 日，瀑布沟水电站 6 号机组投产发电；2009 年 12 月 23 日 5 号机组投产发电。至此，瀑布沟水电站实现了 2009 年年内"双投"目标。这是积累了多年辛劳的丰硕成果，的确来之不易和值得珍惜。在最后的冲刺阶段，瀑电总厂周密部署，把握时机，迅速落实到位各项措施，保障了首批机组的顺利接机和安全发电。

5.4.3 瀑布沟水电厂接收其余机组生产运行

（1）2010 年 3 月 27 日，4 号主变压器完成 5 次冲击试验。2010 年 3 月 31 日，瀑布沟水电站 4 号机组结束 72h 试运行，于 2010 年 4 月 7 日消缺结束后顺利发电。此时，瀑电总厂已投产机组容量达到 1800MW。

（2）2010 年 6 月 14 日，开始提门操作瀑布沟水库泄洪洞工作门，实现了泄洪洞第一次过流泄洪，从此泄洪洞就开始承担起了控制水库水位，确保下流供水，保证大坝安全的责任。与此同时，在瀑布沟水库蓄水至高程 795m 前，担负这一重要使命的放空洞渐渐淡出了瀑布沟水库下闸蓄水的历史舞台，放空洞值班人员撤离。

（3）2010 年 6 月 26 日 1 时 55 分，瀑布沟水电站 3 号水轮发电机组进入 72h 试运行阶段。

（4）2010 年 7 月 16 日和 7 月 22 日，瀑布沟水电站 500kV 布坡一线、二线成功投入运行。至此，瀑布沟水电站 500kV 送出工程四回出线全部带电运行。

（5）瀑布沟水电站 2 号机组、1 号机组于 2010 年 12 月 8 日和 26 日相继投入商业运行。至此，历时 9 年建设、装机规模 3600MW（6×600MW）的四川省目前最大的水电站全面投产。

5.5　接机运行初期效益显现

（1）瀑布沟水电站首台投产机组（6 号机组）自 2009 年 12 月投产以来，至 2010 年 6 月 13 日，共安全运行 182d，完成发电量 9.22 亿 kW·h。圆满实现了"首台机组投产半年无非停"的管理目标。

（2）2010 年 10 月 31 日，上海世博会顺利闭幕。瀑电总厂通过全体员工 6 个月的共同努力，圆满完成了世博保电任务。作为四川省向上海直供电的骨干发电企业之一，瀑电总厂在世博期间向电网输送了"绿色电能"72.12 亿 kW·h，相当于节约火电所用标准煤约 290 万 t，减少二氧化碳排放约 723 万 t。

（3）截至 2010 年 12 月 24 日 10 时，瀑电总厂发电量突破 100 亿 kW·h；截至 12 月 31 日，完成上网电量 101.71 亿 kW·h，其中瀑布沟水电厂于 2010 年 11 月 8 日提前 53d、深溪沟水电厂于 11 月 29 日提前 31d，分别完成了国电大渡河公司下达的 88 亿 kW·h 和 4 亿 kW·h 的发电目标。

5.6　设备消缺性检修

5.6.1　重大缺陷发生与处理

（1）2010 年 7 月 14 日，瀑布沟水电站 4 号机组下导轴承滑转子在运行过程中爬升，造成下导轴承油槽盖与转动部分摩擦，下导轴承轴瓦温度迅速升高，温度保护动作，4 号机组事故停机。经过 9 个昼夜连续抢修，于 2010 年 7 月 23 日 4 号机组成功并网发电。针对瀑布沟 4 号机组在运行过程中出现的下导轴承滑转子上爬、发电机转动部件与固定部件接触摩擦，造成机组下导轴承摆度加大和瓦温升高，导致 7 月 14 日 4 号机组非计划停运事故。截至 2010 年 7 月 31 日凌晨，已对瀑布沟水电站已经投产的 4 台机组全部加装了下导轴承滑转子轴向限位块，这是所采取的一项反事故措施。

（2）5 号机组投产后，发现缺陷较多，主要表现为：自动化组件故障、监控系统上送量不准确、部分压力管路渗漏及法兰接头密封不严等。这些缺陷多为安装施工尾工或遗留的问题，但严重影响机组运行。通过 2010 年 1 月 16—25 日期间实施完成的 5 号机组、5 号主变、500kV 第五串、500kVⅠ母线、500kVⅡ母线设备消缺性的检修工作，解决了大量遗留问题，提高了设备运行的稳定性和可靠性，取得良好的效果。在这次消缺性检修工作中，运行维护处精心组织员工，团结奋战，攻坚克难，加班加点，细致作业，顺利完成了检修任务，确保了机组安全可靠运行；同时，锻炼了队伍，提高了员工对设备的熟悉和掌握程度，增强了运行维护技能，为顺利开展今后的运行维护工作打下了坚实的基础。

（3）其他消缺性检修。

2010 年 4 月 25 日—5 月 5 日，对 4 号机组进行了消缺性检修。

2010 年 5 月 7—15 日，对 6 号机组进行了消缺性检修。

2010 年 11 月 24 日，瀑布沟水电站 6 号机组顺利停机并退出备用，标志着瀑布沟水电站首台投运的机组 C 修工作及 6 号主变年度检修工作就此拉开帷幕；12 月 17 日，检修后的 6 号机组及 6 号主变一次启动成功，顺利并网发电。6 号机组 C 修历时 25d，完成了监控、自动、保护等 45 个项目检修。

5.6.2 瀑布沟水电站机组检修

2009 年 12 月 13 日，瀑布沟水电站 6 号机组投产。6 号机组安全运行 145d，总体情况良好。瀑电总厂和流域检修分公司在 1 周内完成了全部 51 项检修和 21 项缺陷处理项目。

2010 年 5 月 14 日，比原计划提前 1 周，完成了瀑布沟水电站 6 号机组消缺性检修工作。

2010 年 1 月 15 日，瀑电总厂首次对瀑布沟水电站 5 号机组设备进行消缺性检修，包括对 500kV 一次设备、保护、励磁、调速器等 19 个大项及 140 个小项的消缺工作。经过 11d 的全力奋战，消缺检修取得圆满成功，于 1 月 26 日上午 10 时许，5 号机组成功并网发电。

2010 年 5 月 4 日，瀑布沟水电站 4 号机组消缺性检修结束，向四川省电力公司调度中心上报备案。

2010 年 12 月 17 日 17 时 25 分，检修后的 6 号机组及 6 号主变一次启动成功，顺利并网发电。6 号机组 C 修历时 25d，完成了监控、自动、保护等 45 个项目检修。

第6章 质量检查与启动验收

6.1 机组启动验收前建设管理情况

6.1.1 工程建设管理

6.1.1.1 工程立项审批情况

1994年6月，水利水电规划设计总院会同四川省计委在成都召开《瀑布沟水电站初步设计报告》审查会，会议通过该报告，电力部以电水规〔1994〕575号文批复了审查意见。

2001年12月，《大渡河瀑布沟水电站项目建议书》通过了中国国际工程咨询公司的评估，2003年1月国务院批准了该建议书。

2004年3月16日，国家发展和改革委员会以发改能源〔2004〕450号文批准《瀑布沟水电站可行性研究补充报告》。

2004年3月，国家发展和改革委员会以发改投资〔2004〕458号文批准瀑布沟水电站开工建设。

2010年2月，国家发展和改革委员会以发改办能源〔2009〕2754号文批复《四川大渡河瀑布沟水电站装机容量优化调整报告》，电站单机额定容量由550MW调整为600MW，总装机容量由3300MW调整为3600MW。

6.1.1.2 工程管理体制

1. 管理模式

国电大渡河公司于2000年11月16日注册成立，其本部为行政指挥、战略规划、资源配置和监督保障等的中心；瀑布沟分公司为瀑布沟工程基建投资成本控制和项目管理协调责任单位。

2. 工程建设各方情况

瀑布沟水电站勘测设计由成都勘测设计研究院承担，主要工程标段施工、监理、设备供货单位通过招标确定（表6.1和表6.2）。

表6.1 　　　　　　　　　　　　　主要工程分标情况

序号	工 程 项 目	承 包 单 位	监理单位
1	大坝工程	葛江津联营体	长勘院
2	大坝防渗墙	葛洲坝基础公司	
3	大坝帷幕灌浆	北京振冲公司	

续表

序号	工 程 项 目	承包单位	监理单位
4	溢洪道	葛洲坝集团公司	长勘院
5	放空洞	中国水利水电第十一工程局	
6	补强帷幕灌浆工程	北京振冲公司	
7	泄洪洞	中国水利水电第五工程局	二滩国际
8	地下厂房系统	中国水利水电第七、第十四工程局联营体	
9	库首右岸拉裂体一期治理	中国水利水电第十一工程局	
10	机电设备安装工程ⅠA标	中国水利水电第七工程局	
11	机电设备安装工程ⅠB标和Ⅱ标	葛洲坝集团机电建设公司	
12	尼日河首部枢纽工程	中国水利水电第十四工程局	二滩建设
13	尼日河引水系统隧洞工程（Ⅰ标）	中国水利水电第十工程局	
14	尼日河引水系统隧洞工程（Ⅱ标）	中铁十二局	
15	尼日河引水系统隧洞工程（Ⅲ标）	中国水利水电第五工程局	
16	下游河道整治工程	葛洲坝集团公司	四川能达
17	库首右岸拉裂体二期治理工程	北京振冲公司	

表6.2 主要机电设备采购分标情况

序号	合 同 名 称	承包单位	监造单位
1	2号、4号、6号水轮机、圆筒阀及附属设备	东方电机股份有限公司	二滩国际
2	1号、3号、5号水轮机、圆筒阀及附属设备	通用电气亚洲水电设备有限公司	
3	水轮发电机及附属设备	东方电机股份有限公司	
4	主厂房420t+420t双小车桥式起重机	太原重工股份有限公司	
5	主变压器及附属设备	西安电力机械制造公司	
6	550kV交联聚乙烯绝缘电缆	法国雪力克电缆公司	
7	调速器及其附属设备	武汉事达电气股份有限公司	无
8	20kV/22kA全连式离相封闭母线及附属设备	北京电力设备总厂	
9	500kV并联电抗器及其附属设备	保定天威保变电气股份有限公司	
10	水轮机发电机组自动化元件	成都锐达自动控制有限公司	
11	水轮发电机组励磁系统及其附属设备	广州电器科学研究院	
12	计算机监控系统及附属设备	北京中水科水电科技开发有限公司	
13	机组辅助、公用控制设备	成都锐达自动控制有限公司	
14	泄洪系统闸门	中国葛洲坝集团机械船舶有限公司	长勘院、二滩国际
15	泄洪系统闸门	夹江水工机械厂	长勘院
16	引水系统闸门（含拦污栅）	中国水利水电第十三工程局	二滩国际
17	施工导流、尾水系统、尼日河工程闸门	中国水利水电第七工程局	长勘院、二滩建设
18	固定卷扬式启闭机	中国水利水电第五工程局	二滩国际、长勘院
19	移动式启闭机	郑州水工机电装备有限公司	二滩国际、长勘院

6.1.2　工程形象面貌及未完工程计划安排

6.1.2.1　枢纽工程

1. 土建主体工程

（1）砾石土心墙堆石坝。2009 年 9 月大坝填筑到设计高程 856m。1 号、2 号导流洞分别于 2009 年 9 月 28 日和 11 月 1 日下闸，2010 年 3 月 13 日封堵。

（2）大坝防渗墙。防渗墙 2006 年 2 月 19 日开工，同年 12 月 3 日完工，已通过工程验收。

（3）大坝帷幕灌浆。帷幕灌浆 2006 年 6 月 6 日开工，2008 年 9 月 22 日完工（除导流洞堵头）；导流洞堵头帷幕灌浆 2010 年 6 月 10 日完工。已通过工程验收。

（4）地下厂房系统。地下厂房的主厂房、主变室、尾闸室等主体工程已完工，少量尾工 2010 年 12 月完工。

（5）放空洞。放空洞于 2009 年 9 月 22 日验收，累计运行 1422h，运行良好，仅局部被冲蚀，2011 年 4 月 30 日前修复完成。

（6）溢洪道。溢洪道于 2010 年 4 月 18 日验收，并参与水库泄洪，运行约 3.1h，运行良好，未见冲蚀破坏。

（7）泄洪洞。泄洪洞于 2010 年 4 月 18 日验收，累计运行 1940h，最大泄流量 2530m^3/s，运行良好，仅局部被冲蚀，2011 年 4 月 30 日前处理完成。

（8）右岸库首拉裂体整治。右岸库首拉裂体一期治理工程于 2009 年 8 月 31 日完工，9 月 23 日通过验收。

右岸库首拉裂体二期治理工程于 2010 年 1 月 5 日开工，2010 年 12 月底完成。

（9）下游河道整治。下游河道整治工程于 2009 年 9 月 30 日开工，2010 年 12 月全部完成。

（10）补强帷幕灌浆。补强灌浆在 2009 年 11 月 14 日开工，2010 年 10 月 18 日完成。

（11）尼日河引水工程。尼日河引水工程 4 个标段，均已完工，具备过流条件。

2. 机电设备安装

（1）水轮发电机组及升压设备随 6 号～1 号机组安装完毕，并在下列时段连续 72h 试运行：

6 号机组 2009 年 11 月 27 日充水，到 12 月 13 日 15 时 55 分结束试验。

5 号机组 2009 年 12 月 9 日充水，到 12 月 23 日 11 时 03 分结束试验。

4 号机组 2010 年 3 月 13 日充水，到 3 月 31 日 12 时 41 分结束试验。

3 号机组 2010 年 6 月 15 日充水，到 6 月 29 日 2 时结束试验。

2 号机组 2010 年 11 月 27 日充水，到 12 月 8 日 13 时 40 分结束连续试运行。

1 号机组 2010 年 12 月 16 日充水，到 12 月 26 日 18 时 30 分结束连续试运行。

（2）油水气公用系统所有设备均于首台机组发电前正常运行。

（3）厂内起重设备均已安装调试完成，并通过有关技术监督局检验颁发的特种设备使用许可证。

（4）整个消防系统均于机组投产前通过四川省公安厅消防局验收。

（5）厂用电系统 2009 年 6 月 10 日安装调试完成，6 月 15 日正式送电，安装间下公用电系统 2010 年 6 月送电。主机—主变单元接线之间的变压器已随每台机组投入运行，来自西昌供电局供电线路、开关站和尼日河柴油发电机作为全厂备用电源。开关站柴油发电机已安装调试，并经负荷试验检查移交电厂。尼日河柴油发电机已安装调试完成，尼日河具备通水条件时可启闭闸门进行负荷试验。

（6）全站机组保护控制、开关站保护控制、机组进水口闸门控制系统需要的 220V 交直流电源系统设备全部安装调试完成，已移交瀑电总厂，运行良好。

（7）全厂机组、变压器、500kV 高压电缆、500kV GIS 设备及其线路保护设备、故障录波系统设备、保护信息管理系统设备等安装调试完成，通过保护专项检查，并投入正常运行。

（8）全站监控网络系统、上位机系统、1—13LCU 安装调试完成，并完成与成都梯调中心、省网调联调，已移交瀑电总厂，运行良好。

（9）电能量采集及发电计划申报系统及其主站侧设备、继电保护信息管理系统子站、调度自动化系统、调度数据专网、同步相量测量装置、安控装置等设备全部安装调试完成，已投入运行。

（10）全站行政交换机和调度交换机及其附属设备、接入系统光传输设备全部安装调试完成，满足站内生产需要的通信功能要求，可实现瀑布沟水电站与东坡 500kV 变电站、四川电力川西南环沿线各光纤通信站、大渡河流域集控中心、四川省电力公司调度中心及通信中心的通信。

（11）全站工业电视系统及门禁系统设备安装调试完成，已移交瀑电总厂，运行良好。

（12）主厂房安装间、各机组段发电机层、电气夹层、水轮机层送排风系统的送风机、排风机、除湿机、风道及末端设备已安装调试完成；主变室母线洞送排风系统的风机、风道及末端设备已安装调试完成；电梯电缆竖井送排烟系统的风机、风阀已安装调试完成；地面地下副厂房空调系统风冷热泵空调机组、各类空调器、水系统、风道及末端设备已安装调试完成，正常运行。

（13）主厂房各机组段、地面地下副厂房、厂房交通洞、坝顶建筑各部位的工作及事故照明分电箱、灯具安装完成，电线电缆敷设完成，正常运行。

（14）全厂接地系统由坝区和厂房接地网组成，后者已施工完毕，前者由于大坝沉降未到位，坝顶未填筑至高程 856m。2009 年 11 月蓄水前对已完安装连接的全厂接地系统进行测试，接地电阻满足当时水位下的设计要求，开关站接触电势和跨步电势满足设计要求。

（15）18 组避雷器、电容式电压互感器 2009 年 9 月 25 日安装完成，试验合格；布坡三线、布坡四线 2009 年 10 月 15 日安装跳线完成，验收合格。布坡一线、布坡二线及深布线跳线 2010 年 6 月 5 日完成。GIS 及出线设备 2009 年 11 月 9—12 日通过倒送电及试运行，安装指标达到设计要求。500kV 高压并联电抗器 2009 年 11 月 10—12 日通过全电压冲击及试运行，安装指标达到设计要求。

3. 1 号机组安装

（1）水轮机、圆筒阀、发电机及其附属设备安装调试完毕，调速器系统和机组技术供水系统安装调试完成。

（2）主变压器、厂用电高压变压器及附属设备安装调试完成，交流耐压及局放试验合格；相关变压器保护装置及在线监测设备安装调试合格；20kV/22kA 全连式离相封闭母线及附属设备安装调试合格；发电机出口断路器安装调试完成。

（3）500kV 交联聚氯乙烯绝缘电力电缆敷设完成，耐压试验合格。

（4）机组自用变系统设备安装及调试完成投入运行，各部位照明设备安装调试完成。

（5）机组 220V 交/直流电源系统设备安装、调试完毕，正常运行；机组励磁系统、调速器系统、自动化监测系统、监控系统设备安装调试完毕，性能参数满足规程规范和设计要求。

（6）与 1 号机组启动有关的通讯设备安装调试完毕，正常运行。

（7）机组段、主变室消防系统设备安装调试完成；主变室、主厂房 1 号机组通风系统设备安装完成。

（8）《1 号水轮发电机组启动试运行大纲》已编制完成。

4. 闸门及启闭机金属结构安装

（1）导流洞 2 台固定卷扬式启闭机安装调试完成，1 号导流洞和 2 号导流洞的平板封堵闸门分别于 2009 年 9 月 28 日和 2009 年 11 月 1 日下闸。

（2）进水口所有液压启闭机、快速闸门、检修门及拦污栅已安装调试完成。2～6 号机组的这些设施已随机组发电移交电厂。进水口 1 台双向门式启闭机已安装调试完成并按规范进行了动静载荷试验。

（3）尾闸室台车式启闭机及 3 扇检修闸门已安装调试完成。尾水洞出口两台固定卷扬式启闭机及检修门已安装调试完成。

（4）溢洪道所有液压启闭机、单向门机、工作闸门及检修门已安装调试完成，2010 年 9 月 27 日通过首次过流试验，运行正常。

（5）放空洞工作闸室内桥机、摇摆式液压启闭机、弧形工作闸门、检修闸室内固定卷扬式启闭机、平面滑动检修门均已安装调试完成，并在初期蓄水期间过水。

（6）泄洪洞检修门机、液压式启闭机、固定卷扬式启闭机、潜孔弧形工作闸门及潜孔平面滑动检修门均安装调试完成，在 2010 年汛期作为主要泄洪方式正常运行。

（7）尼日河闸首单向门机、泄洪闸固定卷扬式启闭机、进水口固定卷扬式启闭机、拦污栅、工作闸门及检修门均已安装调试完成。

6.1.2.2 送出工程

瀑布沟水电站出 4 回 500kV 输电线至东坡 500kV 变电所，接入四川电网川西南环网；1 回 500kV 输电线至深溪沟水电站开关站。其中东线（布坡三线、布坡四线）2009 年 11 月 9 日通过验收具备送电条件，2009 年 11 月 12 日正式运行；西线的布坡一线和布坡二线分别于 2010 年 7 月 15 日和 22 日投入运行；深布线于 2010 年 6 月 22 日正式投运。

瀑布沟电站所有送出工程已投入正式运行，运行正常，能满足送出需要。

6.1.2.3 移民搬迁及水库蓄水情况

瀑布沟水电站 2009 年 10 月底完成水位 790m 淹没区剩余移民搬迁及库底清理任务；2010 年 4 月 22 日，851m 以下移民搬迁完毕，通过验收；2010 年 9 月 28 日 1 号导流洞下闸；2009 年 11 月 1 日 2 号导流洞下闸蓄水；2009 年 11 月 25 日库区水位蓄至 790m。

水库自 2010 年 5 月 8 日从 790m 开始二期蓄水，按 2010 年 9 月 30 日前不超过汛限水位 841m 控制机组发电和泄洪流量。2010 年 10 月 13 日，库区水位蓄至设计高程 850m，具备 1 号机引水系统充水条件。

6.1.2.4 剩余或未完工工程计划安排

（1）坝顶结构。大坝坝顶结构计划 2011 年 3 月开始施工，4 月 30 日前完成。

（2）地下厂房土建。地下厂房土建主体工程已完工，少量尾工按原计划于 2010 年 12 月底完成。

（3）接裂体二期治理。右岸库首拉裂体二期治理工程的剩余项目，于 2010 年 12 月底完成。

（4）监测自动化系统。已编制完成《工程安全监测自动化系统设计报告》，于 2011 年完成。

（5）全厂通风及消防系统于 2011 年 6 月待消防站建成后进行最终验收。

（6）电站正常蓄水位下的接地电阻测试于 2011 年 10 月进行。

6.1.3 工程质量管理

6.1.3.1 原材料质量管理

1. 原材料采购及供应模式

工程建设所需钢材、水泥、炸药、柴油、粉煤灰、砂石骨料等原材料由大渡河公司物资部统一招标采购，由分公司集中管理、统一配送，做好入库验收、质检和监督检查工作，其他材料由承包商自行采购。

2. 主要原材料质量总体评价

对所有用于工程的原材料，严格按有关技术标准和行业规范进行进场检验试验。施工中严格过程控制，坚持质量标准。用于工程的各种材料全部合格，满足工程建设质量要求。

6.1.3.2 工程质量总体评价

瀑布沟水电站工程质量保证体系完善，参建各方质量管理组织机构和规章制度健全，质量管理措施落实到位；所有用于工程的原材料，严格按有关技术标准和行业规范进行进场检验试验；对工程建设，尤其是重要部位和关键工序实施旁站监督，质量管理措施得到有效落实；参建各方严格过程控制，按设计要求和施工规范作业，工程质量取得了良好的成绩，土建工程施工质量满足设计和规范要求。经过评定，四川大渡河瀑布沟水电站 1 号水轮发电机组及其电气一次、二次设备安装质量符合规范、设计、制造厂等的要求。

6.1.4　生产准备情况

瀑电总厂于 2008 年 6 月 30 日正式成立,负责瀑布沟和深溪沟两座大型水电站电力生产运行维护管理工作。瀑电总厂组织机构齐全,部门和岗位职责明确,人员基本到位,经培训生产管理和运行维护人员,均已熟悉电厂生产流程,掌握了应具备的专业技术管理知识与技能,能胜任工作。

瀑电总厂与四川省电力工业调整试验所就委托技术监督服务项目及职责已达成初步意见,专业试验委托流域检修分公司开展。检修工具、专用试验设备及仪器仪表、安全工器具和防护用品已配置,满足生产需要。

按成都电监办要求,已安排人员接受电网安评业务培训,已签订电网安评委托服务合同。结合瀑布沟水电站设备安装调试进度,已全面启动并网安评工作。成都电监办组织专家组先后于 5 号机组投运和 3 号机组投运后,进行并网安评检查,对并网设备安全性作了高度评价。

瀑电总厂 MIS 系统已在 2009 年 10 月初试运行,同年 11 月底前正式运行,能够满足接机发电后生产运行业务实现网上流转。

2009 年 12 月 13 日、23 日及 2010 年 3 月 31 日和 6 月 29 日,电站 6 号、5 号、4 号、3 号机组先后完成 72h 试运行后移交瀑电总厂,截至 2010 年 11 月 30 日,机组生产管理正常有序。

综上所述,瀑电总厂各项生产准备工作已基本完成,满足 1 号机组的顺利接收和发电设备的安全稳定经济运行的要求。

6.1.5　已投产机组运行情况

至 2010 年 11 月 30 日,瀑布沟水电站 6 号机组发电量 23.69 亿 kW·h,5 号机组 30.94 亿 kW·h,4 号机组 19.06 亿 kW·h,3 号机组 15.89 亿 kW·h,合计发电量 89.58 亿 kW·h,安全运行 352d。

4 台机组投产至今,主机、主变等系统设备运行正常、稳定可靠。一些缺陷得到及时处理,没有影响设备的安全运行。

6.1.6　枢纽建筑安全监测情况

2009 年 11 月 1 日 2 号导流洞下闸,水库蓄水,2009 年 12 月 26 日库水位达到 790m。经约 7 个月后,2010 年 5 月 8 日开始继续蓄水。2010 年 11 月 25 日上午 9 点,上游水位至 849.74m,下游水位 675.61m,上下游水头差 174.13m。安全监测观测成果如下:

(1) 下游坝坡未发现渗水情况。

(2) 针对二期蓄水心墙个别渗压计观测值异常,在心墙观测剖面上的不同高程增设 25 支渗压计。从蓄水后监测成果看,整体上心墙部位孔隙水压力与土压力监测数据正常,符合一般规律。

（3）2010年10月17日观测到大坝灌浆洞总渗流量（未扣施工用水）为108.65L/s，与二期蓄水前5月1日的55.5L/s比较，有所增加，与一期蓄水期间最大渗流量143.1L/s相比，明显减少。

（4）一期蓄水后，上游坝坡高程790m以下，受库水浸泡压重影响，心墙及上游坝体整体呈现向上游位移。二期蓄水后坝体开始向下游位移，其中桩号0+178m，坝轴距0+005m部位向下游位移102.9mm；桩号0+431m，坝轴距0+005m向下游位移137.98mm。

蓄水期间左岸向河谷最大变形为181.94mm，其中二期蓄水期间，向河谷变形83.45mm；右岸向河谷最大变形为205.56mm，二期蓄水期间向河谷变形86.01mm。

变形观测资料显示，二期蓄水后大坝坝顶沉降最大增量313.8mm，累计沉降755.76mm。

2010年8月26日上午发现坝顶裂缝，裂缝位于坝轴线下游5.5~6m，基本平行于坝轴线，长约230m，最大缝宽5cm左右，深1~2.5m，2.5m以下无异常。主要原因是蓄水过快，造成变形不协调。初步分析，属浅表层裂缝。至正常蓄水位850m后，第二次探坑检查，并持续观测，裂缝发展逐渐收敛，已基本趋于稳定。

（5）下闸蓄水以来，主防渗墙在各桩号处向下游位移，左、右岸向河床部位位移。蓄水后防渗墙测斜观测显示，孔口向下游最大累计变形76.49mm，二期蓄水后累计变形增量38.74mm，变形量处于设计允许范围内。

坝基及两岸山体渗压监测成果表明，主次防渗墙折减上游水位98%以上，防渗效果较好；由于右岸廊道结构缝化学灌浆处理，钻孔泄压使两墙之间的渗压测值近期有所降低，次防渗墙平均折减系数36.51%，折减比例较前期增加较多；两岸山体防渗帷幕渗压计测值换算水位最大累计变化量为126.26m，最大监测水位806.98m。二期蓄水过程中右岸山体渗压下降较大，补强灌浆以及下游补打排水孔效果明显。

（6）蓄水后，廊道在河床中部向下游水平位移较大，两岸依次减小；廊道在河床中部略有下沉，向两岸依次减小；桩号0+354m处结构缝观测部位位错计开合度最大，水平位错26.46mm，蓄水后累积变化量26.93mm，二期蓄水后累积变化量18.79mm，二期蓄水期间结构缝未见突变。

（7）引水隧洞在3~6号压力管道运行期间，其压力管道桩号0+393m处底板高程655.25m渗压计P1监测到底板渗透压力从0.01MPa逐渐增加到0.14MPa，阻水帷幕后下平段（桩号0+455m），未监测到有效渗透压力存在。

随着二期库区蓄水开始，上游库水位上升至848.55m，引水隧洞内在下平段剖面（管2）桩号0+393.00m的渗压值有所增加，P1所处的底板监测部位2009年6月16日渗透压力达0.59MP。3号机充水后，阻水帷幕前（管2）桩号0+393.00m监测剖面的渗压值陡然增加0.8MPa，到11月10日保持在0.98MPa，而阻水帷幕后下平段（桩号0+455m），监测到有效渗透压力，渗压计P4、P5观测值分别为0.1MPa、0.26MPa。11月28日，在2号机充水到高程850m时，在（管2）桩号0+455.00监测到渗压计P4、P5渗透压力值分别为0.45MPa、0.59MPa。

（8）其他各监测部位蓄水后变化均在可控范围内。

6.1.7　2011 年防洪度汛

瀑布沟公司根据成都勘测设计研究院提供的《四川省大渡河瀑布沟水电站 2011 年防洪度汛设计报告》，编制瀑布沟水电站 2011 年防洪度汛方案。2011 年泄水建筑物运行方式见表 6.3。

表 6.3　　　　　　　　　　泄水建筑物运行方式

编号		入库流量/ (m^3/s)	水库水位/ m	机组过流量/ (m^3/s)	泄水建筑物运行状态及流量分配/ (m^3/s)			备注
					溢洪道 $Q_溢$	泄洪洞 $Q_泄$	放空洞	
1		$Q_{入库}≤1400$	$841.00≤H≤850.00$	$Q_{入库}$	关闭	关闭	关闭	
2		$1400<Q_{入库}≤3000$	$841.00≤H≤850.00$	1400	关闭	$Q_{入库}-Q_{发电}$	关闭	
3	3-1	$Q_{入库}>3000$	$841.00≤H≤848.41$	1400	$3000-Q_{发电}+(Q_{入库}-3000)/2$	关闭	关闭	泄洪洞泄量控制在 $2000m^3/s$ 内
	3-2				$3000-Q_泄-Q_{发电}+(Q_{入库}-3000)/2$	$Q_泄$	关闭	
4	4-1	$Q_{入库}<8230$	$848.41<H≤850.00$	1400	控泄≤$5810-Q_{发电}$	关闭	关闭	
	4-2				$5810-Q_{发电}-Q_泄$	控泄 ≤2000	关闭	
5		$Q_{入库}>8230$	$848.41<H≤850.00$	1400	全开	全开	关闭	
6		$8230<Q_{入库}≤9460$	$H>850.00$	1400	全开	全开	关闭	
7		$Q_{入库}≥9460$	$H>850.0$	0	全开	全开	关闭	
8		$Q_{入库}>6960$	$841.00<H≤850.00$	1400	全开	控泄≤ $Q_{入库}-Q_{发电}-Q_溢$	关闭	
9								
10	10-1	$Q_{入库}<6960$	$841.00<H≤850.00$	1400	控泄≤$4980-Q_{发电}$	关闭	关闭	
	10-2				$4980-Q_{发电}-Q_泄$	控泄 ≤2000	关闭	

正常情况由机组发电下泄流量供水。机组全停情况下，库水位在 805～850m，局部开启泄洪洞向下游补水 $500m^3/s$；库水位在 805～790m，局部开启放空洞向下游补水 $327m^3/s$。

泄洪洞在库水位 805～840m 的闸门不同开度与下泄流量关系见表 6.4。

表 6.4		泄洪洞控泄 $500m^3/s$ 闸门不同开度与下泄流量表						
水库水位/m	805	810	815	820	825	830	835	840
闸门开度/m	11.5	5.75	4.37	3.6	3.22	2.88	2.61	2.42
流量/(m^3/s)	555	508	509	501	508	502	500	501

泄洪洞液压启闭机行程 8.976m，油缸启、闭速度分别为 0.6m/min 和 0.3m/min，工作闸门开启时间 15～30min。

6.1.8 各项验收情况

1. 工程蓄水安全鉴定

2008 年 4 月至 2009 年 10 月，国电大渡河公司委托中国水电工程顾问集团公司瀑布沟水电站枢纽工程蓄水安全鉴定专家组，进行蓄水安全鉴定工作。鉴定工作分两个阶段进行。

第一阶段于 2008 年 4 月开始，10 月完成，专家组提交了《四川省大渡河瀑布沟水电站枢纽工程蓄水安全鉴定报告》（第一阶段），对 1 号和 2 号导流洞是否具备 2008 年 11 月初和 12 月初分别下闸封堵条件及封堵后至 2009 年汛前蓄水位以下，工程建筑物的安全运行提出了评价意见和建议。

第二阶段从 2009 年 7 月开始，8 月结束，专家组就枢纽工程蓄水安全鉴定有关问题与参建单位进行交流和讨论，提交了《四川省大渡河瀑布沟水电站枢纽工程蓄水安全鉴定报告》（第二阶段）。

通过两个阶段工作，专家组认为瀑布沟水电站已完成土建、金属结构、安全监测等工程的施工、制造和安装质量总体满足设计、国家和行业有关技术标准及工程合同文件的要求，导流洞下闸后不影响后续工程施工，水库初期蓄水方案及枢纽工程 2010 年防洪度汛方案和措施可行，具备 2009 年 11 月初导流洞下闸蓄水条件。

2. 工程蓄水验收

水电水利规划设计总院经与四川省发展和改革委员会协商，并征求四川省大中型水电工程移民办公室，中国国电集团公司等方面的意见，成立了瀑布沟水电站工程蓄水验收委员会。

2009 年 9 月 26 日，在成都召开的工程蓄水验收委员会会议，通过了《四川省大渡河瀑布沟水电站工程 1 号导流洞下闸蓄水验收鉴定书》，认为瀑布沟水电站工程具备 1 号导流洞下闸条件，同意 1 号导流洞下闸蓄水。

2009 年 9 月 28 日，1 号导流洞下闸，2 号导流洞过流。

在 2009 年 10 月 18—21 日瀑布沟水电站蓄水阶段移民专项验收第二次会议的基础上，2009 年 10 月 22—24 日，专家组就 2 号导流洞下闸蓄水条件进行检查评价，提出了《大渡河瀑布沟水电站工程蓄水（2 号导流洞下闸封堵）验收专家组意见》，认为瀑布沟水电站工程具备 2 号导流洞下闸和水库蓄水条件，同意 2 号导流洞于 2009 年 11 月初择机下闸。待 2010 年 4 月导流洞封堵工程全部完工、正常蓄水位高程 850.00m 移民安置通过专项验收后，可按计划逐步提高水位至正常蓄水位。

2009 年 11 月 1 日，2 号导流洞成功下闸蓄水。

3. 征地移民验收

根据国务院令第 471 号的规定，按照四川省政府关于瀑布沟水电站移民工作的要求，成立了瀑布沟水电站移民验收委员会，进行征地移民验收。

2009 年 9 月和 10 月，四川省移民办先后两次组织验收委员会和专家组成员查勘现场，并召开了瀑布沟水电站蓄水阶段移民专项验收会议，形成了蓄水验收阶段征地和移民专项验收报告，认为库区水位 790m 淹没影响区的建设征地、移民安置及库底清理任务已基本完成，可按期下闸蓄水。

2010 年 4 月 22 日，四川省扶贫移民局组织验收委员会召开了瀑布沟水电站蓄水阶段移民专项验收会议，形成了瀑布沟水电站正常蓄水位 850m 验收阶段移民专项验收专家组意见，并形成移民专项验收报告，认为库区 850m 水位建设征地移民安置工作基本完成，移民搬迁安置等工作基本满足相关要求。到 2010 年 4 月底，瀑布沟水电站水位 850m 淹没影响区移民搬迁及库底清理工作是可以完成的，在对存在的问题采取相应措施处理后，移民安置方面不会影响瀑布沟水电站按设计投入正常蓄水使用。

4. 送出工程验收

瀑布沟水电站出 4 回 500kV 输电线至东坡 500kV 变电所，接入四川电网川西南环网；1 回 500kV 输电线至深溪沟水电站开关站。

瀑布沟—东坡东线 500kV 同塔双回送电东线布坡三线、布坡四线工程，2008 年开工，2009 年 10 月底完工并通过运行验收。2009 年 11 月 6 日，启动验收委员会同意启动布坡三线、布坡四线，东坡 500kV 变电站第四和第五串一、二次设备及通信设备，瀑布沟 500kV 升压站至东坡出线间隔，满足瀑布沟水电站 5 号、6 号机组投产需要。

深溪沟—瀑布沟 500kV 送电线路工程，2009 年 4 月 20 日开工，2010 年 5 月 8—12 日通过竣工预验收，2010 年 5 月 31 日至 6 月 2 日完成投运前质量检查，基本具备投运条件。2010 年 6 月 17 日，启动验收委员会同意启动布深线及瀑布沟、深溪沟两个间隔，满足深溪沟水电站 1 号机发电需要。

瀑布沟—东坡 500kV 同塔双回送电西线布坡一线、布坡二线工程，2009 年 5 月 6 日开工，2010 年 5 月 12 日至 6 月 18 日竣工预验收，2010 年 6 月 20—23 日完成投运前质量检查，具备投运条件。2010 年 6 月 19 日，启动验收委员会同意启动瀑布沟两个间隔、布坡一线、布坡二线及眉山东坡 500kV 变电站两个间隔。

瀑布沟水电站 6 台机组及深溪沟水电站 4 台机组全部投产送出条件完全具备。

5. 消防验收

瀑布沟水电站每台机组启动前，均接受四川省公安厅消防局或汉源县公安消防大队的验收组，对地下厂房公用和机组消防系统工程的验收。瀑布沟水电站 2 号～6 号机组和 1 号机组的消防水系统、火灾自动报警及联动控制系统、防排烟系统工程建设情况，分别到 2010 年 11 月 30 日和 2010 年 12 月 2 日，符合消防设计及规范要求，具备机组启动验收条件。

2010 年 11 月 22 日，国电大渡河公司与四川省公安厅消防局和成勘院，消防站建设达成一致意见。2010 年 11 月 30 日，国电大渡河公司向雅安消防支队提交建站申请，二级消防站计划将于 2011 年 6 月建成，并将进行最终验收。

6. 机组启动质量监督

至 2010 年 11 月 30 日，电力建设工程质量监督总站巡视组，先后对瀑布沟水电工程进行 14 次现场质量监督巡视。

巡视组专家通过现场检查、听取汇报、查阅验收记录和工程档案，形成工程质量监督巡视报告，对工程建设质量进行评价，提出改进工程质量的意见和建议。专家认为：瀑布沟水电站工程土建施工和机电设备安装质量处于受控状态，其质量满足规范和设计要求。

2010 年 12 月 3—4 日巡视组专家进行了第 14 次现场质量监督巡视，认为目前工程的形象面貌基本满足 1 号机组启动调试的要求，1 号机组启动后不影响后续工程项目的施工。1 号机组具备充水启动调试的条件。

6.1.9　问题和建议的处理及落实情况

电站安全鉴定、蓄水验收、质量巡检、移民验收和机组启动验收中，专家提出的意见均已落实、整改。

6.1.10　重要缺陷处理

1. 廊道结构缝渗水处理

2008 年 3 月中旬，发现桩号 0＋177.05m 处结构缝出现变形渗水。此时大坝心墙区填筑高程 755m 左右，砾石土填筑高度达 85m 左右。

经取水样分析、专题讨论和专家咨询，认为廊道结构缝变形过大，止水无法适应，在变形过程中发生撕裂，形成渗漏通道。处理方案和技术要求：

（1）阻水帷幕。阻水帷幕垂直于灌浆洞轴线，分 3 排环向梅花形布设于两岸坡山体中，排距 1.5m，孔距 0.9m，孔底距离 0.9～7.4m，顶拱钻孔深入盖板混凝土底部 0.2m，其他部位孔深 12m。

阻水帷幕施工完成后渗水虽有减少，但仍有，又实施加强阻水帷幕施工。加强阻水帷幕分别在桩号 0＋173～0＋176m 和桩号 0＋355～0＋358m 间，顺廊道轴线靠近上游侧结构缝与防渗墙两端头之间布设 3 排斜孔，钻孔入岩 20m。

（2）加深帷幕、加强帷幕和固结灌浆。加深帷幕灌浆是将阻水帷幕施工中布设的 3 排灌浆孔加深至 40m，顶部孔伸入混凝土板 20cm。

在左岸 7 号洞桩号 0＋169.25～0＋172.25m 间、右岸 8 号洞桩号 0＋358.75～0＋373.75m 间，靠上游侧底板布置 3 排深 20m 的加强帷幕灌浆孔，在左岸 7 号洞桩号 0＋173.00～0＋176.00m 间、右岸 8 号洞桩号 0＋355.00～0＋358.00m 间靠上游侧底板布置 3 排深 10m 的加强帷幕孔。

在左岸河床廊道桩号 0＋178.00～0＋181.00m 间、右岸河床廊道桩号 0＋350.50～0＋353.50m 间靠上游侧底板上布置 3 排深 15m 的灌浆孔，对基础覆盖层进行水泥－膨润土固结灌浆。

（3）聚氨酯灌浆。在桩号 0＋172.80m、0＋177.05m、0＋369.00m 三个结构缝止水

外侧，以及桩号 0+354.20m 结构缝止水内、外侧灌注聚氨酯材料。

（4）结构缝止水修复。桩号 0+177.05m、0+354.20m 结构缝处刻槽，在槽内重新埋设 1 道铜片止水，在缝内补设 SR 填料和 ϕ80 橡胶棒并浇筑混凝土。

2009 年 8 月 25 日廊道结构缝渗水处理全部完成，结构缝运行正常，达到了预期效果。

2. 压力管道混凝土裂缝处理

压力管道裂缝宽 0.2~0.6mm，分布在顶拱及两侧边拱。1 号引水洞混凝土 49 条裂缝，长 629.5m；2 号 44 条，620.9m；3 号 46 条，419.7m；4 号 43 条，407.5m；5 号 38 条，398.7m；6 号 34 条，346.4m。主要成因是围岩变形和"5.12"汶川地震及其余震的影响。

压力管道裂缝全部采用化学灌浆处理：表面缝宽 δ<0.2mm 的，只做缝口保护处理，沿缝 20cm，超过裂缝两端 40cm 范围内用钢丝刷刷毛，并用丙酮清洗干净，缝面干燥后批刮一层 PSI-HY 环氧胶泥；δ≥0.2mm 及所有贯穿性裂缝，做骑缝孔化灌与缝口止水封堵处理。

所有裂缝已全部完成化学灌浆处理并检验合格。

6.1.11　枢纽工程蓄水及生产运行过程存在的问题及措施

1. 土建部分

（1）大坝纵向裂缝。2010 年 8 月 26 日上午坝轴线下游 5.5~6.0m 处发现坝顶裂缝，裂缝基本平行坝轴线，长约 230m，最大缝宽约 5cm。用两种不同方法对裂缝深度进行检测，结果基本一致：裂缝长约 230m（桩号 0+185~0+415m），深 1~2.5m，属浅表层裂缝，在坝顶临时填筑层内，2.5m 以下无异常。持续监测，发现裂缝已逐渐收敛，趋于稳定，最大缝宽约 10cm。设计要求暂不处理。

（2）泄洪洞缺陷。至 2010 年 10 月中旬泄洪洞累计泄流约 1560h，最大泄流量 2540m³/s。泄洪期间进行 5 次检查，总体情况良好，仅前 600m 洞段底板有 10 多个部位发生冲刷破坏，形成冲坑深 7~8cm，或形成冲刷槽；掺气坎补气井底板钢筋露出面积加大；1 个部位发生崩裂破坏，破坏表层约 2cm。缺陷将于 2011 年 4 月底前按照设计要求处理完成。

（3）1 号尾水渠右导墙末端被冲混凝土。1 号尾水渠右导墙末端两段混凝土（地基是砂卵石）是按设计要求临时增加的，施工中设计又觉得没有必要，但由于正施工就没取消。目前设计正在考虑是否需要处理或如何处理。

（4）库岸边坡。在左岸进水塔交通桥和溢洪道进口左导墙间出现局部少量滑塌，但不影响左高线公路，研究支护方案，按原计划在 2011 年 4 月底前处理完。

2. 机电部分

（1）PT 谐振。瀑布沟水电站 500kV GIS 设备在倒闸操作中 T 区停电电压互感器 PT 可能发生分频铁磁谐振。大渡河公司组织两次专题会议，在 2009 年 12 月 24 日就最终解决方案达成一致意见，同意东芝平高设备制造厂提出的在二次侧加装可饱和电抗器消除谐振的永久解决方案。2010 年 4 月初东芝平高设备制造厂将可饱和电抗器供货到现场。但由于国内同类型电站没有可供借鉴的经验，目前电网公司暂未同意加装可饱和电抗器。

在永久解决方案实施前，公司编制了《瀑布沟水电站 500kV 设备投运防止铁磁谐振事故防范措施》。对可能发生铁磁谐振设备区域进行重点监视，必要时对 T 区电磁式电压互感器外壳进行红外热成像监视。如在操作过程中发生谐振，及时采取措施，断开断路器侧刀闸的方式破坏谐振。

（2）6 号机主轴密封滤水器堵塞。厂外低位水池及由其引入地下厂房内的消防灭火及清洁用水管路施工完成后冲洗不彻底，在 6 号机试运行过程中多次发生主轴密封用水滤水器堵塞导致水压低于设计值的情况。对此，施工单位及时对流道及滤水器滤网彻底清洗，紧急挪用 4 号机滤水器，与原滤水器并联安装，实现运行期间在线清洗滤水器功能。6 号机投运后，设备供货商给每台机组多提供 1 台主轴密封用水滤水器，增加其可靠性。此外，在 2 号、4 号、6 号机组主轴密封供水管路上设置压力传感器和 PLC 控制器，并将信号上传至监控画面，实现主轴密封滤水器滤网堵塞时的自动切换和中控室实时监控。

（3）机组甩负荷时蜗壳压力过高。瀑布沟水电站 3～6 号机组前期低水位甩负荷试验时，蜗壳末端压力上升幅值较大。经设备供货商重新核算调保计算结果，机组现有调保计算结果基本满足机组和流道安全运行要求。上游水位 790m 时，虽蜗壳水压上升幅值较大，但总体水压绝对值较蜗壳设计压力差值较大；库水位上升后，上升幅值将呈现降低趋势，不会超过蜗壳设计压力。

鉴于理论计算与试验结果间存在差异，分公司在 2 号机组启动前组织技术人员对机组导叶关闭时间重新进行试验复核，导叶关闭规律满足厂家调保计算结果；在上游水位 850m 时甩 600MW 负荷时蜗壳水压上升值与东电计算值接近，转速上升值距设计允许值有较大裕量。因此，要求根据 2 号机组水位 850m 实际甩负荷的情况对导叶关闭规律优化。2010 年 12 月 9 日，安装单位已利用 72h 试运行后消缺机会重新调整了导叶关闭时间。4 号和 6 号机组将结合冬季检修时机进行调整。

6.1.12 环保水保工作情况

瀑布沟水电站工程建设始终严格按《环境影响复核评价报告书》和《水土保持方案报告书》内容加强环境保护，制定了相关的管理规定和实施细则。

1. 水土保持

开挖施工采取边坡预裂、梯段爆破方式，弃渣运往指定渣场堆存。开挖施工造成的不稳定体及时采取工程措施，确保边坡稳定。对临河建筑，采取防冲护岸保护措施。设置涵管、排水沟等排水措施。

2. 水环境保护

黑马营地建有完善的污水排放和处理系统，生活污水集中处理后排放。污水处理厂运行以来，经雅安市环境监测站多次检测均符合国家规定的排放标准。

觉托和毛头码 2 座砂石料加工厂的废水处理，经雅安市环境监测站检测达到国家规定的排放标准。

觉托和毛头码混凝土拌和楼的冲洗废水进行沉淀处理，沉淀后排放，沉淀池定期清理。

3. 大气污染和噪声控制

洞内作业实行湿法，减少粉尘污染，设置风机加强通风。严格车辆管理，加强设备维修保养，使用优质燃油，安装尾气净化装备。砂石料加工采用闭路循环、湿法作业的低尘工艺，卡尔沟反滤料加工系统还设置除尘器。配置洒水车，对施工区道路洒水降尘。

4. 人群健康保护

黑马营地、毛头码以及觉托等临时生活区，环境卫生整洁，不定期灭蚊蝇鼠。

对高粉尘、高噪声区作业的施工人员发放劳保用品。不定期检查劳动保护执行情况和劳保用品使用情况。加强劳动者健康保护，减轻粉尘对人体伤害。2006—2009 年连续 4 年的人群健康抽样检测中，均未发现有职业病。

5. 垃圾处理

黑马营地建有垃圾集中收集站，生活垃圾送至乐山市金口河区垃圾卫生填埋场处理。

6. 生态环境保护

采用修建鱼类增殖放流站、开展监测与研究、强化渔政管理及支流环境保护等措施来减轻因电站修建对水生生物和鱼类的影响，保护大渡河流域水生生物和鱼类资源。

水电站运行期间，下泄基流为无闸开敞式泄流，按 $10\mathrm{m^3/s}$ 设计，确保尼日河开建桥以下河段景观及环境用水需要。从龙门沟引水，解决受影响的 $5.2\mathrm{hm^2}$ 水田灌溉及家畜用水。

库周生态林建设设计方案已于 2007 年 11 月 6—7 日通过专家审查，经与雅安市林业部门沟通协商，拟在水库蓄水后实施。

7. 下闸蓄水下游预警系统

为避免下游群众生命财产造成损失，专题设计下游预警系统。在瀑布沟下游沿江人口稠密区及主要下河通道设警示墙、发放宣传单、在电视台播出告示、悬挂横幅等，多种方式警示沿江群众注意自身安全防护。方案于 2007 年 11 月通过专家组审查。

8. 环境监测

2004 年 8 月委托四川省水土保持生态环境监测站对工程区水土保持进行监测。

6.1.13 结论

经全面检查，瀑布沟水电站工程与 1 号机启动试运行相关的土建、金结、机电安装及送出工程形象面貌满足设计要求，工程质量满足设计和规范要求；各工程部位的安全监测值在设计允许值范围内，目前枢纽工程工作状态正常。

综上所述，瀑布沟水电站工程满足 1 号机组启动试运行条件。

6.2 土建工程质量检查与启动验收

在瀑布沟水电站机组启动验收前，大坝、渗控工程、地下厂房、导流洞、溢洪道、泄洪洞、放空洞、尼日河引水系统等土建工程均达到相应验收标准。同时，拉裂体得到治理、河道得到整治。

6.2.1　大坝工程

拦河大坝为砾石土心墙堆石坝，最大坝高 186m。水库正常蓄水位 850.00m。

葛江津联营体为大坝主体工程承包商，承担大坝施工、导流洞封堵、原型观测等项目。

6.2.1.1　主要工程项目和工程量

主要工程项目包括左右坝肩开挖与支护、上游和下游围堰、大坝地基开挖、大坝基础固结灌浆、大坝河床灌浆兼观测廊道，大坝防渗墙顶部现浇段、左右岸心墙面板混凝土、左右岸灌浆平洞、大坝填筑、导流洞封堵等。

1. 左右坝肩开挖与支护

（1）左坝肩开挖与支护：

1）500kV 开关站土建项目。边坡分 4 级马道开挖，2005 年 4 月 20 日完成开挖。

2）溢洪道进水渠及闸室段。闸室段石方开挖分 4 段进行，边坡坡比 1∶0.4。2003 年 8 月 27 日提前 4 天完成开挖，2004 年 1 月 10 日锚喷支护完成。

溢洪道开挖 2004 年 7 月 15 日完成，2004 年 8 月 27 日锚喷支护完成。

3）左坝肩（心墙区）。左坝肩 684～810m 范围开挖，2004 年 7 月 15 日完工。

4）左坝肩完成工程量：覆盖层 98.0717 万 m^3，石方 72.5994 万 m^3，边坡支护排水孔 4301m，ϕ25mm、$L=1.5$m 插筋 5383 根，素喷/网喷 C20 混凝土 4190.93m^3，M10 浆砌石挡墙 1133.78m^3。

（2）右坝肩开挖与支护。右坝肩主要是右心墙开挖，2006 年 1 月 14 日完工。

右坝肩完成工程量：覆盖层 3.3782 万 m^3，岩石 32.16 万 m^3，喷混凝土 892m^3，素喷混凝土 1152.01m^3，ϕ25mm 锚杆 5882 根，ϕ42mm 排水孔 1692m，ϕ25mm 锚杆 2188 根，预应力锚索 59 束。

2. 上游和下游围堰

上游围堰堰体与大坝结合，堰基设悬挂式混凝土防渗墙，最深 44m，厚 0.8m。最大堰高 47.5m，迎水面坡度是 1∶1.25，背水面坡度是 1∶1.75，堰体采用复合土工膜斜墙防渗，围堰左右岸长 420m，堰基上下游宽 251m。2006 年 5 月 20 日完工。

下游土工膜斜墙围堰距坝轴线约 425m，围堰轴线与坝轴线夹角 5°。堰体与大坝压重区相结合，堰基设悬挂式混凝土防渗墙防渗。最大堰高 14m，迎水面坡度为 1∶2.05，背水面坡度为 1∶1.75，堰顶左右岸长度 157.4m，堰顶宽 10m，堰基上、下游宽 92.5m。2006 年 5 月 20 日完工。

上下游围堰完成工程量：开挖 521854m^3；填筑 1113006m^3；围堰防渗墙 13895m^2；围堰土工膜铺设 40867m^2。

3. 大坝地基开挖

开挖高程 684m，挖至高程 670m，最深至高程 667m，河床灌浆兼观测廊道基础、坝基顺河流长度 594m，左右岸宽 195m。河床挖除各层至坝基建基面，局部深坑验收后，换填过渡料。2007 年 3 月 6 日完工。

4. 大坝基础固结灌浆

大坝基础固结灌浆包括左右岸基岩固结灌浆和河床段覆盖层固结灌浆。左岸岸坡固结灌浆 14283m²，右岸岸坡 19073m²，河床覆盖层 20195m²。河床段固结灌浆 2007 年 3 月 13 日完工。左岸坡固结灌浆 2008 年 9 月 30 日完工，右岸岸坡固结灌浆 2008 年 9 月 30 日完工。

固结灌浆完成工程量：覆盖层钻孔 32825.1m，灌浆 30718.6m；基岩钻孔 24543.3m，灌浆 19562.8m。

5. 大坝河床灌浆兼观测廊道

廊道设在大坝轴线防渗墙上，是防渗墙墙下帷幕灌浆施工场地，也是坝基原型观测廊道。廊道为城门形，混凝土外尺寸 7.5m×8.98m，内尺寸 3.5m×4m，等级 C40。2007 年 12 月 15 日浇筑完毕。

廊道、下游墙顶部结构和上游刺墙完成混凝土浇筑 14093m³。

6. 大坝防渗墙顶部现浇段

大坝防渗墙顶部现浇段，是坝基心墙区高程 670m 至高程 680m 的混凝土段，现浇段嵌入坝基第一道防渗墙（墙顶高程 670m 的建基面上）。基轴线距坝轴线上游 14m。现浇段混凝土厚 1.2m，长 197m，高 10m，两端嵌入左右岸面板混凝土内。2007 年 4 月 6 日完成。

7. 左右岸心墙面板混凝土

左右岸心墙面板混凝土是左右岸坡基岩固结灌浆的盖重板。

左心墙面板混凝土外形呈斜坡面梯形，设计厚 0.5m，部分坡面深坑先填 C15 混凝土，再浇混凝土，2008 年 8 月 14 日浇筑完成。

右心墙面板混凝土外形呈斜坡面梯形，设计厚 0.5m。部分斜坡面深坑先填 C15 混凝土，再浇混凝土，2008 年 6 月 20 日浇筑完成。左右岸坝肩面板混凝土 76400m³。

8. 左右岸灌浆平洞

左右岸灌浆平洞设在坝轴线的左右岸坡上，用于帷幕灌浆和进行原型观测。均为城门洞型。高程分别为 673m、731m、796m、856m。平洞间用斜向交通洞连接，可从左右岸高程 856m 洞洞口进入各高程平洞。

灌浆洞完成土石方开挖 32756m³，混凝土 15338m³，钢筋制安 710t，固结灌浆 2510m，回填灌浆 8154m²，排水孔 4325m。

9. 大坝填筑

大坝填筑完成堆石料 13268181.1m³，过渡料 2348711.1m³，反滤料 1392438m³，砾石土料 2650331m³，高塑性黏土料 131507.3m³，弃渣压重料 1133064m³，干砌石护坡 313798m³，水泥掺合料 16091.01m³，合计 21254121.51m³。

10. 导流洞封堵

完成临时堵头 C20 泵送混凝土 7423.9m³，临时堵头 C20 自密实混凝土 572m³，永久堵头 C20 泵送混凝土 8898.6m³，永久堵头 C20 泵送混凝土 5102m³，永久堵头 C20 自密实混凝土 1144m³，钢筋制安 58.59t，2 号导流洞底板补填混凝土

642.64m³，铜止浆片 875.38m，铁止浆片 159.12m，环氧砂浆 150.8m²，ϕ25mm
锚杆 248 根。

6.2.1.2　技术指标与质量要求

地基开挖与处理施工的技术指标与质量要求遵循国家标准、行业标准和成都勘测设计
研究院《基础及边坡开挖施工技术要求》。

混凝土施工的技术指标与质量要求遵循国家标准、行业标准。

灌浆工程施工的技术指标与质量要求遵循国家标准、行业标准。

大坝填筑遵循坝体填筑施工技术要求，以及国家标准、行业标准。

6.2.1.3　已完成工程的形象

1. 开挖、衬砌施工

（1）大坝基坑开挖。上游围堰左右堰肩和下游围堰左右堰肩开挖，已于 2006 年 3 月
20 日前先后完成；上游围堰河床段 2006 年 1 月 10 日完成；大坝基坑河床段 2007 年 3 月
6 日完成。

（2）卡尔沟料场开挖。卡尔沟靠尼日河侧和卡尔沟侧最低开挖分别至高程 795m 和高
程 795m，开采和支护、加里俄呷料场开采和支护于供料前完成。

（3）灌浆洞开挖和上坝交通洞施工。左岸 4 条灌浆洞 2007 年 4 月 23 日完成洞挖，8
月 31 日完成衬砌；右岸 4 条灌浆洞 2007 年 4 月 15 日完成洞挖，10 月 31 日完成混凝土衬
砌；上坝交通洞 2006 年 2 月 27 日洞挖开工，2008 年 4 月 3 日 R11 通车，2008 年 9 月 30
日 R12 通车。

2. 混凝土施工

下游围堰：防渗墙 2006 年 2 月 15 日完工，混凝土底座 2006 年 5 月 5 日浇筑完成，
围堰土工膜铺设及素喷混凝土 2006 年 5 月 9 日完成。

上游围堰：防渗墙 2006 年 4 月 7 日完工，右堰肩和水平段混凝土底座 2006 年 4 月 25
日浇筑完成，无砂混凝土 2006 年 5 月 2 日浇筑完成，围堰土工膜铺设及素喷混凝土 2006
年 5 月 18 日完成。

大坝防渗墙 2006 年 12 月 3 日完成；大坝防渗墙墙顶混凝土 2007 年 4 月 6 日浇筑完
成；大坝河床段廊道 2007 年 2 月 15 日混凝土浇筑完成；左右心墙底部混凝土板 2008 年 8
月 14 日完成。

3. 灌浆施工

河床段覆盖层固结灌浆 2007 年 3 月 13 日完成，左右岸心墙底部固结灌浆 2008 年 9
月 30 日完成。

4. 坝体填筑

上下游围堰是大坝主体的一部分，2006 年 5 月 20 日完工。至 2009 年 9 月 20 日，大
坝整体填筑至坝顶高程。

5. 导流洞封堵

1 号导流洞 2010 年 5 月 15 日前已先后完成临时封堵和永久封堵混凝土浇筑，以及回
填灌浆和接缝灌浆；2 号导流洞 2010 年 5 月 14 日前已先后完成临时封堵和永久封堵混凝
土浇筑，以及回填灌浆和接缝灌浆。

6.2.1.4 主要原材料的质量控制

1. 采购原材料质量控制

大坝标工程主要原材料包括水泥、粉煤灰、钢材、常规混凝土用砂石骨料、减水剂、引气剂、土工膜、铜板、橡胶止水带、土工格栅等。主材由业主统一选购,零星材料联营体自购。原材料抽检频次及检测试验方式按照国家标准和行业标准。

(1) 水泥质量检测。水泥使用普通硅酸盐水泥,强度等级为 P.O.32.5、P.O.42.5、P.C.32.5 和 P.MH42.5,P.O.32.5 水泥用于大坝面板、灌浆洞、料场支护等部位混凝土,P.O.42.5 水泥用于廊道和刺墙混凝土,P.C.32.5 水泥用于导流洞封堵回填灌浆,P.MH42.5 水泥用于导流洞封堵。检测结果表明,各种水泥的各项指标均满足国家标准要求。

(2) 粉煤灰质量检测。粉煤灰为四川攀枝花和涛峰生产的Ⅱ级粉煤灰及广安Ⅰ级粉煤灰,主要用于面板、廊道和刺墙、灌浆洞、导流洞封堵等部位混凝土。检测结果Ⅱ级粉煤灰含水率合格率 97.1%,其他指标合格率 100%。

(3) 钢材质量检测。钢材包括热轧带肋钢筋、热轧光圆钢筋及低碳钢热轧圆盘条。热轧带肋钢筋为月牙肋二级钢,用于面板、灌浆平洞、廊道与刺墙和导流洞封堵混凝土的结构钢筋,钢筋混凝土用热轧带肋钢筋、热轧光圆钢筋及低碳钢热轧圆盘条。检测结果表明,钢材各项指标满足国家标准要求。

(4) 减水剂质量检测。减水剂采用 FMD - D 泵送剂,用于廊道和刺墙混凝土。品质检验掺量为胶凝材料用量的 0.7%,各项指标合格率为 100%。

(5) 拌和用水质量检测。检测结果可见,混凝土拌和用水符合标准要求。

(6) 土工合成材料质量检测。土工合成材料用于坝底土工布铺设。检测结果可见,土工合成材料及其焊接质量满足标准要求。

(7) 常态混凝土原材料质量控制。常态混凝土原材料质量控制,包括对砂石骨料质量、钢筋焊接接头质量的控制。砂石骨料质量检测结果:砂细度模数平均值 2.73,按 2.4~2.8 标准统计合格率为 64.9%;粗骨料针片状合格率为 100%,超逊径合格率在 21.7%~30.2%之间。

钢筋焊接接头力学性能合格率为 100%。

(8) 其他材料质量检测。橡胶止水带用于廊道混凝土,止水铜片用于廊道混凝土,塑料双向土工格栅用于大坝高程 810m 高层以上的土工格栅铺设。这些材料的检测结果满足标准要求。

2. 自控材料生产质量控制

(1) 生产系统。卡尔沟砂石加工系统生产的反滤料主要由联营体自用;砂石骨料除自用外,还供应溢洪道、大坝防渗墙、放空洞、尼日河闸坝及引水隧洞等。左岸觉托砂石加工系统拆除后,卡尔沟砂石加工系统供应整个工程所需砂石骨料。系统供应总量约 85 万 m³ 的混凝土所需砂石料,反滤料约 155.56 万 m³,共需生产混凝土成品骨料约 600 万 t,成品生产能力不低于 700t/h。系统使用的两台 C125 型碎石机、H4800、HP3000 和圆锥碎石机均为进口设备。

卡尔沟砂石加工系统包括初破系统、反滤料系统和混凝土骨料加工系统 3 部分。初破系统生产料源来自卡尔沟石料开采场。反滤料生产原料直接经由 B1 过河皮带从半成品堆场运输到反滤料调节堆场。毛头码骨料生产系统的生产原料则由自卸车从半成品堆场运抵毛头码骨料生产系统的受料平台。

卡尔沟砂石加工系统 2006 年 3 月 1 日正式投产。毛头码骨料加工系统 2006 年 9 月 15 日正式运行，到 2009 年 10 月共生产骨料 141 万 m^3、卡尔沟反滤料系统共生产反滤料 148 万 m^3。

毛头码系统生产的砂石骨料，供应大坝、溢洪道、大坝地下厂房、放空洞、尼日河引水隧洞等的混凝土工程。

（2）生产系统质量控制：

1）首先，控制开采料场的源头。在开采区选定原料，质检人员现场监控。其次，控制加工质量。经常检查筛子筛网，根据其他系统的要求，对碎石机开口进行调整。

2）反滤料系统质量控制。设计对反滤料级配要求高，系统无法满足，后调整了反滤料级配。调整后，反滤料级配得到了有效控制，B4 反滤料级配完全满足设计要求，B3 级配虽可满足设计要求，但 0.075mm 含量时有超标。在超细碎石车间碎石机下料口安设吸尘器，经检验 0.075mm 含量可控制在 5％以下。

3）砂石骨料生产系统质量控制。毛头码砂石料质量控制，主要是生产加工系统的质量控制。经常检查筛网，发现问题及时处理。常规混凝土骨料的筛洗要保证足够的水压。严格控制粗骨料中的超逊径含量，砂的细度模数严格控制在 2.4～2.8。

各种规格骨料的质量筛分队每班自检，试验人员每班跟踪抽检，在系统皮带机和出料皮带取样，监理中心试验室不定期抽验。试验检验结果不符合设计要求时，要进行系统生产调整，经试验检验合格后才能用于工程。

（3）质量评价。B3 反滤料各粒径的检测合格率 98％～100％，B4 反滤料各粒径的检测合格率 98％～100％，细骨料的各指标检测合格率 98％～100％，粗骨料各粒径的检测合格率 97％～99％，人工砂品质检测检测合格率 96％～100％，碎石各粒径的检测合格率 98％～100％，反滤料级配和混凝土骨料满足设计要求，符合质量标准。

6.2.1.5 主体建筑物施工方法及质量控制

1. 地基开挖与处理

（1）开挖施工方法：

1）卡尔沟料场开挖施工。用反铲挖装或翻渣进行覆盖层剥离，开采台阶高度 10m 左右。边坡预留 2m 厚保护层，采用人工配合反铲削坡，挖掘机在高程 R3 出渣道路集渣平台上装车。用 32t 自卸汽车运至相应渣场。

石料开采采用深孔梯段爆破，使用高风压潜孔钻机钻孔，配备足够数量手风钻对超径石二次破碎。开采主要以中、大孔径（105mm）为主，采取大孔距、小抵抗线的矩形布孔，完全耦合装药结构和孔间微差，使主堆积料和毛料直径大于 0.8m 的石料控制在 2％～3％内，过渡料直径大于 0.3m 的石料控制在 6％～8％内。主爆孔以机械装药爆破为主，全耦合柱状连续装药；缓冲及拉裂孔用条形乳化炸药，柱状分段不耦合装药。梯段爆破用微差爆破网络，1～15 段非电毫秒雷管联网，非电起爆。梯段爆破最大一段起爆药量不大于 500kg。

料场开挖边坡最大高度 290m，马道平台宽 3～8m。选用支架式潜孔钻机造孔，孔径 80～100mm，预裂孔间距 0.8～1.0m。预裂爆破装药采取空气间隔不耦合装药结构，选用 φ32mm 的乳化炸药。预裂孔的主爆体前排拉裂孔缓冲的松动爆破方式，采用 φ55～70mm 乳化炸药不耦合柱状装药。起爆网络采用非电导爆系统、导爆索传爆、电力起爆方式。

沟槽两边采用预裂（或光面）爆破技术，槽内石方类似保护层分层爆破开采方法，起爆网络呈 V 形布置，顺槽逐排起爆。槽内钻孔用手风钻，分层厚度不大于 1.5m，底部 1.5m 分两层爆破到位。沟槽内的爆渣，用反铲挖装，20t 自卸汽车运输。

料场建基面范围内，规模较大的断层按要求处理，规模地质缺陷按规范要求处理。

2）左右坝肩开挖施工。开挖前对不安全边坡进行处理，并采取相应防护措施。排除山坡上所有危石及不稳定岩体。

坝断面范围内岩石岸坡，清除表面松动石块、凹处积土和突出岩石；土质防渗体和反滤层宜与坚硬、不冲蚀和可灌浆的岩石连接，岩体风化较深时，开挖到弱风化层上部；对于边坡开挖出露全风化及软弱岩层和构造破碎带区域，进行处理，采取排水或堵水措施。

覆盖层和土层开挖。直接用反铲挖装或者翻渣，采用人工配合反铲修坡。

3）河床段坝基开挖：

a. 坝基开挖。坝体范围内清除坝基与岸坡上草皮、树根、含有植物的表土、蛮石、垃圾等；以及松动土体、低强度、高压缩性软土及地震液化砂层。

心墙范围内河床心墙覆盖层开挖，预留厚度不小于 3m，相应部位固结灌浆后，再挖至设计高程。

b. 心墙以外开挖，清除表部松散层。如覆盖层结构密实、强度高、级配良好，则清除颗粒大于 1.5m 石块，并用振动平碾压实 4～6 遍。

c. 心墙上游侧左岸道路部位，需挖除出露砂层和松散覆盖层。

d. 廊道地基开挖断面加宽为 6m，连接体设计断面外用 C10 混凝土回填，开挖至高程 667.5m。左岸廊道地基将砂砾石层挖除，用过渡料掺水泥干粉置换。

4）不良地质地基处理：

a. 左岸地震液化砂层最大宽度近 70m，厚度最深 6.5m，除坝轴线上游左侧原始地层漂卵石层保留外，其余均挖至高程 670m 原状卵砾石层，并用过渡料掺水泥干粉置换。

b. 挖除下游右岸河床段原高程 684m 平台的地层堆积体，开挖至高程 668m 漂卵石层。

c. 下游坝基分左右两部分开挖处理。左侧河床段上部砂层开挖后，下部砂卵石层用大块石回填一道路横切开挖单元，再用反铲沿两侧挖除砂体，然后用过渡料掺水泥干粉置换。下游区砂卵石层地下水位略高于开挖面，用反滤料铺填碾压处理。

（2）开挖质量控制：

1）料场开挖质量控制：

a. 采用"深孔微差挤压、宽孔距、小抵抗线爆破法"，使用高精度毫秒微差导爆管雷管，降低超径石的比例。少量超径石，用手风钻二次破碎或作为块石料。

b. 采用混装乳化炸药车装药，主爆孔采取全耦合装药结构、孔底起爆技术。

c. 对开挖钻孔、装药等过程控制，严格控制爆破试验确定的钻爆参数。

2）左右坝肩开挖质量控制：

a. 钻孔中控制开挖范围轮廓、钻孔深度和角度，及时调整偏差。

b. 预裂爆破装药结构采取间隔不耦合装药结构，预裂孔的主爆体前排拉裂孔缓冲的松动爆破方式，采用 70mm 的乳化炸药进行间隔不耦合装药。

3）河床段开挖质量控制：

a. 对河床中突出的孤石、漂（块）石进行爆破处理，对孤石、块石分布成片、厚度大于 0.5m 粉细层的集中部位用人工掏挖和反铲挖除。建基面开挖到相对密实的砂砾石层或漂（块）石层，无架空块石，突出基面的岩石高度小于 0.5m。对基面挠动的表层予以压实。

b. 河床段岩石地基、边坡岩石，按开挖要求处理，采用浅孔、密孔、少药量爆破。

c. 砂层透镜体挖至砂卵石基础，换填过渡料掺 10％水泥，分层碾压达到要求。

d. 左右坝基岸坡的倒坡、破碎断层等清理干净，按要求用浆砌块石或混凝土回填。

（3）右坝肩支护。右坝肩心墙上游高程 815～851.5m、桩号坝 0－21～0－84m 范围的岩体为变质玄武岩、弱风化强卸荷岩体，以碎裂结构为主，局部呈镶嵌结构并随边坡开挖已变形松弛，并在高程 850m 和 845m 出现裂缝。对此拉裂变形体用 1000kN 和 2000kN 抗压复合型预应力锚索、锚筋束和喷混凝土等加固支护。

1）主要施工方法和质量控制：

a. 预应力锚索。用 100B 钻机造孔，孔位偏差控制 10cm 内，孔斜偏差控制 2％内，孔深偏差控制 20cm 内。

检查钢绞线，确保表面无损伤，无接头。钢绞线按要求编排并绑扎成束，两端与锚头嵌固端牢固连接，捆扎牢固，然后将内锚固段按每 2m 的间距安装一个锚头。将制作完成的锚索放入孔内，再将塑料排气管和注浆管放入孔内，在设计的内锚固段长度处安装浆液阻塞器后，采用纯水泥浆液进行内锚固段的浆液灌注。内锚固段的浆液达到 28d 强度后进行锚索张拉，张拉至设计荷载的 1.05～1.1 倍时，稳压 10～20min 后锁定，48h 后逐一检查每根锚索应力是否在设计荷载范围内，若小于设计荷载值便进行补偿张拉直至最终锁定。然后张拉段孔道封孔回填灌浆。切除锚具外钢绞线束的多余部分，然后按将钢绞线束端头用混凝土封闭保护。

b. 锚杆和锚筋束。锚杆孔用手风钻造孔，锚筋束用 100B 钻机造孔。钻孔验收后，人工安插。安插前用专用注浆机注入砂浆，直至孔口溢浆为止。锚杆安插完成后浆液未凝固前应采取适当保护措施。

c. 喷射混凝土。挂网前，用高压风将松动岩块、杂物清除，喷 3～5cm 厚混凝土。局部较松散的作业面，先素喷 5～10cm 厚的混凝土，待达到一定强度后再挂网。钢筋网片按设计规定的网格尺寸编焊，网片与坡面、岩面距离 3～5cm，利用锚杆点焊固定，中间用膨胀螺栓加密固定，相邻网块用铅丝扎牢。

喷混凝土前对所喷部位进行冲洗或洒水处理。喷射过程中，喷嘴按螺旋形轨迹一圈压半圈的方式移动，逐层喷射，确保厚度、密实度和表面平整度。喷射混凝土达到初凝后，洒水养护，养护时间不小于 6d。

2）施工质量检测。右坝肩锚杆完成 116 根密实度检测，109 根合格，合格率 94％。锚索墩头 C35 混凝土检测 28 组，锚索 M35 砂浆检测 35 组，均达到规范要求。

3）安全监测。右坝肩拉裂体内埋设的三点式多点位移计监测到的月最大变幅为－0.98mm，四点式多点位移计（35m 和 45m）监测到月最大变幅分别为 0.43mm 和－0.53mm，相对位移曲线变化平稳；锚杆应力计测值月最大变幅－5.28MPa；测缝计监测值－0.55～－0.09mm，月最大变幅 0.13mm，裂缝均处于闭合状态。1000kN 型锚索测力计本月测值 867.68～1053.40kN，张力损失率－0.08％～12.58％，受环境温度的影响均有不同程度的变化，但量值较小，锚索张力曲线变化平稳。

4）施工质量评价。施工阶段的试验检测资料表明，右坝肩支护施工质量合格；从 2008 年 5 月的安全监测资料显示，拉裂体部位岩体处于稳定状态。

（4）质量评价。料场开挖成型边坡通过安全监测稳定，上坝料通过试验检测颗粒级配满足设计要求；左右坝肩开挖轮廓满足设计要求，边坡成型较好，预裂爆破质量优良；河床坝基开挖按设计技术要求施工，工序质量和开挖质量均满足设计要求。左右坝肩开挖质量评定 30 个单元，优良 29 个，优良率 96.7％；河床地基开挖质量评定 62 个单元，优良 57 个，优良率 91.9％；右坝肩拉裂体支护质量评定 95 个单元，全部合格，优良 87 个，优良率 92％。

2. 混凝土工程

大坝标的混凝土工程包括廊道和刺墙、左右岸面板和左右岸灌浆平洞等部位混凝土。

（1）混凝土评定依据。混凝土强度的检验评定时，按照《水工混凝土施工规范》（DL/T 5144—2001）有关公式和参数进行。

（2）混凝土设计要求。混凝土设计强度等级：大坝基础混凝土防渗墙顶为 C35 F12 W50；河床廊道为 C40 F50 W10；灌浆洞为 C15、C20；左右岸心墙区面板为 C15、C20。

（3）混凝土配合比试验。左右岸心墙面板、心墙廊道、明浇防渗墙、灌浆洞和探洞封堵等混凝土的配合比经试验确定，探洞封堵混凝土配合比参照面板 C15、C20 混凝土。

（4）混凝土施工方法和质量控制：

1）廊道和刺墙混凝土用泵送浇筑；左右岸面板混凝土用泵送浇筑，局部采用溜槽和自卸汽车浇筑；灌浆洞用泵送浇筑，局部底板用自卸汽车运输浇筑。

2）廊道外模用组装钢模，内模用钢筋及木模支撑；刺墙、面板模板用拼装扣模施工；灌浆平洞顶拱用钢管支撑模板。

3）拌和生产系统每班至少检查两次拌和物的均匀性、坍落度和含气量。每仓次至少取一组抗压试件，或每 100～200m³ 取一组抗压强度试件。

4）浇筑前对模板安装、钢筋安装及仓面清洗等分别验收，检查铜止水及橡胶止水是否有损伤，是否有漏焊、欠焊等缺陷，如有尽快修补。

（5）混凝土检验结果及分析。灌浆洞、左右岸面板、心墙廊道与刺墙、卡尔沟料场边坡和探洞封堵等部位的各等级混凝土的抗压强度，以及混凝土性能指标都满足设计要求，评定合格，质量优良。

大坝左右岸基坑补坡、卡尔沟料场边坡和导流洞施工支洞等部位的各等级砂浆的抗压强度都满足设计要求。

混凝土控制质量评定为优良，混凝土强度平均值满足设计要求。左右岸盖板、灌浆洞、心墙廊道、上游刺墙、探洞封堵等部位的混凝土质量评定 679 个单元，优良率 93.2%～100%。

3. 灌浆工程

(1) 灌浆材料质量控制。配制浆材采用称量法按规定的浆液配比计量。用 ZJ - 400 高速搅拌机制浆，搅拌时间 30s 以上并。浆液使用前过筛，浆液自制备至用完的时间不超过 4h。浆液温度控制在 5～40℃。

(2) 灌浆工艺质量控制：

1) 覆盖层固结灌浆。用 XY - 2 型地质回转钻机造孔，当钻孔钻至覆盖层与河床接触面时停止钻进，用 0.5：1 的浓浆注入孔内将钻具慢慢取出，待凝 8h 后扫孔至原孔深埋入孔口管。孔口管待凝 72h 后进行第一段钻进，第一段钻终时将钻具取出，换上带有花管的钻杆用钻机下入第一段的段底进行"孔口封闭法"灌浆，在灌浆过程中每隔 15min 将钻机上下活动一下防止埋钻。待第一段灌浆结束后待凝 8h 后进行下一段施工。先施工 Ⅰ 序孔，再施工 Ⅱ 序孔。采用"孔口封闭灌浆"，固结灌浆孔深入基础 8m，采用自上而下分段钻进灌浆，分段长度 2m、3m、3m。下游部分灌浆孔深入 10m，段长 2m、4m、4m；砂层置换后的部位，灌浆孔深入 9m，段长 2m、3m、4m。

2) 左右岸基岩面固结灌浆。按加密原则分两序施工，浆液水灰比 3：1、2：1、1：1、0.8：1、0.5：1 等 5 个比级，由稀到浓逐级变换。岸坡基岩固结灌浆孔入岩 6m，段长 2m、4m。混凝土盖板厚超过 6m 的部位，取消灌浆。

3) 灌浆洞回填和固结灌浆。灌浆洞的 50cm 衬砌段进行回填和固结灌浆，30cm 衬砌段只进行回填灌浆（底层平洞进行全断面回填和固结灌浆）。回填灌浆在衬砌混凝土达 70% 设计强度后进行，固结灌浆在该部位回填灌浆结束 7d 后进行。

回填灌浆环间分序环内加密，先灌注 Ⅰ 序孔，后自低处孔向高处孔推进，直至结束。

固结灌浆环间分序环内加密，先施工 Ⅰ 序环，后施工 Ⅱ 序环。

4) 钻孔质量控制。固结灌浆孔钻孔孔位偏差不大于 10cm。

5) 压力与变浆过程控制：

a. Ⅰ、Ⅱ 序孔灌浆时尽快达到设计压力；各序孔段灌浆时孔口压力表或自动记录仪峰值最大灌浆压力不得大于设计压力。

b. 当压水试验注入率大于 40L/min 时，在灌浆情况下，控制灌浆压力与注入率相匹配，限量限压灌注。当注入率在 10L/min 左右时，再迅速升至设计压力。

c. 灌浆过程中，如灌浆压力保持不变，注入率持续减少，或当注入率不变，而压力持续升高时，不改变水灰比。

d. 当某一级浆液的灌入值达 450L 以上或灌注时间已达 1h 以上，灌浆压力或注入率均无改变或改变不显著时，改浓一级水灰比的浆液进行灌注。

6) 灌浆结束标准与封孔控制：

a. 在设计压力下，当单孔吸浆量不大于 1L/min，续灌 30min 结束灌浆。

b. 采用 0.5：1 浓浆进行"置换和压力灌浆"封孔，所有钻孔封孔完毕、待凝后应及时清除孔内污水，用 200 号水泥砂浆封填至孔口。

7）灌浆质量记录控制。各灌浆压水与灌浆采用自动记录仪记录，若施灌过程中自动记录仪发生故障或即将达到结束标准时，方可采用手工记录。

（3）试验结果分析。覆盖层固结灌浆结束 14d 后，做压水试验及地震波测试，检验合格后进行单元评定。基岩固结灌浆，灌前灌后做声波测试，灌浆结束 14d 后，做压水试验。试验结果结果表明，覆盖层可灌性好，Ⅱ序孔灌入量较Ⅰ序孔呈递减趋势，递减率 32.8％。

覆盖层固结灌浆检查孔压水试验采用单点法标准压水试验方法，试验成果表明，透水率满足设计要求，孔段合格率 100％。

覆盖层固结灌浆跨孔地震波检测在固结灌浆完成 14d 以后进行，检测成果表明，纵波速度满足设计要求。

基岩固结灌浆可灌性好，Ⅱ序灌浆孔较Ⅰ序灌浆孔水泥平均单位注入量递减 34.8％～50.1％，递减趋势明显。

基岩固结灌浆检查孔压水试验采用单点法标准压水试验的方法，试验结果表明，透水率满足设计要求。

基岩固结灌浆灌后跨孔声波测试成果表明，纵波速度满足设计要求。

灌浆平洞回填灌浆检查孔的吸浆量合格率 100％。灌浆平洞固结灌浆检查孔透水率满足设计要求。

（4）灌浆质量评价。覆盖层固结灌浆检查孔成果表明，透水率和声波检测 VP 值都满足设计要求。左右岸基岩固结灌浆检查孔成果表明，透水率和声波检测 VP 值都满足设计要求。左右岸灌浆洞回填检查孔在初始 10min 内吸浆量小于 10L，透水率满足设计要求。覆盖层固结灌浆、左右岸盖板基岩固结灌浆、左右岸灌浆洞回填灌浆、固结灌浆共评定 266 个单元，优良率 90％～95.1％。

4. 土石围堰工程

（1）堰基开挖：

1）上游围堰堰基开挖。清除河床表层覆盖层、高漫滩堆积粉细砂层、局部淤泥质粉砂层和含砂量大于 30％的砂砾石层，挖除厚度大于 0.50m 粉细砂层。建基面开挖到相对密实的砂砾石层或漂石层，达到验收条件后碾压密实。对右堰基伸入河床段的玄武岩岩基预裂爆破处理。排除建基面低凹积水，并回填堆石料和细颗粒料碾压密实。结合左右岸边坡开挖削坡，清除表层植物、草根及废弃杂物等，清除岸坡不利地层。

2）下游围堰堰基开挖。清除河床表层覆盖层，挖除淤泥质粉细砂层。建基面开挖至相对密实的含砂砾漂石层。左右边坡为花岗岩质岩石边坡，用预裂爆破削坡开挖。岸坡陡壁、倒坡及突出岩块等用手风钻或潜孔钻机钻孔、小药量松动爆破开挖，人工配合反铲清渣。

3）上游围堰混凝土底座基础开挖。河床段在原防渗墙施工平台上开挖形成，扰动部位用细粒料回填找平碾压密实。为避免破坏原状土的整体性，左堰肩底座基础开挖在左岸边坡开挖完成后进行，右堰肩混凝土底座基础开挖在右岸边坡开挖完成后进行。

4）下游围堰混凝土底座基础开挖。水平段在原防渗墙施工平台上开挖成形，用振动碾碾压 6～8 遍，扰动面用细料找平碾压密实。左端头水平底座连接段用反铲挖除覆盖层，右端头水平底座连接段用浅孔小药量松动爆破处理。边坡自上而下分段预裂爆破开挖，底座基础用浅孔小药量松动爆破开挖，人工辅助。

（2）堰体填筑。上游围堰由水平反滤料、过渡料、Ⅰ区堆石料和Ⅱ区堆石料组成。水平反滤料用三谷庄临时加工系统生产的反滤料；过渡料用洞挖渣料；堆石料用落哈渣场和三谷庄渣场回采料和溢洪道、放空洞、地下厂房等开挖料。下游围堰过渡料用地下厂房洞挖料，堆石料用坝轴线下游左岸坡开挖料、卡尔沟料场开采料和放空洞出口开挖料。

堰体填筑用进占法卸料，推土机平料。实际铺料厚度：反滤料 40～60cm，过渡料 50～65cm，堆石料铺料 90～100cm。采取进退错距平行坝轴线方向碾压，错距 30cm 左右。

（3）围堰防渗体：

1）上、下游围堰防渗墙，造孔采用钻劈法，固壁泥浆用黏土和膨润土混合泥浆。造孔中控制孔形质量和孔斜率。混凝土浇筑采用泥浆下直升导管法，浇筑中控制混凝土面上升速度、扩散度和坍落度等。

2）底座混凝土浇筑，采用钢模板，局部木模封堵。块间伸缩缝用 651 橡胶止水带和镀锌铁皮止水。强制式和滚筒式搅拌机拌制混凝土，工程车、手推车和溜槽结合入仓，人工平仓，振捣棒及平板振捣器振捣。

底座固结灌浆孔用潜孔钻机造孔，SNB－100 和 BW10 灌浆泵施灌。上游围堰右堰肩底座固结灌浆两排孔，灌浆压力分别为 0.4MPa 和 0.3MPa，孔深 8m（上部 3m 为混凝土底座），全孔一次灌注。开灌水灰比 3∶1，根据吸浆量逐级加浓，灌注至结束标准。下游围堰左堰肩底座固结灌浆三排孔，右堰肩两排。间排距 2m，灌浆压力下游排 0.25MPa，上游排 0.4MPa。开灌水灰比 3∶1，根据吸浆量逐级加浓，灌注至结束标准。

3）复合土工膜铺设前，先在迎水坡面铺设 10cm 厚砂卵石垫层料，并碾压坡面 4 遍。验收合格后铺设复合土工膜。对原材料进行检验和接头焊接（粘接）试验，土工膜间用焊接接头，土工膜与混凝土底座预埋橡胶止水带间用粘接接头。

铺设时先在无砂混凝土表面按每 2m、间隔 0.4m 涂刷一层 2cm 宽的砂浆，涂刷完成后立即铺设土工膜。与底部砂卵石垫层（上游围堰左堰肩无砂混凝土）间要尽量压平，清除气泡。

4）喷射混凝土采用"干喷法"工艺。一般一次喷射至设计厚度，局部厚度不足再补喷。

5）无砂混凝土采取人工配料，自落式搅拌机拌制，溜槽入仓，人工平仓振捣进行浇筑。铺料自底面水平方向一端向另一端推进，并逐层加高。

（4）质量检测结果分析：

1）围堰地基开挖：

a. 上游围堰河床段堰基开挖、清基处理满足设计要求。建基面开挖比设计开挖高程抬升 2～3m。堰肩开挖后的岸坡岩体性状、边坡坡比、平整度等基本符合设计技术要求。

b. 下游围堰河床段堰基开挖、清基处理符合设计要求。岸坡坡比、开挖坡面符合设计要求。

2）上游围堰堰体填筑：

a. 填筑岩石的检测结果，三谷庄堆存料岩石、洞挖料岩石的饱和抗压强度，均满足设计要求。

上游围堰反滤料级配试验检测的特征粒径、小于0.075mm颗粒含量、曲率系数变化范围和不均匀系数变化范围等指标，基本满足设计要求。过渡料和堆石料的颗粒级配试验，小于5mm和小于0.075mm的颗粒含量、不均匀系数变化范围、曲率系数变化范围等，均满足设计要求。

反滤料原位渗透系数试验，堆石料的渗透系数满足设计要求。

b. 堰体压实质量分析。上游围堰反滤料原位密度试验，干密度满足设计要求；过渡料干密度试验，干密度和孔隙率基本满足设计要求；堆石料干密度试验，干密度和孔隙率满足设计要求。

综上所述，上游围堰反滤料、过渡料和堆石料的干密度均符合设计要求，反滤料颗粒级配局部欠缺，堆石料局部细料含量偏高，但未影响压实质量，填筑质量符合要求。

3）下游围堰堰体填筑。坝体填筑的铺料、层厚、碾压符合设计及规范要求。实验室堆石料干密度和颗粒级配试验，干密度、孔隙率、不均匀系数变化范围和曲率系数变化范围，均符合设计要求。

4）围堰防渗墙。经检查验收，入岩深度、孔形质量、主副孔间小墙清除、泥浆质量、孔底淤积厚度、Ⅱ期槽孔接头刷洗等均满足设计及规范要求。混凝土浇筑中，混凝土面上升速度和高差、混凝土的扩散度和坍落度等均满足设计及规范要求。

上、下游围堰防渗墙混凝土强度均评定合格。

5）混凝土底座。上、下游围堰混凝土底座各施工工序满足规范要求，底座轮廓尺寸、基础高程满足设计要求。

上、下游围堰底座C15回填混凝土，抗压强度评定合格；上、下游围堰底座C20结构混凝土，抗压强度评定合格。

6）混凝土底座固结灌浆。上、下游围堰混凝土底座固结灌浆各工序满足设计及规范要求，施工质量控制较好。

上、下游固结灌浆检查孔，压水试验透水率满足设计要求，施工质量合格。

7）复合土工膜铺设。经检查，上、下游围堰迎水坡面复合土工膜铺设工艺、材质、接头焊接（粘接）施工工艺等满足设计及规范要求。复合土工膜原材料纵向断裂强力拉伸及渗透系数试验检测4组，拉伸强度平均值、渗透系数平均值、最小渗透系数均满足规范要求。现场焊接（粘接）接头取样检验6组，接头平均纵向断裂强力值和接头强度占母材强度的比例等均满足设计要求。复合土工膜铺设施工质量合格。

8）喷射混凝土施工。施工用原材料合格，工艺满足设计及规范要求。喷射厚度不足的部位经处理后厚度满足设计要求。上、下游围堰喷射混凝土分别取样检测17组次和3组，喷混凝土抗压强度评定为合格。

9）无砂混凝土。上游围堰左堰肩无砂混凝土施工工艺合理，各工序满足设计及规范要求，混凝土浇筑施工质量较好。C10无砂混凝土取样检测6组，无砂混凝土抗压强度评定为合格。

（5）单元工程质量评定。

上游围堰施工，质量评定 268 个单元，优良率 85.7%～100%。

下游围堰施工，质量评定 140 个单元，优良率 90.5%～100%。

分项工程质量等级为优良。

（6）分部工程质量等级。本分部工程共划分有 17 项分项工程，经验收评定全部优良，施工质量评定为优良。

5. 坝体填筑料

（1）填筑料设计技术指标：

1）水泥黏土。土工膜下 30cm 填筑水泥黏土，水泥干粉含量 10%（重量比），水泥为 P.O.32.5。

2）A1 砾石土心墙防渗料。从坝底至坝顶使用的土料顺序为：掺合料、黑马料场 I 区土料、黑马料场 0 区土料。

a. 心墙防渗料中水溶盐含量小于 3%，有机质含量小于 2%。

b. 心墙防渗料砾石土：最大粒径，黑马料场 I 区土料不大于 80mm，0 区土料不大于 60mm；小于 5mm 颗粒含量平均不小于 50%，最低不小于 45%；小于 0.075mm 的颗粒含量不小于 15%，并有一定黏粒含量，超径石含量小于 2%。

c. 心墙防渗料塑性指数大于 8，小于 20，渗透系数小于 $1×10^{-5}$cm/s，抗渗透变形的临界坡降大于 2.5，渗透破坏形式为流土。

d. 心墙砾石土防渗土料细料压实度达 98% 或 100%。

e. 小于 5mm 细料含水率控制在 -1%～1.5%。

3）A2 高塑性黏土料。防渗墙插入段和廊道周围铺设厚 5m 以上的高塑性黏土，心墙与两岸基岩接触面上铺设水平 3m 厚高塑性黏土。

a. 高塑性黏土料采用管家山料场土料。颗粒级配：小于 0.075mm 含量大于 79%，小于 0.005mm 黏粒含量人于 12%。

b. 高塑性黏土的塑性指数大于 17，渗透系数小于 $1×10^{-6}$cm/s，抗渗透变形的破坏坡降大于 14，水溶盐含量不大于 1.5%；有机质含量不大于 1%。

c. 高塑性黏土的压实度大于 98%。

d. 高塑性黏土的含水率控制在 1%～4%。

4）B1、B2、B3、B4、B5 反滤料。心墙上游采用两层各 4m 厚反滤 B1、B2，心墙下游采用两层各 6m 厚反滤 B3、B4，坝轴线下游心墙底部采用两层各 1m 厚水平反滤 B3、B4，心墙下游过渡层及坝壳堆石底部建基面设置厚 2m 水平反滤 B5。

a. 反滤料用卡尔沟人工砂石加工系统加工的人工骨料，其饱和抗压强度大于 50MPa。

b. B1、B3 反滤料渗透系数大于 $5×10^{-3}$cm/s，B2、B4、B5 反滤料渗透系数大于 $8×10^{-3}$cm/s。

c. B1、B3 最大粒径不大于 10mm，小于 5mm 的颗粒含量不大于 30%；B2、B4 最大粒径不大于 80mm，小于 5mm 的颗粒含量不大于 35%；B5 最大粒径不大于 200mm，小于 5mm 的颗粒含量不大于 18%。

d. 反滤料压实后的相对密度不小于 0.8。

e. 反滤料 B1 用 B3 代替，B2 用 B4 代替。

5）C1 过渡料。心墙上、下游反滤与堆石之间设置变厚度的过渡层，内外层坡度分别为 1∶0.25、1∶0.4。

a. 坝壳上、下游两侧过渡料采用新鲜坚硬的石料场开采料，石料的饱和抗压强度大于 50MPa。

b. 过渡料压实控制的孔隙率不大于 20%。压实后的渗透系数大于 $1.0 \times 10^{-2} cm/s$。

c. 最大粒径不大于 300mm，小于 5mm 的颗粒含量不大于 10%，D_{15} 不大于 50mm。

6）D1、D2、D3 堆石料。坝壳填筑的堆石料：上游堆石区 D1、下游堆石区 D2、下游次堆石区 D3。

a. 堆石区采用微、弱风化或新鲜的开采石料或花岗岩开挖石渣料。

b. 最大粒径不大于 800mm，小于 5mm 的颗粒含量小于 20%，不大于 0.075mm 粒径含量不大于 5%，不均匀系数大于 10，渗透系数大于 $5 \times 10^{-2} cm/s$。

c. D1、D2 堆石料饱和抗压强度大于 60MPa，软化系数大于 0.8，冻融损失率小于 1%；D3 堆石料饱和抗压强度大于 50MPa。

d. 堆石料的最大与最小边长之比不超过 3～4。

e. 压实后孔隙率不大于 22%。

7）表面护坡。上游高程 780m 以上干砌块石护坡，下游坝坡大块石护坡。干砌块石料采用微风化或新鲜的硬质岩块，石料饱和抗压强度大于 60MPa，粒径 400～600mm，块石重量大于 30kg。

8）E 坝脚压重石渣料。下游坝脚压重石渣料，压实后孔隙率不大于 24%。

（2）检测结果分析：

1）卡尔沟土料检测。卡尔沟过渡料、B3 和 B4 反滤料的检测成果，小于 5mm 颗粒含量、小于 0.075mm 颗粒含量、最大粒径等指标都满足设计要求。

2）黑马砾石土料检测。黑马料场砾石土料检测成果，小于 5mm 颗粒含量、小于 0.075mm 颗粒含量、全料含水率、小于 5mm 细料含水率等指标都满足设计要求。

3）上坝填筑料质量评价。大坝的填筑质量取从源头质量控制，不合格的坝料不上坝。黑马料场、卡尔沟料场颗粒分析试验成果，级配良好，指标满足设计要求。

6．大坝填筑

（1）施工参数与控制指标：

1）填料施工参数及取样频率。反滤料：B5 铺厚 50cm，进占法铺料；B3 铺厚 30cm，后退法铺料；B4 铺厚 30cm，后退法铺料；过渡料铺厚 60cm，进占法铺料；砾石土料铺厚 35cm 或 45cm，进占法铺料；黏土料铺厚 30cm，进占法铺料；堆石料铺厚 100cm，进占法铺料。

2）填料的设计指标要求

a. 水平反滤料 B5 的最大粒径不大于 200mm，渗透系数大于 8×10^{-3}，压实相对密度大于 0.8，岩石饱和抗压强度大于 50MPa。

b. 上、下游第一层反滤料 B3 的最大粒径不大于 15mm，渗透系数大于 5×10^{-3}，压实相对密度大于 0.8，岩石饱和抗压强度大于 50MPa。

c. 上、下游第一层反滤料 B4 的最大粒径不大于 80mm，渗透系数大于 $8×10^{-3}$，压实相对密度大于 0.8，岩石饱和抗压强度大于 50MPa。

d. 上、下游过渡料 C1 的最大粒径不大于 300mm，小于 5mm 含量不大于 10%，压实后孔隙率不大于 20%，渗透系数大于 $1×10^{-2}$，D_{15} 不大于 50mm。

e. 堆石 D1、D2 的最大粒径不大于 800mm，小于 0.075mm 含量不大于 3%，小于 5mm 含量小于 10%，压实后孔隙率大于 22%，渗透系数大于 $5×10^{-2}$，不均匀系数大于 10，岩石饱和抗压强度大于 60MPa。

f. 堆石 D3 的最大粒径不大于 800mm，小于 0.075mm 含量不大于 5%，小于 5mm 含量小于 20%，压实后孔隙率小于 22%，渗透系数大于 $5×10^{-2}$，不均匀系数大于 10，岩石饱和抗压强度大于 50MPa。

g. 压重石渣料的最大粒径不大于 1200mm，小于 0.075mm 含量小于 5%，小于 5mm 含量小于 25%，压实后孔隙率小于 24%，渗透系数大于 $5×10^{-2}$，不均匀系数大于 10。

h. 砾石土的最大粒径黑马料场Ⅰ区不大于 80mm，黑马料场 0 区不大于 60mm，水溶盐含量小于 3%，有机质含量小于 2%，细料含水率高出最优含水率 1%～2%，渗透系数小于 $1×10^{-5}$ cm/s，抗渗透变形的临界坡降大于 2.5，渗透破坏形式为流土，塑性指数 8～20，压实度达到 98%（修正普式击实仪）或 100%（普式击实仪）。

i. 高塑性黏土小于 0.075mm 含量大于 79%，小于 0.005mm 含量大于 12%，塑性指数大于 17，水溶盐含量不大于 1.5%，有机质含量不大于 1%，含水率高出最优含水率 1%～4%，渗透系数小于 $1×10^{-6}$ cm/s，抗渗透变形的临界坡降大于 14，压实度大于 98%（普式击实仪）。

3）砾石土现场检测压实度关系曲线。根据现场检测到的全料湿密度，从室内击室试验得到的砾石土全料湿密度与含水率、粗粒含量和细料压实度之间的关系曲线，可以判断砾石土细料压实度是否达到设计要求。

（2）坝料碾压试验。生产性碾压试验场地用与试验相同材料铺筑 40～80cm 厚，平整碾压密实。试验场地划分两个条带，振动平碾碾压堆石、过渡料，每条带 6m×10m；振动凸碾碾压砾石土、黏土料，每条带 5m×8m；振动平碾碾压反滤料，每条带 5m×8m。取样点均匀分布在试验场地内，固定控制点设在试验场地周围，测量高程控制铺土厚度。反滤料退铺法填筑，其他料进占法填筑，推土机整平，进退错距碾压，碾压机行车速度 2～3km/h。

碾压结束后进行密度、含水率、颗粒分析、渗透性等试验；黏土、砾石土料检查层间结合面情况，以及有无弹簧土、表面龟裂和剪切破坏等现象；堆石料记录表面石料压碎及堆石架空情况。

碾压试验后确定：砾石土料用 18t 振动凸块碾，铺料厚不大于 35cm，用 25t 振动凸块碾，铺料厚不大于 45cm，含水量均为 5.5%～7.5%；黏土料用 18t 振动凸块碾，铺料厚不大于 30cm，含水量为 1%～4%；反滤料 B1、B3 和 B2、B4 用 25t 振动平碾，铺料厚不大于 30cm，含水量自然；下游过渡料用 25t 振动平碾，铺料厚不大于 60cm，含水量自然；堆石料 D1、D2、D3 用 25t 振动平碾，铺料厚不大于 100cm，含水量自然；上游过渡料用 25t 振动平碾，铺料厚不大于 60cm，含水量自然。碾压机行车速度均为 2～3km/h，均碾压 8 遍。

（3）施工方法：

1）挖运。挖掘机司机了解上坝料的粒径、级配要求，不得将超径块石、含泥量高的石料装车，或只装细料、粗料。车辆进入填筑区不得随意卸料。

2）放样测量。坝体填筑前，放出大坝轴线、重要建筑物的边界和填筑范围。坝体填筑中，对各分区边界范围测量控制；定期测量坝体填筑纵、横断面，区分各填筑料。

3）坝面卸料：

a. 填筑料用进占法卸料，根据铺料厚度确定卸料间距。

b. 粗细料交错填筑时，允许细料侵占粗料部位，不允许粗料侵占细料。

c. 先后填筑块间高差不宜过大，先填块临时边坡采用台阶法，即每上升一层预留 0.8～1m 台阶。

4）摊铺：

a. 根据设计要求和碾压试验结果确定料区层厚，推土机操作手控制填料层厚度与平整度。

b. 摊铺时有意进行搭配混合，避免块石集中。

c. 平料时，推土机刀片从料堆一侧的最底处开始推料，逐渐向另一侧移动。表面大块石或凸块用液压冲击锤或夯锤击碎处理。

5）碾压：

a. 填筑质量控制以碾压参数为主，试坑法检测干容重为辅。

b. 振动碾的滚筒重量、激振频率、激振力满足设计要求，并按规定时间测定激振力、频率。

c. 顺坝轴线按规定的错距宽度低速行走碾压，岸坡沿坡脚碾压，接缝部位顺岸坡方向来回压实。

d. 用 GPS 卫星定位系统监控砾石土摊铺厚度、碾压遍数，达不到 8 遍的及时补碾。

6）特殊部位（结合部）的施工：

a. 在坝体与岸坡结合部，对岸坡局部反坡，开挖、填混凝土或浆砌石处理成顺坡后再填筑；堆石体与岸坡或混凝土建筑物结合处 2m 宽范围内，用偏细料回填；碾压不到的地方，用液压振动夯板夯实。

b. 先填区块坡面采取台阶收坡施工，并尽量碾压到边。后期填筑时，将先期填筑体坡面用反铲将表面松散料与新填料混合一起碾压。

c. 各种填料分段填筑接合部位，容易出现超径石和粗粒料集中、漏压和欠压现象。用反铲或装载机剔除结合部超径石，将集中的粗颗粒分散处理。碾压时，进行骑缝加强碾压。

d. 上坝路与坝体结合部按同区料分层填筑，禁止用推土机直接无层次送料与坝体相接。机械拆除通过心墙混凝土形成的上坝路时，底部留一定保护层，用人工作业清除。

e. 高塑性黏土料区与混凝土防渗墙、廊道的接缝，靠近混凝土部位用振动夯板夯实，并用蛙式打夯机和手扶式振动碾辅助压实。

f. 心墙料区与反滤料区交接部位，心墙料区用凸块碾碾压，反滤料区用自行振动碾碾压，接触部位用振动平碾，碾子行驶方向平行界面。

g. 反滤料区与过渡料区交接部位，用自行式振动碾骑缝补碾。

7）左、右岸排污控制。在左、右岸面板上各修两条截污沟，将固结灌浆及混凝土施工排出的污水引至下游堆石区。截污沟随心墙填筑而上升，每 15m 为一层。

8）雨季施工：

a. 碾压形成的作业面向上、下游微倾。在可能的较大、较长时间的雨水天气，作好雨布覆盖填筑面的准备，雨前及时压实作业面松土。

b. 黑马砾石土料场工作面，雨季要覆盖，雨后可立即开采上坝。

c. 三谷庄黏土转存堆场用雨布覆盖。

9）土料防晒。太阳暴晒时，碾压取样时用雨布覆盖。在起填下一层时，适当洒水，保证层间最佳结合。

10）层间结合。做好心墙料层面结合。用人工平整、摊铺均匀振动凸块碾压实心墙的表面松动层，喷雾洒水，使松动层含水率在设计允许范围内，再用振动平碾压实，最后人工配合反铲刨毛后，填筑新一层心墙料。

11）心墙料保护。已压实的填筑层，禁止行人踩踏、车辆通行和污水浸入。车辆经反滤区时，须铺设钢板。

12）泥浆。心墙料与混凝土板、廊道、基岩等接触部位填筑前，在接触面上涂刷 3～5mm 的浓黏土浆，随刷浆、随铺土。

13）赛柏斯施工。心墙廊道整个外表面及施工缝内表面两侧各 50cm 范围涂刷两层赛柏斯，基面处理后涂刷第一层浓缩剂，48h 内涂刷第二层增效剂，然后养护。

14）SR 防渗体系施工。在心墙廊道混凝土结构缝处及心墙廊道与左右岸面板衔接处设置 SR 防渗体系。

15）坝体复合土工膜施工。复合土工膜为两布一膜。上游面土工膜铺设范围从 B1 反滤层下游边界至上游防渗墙接触面处，土工膜在水泥黏土层面上满铺，并沿左、右岸面板及上游防渗墙接触面向上延伸至高程 672.5m；下游面土工膜铺设范围从下游墙面向下游延伸至 20m，土工膜在水泥黏土层面上满铺并沿左右岸面板及下游防渗墙接触面向上延伸至高程 674.5m。

上、下游施工顺序均为：在水泥黏土层填筑以前，室内加工角钢，并安装墙面膨胀螺栓；在水泥黏土层施工完毕，水泥黏土面层复合土工膜、与墙体连接复合土工膜（上、下游墙，左、右岸板）同时施工，最后再进行上述各部位之间的衔接缝的焊接。

16）大坝填筑期间排水：

a. 基坑廊道形成后，基坑排水以廊道为界分基坑上、下游两部分，分别排至上游河道和下游河道。基坑大面积填筑期间，上、下游两个排水系统交替上升，同时在填筑区域较低平台布置临时引水沟，将整个地表水引至集水井内。

b. 基坑廊道下游排水（高程 672.0m 以下及以上排水）利用现有直径 DN500mm 的两条管道为主排水管，分别形成两个排水系统。

c. 基坑廊道上游排水方式和下游完全一样，填筑过程中将采用两套排水系统交替进行。上游排水采用 4 台 10SA - 6A 高扬程的离心泵。当填筑高程达到 684.0m 时转为上游围堰后期二期排水。

17）坝后砌体护坡。坝后护坡砌体与大坝填筑同时上升，稍有滞后。人工砌筑干砌石，块石大小均一，砌筑密实，外观整齐，不平整度控制在 ±5cm 内。

18）坝体土工格栅铺设。大坝高程 810m 以上铺设土工格栅，铺设前，挖除铺设面上突起的块石，局部不平部位用细料找平，再用振动平碾碾压密实。土工格栅按受力方向铺设，纵向垂直坝轴线，纵向两端进行锚固，横向幅与幅间人工绑扎连接，搭接宽约 30cm，土工格栅在上、下层必须错缝铺设。铺设定位后，跟进用填筑料覆盖，裸露时间不超过48h。采用边铺设边回填的流水作业，卸料用推土机摊铺，自行平碾压实。

19）上游坝料过心墙措施。在心墙区用砾石土料分层填筑出一条高出填筑面 1～1.5m 的临时通道，上面再铺设 20mm 厚的锰钢板。待砾石土料大面填筑至路面同高时，更换临时道路的位置。新通道与原通道错开布置，并将原通道超压土体挖除，挖除时通道两侧坡度不陡于 1∶3，处理范围一般宽 8m，最后新土分层回填碾压至填筑面。

（4）坝体填筑料检测结果分析：

1）大坝堆石料填筑：

a. 大坝上、下游 D1、D2 堆石料填筑颗粒级配试验，特征粒径小于 5mm 颗粒含量、小于 0.075mm 颗粒含量、最大块石粒径等指标，均满足设计要求。

b. D1、D2 堆石料干密度检测，孔隙率变化范围、干密度、渗透系数等指标，均满足设计要求。

c. 大坝下游 D3 堆石料填筑颗粒级配试验，特征粒径小于 5mm 颗粒含量、小于0.075mm 颗粒含量、最大块石粒径等指标，均满足设计要求。

d. D3 堆石料干密度检测，孔隙率变化范围、干密度、渗透系数等指标，均满足设计要求。

e. 大坝下游堆石料填筑质量评定 386 个单元，合格 16 个，优良 370 个，优良率95.9%。大坝上游堆石料填筑质量评定 163 个单元，合格 3 个，优良 160 个，优良率 98.2%。

2）大坝过渡料填筑：

a. 大坝上、下游过渡料填筑颗粒级配试验，特征粒径小于 5mm 颗粒含量、小于0.075mm 颗粒含量、最大块石粒径 300mm 等指标，均满足设计要求。

b. 过渡料干密度检测，孔隙率变化范围、干密度、渗透系数等指标，均满足设计要求。

c. 大坝上游过渡料填筑质量评定 148 个单元，合格 1 个，优良 147 个，优良率99.3%；大坝下游过渡料填筑质量评定 274 个单元，合格 18 个，优良 256 个，优良率 93.4%。

3）大坝反滤料填筑：

a. B3 反滤料填筑颗粒级配试验，小于 0.075mm 颗粒含量满足设计要求。B3 反滤料干密度检测，相对密度和渗透系数均满足设计要求。

b. B4 反滤料填筑颗粒级配试验，小于 0.075mm 颗粒含量满足设计要求。B4 反滤料干密度检测，相对密度和渗透系数均满足设计要求。

c. B3、B4 反滤料填筑质量评定 2382 个单元，优良 2232 个，优良率 93.7%。

4）大坝砾石土料填筑：

a. 砾石土料填筑现场压实度检测，小于 0.075mm 颗粒含量和小于 5mm 颗粒含量满足设计要求，平均颗粒级配曲线在设计包络线内。

b. 干密度、最优含水率、小于 5mm 细料压实度、渗透系数均满足设计要求。

c. 砾石土料填筑质量评定 1407 个单元，优良 1335 个，优良率 94.9%。

5）高塑性黏土料填筑

a. 高塑性黏土料填筑现场压实度检测，干密度、含水率、压实度、渗透系数均满足设计要求。

b. 高塑性黏土料填筑质量评定 1350 个单元，优良 1288 个，优良率 95.4%。

（5）坝体填筑质量评价。填筑质量检测频次达到或超过设计和规范的要求。石料检测相对密度（空隙率）达到优良标准；颗粒分析试验成果表明级配良好；渗透系数检测结果与设计要求相符；防渗土料压实度及渗透系数满足设计要求。各种填料质量评定共 6110 个单元，合格 322 个，优良 5788 个，优良率 94.7%。

7. 导流洞封堵

（1）混凝土施工方法。先施工临时堵头，混凝土通仓浇筑。底板中部设 1 根 $\phi 800mm$ 排水钢管。临时堵头施工完后进行永久堵头封堵，封堵分两段，长度均 20m。永久堵头分 7 层浇筑，下部 2 层厚 1.5m 及 2m，顶层厚 3m，其余层厚 2.5m。两段混凝土用台阶法浇筑，浇筑完成后回填灌浆。回填灌浆完成，混凝土冷却至接缝灌浆要求后进行接缝灌浆。

（2）混凝土设计要求。导流洞封堵混凝土设计强度等级 C20 F100 W10，配合比根据确定。

（3）混凝土检验结果及分析。导流洞封堵混凝土取样 72 组，抗压强度最大值 39MPa，最小值 21.1MPa，平均值 30.4MPa，均方差 4.8，概率度系数 2.1，概率度系数 97.7%。混凝土强度平均值和最小值均满足要求，混凝土强度合格。

（4）混凝土施工质量评价。导流洞封堵混凝土质量评定 30 个单元，合格 1 个，优良 29 个，优良率 96.7%。混凝土质量水平优良。

（5）回填灌浆施工：

1）灌浆孔布置在堵头顶拱 110° 范围内，排距 3m，伸入原混凝土 10cm。进浆管主管、排气主管内径 38mm，出浆支管、排气支管内径 25mm。

2）灌浆机具有 2SNS 砂浆泵、JJS-2B 搅拌桶、J31-D 型灌浆自动记录仪。灌浆材料使用 42.5 号中热硅酸盐水泥、粉煤灰、外加剂等。

3）回填灌浆用纯压式灌浆法，灌浆压力 0.3MPa。

4）回填灌浆在规定压力下，灌浆孔停止吸浆，并继续灌浆 10min 即结束。

8. 工程缺陷处理

（1）反滤料填筑缺陷处理。取样检测中部分级配超出设计包络线，原因是反滤料生产和运输中分离，导致 B3、B4、B5 级配不稳定。

处理措施如下：

1）挖除不合格反滤料。

2）调整破碎机开口，调节级配颗粒，装车时合理掺和各级配料径颗粒。

3）按要求选取毛料，挑选坚硬、粒径适中的毛料。

4）在超细碎车间碎石机下料口处设置吸尘器，吸除粉尘。

5）在粗破机口喷水、皮带上喷雾，降低 B3 反滤料含泥量。

返工填筑的反滤料取样全部合格，特征粒径中小于 0.075mm 含量、D15、D90，以及颗粒级配满足设计要求。

（2）过渡料、堆石料施工缺陷处理。施工中局部过渡料和堆石料出现超径石和块石集中，部分级配超出设计包络线。原因是混装乳化炸药装药密度比普通铵油炸药大，堵塞长度较长，孔口易产生超径石；裂隙发育，爆破中易产生超径石。

处理措施如下：

1）现场集中解炮、或挖运到堆石区。

2）加强操作手培训，超径石不装运上坝。

3）采用"深孔微差挤压、宽孔距、小排距、小抵抗线爆破法"技术。

4）加大爆破规模，减少爆破次数，减少因临空面而出现超径石。

5）控制钻孔质量，保持孔底同高，使爆破在岩石中合理分布。

6）堵塞段加乳化炸药破碎药包，减少因堵塞段长、孔口易产生超径石的情况。

7）混装炸药基质中添加一定比例多孔粒硝酸铵，形成强爆力重铵油炸药。

8）用反铲挑出过渡料中粒径不太大的块石，集中后运至堆石区；填筑中遇块石集中处用反铲分散处理。

改进爆破后，生产的过渡料经多次取样试验，颗粒级配满足设计要求。同时加强挖运和填筑质量控制，使填筑质量满足设计要求。

9. 廊道结构缝渗水处理

（1）廊道结构缝渗水：

2007 年 8 月 9 日廊道全面检查时，未发现明显变形和渗水。

2008 年 3 月 6 日在桩号 0+177.156m 沉降缝（第 1 点）出现变形，地面渗水。沉降缝表面浮渣清除后，发现上游侧墙渗水。在右侧桩号 0+354.20m 沉降缝（第 2 点）也有变形和渗水，渗水量较小。第 1 点渗水 40~50L/min。

2008 年 4 月 22 日，对沉降缝渗水、大渡河河水，山体裂隙水，灌浆用水，防渗墙下游测压管涌水分别取样，经化验分析，初步判断沉降缝渗水与河水、灌浆用水无关，但不排除与山体裂隙水和坝基地下水有关。

2008 汶川"5·12"地震后，廊道上述两处沉降缝变形明显，裂缝沿廊道轴线变宽，且廊道向下游有较大位移，5 月 15 日沉降缝渗水量无显著增加。

专家认为要进一步查清原因，先封闭山体裂隙水沿灌浆洞顶部空腔向沉降缝供水的通道，然后根据情况再确定沉降缝渗水处理方案。

2008 年 10 月中旬，7 号和 8 号灌浆平洞完成回填灌浆及排水孔后，灌浆洞无渗漏，但沉降缝渗水无明显减小。10 月 24 日第一次阻水帷幕施工，11 月 15 日完成后，第 1 点渗水量由 51L/min 降为 13L/min，第 2 点由 12L/min 到基本无渗水。但仅隔 2 天，第 1 点渗水量增至 20L/min，第 2 点也有少量渗水。为此 11 月 17 日第二次加强阻水帷幕施工。施工第 5 个孔时第 1 点渗水完全消失，剩余 3 孔灌浆 11 月 29 日完成。10 天后第 1 点又开始渗水，渗水由滴状变为线状。随后再次取样分析，据化验报告，渗水 pH 值只与防渗墙下游 UP29 测压管涌水相近，与其他水样无关。

2008 年 12 月在二次阻水帷幕内外钻检查孔：

T1 检查孔布设在桩号 0+164.82m 处廊道轴线上游侧底板上，钻至 10.5m 时涌水流量从 10.85L/min 增至 22.2L/min，压力由 0.039MPa 增至 0.044MPa。稳定后流量 31.5L/min，压力 0.045MPa 左右。

T2 检查孔布设在桩号 0+175.00m 处廊道轴线上游侧底板上，在钻至阻水帷幕底部 14.5～16.5m 时，流量由 7.67L/min 增至 10L/min，压力由 0.036MPa 增至 0.0385MPa。孔深在 22.50m 时流量稳定在 22L/min，压力 0.05MPa。

T3 检查孔布设在桩号 0+164.82m 处廊道上游侧边墙上，孔口距底板 1m，水平孔，入岩 15m。涌水流量随孔深增加逐渐增大。孔深 15.5m 时流量稳定在 16.5L/min 左右，压力在 0.047MPa。

T4 检查孔布设在桩号 0+170.32m 处廊道上游侧边墙上，孔口距底板 1m，水平孔，入岩 15m。涌水流量随孔深增加逐渐增大。孔深 15.8m 时流量稳定在 9.5L/min，压力在 0.037MPa。

（2）结构缝渗水原因分析。初步分析认为渗水原因为，廊道上游左岸边坡混凝土盖板高程 670m 以下未固结灌浆，形成渗水通道所致，"5·12 地震"使渗水进一步加大。

1）渗水水头与上游河道水位基本相同，不随山体裂隙水位在雨季升高而升高。

2）第一期阻水帷幕完成后，第 1 点渗水量减少了 3/5，说明原沉降缝渗水与山体裂隙水相关。但也不排除另有渗漏通道。

3）两次水质检测成果分析看，渗水与防渗墙下游测压管涌水的 pH 值均呈强碱性，说明渗水是经水泥构筑物后渗出的，坝基固结灌浆、岸坡混凝土盖板后固结灌浆区域都有可能是渗流通道。

（3）结构缝止水破坏原因。廊道结构缝处理过程中，发现第 1 点和第 2 点的结构缝橡胶止水和铜止水均已破坏。由于廊道结构缝变形过大，橡胶止水无法适应而发生撕裂，破坏严重。廊道变形也造成铜止水鼻高与翼板的结合部位发生撕裂。

（4）结构缝渗水处理。渗水结构缝先灌浆封堵再恢复止水，该项工作已经完成。

两处铜片止水的处理方案：

1）沿结构缝两侧刻槽，槽内止水范围外用植筋法植入间排距 25cm、长 50cm 的 ϕ25mm 锚筋。

2）在槽内新老混凝土结合面上埋设接缝灌浆管，对新老混凝土结合面进行回填灌浆。

3）将第 1 点和第 2 点混凝土凿开，重新设置止水铜片。

4）采用通长铜片止水，在边墙、底板转折部位的转角半径分别为 30cm 和 55cm，并在廊道底部搭接焊接，搭接长度不少于 20cm。

5）结构缝内填沥青木屑板和 ϕ40mm 橡胶棒，铜片止水鼻子内填 SR 柔性材料并用胶带纸封闭。

6）槽内浇筑混凝土前在新老混凝土结合面涂刷介面剂增加黏结强度，混凝土标号为C40 F50 W10。

结构缝止水已进行修复，并满足设计要求和下闸蓄水要求。

10. 坝顶局部裂缝

（1）裂缝描述。大坝填筑至高程 854m 后，上面铺填 2～4m 预留沉降层，兼做坝顶交通。中间填至高程 858m，向两岸放坡至高线公路时高程为 856m。施工永久坝顶结构前将挖除该临时填筑层。

2010 年 8 月 26 日，在大坝坝顶轴线下游发现两条平行于坝轴线纵缝，裂缝深 1.5～2m、宽 3～5cm、长约 230m，2.5m 深度以下无异常。

（2）成因分析。坝顶裂缝是大坝下游坝坡沿坡面沉降变形造成的浅表层牵引开裂，可能是蓄水速率过快、变形不协调造成。

经咨询和论证，坝顶裂缝可暂不处理，暂时不会影响大坝正常运行。

（3）观测成果分析。在裂缝张开明显部位布设水泥砂浆条带和水泥试块，观测结果显示：初期蓄水至高程 850m 过程中，裂缝随库水位上升波动明显，有向坝体左右岸延伸趋势，平均张开度 1～1.5mm/d，后库水位稳定，裂缝变幅减小，张开度 0～0.5mm/d。

2010 年 10 月 7 日发现坝顶主裂缝靠上游 30cm 处出现一条副缝，分布不连续，张开度 0～1mm/d，有向坝体左右岸延伸趋势，库水位逐步稳定后，副缝变幅逐渐减小并趋稳定，张开度为 0～0.5mm/d。坝顶裂缝张开和延伸与二期蓄水有一定关系。

6.2.1.6 "5·12"汶川地震的影响

1. 监测仪器观测结果分析

地震前后监测数据表明，除坝基廊道与两岸坡施工缝有明显变形外，大坝心墙、两岸坝坡等的仪器测值均在正常范围内。坝基廊道施工缝向下游最大位移 1.3mm，廊道沉降变形最大值 4mm。对此拟加密廊道变形观测，根据观测结果进一步研究处理方案。近期观测变形无明显变化。

2. 安全巡视情况

对大坝堆石体、上游围堰、左右岸边坡等部位现场排查，未发现有震损情况，也未发现潜在质量安全隐患。

3. 评价结论

地震前后各类仪器测值变幅很小，大坝、边坡等部位实测位移量变化很小，压应力增加，孔隙水压力变化在正常范围内。总体上，大坝工程受地震影响较小。

6.2.1.7 大坝工程质量总体评价

在建项目施工质量满足合同和设计要求，没有出现严重质量缺陷和工程质量事故。质量评定 8299 个单元工程，合格 8299 个，优良 7839 个，合格率 100%，优良率 94.5%。

6.2.1.8 蓄水后运行情况

大坝工程经历了初次蓄水，水库达到正常蓄水位。高水位运行下，大坝渗流、渗压和应力应变等符合一般规律，大坝工程各建筑物运行正常。

6.2.1.9　结论

2009 年 9 月 20 日完成砾石土心墙坝填筑，2010 年 3 月完成导流洞封堵，并顺利通过了蓄水安全鉴定、质量监督验收及 6 号、2 号机组启动工作，施工质量和进度满足要求，大坝工程具备 1 号机组启动试运行条件。

6.2.2　渗控工程——防渗墙

6.2.2.1　工程概况

瀑布沟水电站坝基防渗采用防渗墙和帷幕灌浆，防渗墙为上、下游两道，两墙间距 14m，墙厚 1.2m。防渗墙施工平台高程为 667.60m，上游墙顶设计高程为 667.00m，下游墙顶设计高程为 666.70m，设计最大造孔深度约 84m，设计防渗墙轴线长度 169.45m，起止桩号为 0+184.75～0+354.20m，设计上游防渗墙面积 9175m²，下游防渗墙面积 9315m²。上游墙为副墙，与心墙间采用插入式连接，插入心墙深度为 15m，墙底设双排帷幕灌浆，孔距 2m，深度 10m，墙下帷幕灌浆 1710m；墙顶埋设钢筋笼，钢筋制安 439t。下游墙为主墙，位于坝轴线，与心墙采用廊道式连接，墙底设双排帷幕灌浆，孔距 2m，最大深度约 100m。上、下两墙内设计埋设三组仪器。墙体材料设计指标：上游墙 90d 强度 40MPa、90d 弹性模量 30000MPa；下游墙 90d 强度 45MPa、90d 弹性模量 33000MPa，抗渗指标 W12。

6.2.2.2　主要工程项目和工程量

渗控工程——防渗墙由葛洲坝集团基础工程有限公司施工，工程项目包括：大坝防渗墙上游墙和墙下帷幕灌浆，以及大坝防渗墙下游墙。下游墙墙下帷幕灌浆工程不属于本标段。

大坝防渗墙上游墙完成造大坝防渗墙上游墙及墙下帷幕灌浆孔面积 9338.25m²，成墙面积 8271.75m²，成槽浇筑 30 个，下游墙完成造孔面积 9694.8m²，成墙面积 8140.05m²，成槽浇筑 29 个。其中两岸岸坡因地质原因，设计变更左岸段轴线加长、右岸段轴线缩短，上游起止桩号为 0+173.5～0+351.25m，长 177.75m，下游起止桩号为 0+178.75～0+351.50m，长 172.75m；完成钢筋制安 142.09t，预埋灌浆管 20134.90m，配合大坝标下设 3 套仪器，分别在上游 DS-10（桩号 0+242.80m）、DX-9（桩号 0+232.05m）、DX-23（桩号 0+313.10m）槽。

上游墙墙下帷幕灌浆完成钻孔灌浆 178 个，进尺 2645.38m。

6.2.2.3　主要施工技术要求

1. 大坝混凝土防渗墙

（1）加大施工平台导墙断面，高度 2.0m，导墙内部钢筋配置中，增加主筋数量。

（2）造孔泥浆采用膨润土泥浆进，同时投入黏土。严格控制泥浆性能指标，并根据实际情况添加增黏剂或堵漏剂。

（3）对大块石，用孔内聚能爆破或跟管钻机钻孔爆破；对大孤石或基岩陡坎，回填块石配打防偏，还在基岩上钻梅花孔爆破的方式处理，或用冲击钻机配备 50kN 以上十字钻具冲砸。

（4）造孔中，发现漏失架空地层，除采用常规的回填黏土、锯末、稻草等材料堵漏外，还灌注水泥浓浆堵漏。如钻机平台出现较大范围坍塌，则沿轴线上下游一定距离或二期槽内预灌浓浆加固地层。

（5）槽孔做到平整垂直，孔位中心允许偏差不大于 3cm，孔斜率不大于 0.4%，遇有含孤石、漂石的地层及基岩面陡坡等特殊情况时，孔斜率控制在 0.6% 内；一、二期槽孔接头套接孔的两次孔位中心任意一深度的偏差值要保证搭接墙厚 90%。

（6）确保防渗墙深入弱风化基岩面以下 1.5m。对 F₂ 断层部位，局部加深不小于 5m。基岩鉴定时，根据设计基岩面情况，在槽孔内用岩芯钻取芯结合冲击钻钻渣取样进行鉴定。

（7）槽孔清孔换浆结束后 1h，孔底淤积厚度不大于 10cm。

（8）防渗墙墙体混凝土性能指标要求见表 6.5。

表 6.5　　　　　　　　　　　　防渗墙墙体混凝土性能指标

部位	90d 抗压强度/MPa	90d 弹性模量/MPa	90d 抗渗等级
上游墙	≥40	≤30000	≥W12
下游墙	≥45	≤33000	≥W12

（9）混凝土入槽时坍落度为 18～22cm，扩散度为 34～40cm，坍落度保持 15cm 以上的时间不小于 1h；混凝土初凝时间不小于 6h，终凝时间不大于 24h，混凝土密度不小于 2100kg/m³；胶凝材料不小于 350kg/m³，水胶比不大于 0.55，砂率不小于 40%。

（10）防渗墙设计施工平台高程 670.0m，浇筑墙顶高程 672.0m。混凝土浇筑采用泥浆下直升导管法，导管埋入混凝土的深度控制在 2～6m 范围内，不得小于 1m；混凝土面上升速度控制在 3～7m/h。

（11）防渗墙内设双排预埋灌浆管，孔距 2.0m，深度与墙深一致。

（12）防渗墙墙体上部沉放钢筋笼。

（13）一、二期槽孔间套接孔上部采用拔管法，拔管深度控制在 60m 以内；下部采用套打法。

（14）大坝防渗墙两道墙轴线间距 14m，上下游防渗墙一、二期槽段错开布置。

2. 上游墙墙下帷幕灌浆

（1）钻孔。采用小口径金刚石回转钻机钻进，取芯孔、检查孔钻取岩芯，芯样获得率不小于 80%。钻孔孔位偏差与设计偏差不大于 5cm，钻孔孔底最大允许偏差值按表 6.6 控制。

表 6.6　　　　　　　　　　　　钻孔孔底最大允许偏差值

孔深/m		20	30	40	50	60
允许偏差值/cm	单排孔	0.25	0.45	0.7	1.00	1.3
	双排孔	0.25	0.5	0.8	1.15	1.50

（2）钻孔冲洗、裂隙冲洗与压水试验。灌浆前进行孔壁冲洗和裂隙冲洗，冲洗后孔内残留物沉积厚度在 20cm 以内。孔壁冲洗用导管通入大流量水流从孔底向孔外冲洗，直至回水澄清 10min 为止。钻孔裂隙冲洗采用脉冲冲洗，直至回水澄清，延续 10min 即结束。

压水试验压入流量标准：在稳定的压力下，每 5min 测读一次压入流量，连续 4 次读数中最大值与最小值之差小于最终值的 10%，或最大值与最小值之差小于 1L/min，即可结束，取最终值作为计算值。压水压力为灌浆压力的 80%，且不大于 1MPa。

（3）灌浆机具包括高速搅拌机、高压灌浆泵、灌浆自动记录仪。

（4）帷幕灌浆采用 P.O.42.5 水泥，细度为通过 80μm 方孔筛的筛余量不大于 5%，使用前抽样送检。灌浆用水采用单独的供水系统，供水能力满足灌浆要求，并有可靠的连续性。

（5）浆液浓度由稀到浓逐级改变，水灰比为：5∶1、3∶1、2∶1、1∶1、0.8∶1、0.5∶1（重量比）6 个比级。

（6）钻孔第一段从防渗墙底部到基岩面以下 2m，第二段基岩面以下 2～5m，第三段及以下各段段长为 5m。各段次Ⅰ序孔灌浆压力见表 6.7。后次序孔压力可较前序孔依次提高 10%～15%。

表 6.7　　　　　　　　　　　　　灌　浆　压　力

孔深/m	0～2	2～5	5～10	10～15	15～20	20～25	25～30	30～35	>35
灌浆压力/MPa	0.4	0.8	1.0	1.5	2.0	2.5	3.0	4.0	4.0

（7）墙下帷幕灌浆接触段灌浆及以下各段均采用孔口封闭自上而下分段循环灌浆方法，射浆管距孔底均不大于 0.5m。

（8）灌浆过程中严格控制升压速度及压力控制点，以免压力过大抬动基岩，损坏墙体。

（9）第一段（接触段）灌浆后待凝时间不少于 24h，如遇特殊情况复灌后达不到结束标准待凝 4～6h。

（10）某一级水灰比浆液已灌入 300L 以上或灌注时间达 30min，而灌浆压力和注入率均无改变或改变不显著时，改浓一级灌注。当注入率大于 30L/min 时，根据情况越级变浓。

（11）在规定的压力，吸浆量不大于 1L/min，再延续灌注 60min，灌浆结束。

（12）全孔灌浆结束后，将孔内污物冲洗干净，采用机械封孔，使全孔封填密实。

（13）灌浆过程中，发现冒浆、漏浆，因故中断，灌浆段注入量大，灌浆难于结束时，根据具体情况按规范要求进行处理。

（14）帷幕灌浆孔质量检查在单元灌浆结束 14d 后进行，检查孔取芯，绘制钻孔柱状图。

（15）帷幕灌浆检查孔压水试验的合格标准为：透水率不大于 3Lu，即认为质量合格。第一段、第二段合格率应为 100%，以下各段合格率 90% 以上，不合格段的透水率值不超过设计规定值的 150%，且不集中，则认为合格。否则要加密孔进行补灌直至合格。

6.2.2.4　工程进度

大坝防渗墙于 2006 年 2 月 5—10 日提供平台，下游防渗墙于 2006 年 2 月 19 日开钻，上游防渗墙于 2006 年 2 月 26 日开钻。大坝防渗墙于 2006 年 12 月 3 日全部完工，2006 年

10 月 14 日开始墙体检查、墙下帷幕灌浆以及帷幕灌浆检查，于 2007 年 2 月 10 日全部完工。

6.2.2.5　主要原材料质量控制

1. 主要原材料的供应和管理

本工程的水泥、钢筋、钢材、砂石骨料由业主提供，并提供相应的质量合格证明文件，同时委托葛洲坝瀑布沟试验室进行质量检测和监督工作。

进场的原材料，由材料供应商提供出厂合格证书、材质证明（化验单）或其他有关证件，在 24h 内通知监理共同进行抽检试验。检验项目和方法按合同文件和有关规程要求进行，并报监理人签认。由质检员或材料员填写"检验委托书"送试验室按有关规程、规范进行检验和试验。

2. 主要原材料质量检测

本工程水泥、钢筋、钢材、砂石骨料、外加剂、粉煤灰等，均按规范要求进行抽检，质量均符合要求。检测由葛洲坝集团基础工程有限公司瀑布沟项目部实施。

（1）水泥。本工程防渗墙混凝土采用非国标的低热普通硅酸盐水泥 P. LH42.5，水泥检测项目为：3d、7d、28d、90d 抗折强度，3d、7d、28d、90d 抗压强度，凝结时间，细度和安定性。水泥各项质量控制指标按业主试验中心提供的标准控制，检查结果合格。

（2）钢筋。检测了直径为 38mm 的螺纹钢筋，检测项目为屈服点、抗拉强度、伸长率。检测结果符合要求。

（3）粉煤灰。粉煤灰的检测项目为：细度、需水比、含水量、烧失量和强度比。检测结果符合要求。

（4）砂石骨料。砂石骨料检测小石、中石、大石和砂子。检测项目为小石、中石、大石检测超逊径、含泥量、针片状，砂子检测细度模数、含泥量、含水率和石粉量。检测结果符合要求。

（5）混凝土外加剂。标准要求混凝土外加剂为一等品，检验结果为一等品。

6.2.2.6　施工方法及质量控制

1. 防渗墙工程

瀑布沟水电站大坝防渗墙工程具有地层复杂、墙厚大、孔深深、混凝土强度高的特点，且双墙同时施工，施工难度大。开工前，先后两次召开专家咨询会，对防渗墙施工工艺、质量进度等进行论证。工程实施期间，聘请防渗墙专家驻留工地，开展技术咨询。

（1）混凝土配合比试验。大坝防渗墙墙体混凝土设计为：90d 强度 45MPa，90d 弹性模量 3.3 万 MPa，抗渗等级 W12。对于这种设计要求的混凝土，采取常规的骨料、水泥、粉煤灰、外加剂进行拌制，只能保证高强度或低弹模其中之一。由于对这种混凝土设计本身只进行过理论计算，没有找到研究途径，最终设计提出以强度控制指标为准。

配制 90d 强度 45MPa 的混凝土，采取 P. O. 42.5 硅酸盐水泥常规配制很容易做到，但作为深厚防渗墙，为保证墙体混凝土接头套打施工，还需要使这种高强度混凝土早期强度降低。为此研制一种非国标特制低热普通硅酸盐水泥 P. LH42.5，通过室内试验，其早期 7d 强度在 12MPa 左右，后期强度满足设计要求的强度 45MPa，而且 90d 之后还有很大的富余增长，且弹模相对 P.O.42.5 配制的混凝土还要低。

大坝防渗墙施工用混凝土配合比见表 6.8，其强度等级为 C45，坍落度为 21cm。

表 6.8　　　　　　　　　　大坝防渗墙施工用混凝土配合比

水灰比	级配	粉煤灰/（kg/m³）	砂率/%	减水剂掺量/（kg/m³）	引气剂/（kg/m³）	水/（kg/m³）	水泥/（kg/m³）	粉煤灰/（kg/m³）	砂/（kg/m³）	小石/（kg/m³）	中石/（kg/m³）
0.34	二	168	45	2.86	0.0126	147	252	168	820.4	601.6	401.1

（2）施工工艺。防渗墙槽施工中采取如下措施：

1）槽段划分及钻机布置。大坝两道防渗墙轴线间距仅 14m，钻机按"背对背"布置形式，中间修筑一道浆砌石隔墙，用于放置配电柜、电焊机、架设施工电缆等。泥浆管道、供水管道、电缆布置在钻机平台后侧。同时尽量缩短槽长，Ⅰ期、Ⅱ期槽段两道防渗墙错位布置（图 6.1）。

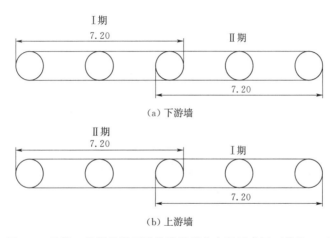

图 6.1　Ⅰ期、Ⅱ期槽段两道防渗墙错位布置示意图（单位：m）

2）造孔与成槽施工方法。本工程地质条件复杂，覆盖层深度大、颗粒粗，结构复杂。孤石块径 1000～2500mm，个别可达 3720～4020mm，孤石与架空分布具有相伴而生的特点，特别是在孔深 25m 以上孤石分布较多。

a. 对防渗墙施工平台上部 8.0m 范围地层进行水泥固结灌浆，提高地层稳定性，防止槽段上部坍塌。选择配备 4～5.5t 钻头的 ZZ-6 型钻机，提高孤石，块石破碎效果。

b. 因回填地层松散，主孔回填黏土挤密式冲击开孔，使用黏土在槽内制浆，放慢钻进速度，多冲击，少抽砂，槽内泥浆抽出后直接从孔口返回槽内。上部 30.0m 以内钻进中遇大孤石、块石，根据钻进偏斜情况，在确保孔口安全前提下，实施孔内钻孔爆破，30.0m 以下采取聚能爆破。

c. 副孔施工时，尽量采取上劈下钻、多劈少钻方式。劈打时在副孔两边下放接砂斗接渣。为确保槽段稳定，减少塌孔，副孔施工少放炮。由于瀑布沟防渗墙地层上部极为松散，孤石、块石多，主、副孔施工工序可突破常规，在主孔未终孔前提前施工副孔，同时由于地层不均一，为保证造孔质量与施工进度，在钻具的选用上应使用平底钻。

d. 小墙施工时，上部当副孔施工到一定深度后，及时将它劈掉。

e. 由于Ⅰ期、Ⅱ期槽均为"三主两副"槽孔，且上部地层松散，相邻Ⅰ期槽未浇筑前，其Ⅱ期槽不能擅自开孔。可根据地层情况，在其中一个Ⅰ期槽浇筑且接头孔施工完毕后，确定能否施工相邻Ⅱ期槽的2号孔。即使施工，一般不超过40m，且另一个相邻的Ⅰ期槽开浇前，要将开的孔回填。

f. 槽段接头不能全部采用混凝土钻凿法施工，部分接头采用拔管技术。拔管施工采取浮箱式接头管，建立起拔时间、起拔压力、混凝土龄期间的关系，为成功拔管创造条件。有35个接头孔下设了接头管，共下设1000m左右，成孔923m，拔管后经测量，33个接头管成孔深度基本与下设深度接近，最大下设深度55m，拔管后孔深53m，起拔后孔形良好。

3）造孔泥浆：

a. 根据防渗墙试验经验，采用黏土与膨润土泥浆混合使用。上部30.0m左右使用黏土造孔，下部使用膨润土泥浆、回填少量黏土造孔。槽孔清孔采用优质膨润土泥浆。

b. 膨润土选用湖南澧县产Ⅱ级膨润土，黏土用四川汉源管家山黏土。泥浆配比与性能指标见表6.9。

表 6.9　　　　　　　　　　　泥 浆 配 比 与 性 能 表

	配 合 比			泥 浆 性 能		
膨润土泥浆	水/kg	土/kg	碱/kg	黏度/s	相对密度	含砂量/%
	100	80	4.5	37	1.04	0.5

4）基岩鉴定。防渗墙基岩地层起伏大，两岸地势陡峭，左岸有大小断层带，地勘孔资料较少，且轴线又经过调整。为确保各槽孔嵌入基岩，设计要求所有一期槽两端孔施工至预定基岩面时钻复勘孔，深度15m以上。同时，考虑基岩面局部存在陡坡，设计要求径向入岩，这样在孔深方向实际嵌入基岩深度平均在3m以上，实际孔深方向最大入岩深度高达10m。

鉴定基岩采取复勘孔钻孔取芯与冲击钻钻渣取样相结合的办法。钻渣取样在接近预计基岩面时使用抽筒取样，每30～50cm取样一次。

5）钢筋笼及预埋管制安。混凝土防渗墙设计顶部下3～8m范围内下设钢筋笼，钢筋笼的上部，其竖向钢筋高出设计墙顶高程1.5m。

钢筋笼及预埋管采取分体制作、整体下设方式，预埋管焊接在钢筋笼里面，下部预埋管固定在定位架上，定位架制成单片式，使预埋管下设时有良好的挠度。钢筋笼长度根据槽段长度设计，宽度均为0.9m，高度尺寸为上游槽6～8m、下游槽3～5m。

6）清孔与浇筑。槽孔验收后用抽筒换浆清孔：回填2～3m³黏土，静置3h左右，再用钻头在孔底来回扰动，然后用抽筒清孔换浆。清孔换浆结束后孔底淤积厚度不大于10cm，膨润土泥浆密度不大于1.1g/cm³，马氏漏斗黏度30～50s，含砂量不大于6%。接头刷洗采用圆形钢丝刷子钻头刷洗，直至刷子钻头基本不带泥屑，孔底淤积不再增加。混凝土采用泥浆下导管直升法浇筑。浇筑中注意：

a. 在槽孔清孔结束，接头管、钢筋笼及预埋件安装就位合格后下设混凝土浇筑导管，导管丝扣连接，直径 $\phi250mm$。

b. 导管下设间距和深度满足以下要求：Ⅰ期槽孔两端的导管距孔端不大于 1.5m，Ⅱ期槽孔两端的导管距孔端小于 1m，导管间距不大于 4m。孔底高差大于 25cm 时，导管中心置放在导管控制范围内的最低处。

c. 混凝土搅拌车送混凝土入槽口储料罐，分料斗入槽孔。浇筑过程中，保证混凝土面均匀上升，各处高差控制在 0.5m 内。根据混凝土上升速度起拔导管，上升速度不小于 2m/h。拔管时，控制在 2～5m/h。浇筑顶面高于设计墙顶 2m。

d. 导管埋入混凝土的深度在 1～6m 之间。

（3）质量控制。防渗墙质量控制主要包括：校核轴线；控制开孔孔位，孔位误差 ±3cm；控制造孔偏斜，及时纠偏；经常检测泥浆，泥浆不合格时及时回填部分黏土或补充新鲜浓浆，清孔泥浆采取新浆置换；对混凝土原材料检测，控制混凝土性能。

2. 墙下帷幕灌浆工程

（1）概况。本工程包括上游墙墙下帷幕施工，设计帷幕轴线 169.45m，171 个灌浆孔，总进尺 1710m。墙内预埋双排 $\phi110mm$ 钢管，孔距 2m。施工中，设计将帷幕轴线增加至 178m，在桩号 0+230m 以上，墙下灌浆深度由 10m 增加到 20m，其余部位灌前帷幕底部段压水试验渗透率大于 10Lu 的孔，根据实际情况增加 5m（一段）或 10m（两段）。按此原则，共完成 178 个灌浆，灌浆进尺 2645.38m。

（2）施工工艺。帷幕灌浆采用孔口封闭孔内循环灌浆法，工艺流程：接触段钻孔→冲洗→简易压水→灌浆→待凝→下一段钻灌→终孔段灌浆→置换和压力灌浆封孔法封孔。

1）钻孔：

a. 上游防渗墙墙下帷幕灌浆孔先施工下游排孔，后施工上游排孔；先施工先导孔，再施工Ⅰ序孔，后施工Ⅱ序孔。

b. 先导孔在灌浆孔下游排选取，按 3～5 个Ⅰ序孔的孔距布置（小于 15m）。先导孔取芯，压水采用简易压水。

c. 帷幕灌浆孔灌浆结束后，按监理工程师和设计指定的位置布置检查孔（数量为总孔数的 10% 左右）。上游防渗墙划分 9 个单元，布置 9 个检查孔。

d. 采用 XY2 型地质钻机，金刚石钻头自上而下分段钻进，钻孔孔径 $\phi60mm$。测斜仪器采用 KXP-Ⅰ型井斜仪，孔底偏差值不大于孔深 1%。

e. 孔深达设计的深度 10～20m，段长第一段（接触段）2m、第二段 3m、第三段 5m、加深的第四段和第五段均 5m。

2）钻进冲洗和压水试验：

a. 在灌浆前对孔壁冲洗和裂隙冲洗，冲洗后孔内沉积厚度在 20cm 以内。孔壁冲洗由导管通入大流量水流从孔底向孔外冲洗，直至回水澄清 10min 为止。

b. 钻孔裂隙冲洗采用脉冲冲洗，直至回水澄清，延续 10min 即结束。

c. 压水试验压入流量标准：在稳定的压力下，每 5min 测读一次压入流量，连续 4 次读数中最大值与最小值之差小于最终值的 10%，或最大值与最小值之差小于 1L/min，即可结束，取最终值作为计算值。压水压力为灌浆压力 80%，且不大于 1MPa。

3）灌浆：

a. 灌浆机具包括高速搅拌机、高压灌浆泵、灌浆自动记录仪。

b. 帷幕灌浆使用 P.O.42.5 水泥。灌浆用水采用单独的供水系统，供水能力满足灌浆要求，且有可靠的连续性。

c. 集中制备 0.5∶1 的水泥浆液送至灌浆点，使用高速搅拌机搅拌，搅拌时间不少于 30s，浆液使用前过筛，水泥浆液自制备至用完的时间在 4h 以内。浆液浓度由稀到浓逐级改变，其水灰比为 5∶1、3∶1、2∶1、1∶1、0.8∶1、0.5∶1（重量比）6 个比级。

4）灌浆压力。各段次灌浆压力见表 6.7。灌浆压力从防渗墙底部开始计算。

5）灌浆方法。墙下帷幕灌浆接触段灌浆及以下各段均采用孔口封闭自上而下分段循环灌浆的方法灌浆，其射浆管距孔底均不大于 0.5m。

6）灌浆：

a. 灌浆过程中控制升压速度及压力控制点，避免抬动基岩，损坏墙体。

b. 第一段（接触段）灌后待凝时间不少于 24h，如遇特殊情况复灌后达不到结束标准需待凝 4～6h。

c. 严格按浆液水灰比逐级变换原则实施，当某一级水灰比的浆液已灌入 300L 以上或灌注时间达 30min，而灌浆压力和注入率均无改变或改变不显著时，改浓一级灌注。当注入率大于 30L/min 时，可根据具体情况越级变浓。

d. 在规定的压力，吸浆量不大于 1L/min，再延续灌注 60min，灌浆工作结束。

e. 全孔灌浆结束后，将孔内污物冲洗干净，采用机械封孔，将全孔封填密实。

f. 遇特殊情况按规范规定进行处理。

7）质量检查：

a. 帷幕灌浆孔质量检查在单元灌浆结束 14d 后进行，检查孔取芯，绘制钻孔柱状图。

b. 帷幕灌浆检查孔压水试验透水率不大于 3Lu，即认为质量合格。第一段、第二段合格率应为 100%，以下各段合格率 90% 以上，不合格段的透水率值不超过设计规定值的 150%，且不集中，则认为合格。否则采取加密孔进行补灌等措施，直至合格。

8）灌浆记录：压水和灌浆采用 GJY-Ⅳ 型灌浆自动记录仪记录。

（3）质量控制：

1）施灌前，配备完好足够的灌浆设备、仪器和材料，确保灌浆作业连续进行。

2）严格进行灌浆材料的检验、拌制、运送，不合格的材料不得用于灌浆。

3）按照灌浆程序进行灌浆。如有异常情况，立即查明原因，采取措施处理。

4）灌浆工作应连续进行，如因故中断应尽早恢复灌浆，恢复灌浆时，使用开灌水灰比的浆液灌注，如注入率与中断前相近可改用中断前水灰比的浆液灌注。如恢复灌浆后，注入率较中断前减少很多，且在短时间内停止吸浆，应报告监理等有关单位，作为事故孔补孔灌浆处理。

（4）透水率成果分析：

从表 6.10 看，下游排Ⅰ序孔平均透水率（20.98Lu）大于下游排Ⅱ序孔平均透水率（17.41Lu），大于上游排Ⅰ序孔平均透水率（15.36Lu），大于上游排Ⅱ序孔平均透水率（9.18Lu）；检查孔平均透水率 0.43Lu。随着灌浆次序逐渐加密，透水率递减率为 17.02%、14.36%、40.23% 和 89.28%，递减规律明显，符合灌浆规律。

表 6.10 各次序孔透水率成果

施 工 部 位	排序	灌浆次序	吕荣值/Lu	递减率/%
大坝防渗墙上游墙墙下帷幕灌浆	下游排	Ⅰ	20.98	
		Ⅱ	17.41	17.02
	上游排	Ⅰ	15.36	14.36
		Ⅱ	9.18	40.23
	检查孔		0.43	89.28

3. 单位耗灰量成果分析

由表 6.11 可见，下游排Ⅰ序孔单位耗灰量（339.7kg/m）大于下游排Ⅱ序孔单位耗灰量（197.8kg/m），大于上游排Ⅰ序孔单位耗灰量（180.3kg/m），大于上游排Ⅱ序孔单位耗灰量（76.8kg/m）。检查孔单位耗灰量为 21.14kg/m。随着灌浆次序逐渐加密，单位耗灰量递减明显，递减率为 41.77%、8.85%、62.9% 和 72.47%。

表 6.11 各次序孔单位耗灰量

施 工 部 位	排序	灌浆次序	单位耗灰量/(kg/m)	递减率/%
大坝防渗墙上游墙墙下帷幕灌浆	下游排	Ⅰ	339.7	
		Ⅱ	197.8	41.77
	上游排	Ⅰ	180.3	8.85
		Ⅱ	76.8	62.9
	检查孔		21.14	72.47

6.2.2.7 工程缺陷处理

1. DX-6、DX-7 槽段顶部接头缝缺陷处理

（1）缺陷描述。大坝防渗墙下游墙顶部拆除到高程 667m，DX6、DX7 槽段接头处（桩号 0+218.3m）顶部夹泥较厚。经开挖检查，该接头在深度 1m（高程 667～666m）范围内形成贯穿缝，缝宽最大开口 13cm，从高程 666m 以下，接头缝开始闭合，至高程 664.39m 处墙体套接厚度达到 100cm（设计套接厚度应不小于 108cm），至高程 664m 处，墙体套接厚度已经达到 120cm，满足设计要求。

（2）原因分析：

1）可能因上部下设钢筋笼，水下混凝土浇筑至顶部时向上翻转压力减小导致夹泥较厚。

2）可能因该部位上部曾发生坍塌，回填大量黏土，造孔时间长，导致接头泥皮坚硬，在接头刷洗时未刷洗掉。

（3）处理措施。在接缝上下游侧贴墙，浇筑 C45 一级配混凝土，厚 30cm，防渗墙轴线方向长 6m，上游侧浇筑高度 5m，下游侧 4m。并沿接缝顶部和上下游侧布设 ϕ32mm、ϕ20mm 钢筋网，确保贴墙混凝土与防渗墙体有效结合。

（4）处理效果。2007 年 2 月 2 日在接缝处进行跨孔声波检测，最大波速 4487m/s，最小波速 4111m/s，平均波速 4299m/s，满足设计要求"≥3850m/s"，接头质量满足要求。

2. DX-14 槽段低波速区缺陷处理

(1) 缺陷描述。据成勘院物探测试研究中心提供的检测报告，大坝防渗墙 DX-14 槽段物探检测低波速区为：桩号 0+259.95~0+261.15m，深度 63.8~71.8m。

(2) 原因分析。可能浇筑过程中，混凝土上升不均匀或下料不均匀导致混凝土局部不密实。

(3) 处理措施。按 2008 年 1 月 15—17 日专家咨询意见，对该低波速区，在河床廊道内利用帷幕灌浆孔作墙体压水试验，根据压水试验结果做进一步处理。河床廊道 405X-Ⅰ-5 号帷幕灌浆孔（桩号 0+261.35m）是前期物探检测孔，也是检测到低波速区的部位。物探扫孔时于 56m 处扫穿预埋管进入墙体，因此选择该孔作为压水试验孔。2008 年 4 月 9—16 日在孔深 56~75m 处按照大坝防渗墙墙体检查孔要求进行了 4 段次的压水试验和灌浆处理。压水试验采用"单点法"，最大透水率 0.933Lu，最小透水率 0.375Lu，平均透水率 0.679Lu，压水试验结果满足设计要求小于 1Lu。压水试验结束后，对全孔进行了灌浆补强处理。

(4) 效果及评价。该部位经过灌浆处理后抗渗性能完全满足设计要求。

6.2.2.8　工程施工质量检查及检测成果

1. 防渗墙

(1) 造孔质量检查。上、下游共 59 个单元槽段，均一次验收合格。孔位偏差最大 3cm（不大于 3cm），孔斜率 2.98‰~6‰（不大于 6‰），孔底淤积 4~9cm（不大于 10cm），最小墙厚 1.22m，最小套接厚度 110.75cm（大于等于 108cm），防渗墙嵌入基岩 1.5m 以上，均满足设计及规范要求。

(2) 混凝土质量检测。截至 2007 年 3 月 14 日，混凝土检测结果如下：混凝土抗压强度（90d）共计检测 59 个槽段，共 240 组。上游墙混凝土设计强度值（90d）为 40MPa，检测 123 组，检测的混凝土抗压强度值为 40.7~53.7MPa，平均抗压强度 45.05MPa；下游墙混凝土设计强度值（90d）为 45MPa，共检测 117 组，检测的混凝土抗压强度值为 42.6~53.4MPa，平均抗压强度 47.32MPa，混凝土抗压强度都满足设计要求，质量合格（表 6.12）。

表 6.12　　　　　　　　　混凝土强度检测结果分析

检测部位＼指标	混凝土平均强度/MPa	混凝土强度标准差	强度不低于设计强度标准值的百分率/%	概率度系数	强度保证率/%
上游墙	45.05	2.67	100	1.89	97.0
下游墙	47.32	2.09	89.73	1.11	86.5

混凝土抗压强度检验评定：

1) 上游墙。混凝土强度平均值 $M_1=45.05$（MPa），混凝土设计龄期强度标准值 $F=40$（MPa）。

$$F+K \cdot t \cdot \sigma_1 = 40+0.2\times1.89\times2.67=41.01 \text{（MPa）}$$

结论：上游墙混凝土的 $M_1 > F + K \cdot t \cdot \sigma_1$，满足规范要求，该混凝土强度合格。

2）下游墙。混凝土强度平均值 $M_2 = 47.32$（MPa），混凝土设计龄期强度标准值 $F = 45$（MPa）。

$$F + K \cdot t \cdot \sigma_2 = 45 + 0.2 \times 1.11 \times 2.09 = 45.46 \text{（MPa）}$$

结论：下游墙混凝土经检测：$M_2 > F + K.t.\sigma_2$，满足规范要求，该混凝土强度合格。

混凝土抗渗指标（90d）检测 15 个槽段，平均抗渗指标 W13（设计指标 W12），满足设计要求；抗拉强度（90d）检测 9 个槽段，合格率 100%；混凝土抗压弹性模量（90d）上游检测 4 个槽段，实测平均值 3.69×10^4 MPa，下游检测 4 个槽段，实测平均值 3.67×10^4 MPa，均大于设计标准。

（3）墙体检查孔：

1）截至 2007 年 1 月 12 日，大坝防渗墙墙体 4 个检查孔已全部施工完毕，其中 2 个为骑缝检查孔。墙体混凝土取芯效果良好，芯样完整，表面光滑密实、无气孔，最长完整芯样为 2.8m（骑缝孔芯样），骑缝检查孔芯样完整，泥皮薄、缝面胶结密实。

2）墙体混凝土芯样检测结果：DS7 槽取芯平均抗压强度 42.4MPa，为机口混凝土强度（47.2MPa）的 90%；DX24 槽取芯平均抗压强度 46.7MPa，为机口混凝土强度（50.0MPa）的 93.4%，均满足设计要求。

3）检查孔做压水试验 14 段，压力 0.6MPa，各段透水率均小于 1Lu，满足设计要求。

4）物探检测。物探检测包括钻孔电视录像、跨孔声波和声波 CT 三种方法。

a. 钻孔电视录像。直观全面地观察孔壁混凝土胶结状况、套接缝隙，为评价孔壁混凝土质量提供直观依据。施工的检查孔都已进行电视录像。

b. 跨孔声波及声波 CT。设计要求声波 V_p 值一般不小于 3850m/s。上下游墙 33 对跨孔声波，V_p 最小值 3850m/s，最大值 4682m/s，平均值 4243m/s，集中范围为 4000～4500m/s。声波 CT 检测部位防渗墙混凝土未见特别明显的低速异常。

防渗墙部位已开挖，上游墙深 6m，下游墙 9m。从开挖暴露的墙体看，墙体接头连接良好，厚度均满足设计要求，混凝土墙体外观无任何缺陷。

2. 帷幕灌浆

帷幕灌浆 9 个施工单元，每个单元各布置 1 个检查孔，经钻孔压水试验，均满足设计要求。检查孔压水试验成果见表 6.13。

6.2.2.9　工程质量总体评价及竣工验收

大坝防渗墙墙体混凝土取芯结果良好，芯样完整，骑缝缝面胶结密实；芯样检测结果满足设计要求；检查孔压水试验透水率满足设计要求。上游防渗墙 30 个单元工程，优良率 96.7%，下游防渗墙 29 个单元工程，优良率 96.6%，上游墙墙下帷幕灌浆 10 个单元工程，优良率 100%。

施工原材料检测和控制、工程过程控制以及成果检测与评价，均按照设计及相应规范要求执行，总体质量满足设计要求。

2008 年 4 月 24 日，大坝防渗墙工程通过竣工验收。

6.2.2.10　结论

大坝防渗墙工程施工历时 287d。上、下游墙槽段布置合理，各槽孔满足设计及规

表 6.13 帷幕灌浆检查孔压水试验成果

工程部位	单元	检查孔数	压水试验段数	小于1Lu 段数	小于1Lu %	1~3Lu 段数	1~3Lu %	3~5Lu 段数	3~5Lu %	>5Lu 段数	>5Lu %	透水率平均值/Lu	设计防渗标准/Lu	透水率超标率 段数	透水率超标率 %	备注
上游防渗墙	1-2-4-430	1	5	4	80	1	20					0.379				
	1-2-4-431	1	5	4	80	1	20					0.289				
	1-2-4-432	1	5	5	100							0.306				
	1-2-4-433	1	3	2	66.7	1	33					0.397	≤3			
	1-2-4-434	1	3	3	100							0.629				
	1-2-4-435	1	3	1	33.3	2	67					0.826				
	1-2-4-436	1	3	3	100							0.453				
	1-2-4-437	1	3	3	100							0.302				
	1-2-4-438	1	3	2	66.7	1	33					0.358				

范要求，墙体入岩深度满足设计要求。槽孔内钢筋笼和预埋灌浆管下设，墙体混凝土浇筑规范、合理。墙体检查孔压水试验和物探检测成果表明，上下游防渗墙施工质量优良。墙体缺陷经处理后，满足设计要求。综合评定大坝防渗墙工程施工质量优良，满足设计要求。

蓄水以来，防渗墙测斜孔孔口最大累计变形量为76.49mm（桩号0+310m），二期蓄水后防渗墙测斜孔孔口最大变形增量为38.74mm（桩号0+310m）。防渗墙变形主要变为各桩号处向下游位移，左、右岸向河谷部位位移，且变化趋于平缓，符合一般规律。

综上所述，大坝防渗墙工程满足1号机组启动试运行条件。

6.2.3 渗控工程——帷幕灌浆

6.2.3.1 工程概况

1. 帷幕灌浆布设

瀑布沟大坝防渗帷幕结合坝基和坝肩防渗统筹考虑，帷幕线从左坝肩桩号0~452.29m起，经左坝肩、坝基、右坝肩，至右坝肩桩号0+780.00m止，全长1232.29m，帷幕底线深入相对隔水层5m，相对隔水层的透水率不大于3Lu，帷幕顶高程857.97m，帷幕底高程533m。

帷幕灌浆主体工程包括：左、右岸高程673m、731m、796m、856m四层共计8条灌浆平洞及两岸坡帷幕。其中左岸高程731m帷幕穿越6条引水发电洞和2条导流洞，右岸高程796m帷幕穿越放空洞；河床部位下游防渗墙下布设主帷幕。各平洞帷幕与上部斜帷幕（5°）以搭接帷幕相连接。

北京振冲工程股份有限公司承担大渡河瀑布沟水电站大坝帷幕灌浆工程任务。

2. 工程量

帷幕钻孔合同工程量174928m，其中斜帷幕68228m，直帷幕71204m，防渗墙下帷幕17725m，连接帷幕17771m；帷幕灌浆合同工程量172767m，其中斜帷幕66976m，直帷幕70962m，防渗墙下帷幕17725m，连接帷幕17104m。

大坝帷幕灌浆于2006年6月6日开钻，2008年9月22日完工（除两条导流洞外），完成了灌浆平洞及两岸坡、河床灌浆廊道、防渗墙之间封闭帷幕、6条引水发电洞内、放空洞内的帷幕灌浆施工任务，灌浆228437m，注入水泥42803957.4kg。

6.2.3.2 帷幕灌浆试验

选取地质条件与实际灌浆区相似、有代表性的区域进行试验，试验场地选在左坝肩花岗岩和右坝肩玄武岩区域。

1. 灌浆试验施工

左坝肩试验于2004年4月9日开始，6月9日完工，6月25日完成检查。

右坝肩试验于2004年4月10日开始，6月9日完工，7月4日完成检查。

试验布置分双排孔和3排孔，双排帷幕排距1.2m，孔距2.5m和2m，三排帷幕排距0.9m，孔距2.5m，呈梅花型布置，分三序施工，钻孔与铅直线夹角5°的斜孔，单孔深70m。试验采用"孔口封闭、自上而下分段、孔内循环"方法。灌浆段长基岩2m，3m，以下均5m。灌浆压力0.3~5MPa。浆液比级为5:1，3:1，2:1，

1∶1，0.8∶1，0.6∶1，0.5∶1（重量比）7个比级。开灌水灰比通过灌前压水值确定：$q \leqslant 5Lu$，用5∶1的浆液开灌；$5Lu < q \leqslant 10Lu$，用2∶1浆液开灌；$q > 10Lu$，用1∶1浆液开灌。

2. 试验成果及分析

各次序平均透水率和单位耗灰量，Ⅰ序孔＞Ⅱ序孔＞Ⅲ序孔，随灌浆次序逐渐加密，递减明显。不同孔排距透水率及单位耗灰量成果见表6.14。

表6.14　　　　　　　　不同孔排距透水率及单位耗灰量

部位	试　区	平均透水率/Lu	单位耗灰量/(kg/m)	备注
左坝肩	双排帷幕：排距1.2m，孔距2m	5.89	94.2	固结、帷幕
	双排帷幕：排距1.2m，孔距2.5m	6.24	125.1	固结、帷幕
	三排帷幕：排距0.9m，孔距2.5m	11.09	245.2	帷幕
右坝肩	双排帷幕：排距1.2m，孔距2m	42.71	325.9	帷幕
	双排帷幕：排距1.2m，孔距2.5m	14.83	194	固结、帷幕
	三排帷幕：排距0.9m，孔距2.5m	21.56	225.2	帷幕

由表6.14可见，没有布置固结灌浆的试区，其平均透水率和单位耗灰量都大于有固结灌浆的试区。

3. 灌浆试验质量检查

左岸帷幕灌浆试验3种孔排距的检查孔压水均满足设计要求；右岸岩体完整性较差，透水率大，双排帷幕孔距2.5m灌后检查存在不满足设计要求的个别孔段，但整个试区仍合格。

4. 灌浆试验成果评价

试验检查孔10个，检查孔压水150段，吕荣值$q \leqslant 3Lu$为149段，合格率99.34%，吕荣值$q > 3Lu$为1段，最大吕荣值q为3.9，不合格率0.66%。试验表明，施工工艺合理，符合规范要求，原始资料准确，资料齐全。

专家评审意见认为：提交的《四川大渡河瀑布沟水电站固结、帷幕灌浆现场试验竣工报告》，内容清楚、丰富；灌浆试验总体上成功，取得了有益的经验和成果，可作为设计和施工的重要参照。

6.2.3.3　设计简介

1. 总体说明

（1）大坝帷幕灌浆分序加密进行，单排孔分三序施工，两排孔帷幕，先灌下游排，再上游排；三排孔帷幕，先灌下游排，再上游排，然后中间排。

（2）同一排相邻两个次序孔之间，以及后序排的第一序孔与其相邻部位前序排的最后次序孔之间，在岩石中钻孔灌浆的高差不小于15m。

（3）在帷幕灌浆先灌排一序孔中选择布置先导孔，间距不小于15m，孔数为先灌排的10%左右。

2. 设计工程量

各部位设计钻孔工程量见表6.15。

部 位	钻孔工程量/m	备 注
①号灌浆平洞及岸坡	21515.69	
②号灌浆平洞及岸坡	14894.81	
③号灌浆平洞及岸坡	45904.99	
④号灌浆平洞及岸坡	30597.35	
⑤号灌浆平洞及岸坡	48429.09	
⑥号灌浆平洞及岸坡	15046.48	钻孔工程量包括灌浆孔、抬动孔及检查孔钻孔
⑦号灌浆平洞	16288.52	
⑧号灌浆平洞	13846.40	
河床灌浆廊道	16605.48	
防渗墙之间封闭帷幕	1079.30	
放空洞	785.80	
6条引水发电洞	4754.63	
导流洞	2084.66	

表 6.15 各部位设计钻孔工程量

3. 帷幕孔布置

(1) ①号灌浆平洞（左高程 856m）及岸坡。①号灌浆平洞及岸坡帷幕为斜帷幕和直帷幕，斜帷幕（5°）与直帷幕间为过渡帷幕（1°～5°）。洞内 3 段，1 段灌浆孔布置为 1 排，孔距 2m；另 2 段 2 排，排距分别为 0.6m 和 1.2m，孔距均 2m。岸坡 3 段，均布置 2 排，排距 1.2m，孔距 2m。孔深均深入下层灌浆洞底板顶以下 3.5m。

(2) ②号灌浆平洞（右高程 856m）及岸坡。②号灌浆平洞及岸坡帷幕为斜帷幕（5°）。洞内 3 段中，1 段布置为 1 排，孔距 2m；另 2 段 2 排，排距分别为 0.6m 和 1.2m，孔距均 2m。岸坡段 2 排，排距 1.2m，孔距 2m。孔深深入下层灌浆洞底板顶以下 3.50m。

(3) ③号灌浆平洞（左高程 796m）及岸坡。③号灌浆平洞及岸坡帷幕为斜帷幕（5°）。洞内 2 段，均为 2 排，排距 1.2m，孔距分别为 2.5m 和 2m。岸坡 3 段，2 段为 2 排，排距 1.2m，孔距 2m，另 1 段 3 排，排距 0.6m，孔距 2m。灌浆廊道段为 2 排，排距 1.2m，孔距 2m。上下游排深入下层灌浆洞底板顶以下 3.5m，中间排孔深 30m。

搭接帷幕（平洞上游边墙）3 排，排距 0.5m，孔距 2m，距底板分别为 0m、0.5m、1m，角度分别下倾 35°、下倾 20°、下倾 5°，深入基岩 6m。

(4) ④号灌浆平洞（右高程 796m）及岸坡。④号灌浆平洞及岸坡帷幕为斜帷幕和直帷幕。洞内 4 段，2 段布置为 3 排，排距 0.6m，孔距分别为 2m 和 0.75～2m；另 2 段 2 排，排距 1.2m，孔距分别为 2m 和 2.5m。岸坡 2 段，1 段 2 排，排距 1.2m；另 1 段 3 排，排距 0.6m，孔距均 2m。斜帷幕孔深深入下层灌浆洞底板顶以下 3.5m；直帷幕孔深深入设计底线；底部放空洞段孔深至高程 740.00m。

搭接帷幕（平洞上游边墙）3 排，排距 0.5m，孔距 2m，距底板分别为 0m、0.5m、1m，角度分别为下倾 35°、下倾 20°、下倾 5°，深入基岩 6m。

(5) ⑤号灌浆平洞（左高程 731m）及岸坡。⑤号灌浆平洞及岸坡帷幕为斜帷幕和直幕，其间为过渡加密帷幕。洞内 3 段，2 段 2 排，排距 1.2m，孔距分别为 2m 和 2.5m；另 1 段 3 排，排距 0.6m，孔距 1～2m。岸坡段 2 排，排距 1.2m，孔距 2m。斜帷幕孔深深入下层灌浆洞底板顶以下 3.5m；直帷幕孔深深入设计底线；底部引水发电洞段孔深至 670.00m 高程；底部导流洞段的孔深至高程 690.00m。

搭接帷幕（平洞上游边墙）3 排，排距 0.5m，孔距 2m，距底板分别为 0m、0.5m、1m，角度分别为下倾 35°、下倾 20°、下倾 5°，深入基岩 6m。

(6) ⑥号灌浆平洞（右高程 731m）及岸坡。⑥号灌浆平洞及岸坡帷幕为斜帷幕，其间为过渡加密帷幕。洞内 3 段，2 段 2 排，排距 1.2m，孔距 2m；另 1 段 3 排，排距 0.6m，孔距 1-2m。岸坡段 2 排，排距 1.2m，孔距 2m。孔深深入下层灌浆洞底板顶以下 3.5m，桩号 0+505.00～0+575.43m 孔深深入设计底线。

搭接帷幕（平洞上游边墙）桩号 0+442.03～0+575.43m，帷幕长 133.4m，三排帷幕，排距 0.5m，孔距 2m，距底板分别为 0m、0.5m、1m，角度分别为下倾 35°、下倾 20°、下倾 5°，深入基岩 6m。

(7) ⑦号灌浆平洞（左高程 673m）。⑦号灌浆平洞帷幕为直帷幕，布置 2 排，排距 1.2m，孔距 2m。孔深深入设计底线。

搭接帷幕（平洞上游边墙）3 排，排距 0.5m，孔距 2m，距底板分别为 0m、0.5m、1m，角度分别下倾 35°、下倾 20°、下倾 5°，深入基岩 6m。

(8) ⑧号灌浆平洞（右高程 673m）。⑧号灌浆平洞帷幕为直帷幕，布置 2 排，排距 1.2m，孔距 2m。孔深深入设计底线。

搭接帷幕（平洞上边墙）3 排，排距 0.5m，孔距 2m，距底板分别为 0m、0.5m、1m，角度分别下倾 35°、下倾 20°、下倾 5°，深入基岩 6m。

(9) 河床灌浆廊道（高程 673m）。河床灌浆廊道帷幕为直帷幕，2 排，排距 1.2m，孔距 2m，孔深深入设计底线。

(10) 防渗墙间封闭帷幕。防渗墙间封闭帷幕为直帷幕，2 排，排距 1.2m，孔距 2m，孔深深入基岩 20m。

(11) 放空洞内帷幕。底板帷幕 3 排，排距 1.2m，孔距 2.5m，孔深深入设计底线。四周三排搭接帷幕，排距 1.2m，孔深深入基岩 8m。

(12) 6 条引水发电洞内帷幕。每条引水发电洞底板帷幕 3 排，排距 1.2m，孔距 2.5m，孔深深入设计底线。四周三排搭接帷幕，排距 1.2m，孔深深入基岩 8m。

4. 灌浆压力

(1) 主体帷幕灌浆压力。最大灌浆压力 4MPa，见表 6.16。

表 6.16　　　　　　　　　Ⅰ序孔各段灌浆压力

段　次	段长/ m	冲洗压力/ MPa	压水压力/ MPa	灌浆压力/ MPa
第一段	2	0.40	0.40	0.50
第二段	3	0.80	0.80	1.00
第三段	5	1.00	1.00	1.50

段　次	段长/ m	冲洗压力/ MPa	压水压力/ MPa	灌浆压力/ MPa
第四段	5	1.00	1.00	2.20
第五段	5	1.00	1.00	3.00
第六段及以下各段	5	1.00	1.00	4.00

（2）搭接帷幕灌浆压力。最大灌浆压力控制在 1.0MPa，见表 6.17。

表 6.17　　　　　　　　　　搭接帷幕灌浆压力

段　次	段长/m	冲洗压力/MPa	压水压力/MPa	灌浆压力/MPa
第一段	2	0.4	0.40	0.50
第二段	4	0.8	0.80	1.00

5. 灌浆设计标准

在设计压力下，注入率不大于 1L/min，继续灌注 60min 可结束灌浆。

帷幕灌浆检查孔标准透水率 $q \leqslant 3Lu$，接触段及下一段合格率 100%，以下各段合格率应 90% 以上，不合格段的透水率值不超过设计规定值的 150%，且不集中，灌浆质量评为合格。帷幕检查孔的数量按帷幕灌浆孔总数的 10% 左右布置。

6.2.3.4　施工布置

1. 集中制浆系统

在灌浆洞口及左岸交通联系洞内、左右岸坡修建制浆站，配置 ZJ400 高速搅拌机，送浆管用 $\phi50 \sim 80mm$ 钢管，用 3SNS 灌浆泵将制备浆液从制浆站送至洞内储浆搅拌机（800L），并分送至各灌浆点，再通过各灌浆点的 3SNS 高压灌浆泵注入孔内。

2. 风、水、电与通风系统

左右岸①、②号灌浆平洞及左岸交通联系洞和引水发电洞内，分别在洞口或洞内修建供风站。每个供风站设 $1 \sim 3$ 台 VHP-700E20m³ 及 SA-J2/10m³ 中风压电动空压机，$\phi100mm$ 送风管至钻灌工作面，再用 $\phi25mm$ 高压钢编织管至供风点。

在业主提供的 $\phi300mm$ 或 $\phi600mm$ 主水管上安装 $\phi100mm$ 钢管引至施工场地，再用 $\phi50mm$ 钢管引至灌浆作业面，各用水点用 $\phi25mm$ 高压钢丝管。

左岸①号灌浆平洞口安装 1200kVA 和 1000kVA 变压器各 1 台，796m 高程溢洪道附近安装 1 台 600kVA 变压器供，右岸②号灌浆平洞口安装 800kVA 和 1000kVA 变压器各 1 台，在右岸交通联系洞洞口外安装 1200kVA 和 1000kVA 变压器各 1 台。变压器旁边建总配电房，用电缆接至工作面，并设分流器，再用电缆接到施工设备。

①号、②号灌浆平洞口各安装 1 台、③号、④号、⑤号灌浆平洞口各安装 2 台、⑦号灌浆洞口安装 1 台、⑧号灌浆洞及灌浆廊道各安装 1 台轴流变速风机压入式通风。

3. 钻灌施工平台设施

岸坡灌浆、引水发电洞内和放空洞内搭接帷幕灌浆，用架管搭设施工平台，铺设 5cm 厚木板，周围用架管形成保护栏杆，悬挂安全网。

灌浆平洞设排污池，岸坡砌筑污水池，污水经沉淀后排至坝体上下游河道内，沉淀废渣装袋，用车拉至指定渣场。

6.2.3.5　灌浆材料

1. 主要原材料供应和质量控制

（1）原材料供应与检测。灌浆用水泥是业主指定厂家的"峨眉山牌"P.O.42.5 普通硅酸盐水泥，灌浆用水由业主提供水源。

水泥由瀑布沟水电站工程试验检测中心试验室定期检测，测定强度、细度、初凝和终凝时间以及 2h 的析水沉淀率等。水泥必须提供厂家出厂合格证、批号，现场取样复检，复检不合格水泥不能用于工程。

（2）原材料检测成果与评价。本工程使用的水泥都有出厂合格证和品质试验报告。

复检时以 200～400t 同品种、同标号水泥为一个单位，从多个不同部位水泥中等量取样，混合均匀后作为样品，数量不小于 10kg。复检按《通用硅酸盐水泥》（GB 175—2007）、《水泥胶砂强度检验方法》（GB 17671—1999）标准，检测水泥 144 组，结果符合设计和规范的技术要求。

本工程中的材料均满足规范和设计要求，全部合格。

2. 浆液质量控制

（1）浆液制备。采用集制浆搅拌水灰比为 0.5∶1 的纯水泥浆液，用 3SNS 高压灌浆泵送至储浆搅拌机，再送至各灌浆点，调制所需浆液配比，通过高压灌浆泵灌注。

制浆材料用磅秤称量，称量误差小于 5％。水泥浆液使用高速搅拌机均匀搅拌，搅拌时间不小于 30s。定时测定浆液比重。浆液从开始制备至用完的时间小于 4h。

（2）质量检测及评定。各级水灰比浆液，经检测其指标达到设计和规范要求。帷幕灌浆孔和检查孔取出的岩芯有水泥结石，与岩体胶结良好，结石致密，强度较高。

6.2.3.6　帷幕灌浆施工

1. 施工工艺

（1）帷幕先导孔施工。每单元布置先导孔，进行钻孔取芯和压水试验，要求先导孔取芯率大于 90％。在施工下部有灌浆平洞且地层已揭露时，先导孔不取芯，只做单点压水试验；设计帷幕底线的先导孔，全孔取芯，做单点压水试验。

（2）抬动变形观测。观测孔孔径 91mm，结构见图 6.2。在观测孔临近 10～20m 范围内的灌浆、压水试验施工时，专人观测抬动变形。灌浆结束后，抬动观测孔按要求封孔。

①号灌浆平洞抬动值在 5μm 以下，远小于设计允许最大抬动值 100μm。为此，抬动观测孔布设范围为：心墙区两岸坡混凝土盖板下的灌浆区按原方案布设，其他区域遇特殊地质条件时适当布设。在①号灌浆平洞洞内段、⑤号、⑥号灌浆平洞岸坡混凝土盖板段，布设了抬动观测装置。

在灌浆施工中，压力控制和特殊情况处理得当，永久建筑物没有产生抬动。

（3）施工工艺流程：

1）施工顺序。帷幕灌浆一般 20 个孔为一个单元，分序加密施工；单排帷幕分三序；双排帷幕每排分两序，先施工下游排，然后上游排；三排帷幕每排分两序，先施工下游

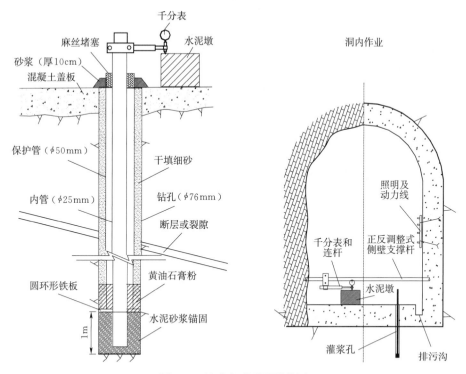

图 6.2　抬动变形观测结构图

排，后上游排，然后中间排；各单元完成后，最后施工检查孔；同一排相邻两个次序孔之间，以及后序排的第一序孔与其相邻部位前序排的最后次序孔之间，在岩石中钻孔灌浆的高差控制在 15m 以上。大坝帷幕灌浆施工工艺流程见图 6.3。

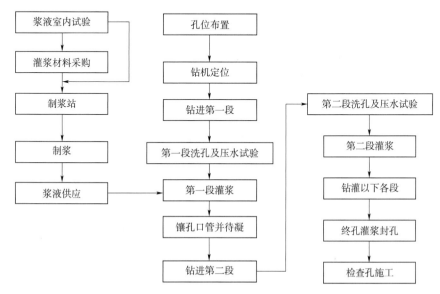

图 6.3　大坝帷幕灌浆施工工艺流程

2）钻孔。采用 XY – 2 回转地质钻机，除①号灌浆平洞和引水发电洞、②号灌浆平洞部分地段采用潜孔冲击锤造孔外，其余用金刚石钻头造孔，金刚石双管单动钻具取芯，风水为循环介质。

不取芯灌浆孔孔径 $\phi 56 \sim 91mm$，取芯孔 $\phi 75 \sim 91mm$。开孔孔位按设计要求，偏差小于 10cm。实测终孔孔深不小于设计深度。

起灌高程以下段长依次为：第一段 2m，第二段 3m，第三段及以下各段 5m，段长误差不大于 20cm。遇断层、地质不良地段，不超过 3m。塌孔软弱破碎岩体和集中漏水段，作为一段先灌浆，待凝 24h 后再钻进。

发现钻孔偏差及时纠斜，用 KXP－1 型测斜仪逐孔测量孔斜，孔底允许偏差值均小于表 6.18 的规定，大于 60m 孔深时偏差值小于 2m，满足设计要求。

表 6.18 　　　　　　　　　　　帷幕灌浆孔孔底允许偏差值　　　　　　　　　　　单位：m

孔　深		20	30	40	50	60
最大允许偏差值	单排孔	0.25	0.45	0.70	1.00	1.30
	二排孔或三排孔	0.25	0.50	0.80	1.15	1.50

3）孔口管镶铸。孔口管为 $\phi 89mm$ 地质管，在第一段（接触段）钻孔、压水试验、灌浆结束后镶铸，进入新鲜完整基岩 2m，高出孔口 10cm。孔内压入 0.5∶1 水泥浆，待孔口管与孔壁间返出同一浓度水泥浆时，导正孔口管。待凝 72h 后，再钻灌下一段。

4）钻孔冲洗及裂隙冲洗。在孔内下入钻具直到孔底，通大流量水流冲洗钻孔，直至孔口返水清净 10min 结束，冲洗后孔底残留物不大于 20cm。

灌前用压力水进行裂隙冲洗，压力为该孔段灌浆压力的 80%，且不大于 1MPa，冲洗至回水澄清 10min 结束。

5）压水试验。分段进行压水试验，除先导孔和检查孔自上而下分段卡塞进行单点法压水试验外，其余各次序孔的各灌段作简易压水试验。压力为灌浆压力的 80%，且不大于 1MPa。

6）灌浆。采用孔口封闭、自上而下分段、孔内循环灌浆法，射浆管管口距孔底小于 50cm。

灌浆压力以灌浆自动记录仪压力传感器和孔口回浆管压力表指针中值为准，并快速达到设计值，吸浆量大时分级升压。最大灌浆压力，主体帷幕灌浆控制在 4MPa，搭接帷幕灌浆 1MPa。

水灰比采用 5∶1、3∶1、2∶1、1∶1、0.8∶1、0.6∶1、0.5∶1（重量比）7 个比级，开灌水灰比 5∶1。

浆液比级由稀至浓，逐级变换，变换原则：①在灌浆压力保持不变，注入率持续减少时，或当注入率不变而压力持续升高时，不改变水灰比；②当某一比级的浆液注入量达 300L 以上或灌注时间达 1h，而灌浆压力和注入率均无改变或改变不显著时，改浓一级；③当注入率大于 30L/min 时，根据情况越级变浓。

在灌浆段最大设计压力下，注入率不大于 1L/min 时，继续灌注 60min，可结束灌浆。

灌浆结束后，用0.5：1浓浆，采用压力置换封孔法封孔。孔内水泥浆凝固后，根据情况使灌浆孔上部空余部分充填密实。

2. 帷幕灌浆成果分析

（1）透水率成果分析：

各灌浆平洞、灌浆单元的各次序孔平均透水率，Ⅰ序孔＞Ⅱ序孔＞Ⅲ序孔；下游排Ⅰ序孔＞下游排Ⅱ序孔＞Ⅲ序孔；下游排Ⅰ序孔＞下游排Ⅱ序孔，上游排Ⅰ序孔＞上游排Ⅱ序孔；中间排Ⅰ序孔＞中间排Ⅱ序孔，随着灌浆次序逐渐加密，递减明显。

①号灌浆平洞1～6单元，Ⅰ序孔平均透水率16.2Lu，Ⅱ序孔12.3Lu，Ⅲ序孔8.8Lu，检查孔1.5Lu，递减率分别为24.07％、28.45％和82.95％；7～9单元，Ⅰ序孔（下排）23.7Lu，Ⅱ序孔（下排）15.7Lu，Ⅲ序孔（下排）9.4Lu，Ⅳ序孔（上排）8.9Lu，Ⅴ序孔（上排）5.9Lu，检查孔1.8Lu，递减率分别为33.75％、40.12％、5.31％、33.7％和69.49％；10～13单元，Ⅰ序孔（下排）59.60Lu，Ⅱ序孔（下排）23.80Lu，Ⅲ序孔（上排）15.50Lu，Ⅳ序孔（上排）8.9Lu，检查孔1.9Lu，递减率分别为60.06％、34.87％、42.58％和78.65％。

②号灌浆平洞：60～61单元，Ⅰ序孔平均透水率42.8Lu，Ⅱ序孔17.2Lu，Ⅲ序孔7.7Lu，检查孔1.9Lu，递减率分别为59.81％、55.23％和75.32％；58～59单元，Ⅰ序孔（下排）29.9Lu，Ⅱ序孔（下排）20.2Lu，Ⅲ序孔（下排）9.3Lu，Ⅳ序孔（上排）8.3Lu，Ⅴ序孔（上排）7.50Lu，检查孔1.6Lu，递减率分别为32.44％、53.96％、10.75％、9.63％和78.66％；51～57单元，Ⅰ序孔（下排）55.9Lu，Ⅱ序孔（下排）36.7Lu，Ⅲ序孔（上排）19.8Lu，Ⅳ序孔（上排）10.8Lu，检查孔1.9Lu，递减率分别为34.34％、46.04％、45.45％和82.4％。

③号灌浆平洞101～127单元，Ⅰ序孔（下排）平均透水率38.2Lu，Ⅱ序孔（下排）20Lu，Ⅲ序孔（上排）13.4Lu，Ⅳ序孔（上排）9.6Lu，Ⅴ序孔（中间排）5.2Lu，Ⅵ序孔（中间排）3.7Lu，检查孔1.4Lu，递减率分别为47.64％、33％、28.35％、45.83％、28.84％和62.16％。

③号灌浆平洞搭接帷幕：101D～130D单元，Ⅰ序孔（下排）42.5Lu，Ⅱ序孔（下排）32.3Lu，Ⅲ序孔（上排）27.1Lu，Ⅳ序孔（上排）21.1Lu，Ⅴ序孔（中间排）13.8Lu，Ⅵ序孔（中间排）8Lu，检查孔1.4Lu，递减率分别为24.23％、15.83％、22.14％、34.59％、42.02％和82.5％。

④号灌浆平洞主体帷幕：151～166单元，Ⅰ序孔（下排）39.5Lu，Ⅱ序孔（下排）23.9Lu，Ⅲ序孔（上排）19.1Lu，Ⅳ序孔（上排）15.3Lu，Ⅴ序孔（中间排）10.4Lu，Ⅵ序孔（中间排）7.6Lu，检查孔1.4Lu，递减率分别39.49％、20.08％、19.89％、32.02％、26.92％和81.57％。

④号灌浆平洞搭接帷幕：151D～169D单元，Ⅰ序孔（下排）36.7Lu，Ⅱ序孔（下排）31.2Lu，Ⅲ序孔（上排）26.4Lu，Ⅳ序孔（上排）23Lu，Ⅴ序孔（中间排）19.4Lu，Ⅵ序孔（中间排）平均透水率14.6Lu，检查孔1.3Lu，递减率分别为14.98％、15.38％、12.87％、15.65％、24.74％和91.09％。

⑤号灌浆平洞主体帷幕：201～227单元，Ⅰ序孔（下排）33.7Lu，Ⅱ序孔（下游排）

19.4Lu，Ⅲ序孔（上排）11.4Lu，Ⅳ序孔（上排）8.1Lu，Ⅴ序孔（中间排）5.8Lu，Ⅵ序孔（中间排）4.7Lu，检查孔 1.6Lu，递减率分别 42.43%、41.23%、28.94%、28.39%、18.96%和65.95%。

⑤号灌浆平洞搭接帷幕：201D～241D 单元，Ⅰ序孔（下排）43.8Lu，Ⅱ序孔（下排）34.2Lu，Ⅲ序孔（上排）26.6Lu，Ⅳ序孔（上排）20.2Lu，Ⅴ序孔（中间排）14Lu，Ⅵ序孔（中间排）9.2Lu，检查孔 1.6Lu，递减率分别为 21.91%、22.22%、24.06%、30.69%、34.28%和82.6%

⑥号灌浆平洞主体帷幕：251～262 单元，Ⅰ序孔（下排）49.6Lu，Ⅱ序孔（下排）28.7Lu，Ⅲ序孔（上排）18.2Lu，Ⅳ序孔（上排）10.3Lu，Ⅴ序孔（中间排）7.9Lu，Ⅵ序孔（中间排）6.4Lu，检查孔 1.6Lu，递减率分别为 42.13%、36.58%、43.4%、23.3%、18.98%和75%

⑥号灌浆平洞搭接帷幕：251D～259D 单元，Ⅰ序孔（下排）82.10Lu，Ⅱ序孔（下排）平均透水率 69.50Lu，Ⅲ序孔（上排）平均透水率 55.90Lu，Ⅳ序孔（上排）33.90Lu，Ⅴ序孔（中间排）18.10Lu，Ⅵ序孔（中间排）12.40Lu，检查孔 1.40Lu，递减率分别为 15.34%、19.56%、39.35%、46.60%、31.49%和88.70%。

⑦号灌浆平洞主体帷幕：301～306 单元，Ⅰ序孔（下排）14.6Lu，Ⅱ序孔（下排）11.8Lu，Ⅲ序孔（上排）5.5Lu，Ⅳ序孔（上排）4.4Lu，检查孔 1.4Lu，递减率分别为 19.17%、53.38%、20%和68.18%。

⑦号灌浆平洞搭接帷幕：301D～306D 单元，Ⅰ序孔（下排）32.7Lu，Ⅱ序孔（下排）平均 30.2Lu，Ⅲ序孔（上排）27.8Lu，Ⅳ序孔（上排）26.3Lu，Ⅴ序孔（中间排）24.3Lu，Ⅵ序孔（中间排）21.7Lu，检查孔 1.3Lu，递减率分别为 7.64%、7.94%、5.39%、7.6%、10.69%和94%。

⑧号灌浆平洞主体帷幕：351～357 单元，Ⅰ序孔（下排）14.9Lu，Ⅱ序孔（下排）11.5Lu，Ⅲ序孔（上排）11.2Lu，Ⅳ序孔（上排）7.9Lu，检查孔 1.5Lu，递减率分别为 22.81%、2.6%、29.46%和81.01%。

⑧号灌浆平洞搭接帷幕：351D～357D 单元，Ⅰ序孔（下排）26.2Lu，Ⅱ序孔（下排）22Lu，Ⅲ序孔（上排）17.3Lu，Ⅳ序孔（上排）13Lu，Ⅴ序孔（中间排）9.5Lu，Ⅵ序孔（中间排）6.9Lu，检查孔 1.4Lu，递减率分别为 16.03%、21.36%、24.85%、26.92%、27.36%和79.71%。

河床灌浆廊道：401～410 单元，Ⅰ序孔（下排）18.20Lu，Ⅱ序孔（下排）14.30Lu，Ⅲ序孔（上排）12.5Lu，Ⅳ序孔（上排）10.4Lu，检查孔 1.2Lu，递减率分别为 21.42%、12.58%、16.80%和88.46%。

防渗墙之间封闭帷幕：439～440 单元，Ⅰ序孔（下排）36.4Lu，Ⅱ序孔（下排）21.5Lu，Ⅲ序孔（上排）17.5Lu，Ⅳ序孔（上排）13.5Lu，检查孔 2.1Lu，递减率分别为 40.93%、18.6%、22.85%和84.44%。

引水发电洞底板帷幕：451～461 单元，Ⅰ序孔（下排）22.7Lu，Ⅱ序孔（下排）18.2Lu，Ⅲ序孔（上排）16.3Lu，Ⅳ序孔（上排）13.4Lu，Ⅴ序孔（中间排）11.4Lu，Ⅵ序孔（中间排）7.9Lu，检查孔 1.3Lu，递减率分别 19.82%、10.43%、17.79%、

14.92%、30.7%和83.54%。

引水发电洞搭接帷幕：452D～462D 单元，Ⅰ序孔（下排）37.5Lu，Ⅱ序孔（下排）27Lu，Ⅲ序孔（上排）24.3Lu，Ⅳ序孔（上排）19.6Lu，Ⅴ序孔（中间排）17.6Lu，Ⅵ序孔（中间排）率 12.6Lu，检查孔 1.4Lu，递减率分别为 28%、10%、19.34%、10.2%、28.4%和88.88%。

放空洞底板帷幕：470 单元，Ⅰ序孔（下游排）39.4Lu，Ⅱ序孔（下游排）28.1Lu，Ⅲ序孔（上游排）平均透水率23.9Lu，Ⅳ序孔（上游排）17.1Lu，Ⅴ序孔（中间排）11.3Lu，Ⅵ序孔（中间排）6.7Lu，检查孔 1.6Lu，递减率分别为 28.68%、14.94%、28.45%、33.91%、40.7%和76.11%。

放空洞搭接帷幕：471 单元，Ⅰ序孔（下排）31.3Lu，Ⅱ序孔（下排）28.9Lu，Ⅲ序孔（上排）26.9Lu，Ⅳ序孔（上排）21Lu，Ⅴ序孔（中间排）11.1Lu，Ⅵ序孔（中间排）8.2Lu，检查孔 1.8Lu，递减率分别为 7.66%、6.92%、21.93%、47.14%、26.12%和78.04%。

（2）单位耗灰量成果分析：

各灌浆平洞、灌浆单元的各次序单位耗灰量：Ⅰ序孔＞Ⅱ序孔＞Ⅲ序孔；下游排Ⅰ序孔＞下游排Ⅱ序孔＞Ⅲ序孔；下游排Ⅰ序孔＞下游排Ⅱ序孔，上游排Ⅰ序孔＞上游排Ⅱ序孔；中间排Ⅰ序孔＞中游排Ⅱ序孔，随灌浆次序逐渐加密，递减明显。

①号灌浆平洞：1～6 单元，Ⅰ序孔 224.2kg/m，Ⅱ序孔 164.3kg/m，Ⅲ序孔 83.2kg/m，检查孔 18.5kg/m，递减率分别为 26.71%、49.36%和77.76%；7～9 单元，Ⅰ序孔（下排）378.8kg/m，Ⅱ序孔（下排）239.9kg/m，Ⅲ序孔（下排）116.2kg/m，Ⅳ序孔（上排）94.8kg/m，Ⅴ序孔（上排）72.3kg/m，检查孔 12.9kg/m，递减率分别为 36.66%、51.56%、18.41%、23.73%和82.15%；10～13 单元，Ⅰ序孔（下排）701.4kg/m，Ⅱ序孔（下排）389.2kg/m，Ⅲ序孔（上排）224.2kg/m，Ⅳ序孔（上排）81.1kg/m，检查孔 12.7kg/m，递减率分别为 44.51%、42.39%、63.82%和84.34%。

②号灌浆平洞：60～61 单元，Ⅰ序孔 403.3kg/m，Ⅱ序孔 213.5kg/m，Ⅲ序孔 77.4kg/m，检查孔 16.9kg/m，递减率分别为 47.06%、63.74%和78.16%；58～59 单元，Ⅰ序孔（下排）443.6kg/m，Ⅱ序孔（下排）299.9kg/m，Ⅲ序孔（下排）120.5kg/m，Ⅳ序孔（上排）110.1kg/m，Ⅴ序孔（上排）53.6kg/m，检查孔 5kg/m，递减率分别为 32.39%、59.81%、8.63%、51.31%和90.67%；51～57 单元，Ⅰ序孔（下排）790.7kg/m，Ⅱ序孔（下排）577.7kg/m，Ⅲ序孔（上排）285kg/m，Ⅳ序孔（上排）93.3kg/m，检查孔 13.6kg/m，递减率分别为 26.93%、50.66%、67.26%和85.42%。

③号灌浆平洞主体帷幕：101～127 单元，Ⅰ序孔（下排）425.5kg/m，Ⅱ序孔（下排）280.7kg/m，Ⅲ序孔（上排）167.4kg/m，Ⅳ序孔（上排）82.4kg/m，Ⅴ序孔（中间排）32.8kg/m，Ⅵ序孔（中间排）20.1kg/m，检查孔 7kg/m，递减率分别为 34.03%、40.36%、50.77%、60.19%、38.71%和65.17%。

③号灌浆平洞搭接帷幕：101D～127D 单元，Ⅰ序孔（下排）273.1kg/m，Ⅱ序孔（下排）187.1kg/m，Ⅲ序孔（上排）139.6kg/m，Ⅳ序孔（上排）87.9kg/m，Ⅴ序孔（中间排）44.8kg/m，Ⅵ序孔（中间排）23.7kg/m，检查孔 5.5kg/m，递减率分别为

31.49％、25.38％、37.03％、49.03％、47.09％和76.79％。

④号灌浆平洞主体帷幕：151～166单元，Ⅰ序孔（下排）405.9kg/m，Ⅱ序孔（下排）241.3kg/m，Ⅲ序孔（上排）145.9kg/m，Ⅳ序孔（上排）82.2kg/m，Ⅴ序孔（中间排）78.5kg/m，Ⅵ序孔（中间排）39.5kg/m，检查孔6.8kg/m，递减率分别为40.55％、39.53％、43.66％、4.5％、49.68％和82.78％。

④号灌浆平洞搭接帷幕：151D～169D单元，Ⅰ序孔（下排）269.8kg/m，Ⅱ序孔（下排）210.2kg/m，Ⅲ序孔（上排）151.7kg/m，Ⅳ序孔（上排）102.7kg/m，Ⅴ序孔（中间排）70.3kg/m，Ⅵ序孔（中间排）37.1kg/m，检查孔4.2kg/m，递减率分别为22.09％、27.83％、32.30％、31.54％、47.22％和88.67％。

⑤号灌浆平洞主体帷幕：201～227单元，Ⅰ序孔（下排）326.6kg/m，Ⅱ序孔（下排）219.7kg/m，Ⅲ序孔（上排）143.1kg/m，Ⅳ序孔（上排）77.1kg/m，Ⅴ序孔（中间排）47.9kg/m，Ⅵ序孔（中间排）37.7kg/m，检查孔7.8kg/m，递减率分别为32.73％、34.86％、46.12％、37.87％、27.05％和79.31％。

⑤号灌浆平洞搭接帷幕：201D～241D单元，Ⅰ序孔（下排）250.2kg/m，Ⅱ序孔（下排）189.6kg/m，Ⅲ序孔（上排）139.4kg/m，Ⅳ序孔（上排）101.3kg/m，Ⅴ序孔（中间排）61.2kg/m，Ⅵ序孔（中间排）35.1kg/m，检查孔5.6kg/m，递减率分别为24.22％、26.47％、27.33％、65.52％、42.64％和84.04％。

⑥号灌浆平洞主体帷幕：251～262单元，Ⅰ序孔（下排）425.5kg/m，Ⅱ序孔（下排）288.1kg/m，Ⅲ序孔（上排）187.3kg/m，Ⅳ序孔（上排）84.2kg/m，Ⅴ序孔（中间排）54.5kg/m，Ⅵ序孔（中间排）42.6kg/m，检查孔10.3kg/m，递减率分别为32.29％、34.98％、55.04％、35.27％、21.83％和75.82％。

⑥号灌浆平洞搭接帷幕：251D～259D单元，Ⅰ序孔（下排）791.7kg/m，Ⅱ序孔（下排）525.1kg/m，Ⅲ序孔（上排）379kg/m，Ⅳ序孔（上排）207.6kg/m，Ⅴ序孔（中间排）77.8kg/m，Ⅵ序孔（中间排）42.4kg/m，检查孔2.4kg/m，递减率分别为33.67％、27.82％、45.22％、62.52％、45.50％和95.04％。

⑦号灌浆平洞主体帷幕：301～306单元，Ⅰ序孔（下排）292kg/m，Ⅱ序孔（下排）234kg/m，Ⅲ序孔（上排）166.3kg/m，Ⅳ序孔（上排）79.3kg/m，检查孔10.3kg/m，递减率分别为19.86％、28.93％、52.31％和87.01％。

⑦号灌浆平洞搭接帷幕：301D～306D单元，Ⅰ序孔（下排）394.1kg/m，Ⅱ序孔（下排）360.3kg/m，Ⅲ序孔（上排）326.6kg/m，Ⅳ序孔（上排）267.6kg/m，Ⅴ序孔（中间排）113.8kg/m，Ⅵ序孔（中间排）66.7kg/m，检查孔5.4kg/m，递减率分别为8.57％、9.35％、18.06％、57.47％、41.38％和91.9％。

⑧号灌浆平洞主体帷幕：351～357单元，Ⅰ序孔（下排）283.6kg/m，Ⅱ序孔（下排）207.1kg/m，Ⅲ序孔（上排）169kg/m，Ⅳ序孔（上排）86.9kg/m，检查孔15kg/m，递减率分别为26.97％、18.39％、48.57％和82.73％。

⑧号灌浆平洞搭接帷幕：351D～357D单元，Ⅰ序孔（下排）223.6kg/m，Ⅱ序孔（下排）188kg/m，Ⅲ序孔（上排）138.7kg/m，Ⅳ序孔（上排）121.8kg/m，Ⅴ序孔（中间排）89.6kg/m，Ⅵ序孔（中间排）67.3kg/m，检查孔9.6kg/m，递减率分别为

15.92％、26.22％、12.18％、26.43％、24.88％和85.73％。

河床灌浆廊道：401～410单元，Ⅰ序孔（下排）327kg/m，Ⅱ序孔（下排）237.9kg/m，Ⅲ序孔（上排）175.1kg/m，Ⅳ序孔（上游排）97kg/m，检查孔25.4kg/m，递减率分别为27.24％、26.39％、44.6％和73.81％。

防渗墙间封闭帷幕：439～440单元，Ⅰ序孔（下排）352.7kg/m，Ⅱ序孔（下排）262.3kg/m，Ⅲ序孔（上排）184.4kg/m，Ⅳ序孔（上排）88.9kg/m，检查孔11.1kg/m，递减率分别为25.63％、29.69％、51.78％和87.51％。

引水发电洞底板帷幕：451～461单元，Ⅰ序孔（下排）363.9kg/m，Ⅱ序孔（下排）230.5kg/m，Ⅲ序孔（上排）174.2kg/m，Ⅳ序孔（上排）127.8kg/m，Ⅴ序孔（中间排）89.6kg/m，Ⅵ序孔（中间排）49.7kg/m，检查孔3.9kg/m，递减率分别为36.65％、24.42％、26.63％、29.89％、44.53％和92.15％。

引水发电洞搭接帷幕：452D～462D单元，Ⅰ序孔（下排）345.8kg/m，Ⅱ序孔（下排）194.7kg/m，Ⅲ序孔（上排）153.4kg/m，Ⅳ序孔（上排）123.2kg/m，Ⅴ序孔（中间排）84.2kg/m，Ⅵ序孔（中间排）43.3kg/m，检查孔5.2kg/m，递减率分别为43.69％、21.21％、19.68％、31.65％、48.57％和87.99％。

放空洞底板帷幕：470单元，Ⅰ序孔（下排）331.8kg/m，Ⅱ序孔（下排）258.7kg/m，Ⅲ序孔（上排）239kg/m，Ⅳ序孔（上排）155.7kg/m，Ⅴ序孔（中间排）57.9kg/m，Ⅵ序孔（中间排）31.5kg/m，检查孔9.7kg/m，递减率分别为22.03％、7.61％、34.85％、62.81％、45.59％和69.2％。

放空洞搭接帷幕：471单元，Ⅰ序孔（下排）272.8kg/m，Ⅱ序孔（下排）215.8kg/m，Ⅲ序孔（上排）202.9kg/m，Ⅳ序孔（上排）147.1kg/m，Ⅴ序孔（中间排）54.5kg/m，Ⅵ序孔（中间排）24.9kg/m，检查孔单位耗灰量10.7kg/m，递减率分别为20.89％、5.97％、27.5％、62.95％、54.31％和57.02％。

3. 特殊情况分析

（1）特殊情况处理原则：

1）大量耗浆孔段。视耗浆量情况，在水泥浆中掺加中、细砂，耗灰量超过1～2t/m，压力仍不回升，又无漏浆迹象时，停止灌浆，待凝24h后复灌。

2）冒浆孔段。采用表面封堵并降压，如降压无效，再将浆液变浓，如无效，则停灌待凝，该情况主要出现在接触段和岸坡没有混凝土盖重的孔段。

3）孔段串浆。塞住串浆孔，待灌浆孔结束后，再对串浆孔扫孔、冲洗，继续进行串浆孔钻进或灌浆。

4）灌浆中断。缩短中断时间，及早恢复灌浆；恢复灌浆用开灌比级的水泥浆灌注，如注入率与中断前相近，用中断前的水泥浆比级灌注；如注入率较中断前减少较多，逐渐加浓浆液继续灌注；如注入率较中断前减少很多，且在短时间内停止吸浆，采取补救措施。

（2）特殊情况。一些孔段钻孔中孔口返水小，有漏水现象，达不到设计压水压力；灌浆无回浆，吸浆量大。限压限流、浓浆灌注和待凝复灌后，达灌浆结束标准。下面是典型的几段。

1) ①号灌浆平洞 11X-Ⅰ-5 孔第 7 段灌 6 次，单位注入量 5888.9kg/m，总注入水泥量 29444.5kg/m。

2) ②号灌浆平洞 54X-Ⅰ-2 孔第 5 段灌 2 次，单位注入量 1854.8kg/m，总注入水泥量 9273.9kg/m；第 7 段灌 3 次，单位注入量 2994.8kg/m，总注入水泥量 14973.9kg/m。

3) ②号灌浆平洞 55X-Ⅱ-9 孔第 3 段灌 11 次，单位注入量 12417kg/m，总注入水泥量 62085.2kg/m。在施工相临②号灌浆平洞 55S-Ⅰ-9 孔时，从相应位置钻孔取出 0.4m 长水泥结石，密实完整，说明②号灌浆平洞 55X-Ⅱ-9 第 3 段灌浆效果明显。

4) ③号灌浆平洞 118X-Ⅰ-9 第 6 段，③号灌浆平洞 122X-Ⅱ-8 第 4 段，在造孔至 30.8m 的时候掉钻 1.2m，漏水，是钻穿高程 780m 的地质探洞。待封堵探洞后再进行该部位灌浆。该段吸浆量大，多次复灌浓浆效果不明显，后加砂灌注。③号灌浆平洞 118X-Ⅰ-9 第 6 段灌 25 次，单位注入量 24300.7kg/m，总注入水泥量 121503.3kg/m。③号灌浆平洞 122X-Ⅱ-8 第 4 段灌 22 次，单位注入量 49708.6kg/m，总注入水泥量 99417.2kg/m。

5) ⑥号灌浆平洞 252X-Ⅰ-5 孔第 4 段灌 7 次，单位注入量 4776.1kg/m，总注入水泥量 23880.7kg/m。

4. 质量检测及评定

（1）检查孔压水。检查孔压水试验在灌浆结束 14d 后进行，用自上而下分段卡塞进行单点法压水试验。当透水率不大于 3Lu，混凝土盖板与基岩接触段及下一段的合格率应为 100%，以下各段合格率应为 90%以上，不合格段的透水率值不超过设计规定值的 150%，且不集中，则认为合格。

检查孔根据原始记录及灌浆成果资料确定，一般为该单元孔数的 10%左右。

（2）检查孔施工。取芯检查孔，采用孔径 ϕ91mm、ϕ75mm 金刚石钻头、双管单动钻具清水钻进，检查孔结束后，按技术要求进行灌浆和封孔。

（3）检查孔压水成果。从检查孔压水成果看，各部位、各单元检查孔灌后吕荣值均达到了设计标准。

（4）检查孔取芯检查。检查孔取出的岩芯中有大量水泥结石，致密，强度较高，宽度 0.3~40mm 不等，与岩体胶结良好。

6.2.3.7　工程质量评价

1. 质量评定成果

本工程帷幕灌浆单元 257 个，评定 257 个，灌浆孔 5653 个，灌浆孔合格率 100%，5269 个孔优良，优良率 93.21%；灌浆单元合格率 100%，253 个优良，优良率 98.44%；帷幕检查孔 545 个，检查孔压水 4293 段，其中 $q<3$Lu 的 4287 段，$q>3$Lu 的 6 段，最大 q 值 4.39Lu，合格率 100%。

2. 总体质量评价

灌浆质量检查表明，施工符合设计指标，效果显著。

专家组认为帷幕灌浆的钻孔布置、灌浆材料和浆液、主要工艺参数等，总体上合理。各序孔平均单位注入量和平均透水率依次递减规律良好，灌浆施工质量符合设计要求。

孔径 65mm，孔深入岩 8m，梅花形布置。

3）⑤号灌浆平洞（左高程 731m）

桩号 0－119.70～0＋109.3m 双排搭接帷幕（下倾 5°～12°），孔距 2m，排距 0.5m，孔深深入岩 10m。

桩号 0＋109.30～0＋111.83m 堵头处双排补强搭接帷幕（下倾 5°～12°），孔距 0.3m，排距 0.5m，孔深 10～21m。

桩号 0＋043.50～0＋050.00m 三排直斜帷幕间补强过渡帷幕 0°，孔距 2m，排距 0.6～1.2m，孔深至高程 648m。

桩号 0＋108.58～0＋111.83m 双排补强过渡帷幕（0°～3°），孔距 1.5m，排距 1.2m，孔深至高程 676.70～669.00m。

桩号 0＋098.83～0＋111.83m 双排岸坡"三角区"向下补强帷幕（下倾 8°～28.5°），孔距 2m，排距 1.2m，孔深 24.7～76.7m。

桩号 0＋048.00～0＋096.00m 单排原帷幕加密补强 5°，孔距 2m，孔深至高程 670.00m。

桩号 0＋044.83～0＋111.83m 岸坡"三角区"向上补强帷幕（上仰 9°～83°），孔距 1～2m，排距 1.2m，孔深 17.4～49.9m。

桩号 0－000.26～0－075.26m 原帷幕轴线单排加密帷幕（0°），孔距（2.5m），孔深至原帷幕底线高程 648.00m。

桩号 0－0009.00～0＋111.00m、0－135.00～0－081.00m 灌浆平洞上下游侧墙及顶拱固结灌浆，孔排距 2m，孔深入岩 4m，梅花形布置。

桩号 0－009.00～0＋111.00m 下游拱顶部位和下游边墙下部排水孔，纵向孔距 3m，孔径 65mm，孔深入岩 8m，梅花形布置。

4）⑥号洞（右高程 731m）：

桩号 0＋460.88～0＋514.88m 双排搭接帷幕（下倾 5°～12°），孔距 2m，排距 0.5m，孔深入岩 10m。

桩号 0＋458.03～0＋460.88m 堵头处双排补强搭接帷幕（下倾 5°～12°），孔距 0.30m，排距 0.5m，孔深 10～21m。

桩号 0＋505.00～0＋510.25m 双排直斜帷幕间补强过渡帷幕 0°～4°，孔距 0.35～2m，排距 1.2m，孔深至高程 635.00m。

桩号 0＋458.03～0＋461.28m 双排补强过渡帷幕（0°～3°），孔距 1.5m，排距 1.2m，孔深至高程 677.2～669.00m。

桩号 0＋458.03～0＋468.03 双排岸坡"三角区"向下补强帷幕（下倾 8°～24°），孔距 2m，排距 1.2m，孔深 22.7～86.4m。

桩号 0＋570.98～0＋575.43m 双排右端头处补强搭接帷幕（下倾 5°～12°），孔距 1m，排距 0.5m，孔深 10.5m。

桩号 0＋570.98～0＋574.68m 双排右端头处补强过渡帷幕（0°～3°），孔距 0.7～2m，排距 1.2m，孔深至高程 695m。

桩号 0＋511.00～0＋527.00m 上游墙及顶拱断层带补强固结，排距 2m，孔深深入基岩 6.0m。

桩号 0+459.00～0+529.00m 双排底板固结灌浆，孔距 2m，排距 1.4m，孔深入岩 6m。

桩号 0+458.03～0+519.03m 岸坡"三角区"向上补强帷幕（上仰 11°～86°），孔距 1m，排距 1.2m，孔深 14.5～29.3m。

桩号 0+459.00～0+509.00m 灌浆平洞上下游侧墙及顶拱固结灌浆，孔排距为 2m，灌浆孔深入岩 4m，梅花形布置。

桩号 0+459.00～0+509.00m 下游拱顶部位和下游边墙下部排水孔，纵向孔距 3m，孔径 65mm，孔深入岩 8m，梅花形布置。

5）⑦号灌浆平洞（左高程 673m）：

桩号 0+124.83～0+171.33m 双排搭接帷幕（下倾 5°～12°），孔距 2m，排距 0.5m，孔深深入岩 10m。

桩号 0+049.00～0+050.00m 双排左端头处补强过渡帷幕 0°，排距 1.2m，孔深至高程 648m。

桩号 0+048.70～0+053.75m 双排左端头处补强搭接帷幕（下倾 5°～12°），孔距 1m，排距 0.5m，孔深 10.5m。

桩号 0+111.83～0+172.20m 双排岸坡"三角区"向上铅直补强帷幕，孔距 2.0m，排距 1.2m，孔深 3.20～48.35m。

桩号 0+050.00～0+172.00m 单排补强浅层灌浆，孔距 2m，孔深深入岩 10m。

桩号 0+171.00～0+172.20m 双排防渗墙之间封闭补强帷幕（下倾 16°～86°），孔距 0.25m，排距 1.2m，孔深 15.4～40m。

桩号 0+050.00～0+164.00m 灌浆平洞上下游侧墙及顶拱固结灌浆，孔排距为 2m，灌浆孔深入岩 4m，梅花形布置。

桩号 0+050.00～0+164.00m 下游拱顶部位和下游边墙下部排水孔，纵向孔距 3m，孔径 65mm，孔深入岩 8m，梅花形布置。

6）⑧号灌浆平洞（右高程 673m）：

桩号 0+361.00～0+445.00m 双排搭接帷幕（下倾 5°～12°），孔距 2m，排距 0.5m，孔深深入岩 10m。

桩号 0+501.00～0+505.00m 双排右端头处补强搭接帷幕（下倾 5°～12°），孔距 1m，排距 0.5m，孔深 10.5m。

桩号 0+367.40～0+399.90m 双排岸坡"三角区"向上铅直补强帷幕，孔距 2m，排距 1.2m，孔深 1.6～25.3m。

桩号 0+367.4～0+458.03m 斜向上补强帷幕（上仰 36°31′44″），孔距 3.36m，排距 1.2m，孔深 2.87～88.62m。

桩号 0+358.70～0+504.70m 单排补强浅层灌浆，孔距 2m，孔深入岩 10m。

桩号 0+354.20～0+361.80m 多排防渗墙之间封闭补强帷幕（下倾 0°～86°），孔距 0.25m，排距 1m，孔深 14.8～40m。

桩号 0+454.00～0+504.00m 双排底板固结灌浆，孔距 2m，排距 1.4m，孔深入岩

6m。桩号 0＋456.00～0＋504.00m 单排减压排水孔，孔距 3m，孔径 65mm，孔深入岩 8m。

桩号 0＋380.00～0＋504.00m 灌浆平洞上下游侧墙及顶拱固结灌浆，孔排距 2m，灌浆孔深入岩 4m，梅花形布置。

桩号 0＋381.00～0＋504.00m 下游拱顶部位和下游边墙下部排水孔，纵向孔距 3m，孔径 65mm，孔深入岩 8m，梅花形布置。

（2）设计标准。在设计压力下，注入率不大于 1L/min，继续灌注 60min 结束灌浆。补强灌浆标准：渗漏水降至设计标准范围以内。

3. 补强灌浆施工

补强灌浆施工由北京振冲工程股份有限公司承担，大坝基础灌浆的设备、人员、水电风布置等在适当调整均得以延续；灌浆原材料的供应与检测，仍按照大坝基础帷幕灌浆的施工时的方式；工艺流程同大坝帷幕灌浆。

（1）钻孔灌浆。钻孔方法、孔径、孔位偏差、段长、钻孔冲洗及裂隙冲洗、孔口管镶铸、压水试验、灌浆方法、浆液比级、浆液水灰比和开灌水灰比、浆液变换、封孔等要求，均同大坝帷幕灌浆。孔深、灌浆结束标准等按设计要求控制，灌浆压力见表 6.19。

表 6.19　　　　　　　　　　　　灌　浆　压　力

孔深/m	0～2	2～5	5～10	10～15	10～16	15～20	15～21	>16	>20
主帷幕/MPa	0.5	1.0	1.5	2.2	—	3.0	—	—	4.0
搭接帷幕/MPa	0.5	1.0	1.5	1.8	—	—	2.0	—	—
"三角区"帷幕/MPa	0.5	1.0	1.5	—	1.8	—	—	2.0	—

注：各排各序孔采用相同的灌浆压力。

（2）特殊孔段灌浆。在补强灌浆钻孔中，经常有孔段出现渗水和渗压现象，或在他处冒浆或渗水，最大渗水量 206L/min，渗压 1MPa，采用限压限流和待凝复灌等措施后才达到结束标准。但灌段灌浆次数增加，单位耗灰量相当高，有的达 1266.48kg/m。

4. 施工效果评价

（1）平均透水率。平均透水率，随灌浆次序加密，递减明显。

1）⑧号灌浆平洞：

封闭补强帷幕Ⅰ序孔 6.28Lu 大于Ⅱ序孔 4.97Lu。

向上"三角区"补强帷幕下游排Ⅰ序孔 6.27Lu 大于下游排Ⅱ序孔 4.79Lu，上游排Ⅰ序孔 4.77Lu 大于上游排Ⅱ序孔 4.56Lu。

搭接补强帷幕下排Ⅰ序孔 4.96Lu 大于下排Ⅱ序孔 3.61Lu，上排Ⅰ序孔 3.44Lu，上排Ⅱ序孔 3.48Lu。

2）⑦号灌浆平洞：

浅层补强帷幕Ⅰ序孔 2.87Lu 大于Ⅱ序孔 2.18Lu。

向上"三角区"补强帷幕下游排Ⅰ序孔 4.37Lu 大于下游排Ⅱ序孔 4.28Lu，上游排Ⅰ序孔 3.69Lu 大于上游排Ⅱ序孔 3.47Lu。

封闭补强帷幕下游排Ⅰ序孔 4.59Lu 大于下游排Ⅱ序孔 3.57Lu；上游排Ⅰ序孔

4.37Lu 大于上游排Ⅱ序孔 2.39Lu。

3）⑥号灌浆平洞：

搭接补强帷幕下排Ⅰ序孔 6.90Lu 大于下排Ⅱ序孔 6.15Lu；上排Ⅰ序孔 6.21Lu 大于上排Ⅱ序孔平均透水率 5.94Lu。

向下"三角区"补强帷幕下游排Ⅰ序孔 7.77Lu 大于下游排Ⅱ序孔 7.74Lu；上游排Ⅰ序孔 5.33Lu 大于上游排Ⅱ序孔平均 4.27Lu。

4）⑤号灌浆平洞：

搭接补强帷幕下排Ⅰ序孔 6.13Lu 大于下排Ⅱ序孔 4.22Lu；上排Ⅰ序孔 4.82Lu 大于上排Ⅱ序孔 3.14Lu。

补强直帷幕下排Ⅰ序孔 4.92Lu 大于下排Ⅱ序孔 4.78Lu；上排Ⅰ序孔 4.61Lu 大于上排Ⅱ序孔 2.63Lu。

向下"三角区"补强帷幕下游排Ⅰ序孔 7.76Lu 大于下游排Ⅱ序孔 4.33Lu；上游排Ⅰ序孔 3.70Lu 大于上游排Ⅱ序孔 3.83Lu。

（2）单位耗灰量。平均单位耗灰量，随灌浆次序逐渐加密，递减明显。

1）⑧号灌浆平洞：

封闭补强帷幕Ⅰ序孔 109.04kg/m 大于Ⅱ序孔 64.95kg/m。

向上"三角区"补强帷幕下游排Ⅰ序孔 110.88kg/m 大于下游排Ⅱ序孔 56.85kg/m；上游排Ⅰ序孔 61.85kg/m 大于上游排Ⅱ序孔 53.35kg/m。

搭接补强帷幕下排Ⅰ序孔 82.46kg/m 大于下排Ⅱ序孔 48.94kg/m；上排Ⅰ序孔 40.42kg/m 大于上排Ⅱ序孔 36.14kg/m。

2）⑦号灌浆平洞：

浅层补强帷幕Ⅰ序孔 13.86kg/m 大于Ⅱ序孔 9.33kg/m。

向上"三角区"补强帷幕下游排Ⅰ序孔 40.05kg/m 大于下游排Ⅱ序孔 34.73kg/m；上游排Ⅰ序孔 22.02kg/m 大于上游排Ⅱ序孔 20.50kg/m。

封闭补强帷幕下游排Ⅰ序孔 34.19kg/m 小于下游排Ⅱ序孔 38.15kg/m；上游排Ⅰ序孔 33.93kg/m 大于上游排Ⅱ序孔 11.20kg/m。

3）⑥号灌浆平洞：

搭接补强帷幕下排Ⅰ序孔 95.03kg/m 大于下排Ⅱ序孔 71.40kg/m；上排Ⅰ序孔 107.31kg/m 大于上排Ⅱ序孔 92.72kg/m。

向下"三角区"补强帷幕下游排Ⅰ序孔 112.95kg/m 大于下游排Ⅱ序孔 82.94kg/m；上游排Ⅰ序孔 77.07kg/m 大于上游排Ⅱ序孔 76.48kg/m。

4）⑤号灌浆平洞：

搭接补强帷幕下排Ⅰ序孔 25.00kg/m 大于下排Ⅱ序孔 21.60kg/m；上排Ⅰ序孔 25.10kg/m 大于上排Ⅱ序孔 16.50kg/m。

补强直帷幕下排Ⅰ序孔 25.90kg/m 大于下排Ⅱ序孔 24.83kg/m；上排Ⅰ序孔 23.38kg/m 大于上排Ⅱ序孔平均 14.69kg/m。

向下"三角区"补强帷幕下游排Ⅰ序孔 55.08kg/m 大于下游排Ⅱ序孔 35.29kg/m；上游排Ⅰ序孔 18.74kg/m 小于上游排Ⅱ序孔 20.56kg/m。

（3）质量检测及评定：

1）检查孔成果。补强帷幕灌浆质量检查孔的施工时间和数量、合格标准同大坝帷幕灌浆。补强帷幕检查孔 69 个，检查孔压水 551 段，$q \leqslant 3Lu$ 为 547 段，合格率 99.27%，$q > 3Lu$ 为 4 段，最大吕荣值 q 为 3.39Lu，不合格率 0.73%，补强灌浆质量符合要求。

2）总体质量评定。补强灌浆施工随灌浆次序逐渐加密，透水率和单位耗灰量递减明显。灌浆施工符合设计指标，效果显著。所灌部位渗压降幅明显、渗水量显著减少。

3）专家评价。2010 年 4 月，防渗专家认为：一期防渗补强灌浆的钻孔布置、灌浆材料和浆液、主要工艺参数总体合理，施工规范，特殊情况处理得当，效果显著。

6.2.3.10 蓄水后情况

大坝帷幕灌浆 2008 年 9 月 22 日完工，补强帷幕灌浆 2010 年 10 月 18 日完成。2010 年 10 月 17 日左右岸灌浆洞总渗流量 108.65L/s（左岸累积变化量 63.88L/s，右岸 44.77L/s。二期蓄水后左岸 43.47L/s，右岸 30.58L/s），小于设计允许值 150L/s。比二期蓄水前 5 月 1 日渗流量 55.5L/s，有所增大；与一期蓄水期间最大渗流量 143.1L/s 相比，明显减少。

库水位稳定在高程 850m，经补强灌浆处理的大坝两岸山体渗水未显著增加，仅 108L/s 左右，各部位渗压未出现异常，补强灌浆效果较好。

6.2.3.11 结论

根据大坝帷幕灌浆施工情况、成果分析及钻孔检查，其总体质量良好。经补强灌浆处理，绕坝渗流量明显减少到设计要求范围内，具备进行 1 号机组启动试运行条件。

6.2.4 地下厂房系统

6.2.4.1 工程概况

瀑布沟水电站左岸地下厂房系统工程，包括进水口、压力管道、主副厂房、主变洞、尾水闸门室、尾水管及其连接洞、尾水隧洞及开关站等建筑物的施工。

1. 主要部位施工过程及已完工程形象面貌

（1）引水系统：

1）进水口。进水口基础固结灌浆；塔体、拦污栅、引渠段、引渠两侧贴坡混凝土浇筑；快速闸门及其启闭机安装、快速门及其液压启闭机安装调试、检修门安装调试、拦污栅栅叶安装等，均在 2009 年 10 月前全部完成，10 月 18 日进水口通过现场验收，10 月 30 日快速门远程联合调试完成。

2）压力管道。6～1 号压力管道的开挖支护、混凝土、灌浆工程 2010 年 11 月 20 日前全部完成。

（2）厂房系统：

1）主副厂房、安装间、岩锚梁。厂房开挖支护 2007 年 8 月 31 日完成，岩锚梁混凝土浇筑 2007 年 6 月 20 日完成。副厂房混凝土浇筑 2008 年 12 月 31 日完成，建筑装修 2009 年 6 月 21 日完成。安装间混凝土浇筑 2007 年 7 月 6 日完成。

主厂房 6～1 号机组段、发电机层楼板，在 2008 年 7 月 23 日至 2010 年 4 月 13 日完成浇筑。

2）主变室、母线洞。主变室 2009 年 9 月 20 日完工。母线洞 2009 年 6 月 25 日完工。

3）电缆电梯竖井。1 号和 2 号电缆电梯竖井分别于 2009 年 6 月 30 日和 2009 年 4 月 15 日完成。

电缆电梯竖井工程已全部完工。

4）排风排烟竖井、平洞、风机室。厂房排风排烟竖井、平洞工程及主变排风排烟竖井、平洞工程已全部完工。

5）排水廊道。排水廊道开挖支护于 2007 年 9 月 15 日完成。

6）电缆平洞。电缆平洞工程于 2006 年 11 月 10 日全部完工。

7）厂外给排水及消防供水系统。厂外给排水及消防供水工程于 2009 年 11 月 12 日全部完工。

（3）尾水系统：

1）尾水管及其连接洞。1～6 号尾水管及其连接洞工程于 2010 年 5 月 30 日全部完工。

2）尾闸室。尾水闸室除上游防墙混凝土未完成外（至 2010 年 11 月 30 日以前），其余已全部完工。

3）尾水洞及出口闸室。除 1 号启闭机房未完成外（至 2010 年 11 月 30 日以前），1 号、2 号尾水隧洞和尾水洞出口闸室的其余工程于 2010 年 4 月 23 日全部完工。

4）尾水出口。尾水出口工程于 2009 年 2 月全部完成。尾水出口围堰拆除全部完成。

6.2.4.2　引水系统施工方法

引水系统包括电站进水口和压力管道。

1. 开挖

（1）进水口开挖。进水口塔体及拦污栅基础开挖长 175.1m，底宽 28.3m，高程 765m 以上其他承包人施工，本标段负责高程 765m 以下开挖。1 号、2 号塔体挖深 5m，建基面高程 760m；其余挖深 10m，建基面高程 755m；F2-1 岩脉带再挖深 3m 以上刻槽置换处理。引渠范围挖深 70cm，建基面高程 764.3m，因岩石破碎，普遍超挖，局部超挖 1m 以上。进水口岩石开挖工程量约 4.7 万 m^3。

1）主要施工方法。塔基开挖分 4 个区，采用边墙预裂、中部拉槽、底部保护层水平孔光面爆破方法。边墙预裂用 D7 液压钻造孔，拉槽用 100B 潜孔钻造孔，底部保护层及引渠段用 YT28 手风钻造孔，非电雷管毫秒微差装药爆破，CAT320 反铲装 20t 自卸汽车出渣至上游三谷庄渣场。

2）施工质量检测及评价。进水口开挖平均超挖值引渠段 51cm，基础 45cm，两翼边坡 36cm，无欠挖。

工程质量评定 27 个单元，优良 27 个，优良率 100%，开挖施工质量优良。

（2）压力管道开挖。压力管道上平段有两条施工通道：进水口施工道路和上平洞 12 号施工支洞及其连通洞。前者在进水口明挖交面后作为上平段及斜井施工通道。后者接 1 号压力管道桩号 0+170m，与 6 条引水上平洞贯通。

1）主要施工方法。平洞段开挖分边顶拱和底板保护层二层，上半洞边顶拱开挖高度 7.5～8m，底板保护层开挖厚度约 3m。

上半洞开挖用手风钻辅以简易平台车或三臂钻钻孔，底部保护层开挖用手风钻水平钻孔，周边光面爆破。爆破石渣作为上坝料、觉托砂石厂毛料或弃渣。

2）施工质量检测及评价。1～6号压力管道超挖量较大，平均分别为29cm、23cm、65cm、32cm、39cm、37cm，均无欠挖，施工质量满足设计要求。1～6号压力管道质量评定92个单元，优良率92.3%～100%，开挖质量优良。

2. 支护

（1）锚杆、锚筋桩施工。进水口及压力管道锚杆、锚筋桩支护锚杆为砂浆锚杆，直径 $\phi22～32$mm，长3～9m，锚筋桩 $3\phi28$mm，进口交通桥边坡采用自进式锚杆。

1）主要施工方法：

a. 造孔。明挖边坡4m以下锚杆用YT28手风钻造孔，4m及以上用GM100潜孔钻造孔，洞内上下平段锚杆用BOOM353三臂钻造孔，斜井及上下弯段用GM100潜孔钻造孔。钻孔完成后，用高压风水将孔内残渣洗净。

b. 插杆及注浆。边坡短锚杆用MZ－30锚杆注浆机先注浆后插杆；长锚杆采用DE-GUNA20T锚杆注浆机注浆，4m及以下先注浆后插杆，大于4m锚杆先插杆后注浆，注浆用麦斯特锚杆注浆机。

2）施工质量检测及评价。进水口锚杆灌注的浆液设计强度M25，检测17组合格率100%。锚杆长度、注浆强度均满足设计要求。

1～6号压力管道锚杆灌注浆液的设计强度、锚杆无损检测、密实度、锚杆入岩深度均满足设计要求。

（2）锚索施工。进水口边坡布置153根拉压复合型锚索，1000kN的46根，2000kN的107根，其中9根为监测锚索，锚索长分别为20m、25m、28m、30m、40m、45m、47m、50m、55m。

1）主要施工方法。用锚索钻机钻孔。

在现场工作平台上将钢绞线、进回浆管、充气管及附件（止浆环、架线环、穿索导帽等）按要求顺序和间距组装，人工安装入锚孔。

锚索入孔后及时进行全孔一次性注浆。浆液为纯水泥浆，水泥为 P.O.42.5 普通硅酸盐水泥。浆液配比由试验确定，水灰比0.4～0.45，浆液中掺入一定量膨胀剂和早强剂。

0.5m³ 搅拌机拌制或由拌和楼供给锚墩用混凝土，锚墩模板为定型模板，人工下料入仓，插入式振动棒振捣。

在内锚固段注浆体、锚墩混凝土满足设计要求后张拉。张拉先用千斤顶对单根钢绞线对称循环分级加载至设计荷载1.05～1.10倍，稳压10～20min锁定。锚索锁定48h后，若张拉力降至设计荷载以下再补偿张拉。

锚索应力达稳定的设计值后，锚具外的钢绞束留存15cm，多余部分切除。外锚具或钢绞束端头，用混凝土封闭，厚度不小于10cm。

2）施工质量检测及评价。进水口锚索长度、浆液强度、锚墩混凝土强度、张拉指标均满足设计和规范要求，质量评定153个单元，合格153个，优良144个，优良率94.1%，锚索质量优良。

（3）喷混凝土及挂网喷混凝土。进水口边坡完成了其他标段遗留下来的喷C20混凝土（306m³）施工。进水塔基下游墙设计喷 C20 聚丙烯纤维混凝土。压力管道挂网喷混凝土，钢筋为Ⅰ级 ϕ6.5mm 光面圆钢，网格间距 10cm×10cm，喷 12cm 厚 C20 混凝土，个别较差围岩增设安装格栅和混凝土喷护。

1）主要施工方法：

a. 挂网喷射混凝土。在脚手架上挂网，钢筋网距岩面 3cm 左右，边安装钢筋网边锚钉固定，锚钉锚固深度不小于 20cm。

b. 喷聚丙烯纤维混凝土。混凝土用 3×1.5m³ 拌和楼或 0.5m³ 强制式搅拌机拌制，3～6m³ 搅拌车运输，洞内用 TK961 混凝土喷射机和瑞士麦斯特制造的 MeycoPotenza 混凝土喷射台车喷护，进水塔基采用 TK961 喷射机喷射。

2）施工质量检测及评价。喷混凝土厚度和混凝土抗压强度满足设计要求，进水口边喷混凝土质量评定 7 个单元，合格 7，优良 7 个，优良率 100%，1～6 号压力管道评定 82 个单元，优良率 91.67%～100%，喷混凝土质量优良。

（4）钢支撑施工。压力管道进口渐变段埋深相对较浅，岩体较破碎，2～6 号进口渐变段围岩类别Ⅳ类，1 号进口渐变段围岩类别Ⅲ类，增设钢格栅加强支护，工程量 200t。

1）主要施工方法。运输车将分节支撑钢架运至施工现场拼装，并按设计间距安装，节间螺栓连接，钢架与岩壁间紧贴。安设中，钢架与围岩间隙较大时安设垫块，两排钢架间在周边用纵向钢筋连接。拱脚高度低于上半断面底线下 10cm，不够时用钢板调整。钢架安装完成后，与接触的锚杆焊接牢固。钢挡板、钢棚架、钢枕、钢锲和钢柱鞋等附件也与钢支撑焊接牢固。

2）施工质量检测及评价。经检查验收全部符合质量标准。

3. 灌浆及基础处理

包括进水口进水塔（含引渠段）基固结灌浆和岩脉带地质缺陷处理，1～6 号压力管道回填、固结、阻水帷幕灌浆、压力钢管的接触灌浆。

（1）进水口基础固结灌浆：

1）概况。在进水塔基及其外延 15m 范围内进行固结灌浆，进水塔基长 175.1m，宽 28.3m，灌浆范围长 175.1m，宽 43.3m。1 号、2 号机组段岩体为新鲜花岗岩，起灌高程 760m，孔底高程 754m，入岩 6m。3～6 号机组段岩体为粗粒花岗岩，起灌浆高程 755m，孔底高程 725m，入岩 30m。在 1 号机组段和 3～4 号机组段有岩脉带，刻槽开挖加深，回填混凝土。1 号机组段岩脉带起灌高程 757m，孔底高程 742m，孔深 15m。3～4 号机组段起灌高程 751.5m，孔底高程 721.5m，孔深 30m。5～6 号机组段风化严重，钻孔高程 764.3m，起灌高程 761.3m，孔底高程为 754.3m，孔深 10m。3～6 号机组段钻孔高程 764.3m，起灌高程 761.3m，孔底高程 734.3m，孔深 30m。塔体灌后声波检测平均值 4500m/s，引渠 4200m/s，透水率不大于 5Lu。

2）主要施工方法。进水塔基础固结灌浆分 8 个单元，塔外引渠分 6 个单元。灌浆孔分二序，先灌Ⅰ序，再灌Ⅱ序，Ⅱ序孔施工在Ⅰ序孔超前 15m 之后进行。同序孔中，先灌低高程孔，后灌高高程孔。

固结灌浆孔用 2PC 地质钻机钻孔，孔径 ϕ75mm 和 ϕ90mm。孔深大于 6m 开孔时，用 ϕ110mm 冲击器钻至起灌高程，然后安装 ϕ90mm 孔口管，待水泥浆凝固 48h 后，分段固结灌浆；孔深 6m，一次钻至设计孔深。灌浆采用孔口封闭孔内循环、自上而下分段方法。段长：孔深 6m 一次灌浆；10m 浅孔，分二段，5m 一段；孔深 15m，分三段，每段 5m；30m 深孔，每段 6m。孔深为 6m 灌浆孔，采用铁打塞或机械膨胀塞孔口封阻。孔深大于 6m 的灌浆孔，孔口安装孔口管，孔口封闭孔内循环式灌浆，孔内下置的射浆管距孔底 50cm 内。

3）施工质量检测及评价。进水口固结灌浆浆液注入量Ⅱ序孔较Ⅰ序孔递减明显，塔基和引渠基础灌后透水率和平均声波值满足设计要求，质量评定 14 个单元，合格 14 个，优良 13 个，优良率为 92.9％，固结灌浆质量评定为优良。

（2）压力管道灌浆。压力管道渐变段、上下平段、上下弯段的顶拱回填灌浆，洞身固结灌浆；压力钢管的钢衬段灌浆包括无盖重固结灌浆、回填灌浆、阻水帷幕灌浆和接触灌浆。

1）主要施工方法：

a. 回填灌浆。回填灌浆分单元进行，最大单元长度不超过 40m，渐变段和弯段各为一个单元，平段按 3 个浇筑段为一个单元，单元的端部在浇筑混凝土时封堵严密。用 YT－28 钻机造孔，孔口封闭孔内循环式和纯压式灌浆。

b. 固结灌浆。固结灌浆单元划分和回填灌浆相对应，浇筑混凝土前安装 ϕ75mmPVC 灌浆预埋管，用 YT－28 手风钻和 100B 潜孔钻机钻孔，3SNS 灌浆泵灌注。固结灌浆同一单元内环间分Ⅰ、Ⅱ序环，同一环内分Ⅰ、Ⅱ序孔。施工顺序：Ⅰ序环内Ⅰ序孔，Ⅰ序环内Ⅱ序孔，Ⅱ序环内Ⅰ序孔，Ⅱ序环内Ⅱ序孔。渐变段固结灌浆分二段灌注。

c. 阻水帷幕灌浆。帷幕灌浆在固结灌浆后进行。浇筑混凝土前，安装 ϕ90mm 孔口管，用 ZJ－100D 型风动潜孔钻机，并配置 CIRϕ75mm 或 CIRϕ65mm 冲击器，用 3SNS 灌浆泵灌注。帷幕灌浆同一环内分二序，环间分二序，自下游向上游推进。

d. 接触灌浆。混凝土衬砌浇筑结束 60d 后，在底部 60°范围内进行接触灌浆。灌浆自低处孔开始，边灌边敲击钢管，使浆液充满接触面。待高处孔出浆浓度和灌入水泥浆浓度相当后，依次关闭阀门，做压力屏蔽。

2）施工质量检测及评价。压力钢管接触灌浆在灌浆完成 14d 后用锤击法辅以超声波检测中，发现 1～6 号压力钢管都有 10 处到 22 处的脱空。在 6 号压力钢管脱空面积大的部位开孔检查，脱空深度小于 1.5mm，确定 6 号压力钢管接触灌浆满足设计要求，不再补灌。5～1 号压力钢管接触灌浆，参照 6 号压力钢管的锤击声响及开孔检查情况，经确认接触灌浆质量满足设计要求，不再补灌。

1～6 号压力管道回填灌浆质量检查孔 173 个。阻水帷幕灌浆在灌浆结束 14d 后检查，每条压力管道 6～7 个检查孔，分段压水试验检查。

结果表明，压力管道回填灌浆压浆检查、阻水帷幕灌浆透水率满足设计要求，质量评定各类灌浆的优良率最小为 91.7％～100％，灌浆质量优良。

（3）地基缺陷处理。主要是进水塔基岩脉处理。塔基区岩体质量分两区：Ⅰ区位于 F_{2-1} 下盘区域，即 1 号、2 号、3 号塔基区，微-弱风化岩体，裂隙多闭合，以次块状—镶嵌结构为主，完整性较好，除 $\beta\mu_{2-1}$ 岩脉带外，为Ⅲ级；Ⅱ区位于 F_{2-1} 下盘和 F_2 上盘区域，即 4 号、5 号、6 号塔基区，弱风化、弱卸荷岩体，受 F_{2-1}、F_2 断层影响，呈块裂结构，断层带及囊状风化带呈碎裂结构，为Ⅳ级。在Ⅰ区对 $\beta\mu_{2-1}$ 进行刻槽置换处理，并对后期开挖新揭示的软弱带进行处理；Ⅱ区注浆处理，对发育的 F_{2-1}、$\beta\mu_2$、f_1（$\beta\mu$）和囊状风化带，以及开挖新揭示的软弱带进行刻槽置换处理。

4. 混凝土工程

（1）进水塔：

1）概况。进水塔底板长 175.1m、宽 28.3m。进水塔基础底部高程：1 号、2 号塔高程 760.0m，3～6 号塔高程 755.0m；基础面高程：1～6 号塔高程 765.0m。进水塔顶部高程 856.0m。进水塔按结构分缝从塔基到塔顶分 6 块。结构有 36 个拦污栅墩、6 个快速闸门和检修闸门墙体，均对称布置，高程 795.0m 以上有胸墙。快速闸门和检修闸门墙体高程 778.0m 以下为变截面，高程 778.0m 以上有快速闸门槽、检修闸门槽和通气孔。除快速闸门槽内有小牛腿以及高程 785.0～810.0m 段后侧三角体外，其余结构相同。高程 795.0m 以上每隔 8.5m 左右在进水塔墙体和拦污栅墩间有一道横撑。

2）主要施工方法：

a. 进水塔底板。塔基混凝土分层分块施工，底部分层厚 1m，上部分层厚 2～3m，最大仓号面积 425m²。普通钢模板，履带吊和门机入仓，平铺铺料，厚 30cm，$\phi100mm$ 和 $\phi50mm$ 插入式振动棒振捣，麻袋覆盖和人工洒水养护。

b. 进水塔塔体。塔体混凝土分层分块施工，最大分层厚 3m，最大仓号面积 800m²。采用悬臂大模板，胸墙部位定型模板，孔洞部位拼装模板或普通钢模和木模。在与拦污栅墩连接的纵撑部位预留梁窝，梁窝用木模板。门式起重机入仓，台阶法铺料，台阶最大高 50cm，$\phi100mm$ 和 $\phi50mm$ 插入式振动棒振捣。

c. 模板安装。塔体外侧、后侧、永久缝处及部分迎水面的悬臂大模板，单块 3.3m×3.0m；塔体迎水面梁窝位置用拼装模板。塔体进水口通道顶部弧线段和喇叭口圆弧段均用定型模板。快速闸门、检修闸门用小钢模和木模板，在二期混凝土插筋部位用木模板。高程 790.9m 塔体检修闸门井牛腿结构，用小钢模和阴阳角模，支撑体系根据牛腿体形确定。闸墩上预埋工字钢和模板，焊接成三角支撑架，在支撑架上搭设钢管架固定模板。检修闸门井下游井壁 3.5m 处的通气孔，用小钢模组拼。

d. 钢筋加工。钢筋在综合加工厂加工，载重汽车运至现场。钢筋直径大于 $\phi25mm$ 用直螺纹套筒机械连接，小于 $\phi25mm$ 用搭接焊。

e. 浇筑。塔体通仓浇筑，不留竖向施工缝。高程 774.50～785.00m 塔体由胸墙、闸门井组成，胸墙面积较大，厚度较厚，台阶法浇筑，从快速闸门井向胸墙逐步推进，下料厚不超过 50cm，分层振捣密实。

塔体混凝土分层浇筑，每层高 3m，最大仓面面积 800m²，台阶法施工，铺料厚 50cm，宽 1.5m，人工平仓，$\phi100mm$ 和 $\phi50mm$ 插入式振捣器振捣。

f. 养护。混凝土浇筑结束 12～18h 内，开始洒水养护。底板、胸墙较厚采用流水养护。

g. 混凝土温控措施。混凝土浇筑温度不低于 5℃，不超过 22℃。

进水塔混凝土没有专门的温控要求，混凝土全年施工。为防止和减少温度裂缝，采取常规温控措施：将成品骨料堆高 7m 以上、避开高温时段浇筑、混凝土运输车辆和仓面遮阳隔热、喷雾冷却及设置施工缝减小仓面面积等。混凝土浇筑完成后未发现温度裂缝产生。

3）施工质量检测及评价。进水口混凝土的抗压强度、结构体形、表面平整度均满足设计要求。混凝土缺陷已处理完毕。质量评定 659 个单元，合格 659 个，优良 621 个，优良率 94.2%，混凝土施工质量优良。

（2）压力管道。引水系统的 6 条压力管道间平行布置，均由渐变段、上平段、上弯段、斜井、下弯段、下平洞组成。上平段与渐变段和上弯段连接，圆形断面，衬砌后过水断面直径 9.5m。

1）主要施工方法。压力管道渐变段长 19m，混凝土分 4 层浇筑：一层齿槽，浇筑高 3.5m；二层底板，纵向分两块，各长 9.5m，在桩号 0+28.8m 处设施工缝，浇筑高 2.89m；三层边墙，高 5.36m；四层顶拱，高 4.25m。用定型模板。混凝土在觉托拌和楼拌制，6m³ 搅拌车运至现场，泵送浇筑。

上平段洞身混凝土环向分层浇筑：一层底拱 90°，二层边顶拱 270°。原则上按 12m 分段。平段用小模板，上、下弯段用定型模板。6m³ 搅拌车自觉托混凝土拌和楼运至现场，混凝土泵泵送入仓。

2）施工质量检测及评价。压力管道混凝土抗压强度、结构体形、表面平整度均满足设计要求。混凝土缺陷已处理完毕。混凝土质量评定 350 个单元，优良 322 个，优良率 92%，混凝土施工质量优良。

6.2.4.3　厂房系统施工方法

1. 开挖

地下厂房系统开挖包括主副厂房、安装间、主变室、母线洞、排风排烟平洞及风机室、排水廊道、电缆平洞石方洞挖；电缆电梯竖井及排风排烟竖井石方井挖。

（1）主副厂房、安装间。主副厂房开挖尺寸 294.10m×30.7m×70.175m，其中安装间长 60m、主机间长 208.6m，副厂房长 25.5m，主厂房吊车梁以上开挖跨度 30.7m，以下开挖跨度 26.8m。地下厂房布置于微风化—新鲜中粗粒花岗岩中，围岩以 Ⅱ、Ⅲ 类为主，局部辉绿岩脉、裂隙密集带、小断层带及影响破碎带为 Ⅳ、Ⅴ 类围岩。

1）主要施工方法。主副厂房自上而下分 9 层开挖。

第 Ⅰ 层采用中导洞超前，两侧扩挖跟进开挖。中导洞开挖高 9.375m，宽 14.7m，两侧扩挖开挖高 9.41m，单侧宽 8m。用凿岩台车或部分手风钻水平开挖。

第 Ⅱ 层采用手风钻钻孔垂直开挖，为减小爆破对高边墙围岩的影响，保证边墙成型质量，Ⅱ 层分二区开挖：Ⅱ₁ 区中部拉槽超前，宽 20.7m；Ⅱ₂ 区上下游侧边墙保护层跟进开挖，单侧宽 5m。平面上呈品字形推进。

第 Ⅲ 层考虑岩锚梁的开挖、锚杆施工和混凝土施工，上下游边墙第一排锚索施工需要的基础上，结合施工机械特性，Ⅲ 层分四区开挖：Ⅲ₁ 区中部拉槽 8.8m 超前 8~12m，然后中部拉槽及上下游扩挖 4m 同时进行，中部拉槽主爆孔、预裂及两侧扩挖均用 D7 液压潜孔钻钻孔；Ⅲ₂ 区保护层上部开挖，高程 692.2~687.7m，单宽 5m，手风钻钻孔垂直开挖；Ⅲ₃ 区保护层下部开挖，高程 688.7~685.0m，单宽 5m，手风钻钻孔垂直开挖；Ⅲ₄ 区岩锚梁岩台区域预留 1.95m 厚保护层开挖。预留岩体从竖向和斜面进行光爆开挖，并使斜面孔与垂直孔在同一断面上保持贯通，在保护层上部开挖钻孔时同时把岩台的垂直孔造好。手风钻造垂直孔，孔内塞 PVC 管防塌孔，用钢管设置定位架控制孔斜与孔深。

第Ⅳ层分中部拉槽及两侧预留保护层开挖三部分。从进厂交通洞至安装间入口开始，开挖约 12m 左右分两侧开挖，一侧向安装间左端方向开挖，另一侧向主厂房右端方向开挖，开挖中采用中部拉槽的形式。拉槽宽 20.8m，深 7.5m，两侧预留 3m 保护层，每排炮进尺 8m。中部拉槽采用 D7 液压钻或 YQ100B 潜孔钻钻孔，梯段微差爆破；保护层开挖用手风钻竖向钻孔，结构线光面爆破；边墙预裂爆破，边墙结构线预裂用平风钻竖向钻孔。

第Ⅴ、Ⅵ、Ⅶ层采用 100C 潜孔钻提前进行边墙预裂、中部梯段分半开挖；边墙预裂后，即进行中部梯段分半开挖，用 D7 液压钻或 YQ100B 潜孔钻钻孔，梯段微差爆破。

为提前发电，从第Ⅴ层开始，首先将首台发电 6 号机机窝挖出来。平面上将主副厂房以 5 号机为界划分为左、右两个区，右端 5 号、6 号机、集水井及副厂房，左端 4 号、3 号、2 号、1 号机及安装间。右端先下卧，左端跟进。

第Ⅷ层在第Ⅶ层及第Ⅸ层开挖完之后施工，分三区进行，Ⅷ₁ 区导井开挖，尺寸 2.5m×2.5m；Ⅷ₂ 区机坑扩挖；Ⅷ₃ 区水平建基面底板保护层开挖，高 1.6～2m。上游边墙及局部槽挖轮廓线用 TY28 手风钻进行预裂。为保证机坑间岩柱的稳定，6 号机坑先于 5 号机坑开挖。先挖导井，再扩挖。导井开挖采取正、反导井结合，正导井用 TY28 手风钻钻爆开挖，反导井在Ⅸ₁ 层开挖结束后用三臂凿岩台车钻爆开挖。导井贯通后，中部用 TY28 手风钻扩挖，机坑轮廓光面爆破，6 号、5 号和 1 号机岩台一次挖除，机坑间岩墩垂直保护层在中部开挖下降后，用 TY28 手风钻钻孔水平光爆。

第Ⅸ层分三区开挖：Ⅸ₁ 区利用尾水管及连接洞Ⅰ层开挖时的通道进行，高 6m；Ⅸ₂ 区利用尾水管及连接洞Ⅱ层开挖时的通道进行，高 4.35m；Ⅸ₃ 区为边墙保护层及厂房排水管廊道开挖，排水管廊道开挖尺寸 4.00m×3.85m，边墙保护层宽 1.5m。Ⅸ₁ 区在尾水管①区开挖结束后用 TY28 手风钻钻爆，设计轮廓光面爆破。Ⅸ₂ 区在尾水管②区开挖结束后用 TY28 手风钻钻爆，设计轮廓光面爆破。排水管廊道在Ⅸ₂ 区开挖结束用 TY28 手风钻钻爆，设计轮廓光面爆破。机坑上游面预留的 1.5m 保护层，在第Ⅷ层开挖完成后，用 TY28 手风钻自上而下浅孔弱小药量松动爆破进行开挖。

2）施工质量检测及评价。主副厂房、安装间开挖无欠挖，平均超挖 28cm，质量评定 174 个单元，全部合格，优良 160 个，优良率 92.0%，开挖质量优良。

（2）主变洞、母线洞：

主变洞平行布置于厂房下游，两洞间岩柱厚 43.9m，开挖尺寸 250.3m×18.3m×25.975m。地质条件同厂房。

母线洞在主厂房与主变室间，在主厂房下游边墙的洞口底板高程 671.30m，洞顶高程 679.04m。在主变室的上游边墙的洞口底板和主变室底板高程均为 677.30m，洞顶高程 692.38m。母线洞均长 43.9m，断面为直墙圆拱形，前段开挖尺寸 30.4m×8.6m×7.74m，底坡 21.9%；后段开挖尺寸 13.5m×11.1m×15.08m。

1）主要施工方法：

a. 主变室分Ⅲ层开挖：

第Ⅰ层顶拱，分两区，Ⅰ₁ 区中部开挖，高 7.975m，宽 8.3m；Ⅰ₂ 区两侧开挖，最大高 7.2m，单侧宽 5m。用手风钻在工作平台上钻孔，周边孔用光面爆破。

第Ⅱ层分两区，一区中部拉槽，宽 12.3m，用 YQ-100B 快速钻或 D7 液压钻垂直开挖；二区保护层开挖，单侧宽 3m，用手风钻水平开挖。

第Ⅲ层分Ⅲ₁层、Ⅲ₂层、Ⅲ₃底板保护层。Ⅲ₁层分两区，一区中部拉槽，用手风钻或者 YQ-100B 快速钻垂直钻爆开挖，二区保护层开挖，单侧宽度 3m。中部拉槽前先用手风钻在边墙钻 3m 深孔进行预裂爆破；Ⅲ₂层分上下游两侧开挖，先下游侧开挖，宽 8.3m，用 YQ-100B 快速钻或手风钻垂直开挖，同时穿插母线洞第Ⅰ区开挖与支护，待母线洞Ⅰ区开挖支护完成后进行。Ⅲ₂层上游侧开挖，宽 10m，用手风钻垂直开挖，周边预裂。Ⅲ₃层为底部预留 2m 厚保护层，用手风钻水平开挖。

b. 母线洞开挖：分两区。采用跳洞开挖且根据母线洞洞口出露的先后顺序，在平台架上全断面水平开挖，手风钻钻孔，周边光面爆破。

2）施工质量检测及评价：主变室、母线洞无欠挖。主变室开挖质量评定 46 个单元，全部合格，优良 44 个，优良率 95.7%；母线洞开挖质量评定 30 个单元，全部合格，优良 30 个，优良率 100%，开挖质量优良。

（3）电缆电梯竖井。1 号、2 号电缆电梯竖井断面为圆形，典型开挖直径 ϕ9.2m。1 号电缆电梯竖井井顶高程 910.00m，井底高程 706.375m，高度 203.625m，2 号电缆电梯竖井井顶高程 910.00m，井底高程 703.275m，开挖高度 206.725m。

1）主要施工方法。1 号、2 号电缆电梯竖井井口布置 1 台 LM-200 型反井钻机，自上而下钻导孔贯通副厂房（主变室），再自下而上钻直径 1200mm 导井作溜渣井，用 TY28 手风钻钻孔自上而下分两次扩挖，第一次直径 3.6m，再扩挖至轮廓线，周边光面爆破。

2）施工质量检测及评价。电缆电梯竖井无欠挖，厂房及主变竖井开挖质量评定各 7 个单元，优良率 100%，开挖质量优良。

（4）排风排烟竖井。厂房排风排烟竖井在厂房通风系统副厂房进风道岔洞段内，主变室排风排烟竖井在主变室 3 号机组段顶拱以上，平洞段断面均为城门洞型，末端与左岸高程 856.00m 高线公路相接。

1）主要施工方法。排风排烟竖井开挖先钻导井再扩挖。反井钻机由下向上钻直径 2m 导井，然后 Y28 手风钻自上而下扩挖成型。

排风平洞开挖用手风钻钻爆，轮廓光面爆破。风机室由排风平洞扩挖而成，斜段开挖用 YT28 手风钻平行斜段钻孔，预留保护层进行光面爆破。

2）施工质量检测及评价。厂房和主变的排风排烟竖井（含平洞和风机室）无欠挖，质量评定 12 个单元，全部优良，开挖质量优良。

2. 喷锚支护

（1）主副厂房、安装间。主副厂房、安装间锚喷支护包括锚杆、喷混凝土（含喷素混凝土、钢筋网喷混凝土、喷钢纤维混凝土）。

1）主要施工方法。锚杆孔用锚杆台车钻、三臂钻或平台车上手风钻钻进，直径 50mm；长 4m 及以下先注浆后插杆，大于 4m 锚杆先插杆后注浆。钢筋网片人工在液压平台车或反铲平台上施工。

喷混凝土流程：岩面清洗、验收、分层喷射、复喷。$6m^3$ 搅拌运输车供料至工作面，喷锚专用台车人工遥控机械手或半移动喷射机湿喷工艺作业。根据设计厚度，分 2~4 层施喷。

2）施工质量检测及评价。经检测，主副厂房和安装间喷锚支护的砂浆强度、混凝土强度和锚杆无损检测均满足设计和规范要求，质量评定 160 个单元，合格 160 个，优良 148 个，优良率 92.5％，喷锚支护质量优良。

（2）主变室、母线洞。主变室、母线洞锚喷支护包括锚杆、喷混凝土（含喷素混凝土、钢筋网喷混凝土、喷钢纤维混凝土）。

1）主要施工方法。锚杆孔采用三臂台车钻进，平台车上人工安装，先注浆后插杆，用瑞士麦斯特锚杆注浆机注浆。施工方法参照主厂房。

2）施工质量检测及评价。主变室和母线洞喷锚支护的混凝土强度、砂浆强度、锚杆无损检测均满足设计要求。主变室喷锚支护质量评定 46 个单元，优良 44 个，优良率 95.7％；母线洞喷锚支护质量评定 18 个单元，优良率 100％，喷锚支护质量优良。

（3）电缆电梯竖井。竖井锚杆为 $\phi25mm@150cm\times150cm$，长 450cm 和 350cm 两种系统锚杆和 $\phi28mm@150cm\times150cm$，长 600cm 锁口锚杆。

1）主要施工方法。锚杆施工，手风钻造孔，孔径 42mm（50mm），人工安装，注浆机灌注 M25 水泥砂浆，边开挖边挂网。

喷混凝土施工，$0.5m^3$ 搅拌机在竖井外拌制混凝土，喷护设备在井口外经输送管至井下进行人工喷护。

2）施工质量检测及评价。电缆电梯竖井喷锚混凝土强度和厚度、锚杆注浆强度和无损检测满足设计要求，质量单元评定 14 个单元，优良率 100％，喷锚支护质量优良。

（4）排风排烟竖井。排风平洞洞脸锁口锚杆 $\phi25mm@100cm$，长 6m，洞口段 10m 为系统锚杆，并挂 $\phi6.5mm@20cm\times20cm$ 网片，喷 12cm 厚 C20 混凝土。

1）主要施工方法：同电缆电梯竖井。

2）施工质量检测及评价。主变、厂房排风排烟竖井喷护混凝土强度和厚度、锚杆注浆强度、锚杆无损检测满足设计要求，质量评定 14 个单元，优良率为 100％，喷锚支护质量优良。

3. 锚索施工

（1）主副厂房、安装间。主副厂房及安装间分别在不同高程 685.85m、681.85m、678.85m、673.85m、669.85m 上下游边墙设计 5 层预应力锚索和对穿锚索，其中与主变对穿锚 2000kN，长 44m，10 根；与第二层排水廊道的对穿锚索 2000kN，长 23.1m，44 根；端锚 2000kN，长 20m，186 根；端锚 2000kN，长 15m，142 根。

1）主要施工方法：

a. 用 KQG-100D 型快速钻机造孔，$\phi160mm$。

b. 锚索制作，钢绞线下料长度为钻孔深度、混凝土垫座及预留张拉长度三者之和。

c. 锚索安装前检查捆扎是否牢固，合格的锚索方可安装入孔。用人工辅以机械方式安装锚索。

d. 锚索入孔后及时进行全孔一次性纯水泥浆灌注，使用 P.O.42.5 普通硅酸盐水泥，浆液配比由试验确定。注浆从孔底开始，当回浆比重、回浆量与进浆量、进浆比重一致时，封闭回浆管屏浆，屏浆压力 0.3MPa。

e. 锚墩混凝土为一级配，混凝土由搅拌机拌制或由拌和楼供给，模板为自制定型模板，人工下料入仓，插入式振动棒振捣。

f. 待内锚固段注浆体、锚墩混凝土满足设计要求后进行张拉。先逐根对称预张拉，预张拉力 30kN，使钢绞线平直。张拉时，锚索整体分级张拉至 2000kN 时锁定。

g. 锚索应力达到稳定的设计值后，锚具外钢绞束留存 15cm，多余部分切除。外锚具和钢绞束端头用混凝土封闭保护，厚度不小于 10cm。

2）施工质量检测及评价。主副厂房及安装间锚索的混凝土强度、砂浆强度、张拉指标满足设计规范要求，质量评定 414 个单元，优良 392 个，优良率 94.7%，锚索施工质量优良。

（2）主变室。主变室上下游边墙各布置两层预应力锚索和对穿锚索，分别在上游边墙高程 689m、685m 和下游边墙高程 687m、683m；上游边墙与厂房对穿锚索 2000kN，长 44m，10 根；下游边墙与尾闸室对穿锚索 2000kN，长 33m，96 根；端锚 2000kN，长 15m，56 根。

1）主要施工方法：同主副厂房、安装间。

2）施工质量检测及评价。主变室锚索混凝土强度、砂浆强度、张拉指标满足设计规范要求，质量评定 57 个单元，优良 53 个，优良率 93%，锚索施工质量优良。

4. 排水孔及灌浆工程

（1）排水孔：

1）概况。电缆平洞边墙、顶拱敞开式排水孔，ϕ48mm，长 3m，间排距 3m，交错布置，顶拱径向布孔，边墙仰角 10°。

母线洞边墙封闭式排水孔，ϕ48mm，长 3m，间排距 3m，矩形布置，边墙以 5%坡度由内向外下倾，孔口用 PVC 排水管（直管、三通、弯管）汇集至排水沟。

主变室边墙、顶拱敞开式排水孔，ϕ48mm，长 6m，间排距 3m，矩形布置，顶拱径向布孔、边墙水平布孔。

电缆电梯竖井井壁封闭式排水孔，ϕ48mm，长 3m，间排距 5m，规则布置，同一层平面上径向布孔，立面上仰角布孔；设横向软式透水管 ϕ48mm@500cm，竖向软式透水管 ϕ348mm@1000cm。软式排水管与岩石排水孔纵横向连接，伸入岩石排水孔 10cm。

排风排烟平洞及风机室边墙、顶拱敞开式排水孔，ϕ48mm，长 3m，间排距 3m，交错布置，顶拱径向布孔，边墙仰角 15°。

2）主要施工方法。敞开式排水孔，在混凝土衬砌时预埋 PVC 管，浇筑（或回填、固结灌浆）完成后，用 YT-28 手风钻沿预埋管钻孔。封闭式排水孔，在围岩面锚喷支护完成后，孔位测量放样，用 YT-28 手风钻造孔，造孔完成后将制作好的 PVC 管或软式排水管安装到位。

3）施工质量检测及评价。厂房系统排水孔的孔位、孔径、孔深、孔斜等检测指标满足设计要求，质量评定合格率 100%，优良率 90.9%～100%，排水孔质量优良。

（2）灌浆：

1）固结灌浆。主变室底板无盖重固结灌浆，孔径 50mm，孔深 10～15m，共 234 个，2948.4m。

a. 主要施工方法。固结灌浆排间分序，排内加密，灌浆压力 0.6～0.8MPa。孔深大于 10m，安装长 0.8m、ϕ64mm 无缝钢管孔口管。先灌 I 序排，再灌 II 序排，同一排孔分二序，先 I 序，再 II 序，次序孔施工必须在先序孔超前 15m 之后。同序孔中，先灌低高程孔，后高高程孔。孔深 10m、11m 分二段，段长分别为 5m 和 5.5m。孔深 12.4m 分三段，前二段 4m，后一段 4.4m。孔深 13m 分三段，前二段 4m，后一段 5m。孔深 14m 分三段，前二段 4m，后一段 6m。孔深 15m 分三段，每段 5m。灌浆水灰比 3：1、2：1、1：1、0.8：1、0.6：1 和 0.5：1 六个比级。灌浆结束标准：灌浆压力达到设计压力，单位注入率不大于 1L/min 后，继续灌注 30min，结束本段灌浆。灌浆结束后用 0.5：1 的纯水泥浆置换，再采用孔口封闭纯压式全孔一次灌浆，在最大灌浆压力下，屏浆时间不少于 1h。用水泥砂浆将孔口填平。

b. 施工质量检测及评价。主变室底板固结灌浆的最大透水率、声波值满足设计要求，质量评定 6 个单元，全部优良，固结灌浆质量优良。

2）回填灌浆。母线洞、主变排风平洞、厂房排风平洞等顶拱混凝土衬砌 90°～120°范围内布置回填灌浆。

a. 主要施工方法。回填灌浆分单元分序进行灌注，一般一个单元不超过 40m。用 YT-28 钻机造孔，灌浆采用孔口封闭孔内循环式和纯压式。

b. 施工质量检测及评价。母线洞回填灌浆的压浆检查满足，质量评定 12 个单元，优良率 100%，回填灌浆质量优良。

5. 混凝土工程

（1）主副厂房、安装间。厂房安装间混凝土穿插在主厂房开挖过程中施工，主机间按 6 号、5 号、4 号、3 号、1 号、2 号的顺序呈阶梯浇筑上升。先尾水肘管安装及混凝土浇筑，再进行锥管、座环、基础环、蜗壳等机电埋件安装和相应的混凝土浇筑，直至发电机层。

1）主要施工方法：

a. 施工程序。主厂房由上往下依次分 6 层：发电机层，电气夹层，水轮机层，蜗壳层，锥管层，肘管层。水轮机层以下为大体积混凝土，以上为板、梁、柱、墙、薄壁结构混凝土。在不同高程设检修排水廊道、渗漏排水廊道、操作廊道、机坑进人廊道等，厂房底部右端设渗漏集水井、检修集水井。主厂房混凝土浇筑块段长 33m，在仓面较大的蜗壳部位的 8～14 层按机组轴线纵向分为 2 段错缝浇筑；浇筑层厚：基础和老混凝土约束部位和蜗壳层控制在 1～1.5m，其余控制在 3m 以下，由下而上共分 18 层浇筑；各块段混凝土浇筑呈阶梯式上升。副厂房穿插在主机间混凝土浇筑中施工，副厂房混凝土施工前，集水井混凝土已浇筑完毕。

岩壁吊车梁混凝土全长 268.6m。由于厂房右端受 1 号电缆电梯竖井施工的影响，岩壁梁混凝土水平向分二区施工；交通洞段的岩壁梁混凝土在第 4 层结束后施工。

岩壁梁混凝土竖向分二期浇筑，一期为一层，高程 690.75～687.70m；二期一次性浇筑，高程为 690.35～690.43m。

岩壁梁混凝土按机组段间的伸缩缝布置原则分块，一区 11 块，二区 4 块。先施工一区安装间部分，按 1、3、5、…，2、4、6、…顺序跳块浇筑，上下游同时 2 个仓位浇筑。

发电机层以上柱系统及厂房上柱系统一般分 3 层施工，机组段长度范围整体施工。

b. 施工机械布置。主厂房布置 1 台 80/20t 桥机及 1 台 20t 临时桥机，并布置 250m 胶带机，6 台布料机及配套溜槽，2 台混凝土泵，副厂房布置 1 台混凝土泵，1 台 5t 卷扬机，1 套混凝土溜管配溜槽。

c. 运输通道。厂房底部肘管层利用尾水管连接洞，集水井底部利用 10 号-4 施工支洞通道；厂房中部锥管、蜗壳层利用引水上平洞段、母线洞、二层排水廊道（厂房上游 3 号施工支洞）胶带机、10 号施工支洞、4 号施工支洞，集水井中部利用 10 号施工支洞；厂房上部框架柱结构利用厂房上支洞、进厂交通洞。

在厂房下游边墙高程 679.0m 设一钢栈桥，沟通主、副厂房及安装间，并布设混凝土泵，在厂房左、端各设一座钢梯作通道。

d. 模板及支撑。主厂房水轮机层以下大体积混凝土：以机电钢衬结构作为内模，设支撑加固，堵头用组合小钢模、钢管支撑、拉筋固定。

水轮机层以上结构混凝土、廊道混凝土：一般用组合钢模板，风罩、机墩等部位用专用模板，有钢衬的部位钢衬作为模板，钢管支撑架和拉筋固定；柱混凝土用组合模板，中间柱用槽钢和钢管柱箍，靠岩壁柱在两侧从下往上按 0.8m 布 1 根插筋。板梁混凝土用组合模板、碗扣脚手架支撑、组合梁卡具，预留孔洞用木模板。廊道混凝土用定型钢拱架、组合小钢模立模、碗扣脚手架支撑，拉筋固定。

安装间与副厂房主要为板梁柱构造，模板及支撑与主机间板梁柱模板相同。座环基础混凝土环形模板，设中心体和竖向桁架支撑。

e. 混凝土浇筑。浇筑前岩面和施工缝面清理干净并保持润湿，缝面须凿毛，验收合格后浇筑混凝土。

在厂房上游、母线洞设置布料机入仓，局部泵送入仓。仓内溜槽、溜桶配合下料，混凝土自由下落高度不大于 2m。浇筑下料厚控制在 0.3～0.5m。基础浇筑前，先铺 2～3cm 厚水泥砂浆。蜗壳阴角不易入仓部位，下设导管泵送入仓。岩壁梁及发电机层以上柱系统、厂房上柱系统用泵送入仓。混凝土用软轴振捣器人工振捣。混凝土达到规定的强度后拆模，洒水和薄膜养护。

2）施工质量检测及评价。主副厂房、安装间混凝土强度均满足设计要求，主机段质量评定 294 个单元，优良 262 个，平均优良率 89.2%；副厂房质量评定 26 个单元，全部合格，优良 23 个，优良率 88.8%；安装间质量评定 34 个单元，全部合格，优良 34 个，优良率 100%，混凝土质量优良。

（2）主变室、母线洞。主变室混凝土分布在高程 670～697.2m 间，包括底板混凝土、柱混凝土、板梁混凝土及轨道混凝土等。母线洞断面均为城门洞型，洞长 45.3m。

1）主要施工方法。主变室开挖结束后优先施工靠上游侧底板混凝土作为施工通道，主变室混凝土分 10 层，自下而上先进行集油槽及底板混凝土浇筑，再进行板梁柱、楼梯及吊顶支撑梁、柱混凝土施工，由 6 号主变隔位至 1 号主变隔位分块逐层施工。主变室混凝土用常规板梁柱施工的组合小钢模与钢管架支撑，混凝土用混凝土搅拌车运输、溜槽、人工手推车入仓，局部泵送。

母线洞斜段混凝土水平分 4 段、竖向分 3 层（底板、边墙、顶拱）浇筑，水平扩大段 1 段浇筑，竖向分 6 层浇筑（先边墙和顶拱，后底板，最后楼梯）。

2）施工质量检测及评价。主变室、母线洞混凝土强度满足设计要求。主变室质量评定 84 个单元，合格率 100％，优良 80 个，优良率 95.2％；母线洞质量评定 92 单元，合格率 100％，优良 86 个，平均优良率 93.5％，混凝土质量优良。

（3）电缆电梯竖井。竖井为圆形断面，外径 9.2m，内径 8m，井壁衬砌厚 60cm，1 号、2 号电缆电梯竖井为钢筋混凝土衬砌。竖井内设电梯井、动力通信电缆井、排风排烟井、中低压电缆井、板梁及楼梯等，全部为钢筋混凝土结构。副厂房布置的电缆电梯竖井施工范围为高程 666.2～910m，主变室为高程 677.7～910m。

1）主要施工方法：井壁衬砌用液压滑升模板，井壁溜管垂直输送入仓，钢筋用滑模支架上安装的 5t 卷扬机通过竖井下口垂直起吊运输，竖井一次浇筑成型。混凝土运输用 6m³ 混凝土搅拌车。

井内楼梯、板梁、柱结构为现浇钢筋混凝土结构，施工时设钢结构承重的封闭隔离平台形成 5 个工作面同时作业，人员及材料用卷扬机加吊笼运送。封闭平台隔离的各施工区内每层楼梯、板、梁现浇混凝土用常规施工方法，即以钢平台为基础利用架管搭设满堂支撑排架做支撑，散装组合钢木模板立模，混凝土通过溜管入仓，人工插入式振捣器振捣。

2）施工质量检测及评价。厂房、主变电缆电梯竖井混凝土强度满足设计要求。厂房电缆电梯竖井混凝土质量评定 64 个单元，全部合格，优良 58 个，优良率 90.6％；主变电缆电梯竖井混凝土质量评定 64 个，合格 59 个，优良 59 个，优良率 92.2％，混凝土施工质量优良。

（4）排风排烟竖井：

1）概况。厂房排风排烟竖井上部井口 10m、下部井口 12.5m 段采用 50cm 厚井壁钢筋混凝土锁口衬砌，其余部分喷锚支护。混凝土衬砌以及喷锚支护完成后，竖井内径为 4m。

厂房排风排烟平洞段断面为城门洞型，依次布置竖井出口段、a 渐变段、风机室段、b 渐变段、平洞段，全洞段底板浇筑 30cm 厚钢筋混凝土；边顶拱衬砌 50cm 厚钢筋混凝土。

主变竖井上部井口 25m、下部井口 14m 段均用 80cm 厚钢筋混凝土锁口衬砌，其余部分喷锚支护。混凝土衬砌以及喷锚支护完成后，竖井内径为 8m。

主变室排风排烟平洞段断面为城门洞型，依次布置竖井出口段、a 平洞标准段、a 渐变段、风机室段、b 渐变段、b 平洞标准段，全洞段底板浇筑 50cm 厚钢筋混凝土。除 a 平洞标准段边顶拱采用喷锚支护外，其余均衬砌 80cm 厚钢筋混凝土。

2）主要施工方法。钢筋混凝土施工用 φ48mm 钢管作为模板的横围令和纵围令，用普通钢模板。混凝土用 6m³ 搅拌车运输，排风平洞、风机室衬砌混凝土泵送入仓，排风竖井锁口混凝土溜槽入仓。

3）施工质量检测及评价。厂房和主变排风排烟竖井、平洞、风机室混凝土强度满足设计要求，厂房排风排烟竖井平洞质量评定 3 个单元，合格 3 个，优良 3 个，优良率为 100%，已完混凝土质量优良。主变排风排烟平洞施工还未结束。

（5）厂外给排水及消防供水系统。厂外给排水及消防供水系统混凝土施工包括：高位水池、污水处理站、水处理厂、水处理厂取水泵房等建筑的现浇框架结构、基础垫层、钢管镇墩等混凝土施工。

6.2.4.4 尾水系统施工方法

1. 开挖

包括尾水出口的石方明挖及尾水管及其连接洞、尾水闸门室、尾水隧洞的石方洞挖。

（1）尾水管及其连接洞。尾水管及连接洞为连通厂房底部与尾闸室底部间的 6 条隧洞，垂直于厂房纵轴线平行布置。1 号、3 号、5 号尾水管长 41.25m，底板高程 636.77～638.20m，断面从 16.89m×9.48m 椭圆形渐变到 13.87m×18.22m 城门洞形；2 号、4 号、6 号尾水管长 36.55m，底板高程 636.79～638.20m，断面从 16.38m×9.95m 椭圆形渐变到 13.87m×18.00m 城门洞形。尾水连接洞爬坡接尾闸室底板高程 655.4m，1 号、3 号、5 号尾水连接洞长 61.6m，坡度 27.12%，断面为城门洞形，尺寸 13.87m×17.72m；2 号、4 号、6 号尾水连接洞长 66.4m，坡度 25.15%，断面为城门洞形，尺寸 13.87m×17.50m。石方开挖约 14.71 万 m^3。

1）主要施工方法。尾水管及连接洞分层分序开挖，2 号、4 号、6 号先开挖，1 号、3 号、5 号间隔施工，相邻洞室间开挖掌子面距离大于 30m。尾水管及连接洞与母线洞错开开挖。开挖分三区，第 I 区接尾闸室底板水平开挖至厂房底部，开挖高度为 7～13.44m；第 II 区为第 I 区底部剩余部分，开挖高度为 0～8.9m；第 III 区为第 I 区顶部剩余部分，开挖高度为 0～10.72m。开挖用 YT28 手风钻及阿特拉斯 353 多臂凿岩台车造孔，手风钻造孔平台为型钢制作的龙门架平台，压气站集中供风。结构面开挖均采用光面爆破。

2）施工质量检测及评价。尾水管及其连接洞开挖无欠挖，质量评定 18 个单元，合格率和优良率 100%，开挖质量优良。

（2）尾水闸门室。尾水闸门室位于主变室下游，与厂房、主变平行布置，与主变室间岩柱厚 32.7m，断面为城门洞形，长 206.5m，高 55.15m，高程 681.8m 以上宽 17.4m，其以下宽 16.4m，中间由长 19.13m 的岩台将尾闸室分成两个独立闸室。每个闸室在上、下游两侧分别接 3 条尾水连接洞和 1 条尾水隧洞。石方开挖约 16.77 万 m^3。

1）主要施工方法。尾水闸门室分 7 层开挖，开挖高度分别为 8.65m、9.7m、8.4m、9.3m、8.95m、8.15m、8.2m。第 VII 层为建基面保护层。第 I 层中导洞超前开挖，两侧滞后扩挖，导洞宽 8m，扩挖宽 4.7m，手风钻造孔，非电雷管毫秒微差光面爆破，造孔平台为型钢龙门架平台，侧翻式装载机配合 15t 自卸车运洞渣。第 II～V 层手风钻造孔 3m 边墙竖向预裂，再中部梯段拉槽，中部比两侧保护层开挖超前 15～25m，两侧预留 3.5m 保护层错开跟进开挖。中部拉槽用 ROC742 型液压钻钻孔，保护层用手风钻造孔，光面爆破开挖。

尾水闸门室第 VI、VII 层为左右端独立开挖，第 VI 层分上下游两区开挖，先下游侧 7m 宽 VI-1 区开挖，再上游侧 9.4m 宽 VI-2 区开挖。爆破石渣回填尾闸室底部 8 号施工支洞，用石渣形成坡道，对上游侧Ⅵ层开挖。左端斜坡道从尾闸室左端墙下游侧起坡，起坡部位由尾闸室外 8 号施工支洞底板垫高 2m 进入尾闸室；右端斜坡道从 10 号-1 施工支洞进入尾闸室后开始起坡，起坡部位由 10 号-1 施工支洞底板垫高 2m 进入尾闸室。Ⅵ-1区完成后挖除坡道。Ⅵ-1 区开挖最大高度 8.25m，宽度 7m。用液压钻竖向钻孔，先对上下游边墙预裂，预裂孔间距 50cm，主爆孔钻孔底部高程高于 8 号施工支洞顶拱 50cm。预裂与主爆孔爆破同时进行。Ⅵ-2 区开挖高 8.15m，宽 9.4m，在Ⅵ-1 区爆破完且下游侧施工通道形成后进行。液压钻竖向钻孔，上游侧预留 3m 宽保护层，保护层用 YT28 手风钻水平钻孔，结构线光面爆破。反铲和自卸汽车装运出渣。第Ⅶ层为上游侧 9.4m 宽，并被尾水连接洞各导洞分割成块。边墙预留 3m 宽保护层，底部预留保护层，保护层用水平光面爆破。开挖支护由左端 8 号施工支洞和右端 10 号-1 施工支洞进入施工。第Ⅶ层开挖总高 8.2m，开挖仍用 8 号支洞坡道到达高程 662.4m，液压钻竖向钻孔，孔深 6m（超深50cm），上游侧预留 3m 宽保护层，用 YT28 手风钻水平钻孔，结构线光面爆破。第Ⅶ层底部即Ⅶ$_2$区，厚 1.5～2.7m 保护层用手风钻水平孔钻，结构线光面爆破。开挖出渣通道，第Ⅰ、Ⅱ层为右端上支洞，第Ⅲ层为上支洞及交通洞，第Ⅳ、Ⅴ层为 2 号尾水洞及交通洞；第Ⅵ、Ⅶ层为 8 号施工支洞。

2）施工质量检测及评价。尾水闸门室开挖无欠挖，质量评定 126 个单元，优良 116个，优良率 92.1%，开挖质量优良。

（3）尾水隧洞。尾水隧洞出口 50m 洞段属Ⅳ、Ⅴ类围岩，其中出口 30m 洞段按照Ⅴ类围岩开挖支护，其余 20m 为Ⅳ类围岩。

1）主要施工方法。尾水隧洞分 3 层开挖，上、中层以 9 号支洞为界分两段开挖。第Ⅰ层开挖高 8.0～9.35m，洞口段采用中上导洞进洞并超前开挖，两侧扩挖跟进，手风钻辅以平台车钻孔，支护紧跟撑子面。第Ⅱ层开挖高 8.95m，用 100-B 潜孔钻中部拉槽，两侧保护层手风钻水平光面爆破。第Ⅲ层开挖高 8m（包括底部建基面 2m 厚保护层），上部潜孔钻竖向预留保护层中部拉槽钻爆，底部保护层用手风钻水平孔光面爆破。尾水隧洞开挖分段分层见图 6.4。

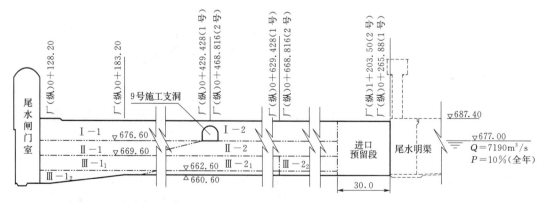

图 6.4　尾水隧洞开挖分段分层图（单位：m）

2）施工质量检测及评价。1 号、2 号尾水隧洞无欠挖。1 号开挖质量评定 156 单元，优良 143 个，优良率 91.7%；2 号质量评定 148 单元，优良 137 个，优良率 92.65%，开挖质量优良。

（4）尾水出口。尾水出口边坡开挖顶部高程810m，底部高程659.70m，最大高度约150m。进场时尾水出口边坡已挖至高程750m，高程750m以上存在倒悬岩体、卸荷松动岩块，形成8块危岩体，按要求处理后，再向下开挖支护。

1）主要施工方法：

a. 高程750m以上危岩体处理。危岩体用手风钻造孔，预留保护层进行光面爆破，人工扒渣。

b. 高程750m以下边坡开挖。在边坡上游低线公路修临时便道至高程750m作为开挖边坡的临时道路，随开挖出渣道路逐渐降低，可由低线公路向边坡延伸一条施工道路。在低线公路1号尾水隧洞高程684.0m处顺坡延伸到高程709.7m形成出渣道路。随着开挖高程逐渐降低，高程709.7～684.0m段可利用前方通道。在高程684.0m以下基坑开挖可利用围堰内侧卧路，经围堰顶部公路进行出渣。高程750.0～679.7m边坡分层分段开挖，分层高10m，高程684.0m以下为基坑开挖。尾水出口684.0m以上开挖利用左岸低线公路展开，QJZ-100B潜孔钻和液压钻从上往下分层、分段预留保护层梯段开挖，边坡用手风钻光面爆破。尾水边坡长约200多m，需分段开挖，20m一段。不稳定岩体采取"弱爆破，短进尺，强支护"。

各级马道开挖预留1m厚水平保护层，保护层采用手风钻光面爆破。

高程678m以下20m为基坑开挖，此时已形成大面积开挖平面，梯段爆破孔用潜孔钻和液压钻造孔，3m³装载机和15t自卸汽车装运出渣。

大面开挖先用手风钻在设计坡顶进行钻爆拉平，为潜孔钻开辟工作面。首先D7液压钻预裂爆破，再用液压钻、潜孔钻造孔，宽孔距小抵抗距深孔梯段爆破，梯段高9m。石渣由液压反铲、装载机、自卸汽车装运至右岸上游落哈弃渣场。

尾水出口底板预留2m保护层，用YT28气腿钻凿水平爆破孔光面爆破或预裂爆破开挖，石渣用液压反铲和自卸汽车装运至弃渣场。水平预裂施工：先相邻块抽槽，形成低于建基面20～30cm工作槽，在槽内架设快速钻沿建基面钻水平孔。

2）施工质量检测及评价。尾水出口开挖无欠挖，最大超挖18.8cm。质量评定62个单元，优良56个，优良率90.3%，开挖质量优良。

2. 喷锚支护

（1）尾水管及其连接洞。尾水管及其连接洞在顶拱边墙布置4.5m（8776根）、6m（2096根）砂浆锚杆，喷8cm厚素混凝土；施工中又增加3～9m长砂浆锚杆，15m长锚筋桩及挂网喷混凝土，挂网参数 $\phi8mm@20cm\times20cm$。

1）主要施工方法：

a. 锚杆。造孔用阿特拉斯353多臂凿岩台车，顶拱范围先插杆后注浆，锚杆均绑回浆管；边墙先注浆后插杆。砂浆用麦斯特注浆机拌制好后灌注。用反铲或353凿岩台车平台插锚杆和注浆作业。

b. 挂网及喷混凝土。现场编制钢筋网，反铲或钢管搭设的脚手架平台进行挂网作业。在泄洪洞出口处拌制混凝土，罐车运至现场，麦斯特喷车两层湿喷混凝土。

c. 锚筋桩。锚筋桩造孔用潜孔钻，用脚手架施工平台，锚筋桩在现场焊接加工，人工配合葫芦吊装至孔内，锚筋桩均绑进浆管和回浆管，安装后孔口用棉纱封闭，然后用麦斯特注浆机注浆。

2）施工质量检测及评价。1～6 号尾水管及其连接洞锚杆砂浆强度、锚杆无损检测、喷混凝土强度满足设计要求，质量评定 18 个单元，优良 18 个，支护质量优良。

（2）尾水闸门室。尾水闸门室从顶拱到底板为长 3.5～9m 系统锚杆和加强锚杆，12m、15m 长加强锚筋桩。顶拱挂网喷素混凝土，钢筋网参数 $\phi 8mm@20cm \times 20cm$；边墙分别为 12cm 钢纤维混凝土及 8cm 厚素混凝土。施工方法与尾水管及其连接洞相同。

尾水闸门室锚杆砂浆强度、锚杆无损检测、混凝土强度满足设计要求，质量评定 126 个单元，优良 118 个，优良率 93.7%，喷锚支护质量优良。

（3）尾水洞。1 号、2 号尾水洞围岩为 Ⅱ、Ⅲ、Ⅳ、Ⅴ 类。Ⅱ类、Ⅲ类围岩顶拱喷 10cm 混凝土，边墙喷 5cm 混凝土，Ⅳ类围岩顶拱及边墙挂 $\phi 8mm@20cm \times 20cm$ 钢筋网，立格栅拱架 $\phi 25mm@80cm$，喷 15cm 混凝土；Ⅴ类围岩顶拱及边墙挂 $\phi 8mm@20cm \times 20cm$ 钢筋网，立格栅拱架 $\phi 25mm@50cm$，喷 20cm 混凝土；局部岩脉破碎带，增加挂网（$\phi 8mm@20cm \times 20cm$）喷混凝土。锚杆支护包括 3m、4m、4.5m、6m、6.5m、7m、8m、9m 长锚杆及 12m、15m 锚筋桩。施工方法与尾水管及其连接洞相同。

1 号、2 号尾水洞锚杆砂浆强度、锚杆无损检测、喷混凝土强度满足设计要求。1 号尾水质量评定 156 个单元，优良 146 个，优良率 93.6%；2 号尾水洞质量评定 148 个单元，优良 138 个，优良率 93.2%，喷锚支护质量优良。

（4）尾水出口。尾水出口支护包括长 3～9m 砂浆锚杆，长 12m、15m 锚筋桩，挂网喷素混凝土，钢筋网参数 $\phi 8mm@20cm \times 20cm$。喷混凝土厚 12cm。

1）主要施工方法：

a. 锚杆。锚杆采用手风钻造孔，钢管搭设脚手架平台（与插筋焊接），造孔后用风枪洗孔，先注浆后插杆。

b. 挂网喷混凝土。挂网在现场编制，干喷喷混凝土，混凝土现场拌制，用 TK961 喷射机喷护，作业平台沿用锚杆施工平台，边坡喷混凝土分两层，第一层厚 5cm，第二层 7cm。

c. 锚筋桩。锚筋桩用潜孔钻造孔，现场焊接加工，人工配合手动葫芦吊装入孔，入孔前安装回浆管、进浆管，然后用木楔和棉纱封闭孔口，用麦斯特注浆机注浆。

2）施工质量检测及评价。尾水出口锚杆砂浆强度、锚杆无损检测、喷混凝土强度满足设计要求，质量评定 58 个单元，优良 55 个，优良率 94.8%，喷锚支护质量优良。

3. 锚索施工

尾水系统锚索施工部位为尾水闸门室和尾水出口边坡。

（1）尾水闸门室。尾水闸门室上下游边墙及中隔墙锚索：2000kN，长 20m，242 束；2000kN，长 19.13m（中隔墙对穿锚），12 束；2000kN，长 33m（与主变室对穿），92 束。

1）主要施工方法。同主副厂房、安装间。

2）施工质量检测及评价。尾水闸门室锚索的锚墩混凝土强度、锚索砂浆强度、锚索张拉满足设计规范要求，质量评定 364 个单元，优良 346 个，优良率 95%，锚索质量优良。

（2）尾水出口边坡。尾水出口边坡拉压复合型锚索：2000kN，长28.5m、31m、40m、50m，间排距5m×5m，644束。

1）主要施工方法。锚索施工方法见进水口边坡锚索。

2）施工质量检测及评价。尾水出口边坡锚索长度、注浆强度、锚墩混凝土强度、锚索张拉指标均满足设计、规范要求，质量评定644单元，优良609个，优良率94.6%，锚索施工质量达到优良。

4. 排水孔及灌浆工程

（1）排水孔。尾水闸门室在顶拱、边墙、两侧端墙、中隔墙设排水孔，孔径48mm，深5m、7m，计6791m。2号尾水隧洞顶拱及边墙排水孔孔径48mm，深4m，约31682m。尾水出口排水孔孔径48mm，深4m，共15336m。

1）主要施工方法。尾闸室排水孔在每层开挖支护后施工，喷混凝土后，在钻检测孔的同时打排水孔，用353台车及手风钻造孔。尾水隧洞排水孔在混凝土浇筑和相应部位灌浆后施工，用手风钻造孔，造孔平台沿用尾水移动式造孔平台。尾水出口排水孔在喷混凝土后施工，手风钻造孔，用锚杆施工的脚手架平台。

2）施工质量检测及评价。尾水系统排水孔的孔位、孔径、孔深、孔斜等检测指标满足设计要求。质量评定179个单元，优良率均在90%以上，排水设施质量优良。

（2）灌浆。尾水管及其连接洞顶拱回填灌浆约9200m²。2号尾水隧洞顶拱回填灌浆约22279m²，固结灌浆为出口锁口段30m以及岩脉破碎带约4200m。尾水隧洞灌浆顶拱106.26°回填灌浆，排距3.0m×3.0m，灌浆压力0.3MPa，压浆检查；固结灌浆段孔排距4.0m×4.0m，入岩深8m，灌浆压力1.2MPa，压水试验检查为主，合格标准不大于5Lu，Ⅲ类围岩灌后平均声波波速不小于4600m/s，Ⅳ类围岩波速不小于4000m/s。

1）主要施工方法：

a. 回填灌浆。尾水管回填灌浆使用手风钻造孔，造孔平台为钢管脚手架，制浆站设在尾闸室底板，通过灌浆泵输送至各工作面。尾水隧洞用YT-28钻机造孔，造孔平台为可移动平台，上下游各设一个制浆站，浆液通过灌浆泵输送至灌浆工作面。灌浆采用孔口封闭孔内循环式和纯压式。

b. 固结灌浆。固结灌浆单元划分和回填灌浆相对应，浇筑混凝土前安装ϕ75mmPVC灌浆管，用YT-28手风钻钻孔，3SNS灌浆泵灌注，钻孔、灌浆平台为可移动平台，集中制浆，灌浆泵输送至工作面。固结灌浆环间分序，环内加密；同一单元内分Ⅰ序环、Ⅱ序环，同一环内，分Ⅰ序孔、Ⅱ序孔，先Ⅰ序环的Ⅰ序孔，再Ⅰ序环的Ⅱ序孔，然后Ⅱ序环的Ⅰ序孔、最后Ⅱ序环的Ⅱ序孔；固结灌浆的单元划分与回填灌浆一致，固结灌浆分二段灌注。

2）施工质量检测及评价。1号、2号尾水隧洞回填灌浆压浆检查满足规范和设计要求，尾水洞质量评定59个单元，全部优良，尾水管及其连接洞质量评定18个单元，全部优良，回填灌浆质量优良。

1号尾水隧洞固结灌浆的单位耗灰量递减明显，透水率和声波速度满足设计要求，质量评定11个单元，全部优良，优良率100%；2号尾水洞质量评定6个单元，全部优良，优良率 100%，固结灌浆质量优良。

5. 混凝土工程

（1）尾水管及其连接洞。地下厂房系统 6 条尾水管连接洞，均为城门洞型全断面钢筋混凝土衬砌结构。衬砌后 1 号、3 号、5 号尾水管连接洞净空尺寸 10.87m×15.22m，2 号、4 号、6 号尾水管连接洞净空尺寸 10.87m×15m，衬砌厚 1.5m。

1）主要施工方法。每条尾水管混凝土分 3 块浇筑，环向施工缝作凿毛处理。第 Ⅰ、Ⅱ 块分 2 层浇筑，第一层底部圆弧段，第二层边顶拱；第 Ⅲ 块分 3 层浇筑，第一层底部圆弧段，第二层边墙，第三层顶部圆弧段。钢筋在加工厂制作，工作面安装。底拱木模板，边墙胶合板，顶拱定型模板，连接洞小钢模板。混凝土罐车水平运输，混凝土泵入仓，配合送料管、溜筒（槽）下料，人工平仓。

2）施工质量检测及评价。6 条尾水管及其连接洞混凝土强度指标满足设计要求，质量评定 109 个单元，优良 102 个，平均优良率 93.6%，混凝土质量优良。

（2）尾水闸门室：

1）概况。地下厂房尾水闸门室右端和通风洞相连，左端和进厂交通洞相连，上游边墙和 6 条尾水管连接洞相连，下游边墙和两条尾水隧洞相连。闸室混凝土，立面上以高程 682.00m 为界分排架混凝土和闸室混凝土；平面上以中隔墩为界分左右两部分。中隔墩宽 19.13m，将 1 号、2 号、3 号与 6 号、5 号、4 号机组隔开，顶面高程 682.00m。闸室和 6 条尾水管连接洞连接部位均布置检修闸门，上下游均有 70cm×60cm 二期混凝土。3 个储门槽，分别布置在 6 号和 5 号机组，5 号和 4 号机组，1 号和 2 号机组的中间。1 号机组左端为防浪墙，墙下游面为配电房。

2）主要施工方法。尾水闸门室混凝土施工顺序为 1 号、2 号、3 号机组段：底板→闸墩、门槽→下游边墙→防浪墙→排架；6 号、5 号、4 号机组段：底板→闸墩、门槽→下游边墙→排架。门槽埋件安装后浇筑门槽二期混凝土。

底板混凝土只立端头模板。闸墩混凝土采用悬臂模板，部分用小钢模拼装，弧段以直代曲用小钢模拼装。闸门槽内用钢模板拼装，局部用木模板拼装。尾水隧洞进口渐变段为半径 6m 的渐变结构，用定型钢模板。

3）施工质量检测及评价。尾水闸门室各部位的混凝土强度满足设计要求，质量评定 242 个单元，优良 232 个，优良率 95.9%，混凝土质量优良。

（3）尾水隧洞。1 号和 2 号尾水隧洞的长度分别为 1137.68m 和 1075.3m，平段衬砌后断面 20m×24.2m 城门洞型，斜坡段衬砌后最大尺寸 20m×24.2m。底板混凝土厚 60~100cm。边顶拱混凝土衬砌厚度，Ⅲ 类围岩 80cm，Ⅳ 类 120cm，Ⅴ 类 150cm。混凝土标号 C20，钢筋保护层厚 5cm，结构缝充填 2cm 厚沥青木板。

1）主要施工方法。尾水隧洞混凝土衬砌顺序先底板后边顶拱，底板左右半幅分开施工，预留施工通道，用组合钢模板拼装施工。2 号尾水隧洞混凝土衬砌，在 15 号支洞上下游的两个工作面同时进行，边顶拱混凝土用钢模台车施工，钢筋台车超前进行钢筋绑扎。

混凝土分块长度 12.1m，超过 12.1m 的分两块施工，最短单块长度大于 8m，设环向结构缝，缝面填塞 2cm 厚沥青木板。断面上分底板、边顶拱二层，层间设施工缝，缝面凿毛处理。

2）施工质量检测及评价。1号、2号尾水隧洞混凝土强度和体型满足设计要求，1号、2号尾水隧洞质量评定分别为318个和267个单元，优良率分别为95.9%和94.4%，混凝土质量优良。

（4）尾水出口。尾水渠长80m，底板由前齿槽、缓坡段、后齿槽组成，缓坡段混凝土厚1m，坡度4.9%。底板两侧为混凝土挡墙，分左右侧挡墙、挡墙扭面段、贴坡段、延长段。底板及挡墙混凝土工程量54976m³，钢筋475t。

1）主要施工方法。尾水渠两侧挡墙为重力式和贴坡混合结构型式，前部重力式挡墙，尾部贴坡挡墙，贴坡混凝土厚1m。两侧挡墙混凝土按每层2～3m，10m一块进行浇筑。普通钢模板，溜槽辅以汽车吊入仓。

2）施工质量检测及评价。尾水出口混凝土强度满足设计要求，质量评定478个单元，合格478个，优良453个，优良率94.8%，混凝土质量优良。

6.2.4.5 重要工程部位质量缺陷及处理

压力管道顶拱和两侧边拱混凝土发现有裂缝，宽度0.2～0.6mm。1号引水隧洞49条，总长629.5m；2号44条，长620.9m；3号46条，长419.7m；4号43条，长407.5m；5号38条，长398.7m；6号34条，长346.4m。其成因主要为围岩变形和"5·12"汶川地震及余震影响。

裂缝采用化学灌浆处理：小于0.2mm裂缝只做缝口保护处理，超过裂缝两端40cm沿缝20cm范围用钢丝刷刷毛，丙酮清洗干净，干燥后批刮一层PSI-HY环氧胶泥；大于等于0.2mm及所有贯穿裂缝，做骑缝孔化灌与缝口止水封堵处理。

1号压力管道化学灌浆材料为PSI-500环氧树脂，灌浆设备为DMIX-DY25和DMIX-DY50自动液压化学灌浆机。裂缝的化学灌浆处理已完成并检验合格。

6.2.4.6 历次专家意见整改落实情况

1. 机组启动验收存在问题及整改落实情况

（1）尽早形成全厂通风系统，改善地下厂房的通风条件及施工环境。地下厂房及主变室排风系统已于2009年底投运；主厂房顶拱送风及抽风通道隔墙施工完成，厂房上支洞风道内优化的隔墙及送风机已于2010年6月5日安装调试完成并通过验收。地下厂房通风系统已全部形成，通风条件及施工环境得到明显改善。

（2）6号引水系统充水后，5号引水隧洞下平段等3处出现渗水、冒水和渗流射水情况。渗水虽经灌浆堵漏处理，但5号引水系统充水须待水泥灌浆达到设计强度或规范标准后方可进行。

对5号引水隧洞几段出现渗水问题，已按设计要求及相关规范要求进行处理并验收合格。

（3）加强引水发电系统的安全监测和巡视检查。在蓄水、机组试运行和运行期间，已对引水发电系统每天进行安全监测和巡视检查，除3号排水廊道顶部排水孔渗水增大并出现部分新渗水点外，未见明显异常；进水塔塔体、进水口边坡岩体已趋稳定；引水隧洞、主副厂房及安装间、尾水隧洞监测断面附近的洞身围岩和出口边坡监测断面附近的边坡岩体处于比较稳定状态，主变室、尾闸室洞身围岩处于稳定状态。

（4）鉴于 6 号、5 号引水隧洞间出现渗漏通道，建议业主在 6 号机组完成 72h 后，择时放空 6 号引水系统全面检查，发现问题尽早处理。

1～4 号引水隧洞混凝土衬砌及压力管道连接段的质量问题，设计已出具处理要求，目前已处理完成并验收合格；6 号机 72h 运行后，对引水隧洞全面检查，未发现异常情况。

（5）3 号机组完成 72h 试运行后，择时放空引水系统全面检查。3 号机组 72h 试运行后停机排水检查机组流道，压力管道未见异常。

2. 历次质量巡视存在问题及整改落实情况

（1）参建各方将相关工程保质保量搞上去，为 2009 年度度汛安全和首台机组发电打下基础。采取相关措施后，使厂房标工程达到了计划要求。

（2）觉托、毛头码砂石系统生产砂石骨料仍存在骨料超逊径和砂料细度模数等指标超标。针对砂石骨料存在的问题，已采取加强检测、调整工艺，及时更换筛网等措施，各项指标控制在规范内。

（3）在 1 号、2 号、5 号引水隧洞发现 5 条缝宽 0.1～0.5mm 的裂缝，2 号尾水隧洞顶拱发现 1 条宽 0.3mm，长 2.5m，深 80cm 裂缝，应研究处理方案。设计已出具处理技术要求，已采取处理措施对裂缝进行了处理，并通过验收。

6.2.4.7　结论

地下厂房土建工程与 1 号机组启动有关的工程项目已全部完工，已完工程施工质量满足设计和规范要求，洞室及边坡安全稳定，1 号机组具备启动试运行条件。

6.2.5　溢洪道

6.2.5.1　概况

瀑布沟水电站溢洪道紧靠砾石土心墙坝的左坝肩布置，由进口引渠段、闸室段、泄槽段和出口挑流鼻坎等组成，主要工程包括：部分土石方开挖，混凝土浇筑、固结灌浆、土石方回填、金属结构安装等项目。溢洪道工程由中国葛洲坝集团第一工程有限责任工程承包。

主要施工过程及完成情况：溢洪道工程于 2004 年 9 月中旬开工建设，引渠段保护层 2006 年 8 月 18 日开挖结束，左边墙混凝土 2007 年 6 月 15 日浇筑完成，引渠段面板混凝土 2009 年 11 月 30 日完工。

闸室右挡墙及导墙开挖 2007 年 10 月底完工，混凝土浇筑 2009 年 7 月 26 日完成，固结灌浆 2008 年 7 月 21 日完工。闸室段保护层开挖 2006 年 6 月 20 日完工，混凝土浇筑 2010 年 1 月 25 日完成，固结灌浆 2006 年 12 月底完工，预制构件安装 2010 年 1 月 31 日完成，配电房与油泵房于 2010 年 3 月 31 日完成。

挑流鼻坎段固结灌浆 2008 年 6 月 16 日完工，分部工程 2009 年 6 月 15 日完工。泄槽段固结灌浆 2009 年 11 月 15 日完工，分部工程 2009 年 12 月 12 日完工。

出口边坡防护工程 2010 年 8 月 20 日完工。

截至 2010 年 4 月 18 日，溢洪道工程除出口边坡防护分部工程未完成验收外，其余分部工程均已验收，质量等级评定为优良。

6.2.5.2 原材料供应与质量控制

1. 原材料供应

主要原材料水泥、钢筋、砂石骨料、Ⅰ级粉煤灰由业主提供。材料进场后按规范要求取样，进行原材料的检测和试验，合格后用于溢洪道工程施工。Ⅱ级粉煤灰及外加剂等为项目部自购材料。

2. 原材料质量控制

钢筋抽样检测 344 组，检测结果符合规范要求，合格率 100%。钢筋接头抽检 42 组，检测结果均符合要求，合格率 100%。水泥检测结果符合规范要求，合格率 100%。Ⅰ、Ⅱ级粉煤灰所检项目均符合要求，合格率 100%。

砂子抽检 270 组，石粉含量基本符合规范要求，部分细度模数、含水率不符合标准要求。碎石含泥量、针片状基本符合规范要求，部分超逊径不符合标准要求。针对含水率不符合标准要求的砂及超逊径不符合标准要求的碎石，在混凝土拌制中根据混凝土的和易性、坍落度及时调整用水量及砂、小石、中石、大石的比例，使拌制的混凝土满足规范要求。

溢洪道工程所用外加剂均自购材料，减水剂、引气剂、泵送剂和 HF 抗冲耐磨剂等混凝土外加剂，抽样检测 41 组，合格 41 组，合格率 100%。钢绞线检测结果符合有关规范要求，合格率 100%。橡胶止水的拉伸强度、扯断伸长率、撕裂强度符合规范要求，合格率 100%。铜止水母材及焊接接头力学性能检测成果均符合规范要求，合格率 100%。

3. 不合格材料处理

甲供原材料出现质量不合格的，与业主联系及时退场，不允许用于工程施工。

自购原材料出现质量不合格的，验收人员有权拒绝验收，使用单位拒绝使用，并予以退货。

6.2.5.3 主体建筑物施工方法

1. 地基防渗及排水

（1）灌浆施工。在溢洪道闸室段、泄槽段、挑流鼻坎段和闸室右挡墙及导墙基岩进行固结灌浆。

1）灌浆材料。用 P.O.42.5 普通硅酸盐水泥，水从业主提供主供水管接入。

2）施工方法。固结灌浆采用逐排灌注、排内分两序施工。

a. 钻孔方法。用 XY-2 型钻机钻灌浆孔，孔位误差不大于 10cm。

b. 钻孔冲洗。用压力水进行裂隙冲洗，至回水清净时止或不大于 20min，压力为灌浆压力的 80%，孔内残存的沉积物厚度不超过 20cm。裂隙冲洗后，该孔段即进行灌浆作业。

c. 声波测试、压水试验。灌浆前，选单数排Ⅰ序孔数 5% 的钻孔进行声波跨孔测试和简易压水试验。

d. 灌浆。原则上一泵灌一孔，相互串浆时，采用群孔并联灌注。灌浆作业用 3SNS 型泵。

第 1 段建基面下 0～2m，第 2 段 2～6m，第 3 段 6～11m，灌浆压力分别为 0.4MPa、0.6MPa、1MPa。水灰比 3∶1，2∶1，1∶1，0.8∶1，0.5∶1 五个比级，由稀到浓逐级

变换。

在规定压力下，灌入率不大于 1L/min，继续灌注 30min，灌浆即结束。长期达不到结束标准时，采取处理措施。封孔采用"机械压浆封孔法"。

e. 质量检测与评价。固结灌浆成果分析，Ⅱ序孔单位耗灰量较Ⅰ序孔分别递减 30.06%～41.70%，递减明显，符合灌浆规律。检查孔压水试验透水率均小于 5Lu，符合设计要求。灌后平均声波波速 4316～4597m/s，较灌前提高 4.53%～24.62%，灌浆质量满足设计要求。

固结灌浆质量评定 64 个单元，合格 64 个，优良 62 个，优良率 96.88%。

（2）排水孔施工。溢洪道引渠段左边墙内排水孔，孔径 $\phi56$mm，间排距 3m，梅花形布孔，入岩 1m，长度根据左边墙混凝土浇筑厚度确定。排水管预埋钢管，部分排水孔采用钻孔施工。泄槽及挑流鼻坎高边坡根据修改通知进行排水孔施工。

1）主要施工方法。引渠左边墙排水管安装施工与边墙混凝土浇筑同步进行。

排水管孔位偏差不大于 100mm，钻孔直径大于排水管直径，孔深达到设计规定值，偏差不大于 50mm。用高压风冲洗孔内，保持孔内干净。造孔后将排水管插入孔内，在孔口 20cm 深用 M10 水泥砂浆将其周围封堵。

边墙混凝土浇筑时，在每根排水管下部每间隔 0.8m 安装 1 组 $\phi25$mm 螺纹钢制作的人字架进行支撑，在排水管口塞棉纱，防止水泥浆进入管内。

2）施工质量检测与评定。排水孔的钻孔编号、孔位、孔径、孔深和孔斜等施工质量满足设计要求。排水孔质量评定 73 个单元，合格 73 个，优良 68 个，优良率 93.15%。

（3）接地施工。溢洪道工程接地导体材料为 50mm×6mm 扁钢。在混凝土浇筑前预埋扁钢，混凝土分缝时进行过缝处理，与钢筋进行焊接连接。接地网布置及接地导体规格、接地导体过缝处理等符合设计要求。

接地施工质量评定 357 个单元，合格 357 个，优良 334 个，优良率 93.56%。

2. 引渠段

引渠段引渠底板采用坡比 1∶1 变坡，底板宽 3.5m，迎水面坡比 1∶0.648，布置有扭面段、垂直段，混凝土为 C20。引渠段工程包括保护层开挖、边坡锚杆施工和混凝土施工。

（1）保护层开挖：

1）施工通道。引渠段保护层开挖使用 L₁ 施工通道，从左岸高线公路深启低沟附近高程 856m 接线，至引渠底板高程 810m，它主要承担古河槽和引渠底板保护层开挖。

2）主要施工方法。引渠段建基面预留的 1.5～2m 保护层开挖，采用手风钻水平光面爆破施工，孔深 2.5～3.5m，孔距 0.3～0.5m，孔径 48mm，线装药密度 80～150g/m。保护层开挖采取水平预裂（或光爆）辅以垂直浅孔梯段爆破。古河道土层堆积物开挖采用反铲、人工清理到密实基面。

开挖前，选择典型地段进行水平预裂（或光爆）试验。水平预裂（光爆）先在相邻低块抽槽形成作业槽，作业槽低于高块建基面 30～50cm 时，即可在槽内用钻机沿高块建基面造水平孔。造孔机具有 YT-28 气腿钻和 QZJ-100B 型潜孔钻。

爆破后用反铲、推土机将爆渣清理干净。保护层开挖到一定面积后，将石渣清理干净，再用高压风（水枪）冲洗基础面，直至满足建基面终验要求。

3）过程质量控制：

a. 施工前进行详细的爆破开挖设计，并进行生产性试验，取得合适的爆破参数。施工中根据爆破效果，不断修正完善。

b. 对钻孔、装药等工序进行质量检查。

c. 配备足够的先进钻爆设备，严格按确定爆破参数施工。

d. 施工质量检测与评定。

引渠段开挖无欠挖，最大超挖 0.29m。古河道土层堆积物开挖，最大深挖 8.19m。岩土地基的开挖范围、断面尺寸、开挖高程均符合或达到设计要求。

引渠段开挖于 2006 年 8 月验收，质量评定 18 个单元，优良 18 个，优良率 100%。

（2）边坡锚杆施工。左边墙开挖边坡设 957 根连接锚杆，$\phi25mm@3m$，长 4m，入岩 3m，出露 1m。

1）主要施工方法。YT-28 手风钻造孔，人工配合安装，锚杆孔注浆采用 2SNS 型灌浆泵配合 JJS-2B 型搅拌桶，NJ-6 型拌浆机制浆。

锚杆（锚筋束）孔的孔位偏差不大于 100mm。注浆锚杆钻孔直径大于锚杆直径，钻头直径大于锚杆直径 15mm 以上。孔轴方向和孔深达到设计规定，孔深偏差不大于 50mm。系统锚杆孔轴方向垂直于开挖岩面。采用高压风冲洗锚杆孔。

采用先注浆后插杆的方法。水泥浆强度等级 25MPa。注浆时注浆管插入孔底，开始注浆后徐徐抽出注浆管，并保持注浆管口埋在砂浆内。杆体对中插入，插入后将其固定。砂浆未达设计强度 70% 时，不得敲击、碰撞和拉拔锚杆。

进行以下检验和试验：

a. 注浆密实度试验。将不同类型和不同长度的锚杆插入塑料管并注浆，材料条件和工艺与施工相同。养护 7d 后，剖管检查其密实度。

b. 无损检测。按作业分区，每 100 根锚杆抽查 5 根进行检测。无损检测在锚杆灌注砂浆 28d 后进行。

2）过程质量控制：

a. 控制锚杆材质、胶结材料性能或强度等级，检查锚杆孔的孔轴线。

b. 钻孔结束后，检查孔深，锚孔无岩粉、积水。

c. 砂浆锚杆孔位偏差控制在 10cm 以内，孔深偏差控制在 ±5cm 以内。

3）施工质量检测与评价。引渠段边坡锚杆密实度无损检测合格率 93.33%，有 3 根不合格，按 1∶2 在旁边补打，补打锚杆 100% 合格。锚杆注浆 M25 砂浆抗压强度 100% 合格。锚杆施工满足设计要求。

（3）混凝土施工。引渠段混凝土包括：底板回填混凝土、左边墙混凝土和底板混凝土。左边墙斜坡段、扭面段和直立段采用 DP-180 型倾斜式悬臂模板施工。

1）主要施工方法：

a. 回填混凝土浇筑。建基面回填混凝土在基岩面验收合格后进行。浇筑第一层混凝土前，基岩面均匀铺一层 2～3cm 比混凝土强度高一级的砂浆，铺设砂浆的面积与混凝土浇筑强度相适应，并及时覆盖。

混凝土采用台阶式浇筑。层坯铺料厚度 30～50cm，振捣器先平仓后振捣，骨料集中时人工均匀分散，插入式振捣器振捣。振捣器移动距离不超过其有效半径 1.5 倍，并插入下层混凝土 5～10cm。

b. 底板混凝土浇筑。引渠底板混凝土分块浇筑，跳仓法施工，一次浇筑 1～2 块。底板采用挂样架抹面方式，样架为浮出式结构。采用抹面机并辅以人工抹面，在混凝土初凝前完成抹面，并在初凝前逐段拆除样架。

c. 边墙混凝土浇筑。引渠左边墙平面部位采用 DP－180 型倾斜式悬臂模板施工，高程 830m 以下混凝土电吊入仓，跳仓浇筑；高程 830m 以上混凝土用搅拌车运至左高线配溜槽入仓；混凝土采用台阶式浇筑。扭面部位用 DP－180 型倾斜式悬臂模板施工，门机或搅拌车配溜槽入仓。

2）过程质量控制。钢筋、水泥、砂石骨料等材料，有厂家出厂证明和试验报告，并按规定进行抽检。

a. 混凝土浇筑准备：

（a）测量放样。用全站仪等测量仪器对工程部位进行测量放样。

（b）钢筋加工。按设计图纸和放样单加工，钢筋接头采用焊接接头。

（c）模板施工。做好模板的设计，结合现场条件和建筑物特性，采用适宜的模板，尽量利用 DP－180 型悬臂模板。模板出厂前检查模板的尺寸、表面平整度、表面光洁度，模板安装时，测量控制模板安装质量。

（d）预埋件施工。在埋设灌浆管、止水片、金属结构安装埋件、监测仪器等埋件前，仔细检查和核定。埋设时，加固牢靠，并加以保护。混凝土浇筑中，离开预埋件下料，并用小功率振捣器将埋件周围混凝土振密，防止埋件的移动和损坏。

（e）仓面清理。浇筑前，用压力水将缝面冲洗干净，并排干积水。

b. 浇筑过程中的质量控制：

（a）运输。采用较好的车辆运输混凝土，加快入仓速度。高温季节，避开高温时段开仓，做好车辆的防晒保温和冲洗降温。

（b）铺料。混凝土下料时均匀铺料，预埋件附近，钢筋密集部位用人工撬料。入仓后的混凝土及时覆盖，减少混凝土暴露时间。高温季节仓面覆盖隔热材料。

（c）振捣。根据混凝土级配、结构部位配用振捣器，确保振捣密实。重要和复杂结构部位的模板附近，采用二次复振，减少水气泡，提高表面质量。

c. 混凝土硬化后的质量控制。混凝土终凝后，及时洒水和流水养护，长期暴露的侧面和顶面，覆盖高发泡塑料薄膜。冬季低温季节，做好混凝土保温工作。

3）施工质量检测及评价。引渠段混凝土抗压强度满足设计要求，评定混凝土生产质量水平为优秀，抗冻、抗渗和劈裂抗拉强度等性能指标均满足设计及规范要求。引渠左边坡及底板混凝土结构体型测量结果与设计值偏差符合要求。

单元工程：引渠段混凝土浇筑质量评定 370 个单元，合格 370 个，优良 350 个，优良率 94.59%。

3. 闸室段

闸室为 3 孔开敞式溢流堰，有 6 个 3m 宽闸墩，每孔有事故闸门和弧形工作闸门，左岸连接段布置事故闸门储门槽。闸顶有各类型梁。左岸连接段布置配电房，闸墩布置3间油泵房。

闸室段主要工程为保护层开挖、储门槽开挖、混凝土浇筑。

（1）土石方开挖：

1）保护层开挖。闸室段长47.22m，底部宽54.0m。闸室内侧为岩石边坡，高程856m为电站左岸高线公路；外侧为覆盖层边坡。

闸室保护层开挖采用水平预裂（或光爆）辅以垂直浅孔梯段爆破，利用储门槽外部边坡作为水平造孔的作业面。造孔机具用YT-28气腿钻，水平孔距0.5m，孔深2m，人工间隔不偶合装药结构，线装药密度160～180g/m；垂直孔间排距0.6m×0.5m，孔深0.7m，人工连续不偶合装药结构，单位耗药量0.4kg/m³；均选用 ϕ32mm乳化炸药。

2）储门槽开挖。前期开挖已形成1:0.4倾斜边坡，坡面已挂网喷混凝土。

储门槽开挖主要包括脚手架搭设，已喷混凝土凿除，钢筋网切割，钻爆开挖，锚筋制安等。

搭设双层排架，层距、间距、排距均1.5m，宽度13.54m。竖向间隔6m打间距4m垂直岩面的插筋，外露部分调成竖直，与排架连接加固。

储门槽开挖先对设计轮廓线采用预裂爆破施工，然后在主爆区用小孔径分层松动爆破开挖。

预裂孔施工采用QZJ-100B支架式潜孔和YT-28型手风钻造孔，孔径90mm和40mm，间距分别为0.8m和0.4m，钻至建基面。预裂爆破用不耦合装药结构，对 ϕ90mm预裂孔用 ϕ32mm乳化炸药，线装药密度用300g/m。对 ϕ40mm预裂孔用 ϕ32mm乳化炸药中间剖开，线装药密度用186g/m。起爆网络用非电导爆系统、导爆索传爆、电力起爆方式。

梯段爆破施工钻孔用YT-18型手风钻。爆破用微差接力爆破网络，非电毫秒雷管联网，电雷管起爆。采取人工装药，用 ϕ32mm乳化炸药，爆破孔用柱状连续装药。岩石爆破单位耗药0.4kg/m³。梯段爆破采用1～15段毫秒电雷管联网，电力起爆。

3）过程质量控制：同引渠段保护层开挖过程质量控制。

4）施工质量检测与评定：闸室地基为古河道冲积堆积层和岩石开挖，覆盖层用反铲挖至基岩面，岩层开挖无欠挖。岩土地基开挖范围、断面尺寸、开挖高程均符合设计要求。

闸室段开挖质量评定3个单元，3个优良，优良率100%。

（2）混凝土施工。闸室段混凝土施工包括堰体、闸墩、左岸连接段、门槽二期等混凝土施工。

1）普通混凝土施工。闸室段底部基岩约束区常态混凝土按1.5～2.0m一层，上部墩墙3m一层，根据结构缝单独上升，其中1号溢流堰堰体浇筑至高程817m后预留作为防汛和交通通道。

闸室段下部堰体和左岸连接段混凝土大面积仓位采用台阶式浇筑，上部闸墩边墙小仓面混凝土采用平铺法施工。大体积混凝土铺料厚30～40cm，插入式振捣器振捣；小仓面铺料厚 40～50cm，插入式振捣器振捣，边角部位用软管振捣器振捣。廊道周边浇筑时，混凝土对称均匀上升。混凝土用建筑塔机入仓。

单向门机轨道梁上二期混凝土浇筑前，先将老混凝土凿毛，安装好门机轨道后，将仓位冲洗干净。自卸汽车运料，门机配吊罐入仓，ϕ50mm 软管振捣器振捣，人工收平抹面。

门槽二期混凝土，门机配卧罐垂直运输，卸料至溜筒顶受料斗，经溜筒入仓。在底板上搭设钢管脚手架和受料平台，立模时隔 2～3m 设一进料口。浇筑前，先将结构面老混凝土凿毛，冲洗干净。各浇筑仓位钢模板一次安装到顶。浇筑中，ϕ50mm 软管振捣器捣实，控上升速度，确保金属埋件不移位、不变形。

2) 抗冲耐磨混凝土施工。闸室段过流面抗冲耐磨混凝土分闸墩和溢流面两部分。闸墩部份和上部普通混凝土同步上升，施工时控制好高标号混凝土的分区界限和下料控制范围，做好结合部位的振捣。

闸室段溢流面的浇筑采用样架控制和模板控制两种方法，平缓段样架控制，曲面段模板控制，拆模后二次抹面；闸墩下部 1.5m 范围内过流面浇筑采用分区线控制施工。

3) 止水系统施工。止水材料在加工和使用前，进行检测和试验。止水包括橡胶止水片、紫铜止水片等。止水片的施工在模板、钢筋施工的同时穿插进行。

a. 橡胶止水片施工。人工按设计要求下料，在现场按要求安装就位并固定。橡胶止水片接头，人工打磨后用橡胶黏合剂黏结，搭接长度不小于 15cm。浇筑时确保止水片位置准确。

b. 紫铜止水片施工。止水片用铜片压制模具压制成型，人工按要求安装。铜片止水连接用气焊双面焊接，焊接长度不小于 20mm，焊缝用煤油渗透检查。浇筑前清除止水片表面杂物，止水鼻槽内填塞沥青麻丝，过缝处上下游面涂刷沥青。浇筑时确保止水片位置准确。

4) 过程质量控制：同引渠段混凝土施工过程质量控制。

5) 施工质量检测与评价。闸室段混凝土抗压强度满足设计要求，评定结果为混凝土生产质量水平优良；抗冻、抗渗、劈裂抗拉强度等性能指标均满足设计及规范要求；内部质量检测混凝土强度推定值均满足设计要求。

过流面不平整度检测合格率 92.59％～100％，混凝土结构体型测量结果与设计值偏差符合要求。

混凝土浇筑质量评定 287 个单元，合格 287 个，优良 267 个，优良率 93.03％。

4. 泄槽段

(1) 土石方开挖。缓槽段的泄槽底板和边墙基本上置于花岗岩上，内侧岩石边坡开挖达 100～130m，外侧为土质边坡，坡高 20～40m。陡槽段最大开挖边坡高度超过 110m。

1) 施工程序。在泄槽段开挖前，先拆除结构线内柔性防护网、清理植被，再用手风钻钻孔、爆破，人工清渣，开挖土石料装车运至渣场。验收合格后，跟进边坡支护。

2) 施工方法。开挖前，测量放样标出开挖范围和位置，人工清理开挖区域内树木和杂物，排除开挖区域上部孤石、险石，较大块石解炮清除，清理范围延伸至开挖线外侧 3m；按设计要求进行边坡上部地面排水系统施工，并始终超前 1～2 个开挖工作面。

覆盖层开挖、边坡修整用人工进行。按测量放样开口线形成边坡开口，自上而下分层钻爆开挖，层高2~3m。同一层面开挖施工，按"先土方，后石方开挖，再边坡支护"的顺序进行。开挖土石料用人工翻落至下部平台，待下方开挖作业时装车运至渣场。

边坡预裂爆破后，人工清渣至下部集渣平台。在开挖中，根据需要，经常检测边坡设计控制点、线和高程，指导施工。

a. 土方开挖。用1.2~1.6m³反铲挖装、削坡，15~20t自卸汽车运输。自上而下按4~5m分层开挖，开挖土料翻落至下部集渣平台或直接装车。开挖接近设计坡面时，预留0.2~0.3m厚余量，用反铲削坡人工配合，修整至要求的坡度和平整度。

b. 石方开挖。由上至下分层开挖，深孔梯段微差爆破，梯段高10m，坡面预裂爆破，预裂深度同分级马道高度，爆破孔用CM351型高风压潜孔钻机造孔为主，预裂孔用QZJ-100B支架式潜孔钻机造孔，建基面用手风钻造孔，进行水平预裂（光爆）爆破。采取压渣爆破技术和松动爆破等措施。

c. 保护层开挖。泄槽段保护层厚2m。在相邻低块抽槽形成工作槽，其高程低于高块建基面30~50cm。在槽内用钻机沿高块建基面造水平孔，造孔机具用YT-28气腿钻和QZJ-100B型潜孔钻。

爆破后，用反铲迅速将爆渣清理干净。开挖到一定面积后，人工清理石渣和修整基岩，用高压风（水枪）冲洗基础面，直至满足建基面终验要求。

3）过程质量控制：同引渠段保护层开挖过程质量控制。

4）施工质量检测与评价。泄槽段左右边坡和底板预留保护层开挖均无欠挖，开挖坡度、高程、平面尺寸、底板宽度和坡降均符合设计要求。

泄槽段开挖质量评定91个单元，优良85个，优良率93.41%。

（2）支护施工：

1）概况。泄槽段支护形式为普通砂浆锚杆、锚杆束、挂网喷射混凝土、预应力锚索、贴坡混凝土等。预应力锚索为无黏结锚索，加固吨位1000kN级和2000kN级，孔深30m、35m和40m。

泄槽内侧边坡高陡，以Ⅲ~Ⅳ类岩体为主，表浅部为Ⅴ类岩体或土质边坡，开挖边坡高陡，支护工程量大，高边坡支护与开挖平行作业。

2）主要施工方法：

a. 锚杆与锚杆束。泄槽岩石锚杆为普通砂浆锚杆及锚杆束。系统锚杆、锚杆束直径分别ϕ20mm、ϕ25mm、ϕ28mm、3ϕ28mm、3ϕ32mm等。根据不同深度，分别用快速钻和手风钻造孔。锚杆孔内注浆用2SNS型灌浆泵配合JJS-2B型搅拌桶注浆，NJ-600型拌浆机制浆。

b. 预应力锚索。预应力锚索用MZ165锚索钻机钻孔，空压站集中供风。孔道灌浆用2SNS型灌浆泵配合JJS-2B搅拌桶灌浆，NJ-600型拌浆机制浆。锚索张拉用YCW350型千斤顶、ZB4×500型电动油泵及配套机具，单根预紧用YC10或YC18型千斤顶。部分锚索结合开挖分层进行。

c. 网喷混凝土。喷射方法为干喷法，混凝土标号C20，厚8cm、10cm和15cm，钢筋网ϕ8mm间排距均为20cm。用K961型混凝土喷射机喷混凝土。

d. 贴坡混凝土。贴坡混凝土用组合钢模板立模，ϕ12mm 钢筋拉条内拉固定，分缝部位用 2cm 厚沥青木板嵌缝，按 3.0m 一层分层进行。水平运输用 9m³ 混凝土搅拌车，垂直运输用 HBT60 混凝土泵机和溜筒。在混凝土强度达到 2.5MPa 以上时开始拆模。

3）过程质量控制：

a. 对各工序实行"三检"制，对关键工序设质量控制点跟踪检查，及时整改质量隐患。

b. 支护施工使用的各种主要材料均须"三证"齐全，严格未经检验的"三无"材料或产品进入施工流程。锚索施工用的张拉机具须定期检查、标定，以标定曲线作为施工控制依据。

c. 严格执行施工程序及工艺要求。

d. 严格按有关施工规范、规程进行支护作业。

4）施工质量检测及评价：

a. 锚喷支护质量检测及评价：

（a）质量检测。泄槽段喷射混凝土、贴坡混凝土、锚墩横向连接梁混凝土等的抗压强度均评定为合格，泄槽段锚杆、锚筋束注浆砂浆的检测强度满足设计及规范要求。

锚杆、锚筋束注浆密实度无损检测合格，合格率 99.16%，不合格锚杆按 1∶2 在旁边补打。补打锚杆按 100% 检测合格，施工质量满足设计要求。

泄槽段锚杆（筋）拉拔力检测，满足设计要求。泄槽段锚喷支护厚度检测，均满足设计及规范要求。

（b）单元工程质量评定。溢洪道泄槽段锚喷支护分项工程共完成 192 个单元，合格 192 个，优良 175 个，优良率 91.15%。

b. 预应力锚索质量检测与评价。泄槽段锚墩混凝土的抗压强度评定为合格；锚索注浆砂浆总计取样检测强度满足设计及规范要求。锚索锁定吨位满足设计及规范要求。

泄槽段预应力锚索质量评定 403 个单元，优良 375 个，优良率 93.05%，预应力锚索施工满足设计要求。

（3）混凝土施工。泄槽段长 449.58m，包括缓槽段和陡槽段。

缓槽段坡比 0.05%，槽宽由 48m 渐变至 34m，底板 C20W6F100 混凝土，表面 C40W6F100 抗冲耐磨混凝土厚 40cm；两侧边墙迎水面宽 1.5m、高 1.9m 为 C40W6F100 抗冲耐磨混凝土；右边墙 1.9m 以上迎水面 1.5m 宽为 C25W6F100 混凝土，其余 C20W6F100 混凝土；左边墙 1.9m 以上为 1.5m 宽直立式边墙，C25W6F100 二级配混凝土。

陡槽段坡比 0.21%，槽宽 34m，底板 C20W6F100 混凝土，表面 C50W6F100 抗冲耐磨混凝土厚 40cm；两侧边墙迎水面宽 0.5m 到顶为 C50W6F100 抗冲耐磨混凝土，右边墙其余 C20W6F100 混凝土，左边墙为 1.5m 宽直立式边墙其余 C25W6F100 二级配混凝土、衡重式边墙其余 C20W6F100 混凝土。

1）混凝土施工方法：

a. 分层分块。泄槽底板分两层浇筑，先常态混凝土，后 C40 和 C50 抗冲耐磨混凝土；边墙待底板浇筑完成后按 3m 一层施工，边墙常态混凝土和表层 C40、C50 抗冲耐磨混凝土采用阶梯法同时浇筑。

b. 浇筑顺序。边墙从上游往下游推进，缓槽底板预留通道，陡槽两侧边墙向中心靠拢。

c. 运输。5t 和 15t 自卸汽车及 $9m^3$ 搅拌车水平运输，长臂反铲、履带吊和电吊垂直运输，配 $2m^3$ 和 $3m^3$ 卧罐浇筑。入仓时垂直落差不大于 1.5m，防止混凝土离析。

d. 常态混凝土浇筑。采用分缝分块台阶式单独浇筑，先浇两侧边墙，后浇底板，边墙相邻仓位相互错开升层依次浇筑。边墙混凝土用手持式振捣器振捣，底板面板混凝土用手持式振捣器，人工抹面收光。边角部位用软管振捣器振捣。

为减少表面气泡，提高密实度和表面平整度，振捣采用二次复振，第一次振捣间歇 30~40min 后再进行二次振捣。

e. 抗冲耐磨混凝土浇筑。泄槽段过流面抗冲耐磨混凝土分底板和边墙两部分，边墙与普通混凝土同步上升施工，施工时控制好高标号混凝土的分区界限和下料范围，作好结合部位的振捣。底板过流面抗冲耐磨混凝土待常态混凝土浇筑完成后进行，采用挂样架浇筑，施工时作好振捣和抹面。

2）过程质量控制：同引渠段混凝土施工过程质量控制。

3）施工质量检测与评价。泄槽段混凝土抗压强度满足设计要求，混凝土生产质量水平评定优良。混凝土抗冻、抗渗、劈裂抗拉强度等性能指标，检测结果均满足设计及规范要求。混凝土内部质量抽检，检测混凝土强度推定值均满足设计要求。

泄槽段不平整度合格率 94.21%，符合设计要求，结构体型测量的设计值偏差满足要求。

泄槽段混凝土浇筑质量评定 749 个单元，优良 704 个，优良率 93.99%。

5. 挑流鼻坎

挑流鼻坎段包括直线段和反弧段。

（1）土石方开挖。挑流鼻坎段内侧边坡高陡，以Ⅲ~Ⅳ类岩体为主，表浅部为Ⅴ类岩体或土质边坡，开挖边坡高陡，支护随开挖台阶及时进行。

1）施工程序。溢洪道挑流鼻坎位于导流洞出口的正上方，并确保溢洪道出口部位土石方开挖的渣料不致落到导流洞出口而影响其出流。首先在设计轮廓线边坡开挖施工中采用预裂爆破进行边坡的预裂，其次在溢洪道桩号 0+440m 处抽槽形成梯段爆破临空面，然后再由上游至下游进行梯段爆破（临空面朝向溢洪道轴线），并在溢洪道出口处上部预留 8m 宽的岩坎（岩坎上游面坡比为 1∶0.3），梯段爆破后再分层进行预留岩坎的钻爆开挖，最后进行保护层的开挖。

2）施工方法：

a. 钻孔。以 CM351 高风压潜孔钻机造孔为主，QZJ-100B 支架式潜孔钻机和手风钻为辅。

采用完全耦合装药结构和孔间微差爆破，使爆破的石渣满足上坝石料粒径级配要求。

b. 装药、联网爆破。石方爆破采用微差接力爆破网络，非电毫秒雷管联网，电雷管起爆。根据一次梯段爆破规模，考虑对新喷混凝土、新安锚杆和锚索的影响，采取孔内延期、孔间微差接力起爆网络，控制最大单段起爆药量和一次总起爆药量。

人工装药，主爆破孔以 2 号岩石硝铵炸药和乳化炸药为主，耦合柱状连续装药；缓冲及拉裂孔爆破孔采用乳化炸药，柱状分段不耦合装药；岩石爆破单位耗药量 $0.4 \mathrm{kg/m^3}$。梯段爆破采用微差爆破网络，1～15 段毫秒电雷管联网，电力起爆。分段起爆药量按规范控制。

c. 出渣。每次爆破后，人工配合反铲清理坡面松动块石，$1.4 \mathrm{m^3}$ 液压反铲挖装，15t自卸汽车渣料运至指定弃渣场。

3）过程质量控制：同引渠段保护层开挖过程质量控制。

4）施工质量检测与评价。挑流鼻坎左右边坡无欠挖，底板预留保护层建基面开挖无欠挖，开挖坡度、高程、平面尺寸、底板宽度和坡降均符合设计要求。

挑流鼻坎开质量评定 13 个单元，优良 12 个，优良率 92.31％。

（2）支护施工。挑流鼻坎段支护包括普通砂浆锚杆、锚杆束、挂网喷射混凝土、预应力锚索等。

1）主要施工方法：

a. 锚杆与锚杆束。用快速钻，锚杆钻和手风钻造孔，2SNS 型灌浆泵配合 JJS－2B 型搅拌桶注浆，NJ－6 型拌浆机制浆。

b. 预应力锚索：同泄槽段预应力锚索。

c. 挂网喷混凝土。挂网喷混凝土厚 10～15cm，施工方法同泄槽段挂网喷混凝土。

2）施工过程质量控制：同泄槽段支护施工过程质量控制。

3）施工质量检测与评价。挑流鼻坎混凝土及砂浆的检测强度、锚杆和锚筋束注浆密实度无损检测、锚喷厚度均满足设计及规范要求。不合格锚杆按 1：2 在旁边补打，补打锚杆 100％检测合格。锚筋、锚筋束施工满足设计要求。挑流鼻坎锚喷支护质量评定 33个单元，优良 29 个单元，优良率 87.88％。

挑流鼻坎锚索锚墩混凝土抗压强度、锚索注浆砂浆强度、锚索张拉锁定吨位均满足设计及规范要求。

（3）混凝土施工。挑流鼻坎混凝土浇筑高度 68.26m。挑流鼻坎底板用 C20W6F100混凝土，溢流面 C50W6F100 抗冲耐磨混凝土厚 40cm 台阶法浇筑；左右边墙迎水面C50W6F100 抗冲耐磨混凝土 80cm 宽浇筑至顶，其余部位 C20W6F100 混凝土。

1）施工机械。挑流鼻坎段混凝土主要施工设备：1 条皮带机和布料机、C7050 塔机和 HBT60 型混凝土泵各 1 台。

塔机布置在挑流鼻坎右侧，用于施工材料和设施的吊运。皮带机受料斗安装在高程785m，用于混凝土取料。混凝土泵布置在高程 785m，用来浇筑下游侧塔机和布料机无法到达部位的混凝土。8 辆 $6 \mathrm{m^3}$ 混凝土自卸运输车进行混凝土水平运输。

2）混凝土浇筑：

a. 常态混凝土浇筑：同引渠段回填混凝土浇筑。

b. 抗冲耐磨混凝土浇筑。挑流鼻坎段过流面抗冲耐磨混凝土分底板和边墙两部分。边墙部分和边墙普通混凝土同步上升施工。底板过流面抗冲耐磨混凝土用预留台阶法，待边墙浇筑完成后从下游往上游浇筑，采用模板控制施工。

其他同闸室段过流面抗冲耐磨混凝土施工。

3）止水系统施工：同闸室段止水系统施工。

4）过程质量控制：同引渠段边墙混凝土施工过程质量控制。

5）施工质量检测与评价。挑流鼻坎混凝土抗压强度满足设计要求，评定结果为混凝土生产质量水平优良；抗冻、抗渗、劈裂抗拉强度等性能指标均满足设计及规范要求；内部质量检测混凝土强度推定值均满足设计要求。

过流面不平整度检测合格率 92.59%～100%，混凝土结构体型测量结果与设计值偏差符合要求。

混凝土浇筑质量评定 195 个单元，合格 195 个，优良 183 个，优良率 93.03%。

6. 闸室右挡墙及引渠右导墙

闸室右挡墙在 6 号闸墩右侧，与砾石土心墙堆石坝相连。引渠右导墙在引渠右侧。

（1）土石方开挖。闸室右挡墙及导墙置于左岸古河道内。内侧为岩石边坡，渠道外侧为覆盖层边坡。

1）施工程序。右挡墙及导墙开挖利用 L_1 施工通道到达闸室段右挡墙基础部位，进行闸室段土石方开挖。待闸室段右导墙基础开挖完成后，继续向引渠段右导墙上游。

2）施工方法。覆盖层开挖前，标出开挖范围和位置，然后清理开挖区域，范围延伸至开挖线外侧 3m。用 1.2m³ 反铲开挖，人工配合修整边坡。自上而下分层开挖，层 4～5m。石方由上至下分层开挖，深孔梯段微差爆破，梯段高 8m。

3）过程质量控制：同引渠段保护层开挖过程质量控制。

4）施工质量检测与评价。右挡墙及导墙开挖范围、断面尺寸、开挖高程均符合或达到设计要求，质量评定 2 个单元，全部优良，优良率 100%。

（2）混凝土施工。闸室右挡墙及导墙混凝土包括基础回填混凝土、引渠右导墙混凝土、闸室右挡墙混凝土。主要工程量混凝土 151707m³，钢筋制作安装 214.667t。

1）施工机械。混凝土施工主要设备：门机、塔机、电吊、长臂反铲各 1 台。

丰满门机前期浇筑闸室段右挡墙上游较低部位混凝土。坝顶门机轨道预应力梁使用后，浇筑上部混凝土。2 号塔机浇筑闸室段右挡墙部分混凝土，后期浇筑右导墙上部结构混凝土。电吊主要浇筑闸室段下游侧较低部位及引渠段右导墙混凝土。长臂反铲辅助其他设备浇筑小导墙下部的混凝土。

2）混凝土施工过程。引渠右导墙混凝土浇筑按横向分块，纵向设施工缝。其余同闸室段下部堰体和左岸连接段混凝土施工。

3）止水系统施工：同闸室段止水系统施工。

4）过程质量控制：同闸室段过程质量控制。

5）施工质量检测与评价。闸室右挡墙及引渠右挡墙混凝土抗压强度满足设计要求，评定结果为混凝土生产质量水平优良；抗冻、抗渗、劈裂抗拉强度等性能指标均满足设计及规范要求。

混凝土浇筑质量评定 298 个单元，合格 298 个，优良 277 个，优良率 92.95%。

7. 出口边坡防护

溢洪道泄洪时会引起下游局部区域雾化，对泄洪建筑物安全运行及周围环境造成不同程度的影响。为此，需对出口高陡边坡进行防护处理。

（1）土石方开挖。出口边坡以Ⅲ～Ⅳ类岩体为主，表浅部为Ⅴ类岩体或土质边坡。

1）主要施工方法。在高程 690m 以上覆盖层开挖时，人工清渣，开挖料沿坡面甩至坡脚位置，待下方部位开挖时，装车运至渣场。高程 690m 以下覆盖层开挖和石方明挖采用人工进行，装车运至渣场，边坡支护及时跟进。

石方明挖用浅密孔、少药量爆破。爆破石渣用 1.2～$1.4m^3$ 反铲装，15t 自卸汽车运至渣场。覆盖层自上而下分层开挖。

2）过程质量控制。溢洪道出口左右两侧为简易办公楼及生活营地，石方爆破中，采用毫秒微差挤压爆破，采取调整爆破方向、控制爆破规模、弱松动爆破等措施，减少爆破飞石。开挖边坡及时跟进支护，加强施工期边坡变形观测和爆破振动监测。

（2）支护施工。边坡支护包括普通砂浆锚杆、锚杆束、预应力锚索、贴坡混凝土等。

1）主要施工方法：

a. 锚杆与锚杆束施工方法：同挑流鼻坎锚杆与锚杆束施工方法。系统锚杆、锚杆束直径分别 $\phi 25mm$ 和 $3\phi 28mm$。

b. 预应力锚索施工方法：同挑流鼻坎预应力锚索施工方法。张拉吨位为 2000kN，孔深 35m、40m、45m、50m 和 55m。

c. 网喷混凝土。喷射混凝土标号 C30，挂网喷混凝土厚 10cm。其他同挑流鼻坎网喷混凝土。

d. 固结灌浆。边坡固结灌浆为盖重固结灌浆，在贴坡混凝土浇筑完成后进行。质量检查仅做压水试验。

用 YTP-28 气腿钻机造孔，孔径 48mm，孔深 5m。检查孔用 XY-2PC 回转钻机，金刚石钻头钻进，孔径 76mm。灌浆设备，SGB6-10 型灌浆泵，JJS-23 搅拌桶，自动记录仪。灌浆采用纯压灌浆法。

e. 排水孔施工。用 YTP-28 气腿钻钻孔，孔径 40mm。孔深误差不大于孔深 2％或符合施工图规定，孔位误差不大于 10cm，深孔倾斜度不大于 1％，浅孔不大于 2％。

2）施工过程质量控制：同泄槽段过程质量控制。

3）施工质量检测及评价。出口边坡防护锚杆和锚筋束注浆砂浆、注浆密实度无损检测的检测强度满足设计及规范要求。不合格锚杆按 1∶2 在旁边补打，补打锚杆 100％检测合格。

溢洪道泄槽段锚筋、锚筋束施工满足设计要求，质量评定 8 个单元，优良 8 个，优良率 100％。

出口边坡锚索注浆砂浆的检测强度、锚索锁定吨位满足设计及规范要求，质量评定 156 个单元，合格 156 个，优良 148 个，优良率 94.87％。

出口边坡基础固结灌浆，Ⅱ序孔单位耗灰量比Ⅰ序孔递减 47.37％，递减趋势明显，符合灌浆规律；检查孔透水率均小于 5Lu，符合设计要求；质量评定 13 个单元工程，合格 13 个，优良 12 个，优良率 92.31％。

出口边坡排水孔的钻孔孔位、孔径、孔深和孔斜等满足设计要求，质量评定 5 个单元工程，优良 5 个，优良率 100％。

（3）混凝土施工：

1）混凝土施工方法。高程690m路面混凝土及其上部贴坡混凝土采用泵送施工。浇筑顺序为先贴坡混凝土自而上、从下游往上游推进，再路面混凝土施工。高程690m以下贴坡混凝土，从高程690m平台挂溜槽至混凝土施工仓位。

2）施工过程质量控制：同闸室段过程质量控制。

3）施工质量检测与评价。出口边坡混凝土抗压强度，检测结果满足设计要求，混凝土生产质量水平评定为优良。

出口边坡混凝质量评定230个单元，合格230个，优良212个，优良率92.17％。

6.2.5.4 "5·12"汶川地震对工程建筑物影响

地震前后监测数据对比分析，溢洪道高边坡监测仪器测值有明显反应，但都在正常范围内。近期观测变形无明显变化。

地震发生时，深启低冲沟正开挖，冲沟下游侧形成一楔体，对此边坡进行支护处理。溢洪道左侧高边坡总体稳定。

通过对溢洪道建筑物的混凝土进行排查，未发现震损情况，也未发现潜在的隐患。

总体看，瀑布沟水电站溢洪道工程受地震影响较小。

6.2.5.5 工程缺陷处理

1. 一般施工缺陷

溢洪道混凝土存在表面局部不平整、蜂窝、麻面、气泡、错台等质量缺陷。

表面不平整，采用角磨机磨平、磨光。

表面砂面（非过流面），用钢刷磨刷，清除表面存在的砂，清洗灰尘和砂粒，待润湿后用P.O.42.5普通硅酸盐水泥加入107胶水，人工拌制均匀后填补收平收光。表面蜂窝用钢钎将其凿除，至混凝土密实面，清洗干净刷浓浆，再用预缩砂浆分层填补并每层用锤锤实，每层厚1～1.5cm，直至填满为止，最后表面收平收光。修补后的洒水养护28d。

局部麻面气泡修补：大于0.5mm的气泡用钢钎尖将其扩大1倍，清洗干净后用预缩砂浆进行填补。对密集部位用角磨机磨平，清洗干净，待润湿后用P.O.42.5普通硅酸盐水泥加入107胶水，人工拌制均匀后填补收平收光。过流面采用环氧胶泥修补。

错台修补：错台大于2cm的部分，用扁平凿按1：30（垂直水流向）和1：20（顺水流向）坡度凿除，预留0.5～1cm保护层，用电动砂轮打磨平整，与周边混凝土平顺连接；错台小于2cm的部位，用电动砂轮按1：30（垂直水流向）和1：20（顺水流向）坡度打磨平整。

一般质量缺陷修补处理后，其外观质量及使用要求均能满足设计要求。

2. 混凝土裂缝处理

（1）裂缝概况：

1）闸墩裂缝。溢洪道3号闸室6号墩浇筑完毕后，发现门槽附近产生8条裂缝，裂缝走向为左右向，垂直于水流方向。裂缝宽0.2～0.5mm，有3条为深层裂缝，5条为浅层裂缝。

2）堰面抗冲耐磨混凝土裂缝。经检查发现2号闸室堰面、泄槽段部分右底的抗冲耐磨C40混凝土有较多裂缝，除右底3块在侧面可见裂缝外，其余均为浅表层网状龟裂纹。

（2）裂缝原因分析：

1）闸墩裂缝原因分析。初步认为裂缝原因是水泥用量较大，水化热偏高；人工添加 HF，加入量不易控制准确；砂石粉含量偏高；墩体长 47.2m，宽 3m，长宽比较大，易受拉应力影响产生裂缝。

2）堰面抗冲耐磨混凝土裂缝原因分析。初步认为浇筑时气温较高和昼夜温差较大（温差 8~15℃）是裂缝的主要成因。

（3）裂缝处理：

1）闸墩裂缝处理。平面裂缝，沿缝用风镐凿出 100cm×30cm×30cm 键槽，浅层缝用风镐予以凿除。在混凝土表面布置直径 25mm、间距 20mm 的限裂钢筋，钢筋长 2m，骑缝布置。裂缝均为无渗水裂缝，采用低黏度无溶剂环氧浆材化学灌浆方法处理。侧面裂缝已处理完毕。

2）堰面、泄槽抗冲耐磨混凝土裂缝处理。裂缝为无渗水裂缝，缝宽大于 0.2mm 的，用低黏度无溶剂环氧浆材化学灌浆方法处理；缝宽小于 0.2mm 的，用环氧胶泥封闭。灌浆压力 0.3MPa。

泄槽底板、闸室堰面部位裂缝经化学灌浆方法处理后，均能满足该部位质量要求。

6.2.5.6　结论

土建工程严格按设计图纸及现行国家和水利水电施工规范施工，溢洪道施工质量满足合同要求和设计要求，没有出现严重的质量缺陷和任何等级的工程质量事故。

溢洪道工程蓄水后经历了 3 次过水，从过水后的检查情况和各部位监测仪器的监测数据看，整体呈稳定趋势，运行正常。

综上所述，瀑布沟水电站溢洪道工程满足 1 号机组启动验收试运行条件。

6.2.6　泄洪洞

6.2.6.1　工程概况

泄洪洞位于瀑布沟水电站左岸，是电站主要泄洪建筑物之一。其结构分进水口、洞身、出口 3 部分。

泄洪洞工程由中国水利水电第五工程局有限公司承建。

1. 主要工程量

泄洪洞工程主要包括：泄洪洞进出口土石方明挖 729986m³；泄洪洞和补气洞石方洞挖 420680m³；进出口及洞内混凝土浇筑 173470m³；进出口和洞内喷混凝土 9060m³；锚杆 53632 根；回填灌浆 6370m²；固结灌浆 8400m；钻排水孔 14920m；钢筋制安 9984t；浆砌石护坡 4400m³。

2. 工程进度和已完成工程形象

（1）工程进度。泄洪洞 2002 年 3 月 21 日开工，2009 年 9 月 29 日主体工程完工。

2003 年 12 月 27 日泄洪洞开挖贯通；2009 年 9 月 6 日洞身混凝土衬砌完工；2009 年 8 月 21 日进口边坡支护完工；2009 年 10 月 31 日进口闸启闭机房等验收。

（2）已完工程形象面貌。2010 年 4 月 18 日通过单位工程完工验收，2010 年 6 月 5 日进入保修期。

泄洪洞进水口、洞身、出口、补气洞、观测设施、施工支洞等已全部完工。出口雾化处理及防护工程，属电站下游河道治理的一个分部工程，项目已经完工。

6.2.6.2 主要原材料的质量控制

1. 主要原材料的供应与采购

主要原材料水泥、钢筋、Ⅰ级粉煤灰、粗细骨料、柴油、聚丙烯纤维等，由业主供应。

施工单位自购材料包括：减水剂、引气剂、泵送剂等外加剂、止水、硅粉、Ⅱ级粉煤灰、钢绞线等。

原材料必须有厂家出具自检合格证明，进场后按规范要求进行材料复检，复检合格后方可用于施工。

2. 主要原材料的质量控制和检测

（1）钢筋。钢筋按同规格、同型号、同厂家同一炉罐号的产品每 60t 检测一组，每组 2 个试件，进行拉伸和冷弯试验。不足 60t 单独检测一组。每组取样重量不大于 60kg。

钢筋检测 501 组，力学性能指标均符合规范要求，质量检测全部合格。

（2）水泥。水泥检测取样以 200～400t 同品种、同标号水泥为一个取样单位，不足 200t 按一个取样单位计。检测的项目：水泥标号、凝结时间、体积安定性、稠度、细度、比重等。

水泥检测 403 组，物理性能符合规范要求，质量检测全部合格。

（3）粉煤灰。对进场粉煤灰进行验收检验，以连续供应 200t 为一批（不足 200t 按一批计）。

粉煤灰检测 21 组，全部合格，检测指标满足粉煤灰国家标准要求。

（4）硅粉。以连续供应 20t 为一批（不足 20t 按一批计）。

（5）外加剂。掺量大于或等于 1% 的外加剂以 100t 为一批，小于 1% 的外加剂以 50t 为一批，小于 0.01% 的外加剂以 1～2t 为一批，一批进场不足一个批号数量的，按一批取样检测。

（6）砂石骨料。按水工混凝土施工规范的要求进行检测。

粗骨料检测超径 2301 组，逊径 2300 组，针片状检测 2261 组；细骨料检测细度模数 1319 组，含泥量 445 组，含水率 1576 组，石粉含量 140 组。检测结果全部合格，满足规范要求。

（7）止水材料。委托第三方试验机构检测，合格后投入使用。

（8）锚索材料、微纤维。委托西南交大检测中心完成检测，合格后使用。

3. 不合格材料的处理

泄洪洞工程施工中，无论供应材料还是自购材料，均进行进场复检，检测结果合格，无不合格材料。

6.2.6.3 主体建筑物施工方法及质量控制

1. 主体建筑施工方法

（1）洞室开挖。泄洪洞洞室开挖断面高度大于多臂钻的工作高度，因此分 3 层开挖，先开挖上层、后进行中、下层扩挖。

（2）闸室混凝土浇筑。闸室混凝土分几阶段浇筑。即高程 789～792m 底板和高程

792～795m 底板混凝土浇筑；高程 795～820m 闸室、高程 820～852m 闸室和高程 852m 以上闸室混凝土浇筑；启闭机房、配电房、高程 829.5m 油泵房施工。

（3）洞身混凝土衬砌。洞身边顶拱和底板进行混凝土衬砌。

（4）回填、固结灌浆。泄洪洞进口闸室底板、泄洪洞进口段和出口段、出口挑流鼻坎底板、补气洞出口段。

（5）观测设施施工。在泄洪洞进口边坡布设了 1 个监测剖面，洞身段布设了 8 个监测剖面、出口边坡布设了 1 个监测剖面，进行施工期和运行期安全监测。设计沿泄洪洞中心线布设了 1 个水力学监测主断面，布置了掺气仪、流速仪、风速仪、脉动压力传感器等；在泄洪洞进口段、补气洞、出口段隧洞顶布设拾振器；在洞身段监测主断面掺气槽后的底板中心线处布设掺气仪。

（6）泄洪洞出口雾化及防护。泄洪洞出口雾化及防护加固处理范围为：泄洪洞挑流鼻坎开口线至高程 823.5m、桩号约泄 2+021.84～泄 2+135.95m。在出口边坡中上部坡体布置多点位移计、锚杆应力计、锚索测力计等监测设施。高程 805m 以下和以上进行支护处理。

2. 质量评定

各分部工程单元质量评定合格率 100％，优良率 44.4％～100％。

6.2.6.4　工程缺陷处理

1. 掺气坎体型误差处理

对掺气设施进行检测，发现 1 号、2 号、3 号、5 号掺气直坎体型存在一定误差。采用水磨石机和角磨机，对掺气直坎偏差处进行打磨处理，处理后直坎尺寸偏差小于 15mm，体型平顺，满足高速过水建筑的要求。

2. 边墙缺陷修补

泄洪洞缺陷主要是裂缝渗水、局部混凝土表面缺陷。原环氧砂浆刻槽处理缝的出水部位和新增渗水部位，采用聚氨酯化学灌浆处理；个别小气泡和施工缝，采用打磨和刮环氧胶泥处理；挂线小孔采用环氧砂浆回填，外刮环氧胶泥处理；混凝土基面残留物进行清理打磨；出口挑坎边墙混凝土面气泡，采用环氧胶泥处理；另再次消缺项目已全部完成，现场检查验收合格。

6.2.6.5　历次验收专家意见整改落实情况

国家电力建设工程质量监督总站巡视组提出的意见，项目部进行了洞身过流面裂缝处理和打磨嵌的平整度检测、洞身混凝土灌浆质量雷达检测、泄洪洞出口挑流鼻坎灌浆质量声波监测，检测结果满足设计、规范、标准要求。

蓄水期间按要求，定期报送泄洪洞进口边坡、洞身等监测仪器的数据分析成果，监测项目已经通过验收，移交业主使用。

泄洪洞剩余项目进行了清理，并于 2009 年 10 月底全部完成，2009 年 11 月泄洪洞单位工程通过验收，竣工资料已经全部编制完成。

配合完成全厂接地系统的测试工作。

6.2.6.6　工程运行情况

泄洪洞于 2010 年 6 月 14 日开始过流，并连续 167d 超长时间运行。经多次检查，泄洪洞整体运行情况良好，仅进口段边墙与底板交界处的底板局部冲刷出沟槽。

6.2.6.7 结论

通过综合分析评价，泄洪洞工程质量满足设计、规范和施工合同要求。泄洪洞工程满足瀑布沟水电站1号机组启动试运行条件。

6.2.7 放空洞

6.2.7.1 工程概况

大渡河瀑布沟水电站右岸放空洞为深式有压长管进口接无压隧洞，全长1244.497m，由竖井前有压盲段、竖井、有压段、工作闸门室段及无压段、交通洞及出口段组成。

放空洞由中国水利水电第十一工程局有限公司承建。

1. 已完成工程量

主要完成土方明挖60956m³、石方明挖259182m³、石方洞挖180690m³、钢筋网制作安装8744t、喷混凝土12932m³、锚杆27028根、混凝土105331m³、回填灌浆13823m²、固结灌浆19672m、喷混凝土1152m³、钢筋网制作安装28t。

2. 已完成工程形象面貌

放空洞工程的土建施工、金属结构安装和出口雾化防护工程施工已全部完成。

6.2.7.2 主要原材料的质量控制

业主供应水泥、Ⅰ级粉煤灰、砂石骨料、聚丙烯纤维、钢筋等。对业主供应材料，要求厂家提供出厂检验报告和合格证，经复检合格用于工程。

施工单位自购材料有Ⅱ级粉煤灰、各种外加剂、止水带、钢绞线、钢筋套筒等。每一批进场材料都有出厂检验报告，经复检合格合用于施工。

水泥、钢材、砂石骨料、粉煤灰检测结果在规范合格范围内。

6.2.7.3 工程质量分析及评价

1. 工程质量评定

放空洞共完成单元工程1797个，全部合格，优良1690个，优良率94%。进水口、事故闸门井、有压洞段、工作闸门段、无压洞段、挑流鼻坎、工作闸门段交通洞、观测设备、金属结构及启闭机安装、进口明洞、出口雾化防护工程等的优良率为90.90%～100%。

2. 总体施工质量成果分析

放空洞明挖土石方开挖，无欠挖；混凝土衬砌厚度、强度指标等符合设计要求。

洞身有压和无压洞段的回填灌浆满足设计和规范要求。有压洞段、工作闸门段、无压洞段固结灌浆满足设计和规范要求。

进出口边坡及洞内喷混凝土厚度满足设计要求，锚杆拉拔力满足设计要求。

3. 工程施工质量评价

经检测，放空洞石方明挖和石方洞挖的开挖质量满足设计要求；边坡和洞内支护的施工质量及喷混凝土厚度均满足设计要求；放空洞混凝土施工、回填、固结灌浆等施工质量均满足设计要求。

放空洞金属结构安装，各单元工程验收合格，分部工程安装质量评定为优良。

放空洞工程建设施工项目均未出现任何质量问题，工程质量合格。

6.2.7.4　工程缺陷及采取的措施

1. 质量缺陷

混凝土浇筑后发现在混凝土表面存在蜂窝、麻面、孔洞、裂缝等缺陷，在抗冲耐磨混凝土也有少量缺陷存在。缺陷类型和产生原因分析如下：

（1）蜂窝。混凝土表面无水泥砂浆，露出石子的深度大于 5mm，但小于保护层的蜂窝状态。形成原因是配合比不准确、搅拌不均匀、浇筑方法不当、振捣不合理、砂浆与石子分离、模板严重漏浆等。

（2）麻面。结构物表面呈现无数的小凹点，但无露钢筋的状态。系由于模板表面粗糙、未清理干净、润湿不足、漏浆、振捣不实、气泡未排出及养护不好所致。

（3）露筋。钢筋没有被混凝土包裹而外露，系因未放垫块或垫块位移、钢筋位移、结构断面较小、钢筋过密所致。

（4）孔洞。混凝土结构内存在孔隙，局部或全部无混凝土，系因由于骨料粒径过大、配筋过密、混凝土流动性差、混凝土离析、振捣不实、混凝土受冻等所致。

（5）缝隙及夹层。施工缝处有缝隙或夹有杂物，系因施工缝处理不当或混凝土中含杂物所致。

（6）缺棱、掉角。缺棱、掉角是指梁、柱、板、墙等部位的边角混凝土局部残损掉落。其原因是浇筑前模板未充分润湿，棱角处混凝土中水分被模板吸收，拆模使棱角受损，拆模过早，拆模后保护不好等。

（7）裂缝。裂缝有温度裂缝、干缩裂缝和外力引起的裂缝。其原因是温差过大、养护不良、水分蒸发过快以及结构和构件地基产生不均匀沉陷，模板、支撑没有固定牢固，拆模时受到剧烈振动等。

（8）强度不足。混凝土强度不足主要是原材料达不到规定的要求，配合比不准、搅拌不均匀、振捣不实及养护不良等。

（9）表面不平整。表面不平整表现为：建筑物轮廓线误差；凹凸度超过设计允许值；横向接缝处或模板接缝错台。

2. 缺陷处理要求和措施

根据要求，放空洞混凝土缺陷采用环氧砂浆进行处理。混凝土蜂窝、孔洞、麻面大于 5mm 的深层缺陷，采用环氧砂浆补强处理；混凝土麻面（轻微）、气泡等小于 5mm 的薄层缺陷，采用环氧胶泥补强处理；缝宽大于 0.2mm 的混凝土裂缝，采用化学灌浆加固处理。

（1）环氧砂浆补强处理。清除混凝土表面的积水、污垢，设置临时围堰（底板有流水）或工作平台（侧墙）。对有微量渗水部位进行防渗处理（高效堵漏胶等），有明显渗水部位用化学灌浆或排水管引出处理。

用电动切割机将修补区域边界切割规整，切割深度 1cm。再用手钎将混凝土基面松动部分凿除，深度不足 1cm 的区域凿至 1cm，边缘不得形成又浅又薄的边口。用电动钢丝刷清除混凝土基面的污染物、薄弱层、松散颗粒，高压风吹去浮尘或高压水冲洗基面。待基面清洁干燥后，涂抹环氧砂浆，并使环氧砂浆面与周边混凝土平顺连接。

（2）环氧胶泥补强处理。用电动钢丝刷配合手钎清除麻面中的污垢、薄弱层、松动颗粒，再用角磨机将混凝土表面打磨平整，然后用高压风吹去浮尘或用高压水冲洗基面。待基面清洁干燥后，刮涂环氧胶泥。

（3）裂缝化学灌浆处理：

1）非渗水裂缝处理——低黏度无溶剂环氧浆材化灌补强。用电动角磨机将裂缝表面清理干净，采用环氧密封胶封堵裂缝，同时埋设注浆嘴，高压风清理裂缝后，用专用注浆器将环氧浆材灌入裂缝内，灌浆完毕24h后，清除注浆嘴并将缝面打磨平整。

2）渗水裂缝处理——水溶性聚氨酯浆材化灌止水。用电动冲击钻沿渗水裂缝两侧钻孔，孔内清洗完毕后安装止水针头，采用电动高压灌浆机将聚氨酯浆材通过止水针头灌入渗水裂缝内，利用聚氨酯遇水快速膨胀固化的特性达到止水效果，灌浆完毕24h后，拆除止水针头并用环氧砂浆封堵灌浆孔。

3. 缺陷处理质量评价

放空洞工程混凝土缺陷已按设计要求和审批方案处理完成。表面不平整处处理后与周边平顺衔接，且能满足过水要求，并通过验收。为加强混凝土抗冲耐磨性，在放空洞闸室后及出口边墙4m高以内刷一层环氧胶泥，在底板增刷一层环氧涂料，并已通过验收。

6.2.7.5 工程总体评价

放空洞工程已全部施工完成，工程建设使用原材料全部合格，施工工艺符合规范要求，施工质量满足规范要求。

观测仪器已测得初始值，进出口边坡、有压洞段、无压洞段变形趋于收敛，锚索载荷、锚杆应力、位移变形及钢筋应力无明显变化，洞内缺陷已处理完成。

放空洞工程质量评价为优良，已通过竣工验收。

6.2.7.6 蓄水后运行情况

放空洞工程各部位监测仪器自安装并采集数据以来，测值整体呈稳定缓慢变化趋势，个别仪器测值虽因开挖影响出现过较大浮动，但在加强支护或混凝土衬砌后，均恢复正常。

蓄水初期，放空洞工程承担了一定的泄流任务，多次较长时间过水。从过水后进洞检查情况看，运行正常。各断面应力、应变测值月变幅较小，说明围岩应力及应变正趋稳定，整个放空洞工程运行正常。

6.2.7.7 结论

综上所示，放空洞工程施工质量满足设计及规范要求，部分质量缺陷已经处理完成，各建筑物运行正常，具备1号机组启动试运行条件。

6.2.8 尼日河引水系统首部枢纽工程

6.2.8.1 工程概况

为充分发挥瀑布沟水电站的效益，将大渡河一级支流尼日河枯期水流引入瀑布沟水库。尼日河引水系统首部枢纽工程包括尼日河闸坝和取水口，工程于2006年12月2日开工，2009年7月20日完工，11月25日通过验收。首部枢纽工程项目已全部完成。

6.2.8.2　主体建筑物施工情况

1. 闸坝、取水口边坡开挖与支护

边坡开挖无欠挖，局部超挖面积小于 2%，坡脚无欠挖，超挖 0～25cm 间，合格率 100%；槽开挖无欠挖，超挖 0～25cm，合格率 95.8%。地质缺陷已按设计要求挖除处理。

锚杆支护的锚杆砂浆采用 P.O.42.5 纯水泥浆，砂浆锚杆长度、注浆饱满度检测均满足设计及施工规范要求。

2. 混凝土施工

尼日河引水系统首部枢纽主体工程混凝土设计强度等级为：C10、C20、C25、C30、C40。混凝土抗压强度检测结果满足设计要求，混凝土质量评定为优良。

3. 灌浆施工

（1）回填灌浆。采用填压法灌注。堵头回填灌浆通过埋设灌浆管和排气管进行，勘探孔采用孔底返浆法回填。用混凝土搅拌机制浆，砂浆泵注浆。

回填灌浆的压力和浆液水灰比按设计要求执行。Ⅰ序孔灌注水灰比 0.5：1 的水泥浆，Ⅱ序孔灌注 1：1 和 0.6。在设计压力下，灌浆孔停止吸浆，延续灌注 5min 结束灌浆。灌浆结束后用浓浆将全孔封堵密实和抹平。

（2）固结灌浆。泄洪坝段上下游各布置 3 排 76 个固结灌浆孔，入岩深 5m。混凝土强度达到 75% 的设计强度后进行固结灌浆。灌浆分两序，地质钻机造孔，灌浆压力 0.3MPa。在灌浆压力达到设计压力，注入率不大于 1L/min 时，继续灌注 30min 结束灌浆。

（3）帷幕灌浆。帷幕灌浆沿坝桩号 0～1.5m 及右岸灌浆平硐、引水洞单排布置，共 85 个孔，平均孔深 22.6m。帷幕灌浆在混凝土强度达到 70% 的设计强度后进行。帷幕灌浆分 3 序进行，先施工Ⅰ序，再施工Ⅱ序，最后施工Ⅲ序。灌浆孔径 ϕ76mm，钻孔中每一个孔进行两次测斜。每一单元先进行先导孔施工，分段压水试验，根据试验成果确定帷幕灌浆底线。帷幕灌浆采用孔口封闭法。第一段 2m，第二段 3m，以下为 5m。Ⅰ序孔压力：第一段 0.3MPa，第二段 0.5MPa，第三段 0.8MPa，第四段 1MPa，第五段 1.2MPa，第六段 1.5MPa，第七段 2MPa。后次序孔的灌浆压力可较前序孔依次提高 10%～15%。每段灌浆达到设计压力后，注入率不大于 1L/min 时，继续灌注 60min 即结束。帷幕灌浆结束 14d 后进行检查孔压水试验，压力为灌浆压力的 80%，每单元不少于一个检查孔，检查孔数约为总孔数的 10%。回填、固结、帷幕灌浆的施工质量满足设计及规范要求。

4. 金属结构安装

工作闸门和检修闸门，单项门机以及启闭机的安装各项指标检测值均在规范允许范围内，满足设计要求。

5. 监测设施

尼日河引水系统首部枢纽工程共埋设各类观测监测仪器 29 套，设备完好率为 100%。观测监测仪器测值总体趋于平稳，无明显变幅，开裂度测值变幅及量级均很小，说明枢纽工程整体稳定。当用气体激光方法在夜间用激光干涉仪观测时，每测次往返观测一测回，两半测回测值之差不大于0.3mm。

6.2.8.3 工程质量评定

尼日河引水系统首部枢纽工程的两个分部工程质量评定均为优良，单元工程质量评定合格率100%，优良率83.3%～100%。

6.2.8.4 结论

尼日河引水系统首部枢纽工程，施工质量满足设计及规范要求，于2009年11月25日通过验收，可投入使用，满足1号机组启动试运行条件。

6.2.9 尼日河引水工程

6.2.9.1 工程概况

尼日河引水工程由拦河闸坝和引水隧洞组成，引水隧洞为直墙圆拱型无压隧洞，全长13.097457km，分3个标段。

Ⅰ标段包括引水隧洞桩号（引）0+000～4+474m段和首部改线交通洞施工。

Ⅱ标段包括引水隧洞桩号（引）4+474～8+514m段和2号施工支洞施工。

Ⅲ标段包括引水隧洞桩号（引）8+514m以后段、出口泄水陡槽和3号、4号施工支洞施工。

截至2010年11月30日，工程形象面貌：

Ⅰ标段引水隧洞已完成开挖、混凝土衬砌和喷锚支护，以及0号支洞和1号支洞的封堵。

Ⅱ标段引水隧洞已完成开挖、混凝土衬砌和喷锚支护。剩余工程主要是支洞封堵，计划于2010年12月3日完成全部支洞封堵。

Ⅲ标段引水隧洞已完成开挖、混凝土衬砌和喷锚支护，以及引水洞出口边坡支护及泄槽混凝土。

Ⅰ、Ⅱ、Ⅲ标段分别由中国水利水电第十工程局有限公司、中铁十二局集团有限公司、中国水利水电第五工程局有限公司承建。

6.2.9.2 主体工程施工及质量控制

1. Ⅰ标段

（1）开挖与支护：

1）支洞口明挖。支洞口明挖先用人工自上而下清除覆盖层土、表层松动危岩，然后进行石方明挖。石方明挖用YT-28手风钻造孔，微差非电管乳化炸药爆破，边坡预裂，自上而下分层开挖，ZL40C轮式装载机装渣8t自卸汽车运至指定渣场。开挖爆破后对洞脸背坡进行安全处理、喷钢筋网混凝土临时支护。钢筋网规格ϕ8mm@20cm×20cm，混凝土C20，厚5～15cm，固定钢筋网插筋ϕ22mm@1.5m×1.5m，长1.2m。

2）洞挖施工。石方洞挖由Ⅰ号支洞进入后，分上下游两个工作面进行洞挖及临时支护。Ⅱ、Ⅲ类围岩采用新奥法施工工艺，钻爆法全断面一次爆破成型作业。洞挖采用二臂凿岩台车造孔，洞中心五星直眼掏槽方式，全断面一次开挖成型，根据围岩情况，每循环造孔深1.5～3.5m，周边孔间距为35～50cm，崩落孔间距为70～95cm。利用二臂凿岩台车的服务平台人工装2号硝铵岩石炸药或乳化炸药，除周边孔采用导爆索起爆光面爆破外，其余孔用非电毫秒延期雷管起爆。在爆破检查、通风散烟、安全处理后，即安排出渣。

用装载机装自卸汽车至指定点弃渣。

3）特殊地段开挖。经过断层带或极不稳定Ⅳ类围岩段时，在断层带沿洞顶设 $\phi25@$ 0.5m，长 3～4m 的超前锚杆锁固围岩，并采用浅眼（1～1.5m）、密孔、少药量、短进尺、多循环方法施工，并拟用导坑领进二次扩挖成型施工，严格控制药量，采用锚喷支护结合花拱架或钢支撑安全支护。

对极不稳定Ⅴ类围岩段，按浅眼（1～1.2m）、密孔、少药量，多循环方法施工，毫秒微差挤压光面爆破。严格控制装药量，尽量少扰动周边围岩，单循环进尺控制在 1.2m 以内。对于地下水发育段采取"引、排、堵"综合措施。上部爆破后实施喷锚和花拱架支护，最后扩挖。特差地段可辅以管棚施工，必要时可采用超前探测，了解前方围岩情况，制定相应对策。

岔口段开挖：在离岔口 3～4m 时，实施超前锚杆施工 $\phi22mm@1.0m$，长 3m，根据围岩情况，采用锚喷支护结合花拱架或钢支撑支护。

对地下水发育地段：采用数量不等的深孔排水孔并及时喷混凝土锁住岩面，堵引结合的排水措施。

4）支护施工。根据围岩情况采用适宜的安全支护形式，Ⅲ类围岩支护与永久支护相结合。

Ⅲ类围岩用锚杆支护，$\phi22mm@2m$，长 4.5～6m，排距 2m，局部喷厚 5～8cm 混凝土。

Ⅳ类围岩用系统锚杆 $\phi22～25mm@1.5m$，长 2.5～3m，挂网喷混凝土支护，$\phi6mm@20cm\times20cm$ 钢筋网，混凝土厚 10cm。

支洞与主洞交汇处，采用花拱架与锚喷联合支护。对断层破碎带和Ⅴ类围岩，钢支撑与锚喷联合支护。钢支撑为 18 号工字钢，间距 50～80cm，边顶拱系统锚杆 $\phi25mm$，长 2.5～3m，喷 15～20cm 厚混凝土，挂 $\phi8mm@20cm\times20cm$ 钢筋网。爆破安全处理后，先喷 5cm 厚混凝土封闭岩面，然后架设钢支撑，制安锚杆，固定支撑，第二次喷混凝土厚度以覆盖钢支撑为准。

地下水发育地段钻设深排水孔用排水管引排。钢支撑或花拱架与锚喷联合支护。

锚杆为注浆锚杆，锚杆施工随开挖及时跟进。采用锚杆台车或 YT - 28 手风钻在自制平台车上施工，造孔完成后，用风水枪联合清孔，人工插入固定锚杆，用高压砂浆泵注浆。边墙锚杆"先注浆后插杆"，顶拱锚杆"先插杆后注浆"。

喷混凝土采用湿喷工艺。喷前用高压水将岩面冲洗干净，清除岩屑和松动岩块，并保持湿润。混凝土在洞外拌和站拌制，$3m^3$ 罐车运输入洞，TK - 961 型喷射机输送，人工手持喷头分层、分段，自下而上施喷。边墙每层施喷厚度为 3～5cm，顶拱为 2～3cm。混凝土终凝后，人工喷水或洒水养护。

钢支撑采用自制钢筋拱架或工字钢拱架，安装在衬砌设计断面以外。自制钢筋拱架，洞外制作，洞内螺栓连接，设计强度应保证能单独承受 2～4m 高的松动岩体重量。钢筋拱架断面为矩形，4 根主筋为 $\phi25mm$ 螺纹钢，中间联系钢筋及蛇形筋 $\phi16mm$ 螺纹钢，榀间距1.2m。自制工字钢拱架采用Ⅰ18工字钢，洞外制作，洞内焊接。工字钢拱架尺寸为混凝土衬砌断面尺寸，架间距为0.8～1m，中间联系钢筋φ22mm螺纹钢。安装后，对破碎软弱地段的围岩稳定进行监测。

（2）混凝土施工：

1）引水隧洞混凝土。洞身混凝土主要为洞内底板、边墙和顶拱混凝土衬砌。Ⅱ～Ⅲ类围岩底板和边墙为素混凝土，厚30cm；Ⅳ～Ⅴ类围岩为钢筋混凝土，厚40～60cm。

引水隧洞衬砌先边顶拱后底板的施工顺序。在HZS35混凝土搅拌站生产混凝土，生产应保证仓内混凝土施工的连续性。基础面混凝土浇筑要清除岩基上的杂物、泥土和松动岩石；新老混凝土结合面，对已浇混凝土面人工凿毛并冲洗干净。

边拱顶衬砌采用钢模台车，12m为一段，人工绑扎、焊接钢筋。3m³混凝土罐车从拌和站运送至1号支洞洞口3m³轨道式罐车内，再由罐车运至洞内HB60混凝土泵。泵送入仓，人工平仓，φ50mm软轴插入式振捣密实，人工手持雾化喷头，喷水雾养护或洒水养护。

底板混凝土采用退浇法，跟进边顶拱衬砌后进行。混凝土运输、入仓、振捣和养护同边拱顶衬砌。

钢筋混凝土使用热轧钢筋，使用前进行钢筋机械性能试验。钢筋的焊接，直径28mm以下，采用搭接手工电弧焊，28mm以上采用绑条焊。

模板采用钢模台车，浇筑长度为12m。

2）交通洞混凝土。交通洞衬砌形式为城门型全断面衬砌，先边顶拱后底板的顺序进行，混凝土厚30～60cm。交通洞混凝土采用钢模台车施工。

3）混凝土施工质量控制：

a. 原材料与配合比设计。砂石料、水泥和拌和养护用水按规定进行检验。根据材料特性和施工对混凝土的要求，按设计要求的强度和耐久性，经试验确定混凝土的配合比。每浇筑一块同标号混凝土，按规范取样，一组3个，测定混凝土7d、14d、28d的抗压强度。

b. 运输质量控制。混凝土应缩短运输时间，防止泌水及过分降低坍落现象，自由下落高度大于2m，用溜筒下料。

c. 浇筑质量控制。浇筑过程中，分层、次序、铺料厚度、振捣按要求执行。浇筑时，严禁在仓内加水。因故中止且超过允许间歇时间，按工作缝处理。混凝土振捣至显著下沉，不出现气泡，开始泛浆为止。

d. 外观质量控制。加强混凝土振捣，使混凝土不留气泡；剔除模板边大骨料，以免出现蜂窝、麻面。加强检查，确保模板并缝严密、不变形、不变位、不漏浆，上下层混凝土不错台。严格控制混凝土水灰比，使混凝土符合设计要求。

2. Ⅱ标段

（1）开挖与支护：

1）支洞洞口施工。仰坡一次整修到位，及时对边坡锚喷防护，破碎部位采用网喷。洞口排水系统施工完毕后分台阶开挖洞口，以挖掘机开挖装渣为主，局部风枪打眼爆破，自卸汽车运输。

2）洞身开挖施工。洞身Ⅱ、Ⅲ类围岩用光面爆破全断面开挖，用简易台车风枪钻孔，塑料导爆管非电起爆系统毫秒微差起爆。坚硬岩石加强掏槽爆破，控制周边光爆孔，控制超欠挖。Ⅳ类围岩采用正台阶法施工，人工风镐开挖或风枪钻眼弱爆破。装载机装碴，自卸汽车出渣。

3）锚杆施工。Ⅱ标隧洞使用的锚杆直径 22mm 和 25mm，长度分别为 4.5m、4.5m，Ⅱ级高强度螺纹钢筋，水泥砂浆强度不低于 20MPa。锚杆用于岩体临时和永久支护。锚杆钻孔用 YT-28 手风钻，注浆机注浆，水泥砂浆配合比通过试验确定。采用先注浆后插杆方法施工。

4）挂网施工。钢筋网用 ϕ8mm 钢筋，间距 20cm×20cm。

挂网施工在锚杆作业后进行。钢筋除锈拉直按设计下料，预制成网片后运至工作面，利用自制工作台车，进行绑扎和焊接。

5）钢拱架施工。格栅钢支撑用于破碎和局部Ⅳ类围岩。钢架在洞外加工后，在洞内螺栓连接成整体，初喷混凝土后安装，与定位锚杆焊接。格栅钢架间设纵向连接筋，钢架间以喷混凝土填平。钢架基脚安设在牢固，垂直隧洞中线架立，钢架与围岩间隙过大时安设垫块，喷混凝土填平。

6）喷混凝土施工。喷混凝土用于开挖后对隧洞围岩进行临时和永久支护。

混凝土在洞口用 JDY 强制式搅拌机拌制，喷混凝土采用 TK961 型湿喷机，施喷时分片、分块、分层进行，自上而下螺旋形喷射，洒水养护 7d。

（2）混凝土施工。混凝土衬砌先底板边墙后顶拱的施工顺序。

1）底板混凝土浇筑。浇筑前，用挖机辅以人工清理挖掘至岩面。如有欠挖，可用液压锤破碎局部突出部位。欠挖处理到位后，将底板上虚渣、淤泥清理干净。钢筋在洞外制作，洞内安装。封头模板用钢模板。混凝土浇筑以 30m 为一段，罐车运送，输送泵泵送入仓，人工布料、平仓，插入式振动器及平板振动器振捣，初凝后人工压面。达到拆模强度时拆模。在未达到要求强度前不允许人或车辆在混凝土面上行走。

2）边墙拱顶浇筑。在底板混凝土浇筑完成后浇筑边墙拱顶。边墙用 12m 长自行式钢模衬砌台车浇筑混凝土，一次浇筑 11.75m，两侧对称进行。顶拱用组合模板。混凝土拌制、运输、入仓同底板施工，插入式和附着式振捣器振捣。塌方段浇筑时，衬砌紧贴岩面，用混凝土填满空隙。顶拱坍塌部位采取二次浇筑。

3）混凝土施工质量控制同Ⅰ标段。

3．Ⅲ标段

引水主洞Ⅲ标段分 3 号、4 号支洞两个工作面施工，洞身采用手风钻钻孔、全断面光面爆破开挖，底板采用保护层开挖，支护跟进开挖进行。混凝土浇筑先底板后边墙顶拱，边顶拱用钢模台车衬砌小模板辅助，泵送混凝土入仓。

6.2.9.3　工程缺陷处理

引水隧洞Ⅰ标边墙混凝土衬砌局部错台，表面出现少量蜂窝、麻面等。人工凿除混凝土错台和蜂窝麻面缺陷部位。凿坑边缘为 1∶1 斜坡，坑深最小 2cm。在坑内刷涂 1∶0.4 浓水泥浆，用干硬性水泥预缩砂浆填补凿坑，若坑深大于 2cm，则分层填补，最后抹平修补部位。

引水隧洞Ⅲ标的混凝土缺陷为挂帘、麻面、错台、气泡等常规缺陷，均已全部处理完成，并通过了验收，满足混凝土外观质量要求。

6.2.9.4 工程质量评定

引水隧洞工程Ⅰ标段，各分部工程的单元工程合格率100%，优良率86.66%～100%。改线交通洞隧道工程，各分部工程的单元工程合格率100%。

引水隧洞工程Ⅱ标段，各分部工程的单元工程合格率100%，优良率93.02%～100%。

引水隧洞工程Ⅲ标段，各分部工程的单元工程合格率100%，优良率80.6%～100%。

6.2.9.5 历次验收专家意见整改落实情况

根据历次验收专家的意见进行了整改落实。

（1）安全监测工作。对监测仪器的购买、运输、保管等严格按照设计及规范要求进行，专人负责仪器安装和保护，及时上报监测资料。经过整改安全监测工作明显好转。

（2）施工垃圾及施工材料堆放。尽快结束尾工项目的施工，及时清理施工垃圾，规整材料堆放，清除多余材料。

（3）工程档案管理。按照相关国家、行业规范和业主对工程档案的要求进行认真梳理，确保工程档案完整性、真实性、可追述性。

（4）质量管理体系及人员。增强了质量管理部的管理权限，对不合格施工产品进行返工处理，对不具备合格条件的施工工序不准许开工，对质量人员派出学习和培训。

（5）资料不规范。自检数据重新进行梳理，补全了的数据。

（6）工区扬尘较大增派了人员清扫，及时洒水降尘。

6.2.9.6 结论

尼日河引水隧洞未投入使用，业主要求2010年11月底投入使用，引水隧洞3个标段均可满足要求。

综上所述，尼日河引水系统隧洞工程满足1号机组启动试运行。

6.2.10 库首右岸拉裂变形体治理工程

6.2.10.1 工程概况

1. 拉裂变形体简况

库首右岸拉裂变形体位于电站坝轴线右岸上游高程约780m的岸坡，拉裂变形体后缘在2003年5月已出现了雁列状的拉裂缝，拉裂缝总体延伸方向N29°E，发育长度近150m，最大的错距达25cm，拉开宽度0.5～2cm，最大达10cm。拉裂变形体后缘出露的基岩中仍可见到倾倒拉裂变形迹象，侧缘和前缘也有不同程度的变形破裂迹象，并已有较明显的变形破裂特征。拉裂变形体距大坝较近、体量较大、位置较高，故其破坏方式、稳定状况、发展趋势等直接影响着施工期的导流洞、上游围堰以及电站运行期间厂房进水口和大坝的安全。

2. 工程形象及施工进度计划

工程包括截水沟和裂缝清理的土石方明挖、坡面清理的土石方明挖、浆砌石、支护、锚固孔灌浆、混凝土浇筑、排水管、钢结构制作及安装等工程项目的施工。下闸蓄水前要求拉裂变形体治理工程完成高程 850m 以下的所有施工项目。

已完成的工程形象面貌：

拉裂变形体一期工程施工已全部完成。

拉裂变形体二期工程除 F_2 区、F_3 区、F_4 区少量剩余工程外，其他工程已完成。

拉裂变形体一期工程由中国水利水电第十一工程局有限公司承建，二期工程由北京振冲工程股份有限公司承建。

6.2.10.2　主要建筑物施工方法

1. 开挖施工

（1）拉裂缝封闭。拉裂体边坡首先进行边坡截水沟和后缘拉裂缝施工，后缘拉裂缝从 2007 年 4 月 12 日开始，到 2007 年 5 月 6 日施工完成。

拉裂缝回填开挖宽度不小于 0.5m，深度不小于 10m，用砂砾石和黏土压实封闭。2008 年 5 月拉裂缝部分重新张开，对重新展开的拉裂缝又重新进行了回填、压实。

（2）施工工艺：

1）边坡清理。设计要求拉裂体清坡时只清除浮渣和表层松动岩块，不大开挖，不放炮，更不得采取危害山脊稳定的施工方法。

因清除厚度小，加之坡陡，很难使用机械施工，主要以人工清理为主，局部突起孤石用手风钻钻孔爆破，人工清渣。边坡清理自上而下进行，清理过程中及时对上部支护区坡体进行初喷支护，初喷厚度 3cm。清理及初喷完成，清理高度达 20m 时，再对坡体进行系统支护。

2）开挖工程质量评定和成果统计。拉裂体边坡开挖评定 24 个单元，合格率 100%，优良率 94.4%～100%，质量满足设计要求。

2. 边坡支护

（1）锚杆施工：

1）施工工艺。边坡锚杆主要有 $\phi28$mm：$L=4.5$m、1.5m 和 $\phi25$mm、$L=4.5$m 自进式锚杆。

钻孔在脚手架上进行，手风钻钻孔，成孔困难时锚杆钻钻孔。孔位偏差不大于 10cm，孔深偏差不大于 5cm。

短锚杆先注浆后插杆，自进式锚杆先插杆后注浆。

2）锚杆施工质量检查评定。拉裂体锚杆的质量检查与评定主要是自进式锚杆的抗拔力试验和砂浆锚杆的无损检测，及锚杆长度、钻孔等检查。抗拔力试验检查和无损检测均合格，锚杆长度、钻孔等现场检查均符合要求，合格率 100%，满足设计要求。

（2）喷混凝土施工

1）施工工艺。工艺流程为：施工准备→岩面处理→混合料搅拌→喷射混凝土→养护。

混合料在高线路旁由 JZC350 搅拌机拌制或在搅拌站拌制，拌好后的混合料通过溜槽或升降设备运至作业面。

施喷前清除松动岩块，用高压风冲洗干净。喷嘴与岩面距离约 0.6～1.2m，垂直岩面喷射。施喷厚度 10cm，初喷厚 3cm，3 次喷至设计厚度。后一层在前一层终凝后进行。喷混凝土面洒水保持湿润养护。

在作业面上布设钢筋网及拉结钢筋，绑扎搭接，固定在锚杆上，局部加插筋，使钢筋网和拉结钢筋紧贴岩面。岩石较破碎，先喷一层混凝土后再进行锚杆、钢筋网及拉结钢筋施工。

2）施工质量检查评定。喷混凝土的混凝土强度性能指标合格，质量评定合格率100%，满足设计要求。厚度检测满足设计要求。

（3）锚筋束施工：

1）施工工艺。边坡锚筋束为 $3\phi28mm$，$L=12m$。采用先插束后注浆方式施工。

钻孔孔位偏差不大于10cm，孔深偏差不大于5cm。在钻孔中，边坡岩石破碎，塌孔严重，故采用锚杆钻和潜空钻进行钻孔，同时采取固壁灌浆措施进行钻孔。在束体中心设注浆管，贯穿束体，束体头部设60cm长排气管。锚筋束放入后，封闭孔口，待凝固后注浆，当排气孔出浆后封闭排气孔，继续注浆，达到设计压力后封孔。

2）施工质量检查评定。锚筋束施工的质量检查与评定，无损检测试验及锚筋束长度、钻孔等均符合设计要求，合格率100%，满足设计要求。

（4）锚索施工：

1）施工方法。预应力锚索为1500kN级437束，单根长30～70m；2000kN 98根，单根长30m、40m。

钻孔设备为XY-2型钻机、MD50锚固钻机、冲击器、及配套钻具、空压机、电动拔管机。边坡坡面破碎，覆盖层较厚，采用跟管钻进方法，必要时注浆固结孔壁，待凝后扫孔钻进。灌浆压力在孔口段控制在0.1～0.3MPa。钻孔孔斜误差不大于3%，钻孔偏角不大于1°；锚孔孔径140mm；钻孔穿过基岩，锚固段设在较新鲜完整岩体中。

钢绞线下料长度根据实际孔深和张拉设施的尺寸，加上适当余量确定。隔离架间距1～2m，锚固段每隔0.6m设锚头一组，每隔2m设隔离板一块，1500kN级分5组锚头。束体中间安设内锚固段灌浆，束体外侧安设排气管和张拉段灌浆管。锚索顶端安装导向帽。用倒链将锚索均匀拉入孔内。

锚索灌浆采取全孔一次有压纯水泥灌浆，使用P.O 42.5普通水泥，水泥浆水灰比0.36～0.4，灌浆压力0.5～0.7MPa，掺适量外加剂，7d强度不低于30MPa。实际灌注量与计算值接近，且注入率较小时，持续灌注30min结束灌浆。

锚索孔口设混凝土锚墩，锚墩混凝土等级C35，其结构布置见图6.5。

张拉设备在使用前必须标定。在锚墩混凝土强度达到设计强度、锚具安装完成后即可张拉。分序单根张拉，对称分序分级进行，直至达到设计荷载。张拉力最大值为锚索设计荷载的1.05～1.1

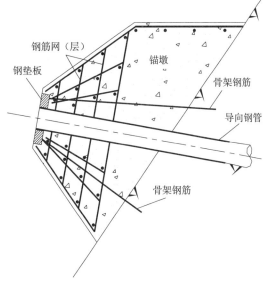

图6.5 锚墩结构布置图

倍，稳压 10～20min 后锁定。张拉中，采用应力控制及伸长值校核操作方法。

锚索张拉完成后，锚具外的钢绞束除留存 15cm 外，其余部分应切除，外锚头采用混凝土 C20 封锚，混凝土的厚度不小于 10cm。在锚索中布置测力计的，张拉完后，将其一同浇在外锚头内。

在边坡上浇筑网格梁，将锚墩连接在一起。网格梁采用 C25 混凝土，以水平布置为主，根据现场情况可具备增加竖向梁，施工时网格梁需埋入坡体中，锚墩也应部分埋入坡体中。

2）施工质量检查评定。锚索质量检查与评定包括锚索钻孔、编制、安装、灌浆、锚墩、张拉等。质量评定 415 个单元，合格率 100％，优良率 92.2％～100％，满足设计要求。锚孔灌浆、锚索张拉伸长值等符合设计要求。

（5）排水孔施工：

1）施工情况。边坡排水孔 $\phi50$mm，锚杆钻机或手风钻钻孔，孔位偏差不大于 10cm，孔深偏差不大于 5cm。PVC 排水管直接安装在已完成的孔内。

2）施工质量检查评定。排水孔的孔径、长度等的施工质量检查与评定，合格率 100％，满足设计要求。

3. 混凝土施工

拉裂变形体混凝土包括锚墩、框格梁、探洞回填和贴坡混凝土等。放空洞进口布置的搅拌站拌制混凝土，混凝土罐车运输，溜槽入仓，插入式振捣器振捣，洒水养护 28d。

（1）施工情况：

1）锚墩用定型模板现浇，框格梁用定型钢模板立模浇筑。

2）探洞回填 6 号、8 号、9 号、10 号、13 号，回填长 69m、78m、59m、102m、62m。

用风钻在平硐周围对称打孔 4 个，插入 $\phi20$mm 骨架钢筋并固定，将钢筋网与骨架钢筋焊接牢固。堵头模板支撑可靠。运输罐车将混凝土运送至混凝土泵，泵管接到探洞内，泵送入仓。插入式振捣器振捣。

3）拉裂体坡脚布置贴坡混凝土，厚 2m，等级 C20。贴坡底部坐落在岩石上，高 10～20m，横向每 15m，设宽 4cm 竖向结构缝，内填木板。混凝土内设双层双向 $\phi20$mm @20cm×20cm 钢筋。

先浇边坡底板混凝土，浇完后再搭设脚手架浇筑贴坡混凝土。建基面清理完成后，在底板打间排距 150cm 的锚杆，锚杆直径 25mm，长 6m，外露 1.5m，用手风钻或潜孔钻钻孔。

利用放空洞进出口搅拌站拌制混凝土，罐车运输到作业面，另有备用搅拌站作补充。人工立模，内拉外撑固定模板。坡面搭设溜槽，泵送入仓，分层分段浇筑。贴坡混凝土与锚索施工同步进行。

（2）施工质量检查评定。拉裂体工程框格梁、探洞回填及底部贴坡等混凝土，共进行 78 个单元工程质量检查和评定，合格率 100％，优良率 83.3％～100％，满足设计要求。混凝土性能指标、强度符合设计要求。

4. 石渣压重

石渣压重在混凝土贴坡外侧，压重体顶高程 743m，顶宽 15m，外侧坡比 1：2。石渣料来自落哈渣场。

锚索和贴坡混凝土施工完成，并达到设计强度后回填石渣。石渣分层填筑分层碾压，层厚 1～2m，从下游向上游逐层推进。石渣压重按优化方案完成。

6.2.10.3 工程质量评定和评价

拉裂变形体一期治理工程质量评定 562 个单元，合格 562 个，优良 532 个，合格率 100%，平均优良率 94.7%。

拉裂变形体二期治理工程质量评定 53 个单元，合格 53 个，优良 52 个，合格率 100%，平均优良率 96.2%。

拉裂变形体治理工程未出现重大质量问题。拉裂变形体土石方开挖、边坡支护、混凝土等施工质量满足设计要求。

6.2.10.4 "5·12"地震对工程的影响

"5·12"地震前，拉裂变形体一期工程正在进行边坡支护施工，边坡喷锚、锚杆基本完成，锚筋束、锚索完成 50%，表面观测已经完成；拉裂体埋设的仪器：拉裂体 6 号、10 号、11 号、12 号探洞的测斜管和感应磁环，古拉裂体 44 号探洞的 3 套多点位移计，5 号探洞的测斜管和感应磁环。

"5·12"地震后对拉裂体工程进行了全面检查，边坡没有发现明显的裂缝；44 号探洞的多点位移计没有明显位移增量，变化平稳正常；11 号探洞明显抬升，12 号探洞明显沉降。

通过地震后对拉裂体边坡和探洞围岩变形的检查，没有明显的裂缝和错位，探洞内和边坡上的仪器数据没有明显变化，地震对拉裂变形体一期工程没有造成破坏。

6.2.10.5 蓄水后运行情况

库首右岸拉裂体的监测项目包括内部变形观测、外部地表观测和支护应力观测。监测资料表明，水位的上升对坝前右岸古拉裂体稳定性影响不大。鉴于拉裂体的地质条件较差，应加强现场巡视，做好排水工作，仍需关注应力、变形发展情况，以保证边坡的稳定。

6.2.10.6 结论

综上所述，瀑布沟水电站库首右岸拉裂变形体一、二期治理工程施工质量满足设计及规范要求，运行正常，具备 1 号机组启动试运行条件。

6.2.11 下游河道整治工程

6.2.11.1 工程概况

大坝下游至瀑布沟大桥段长约 1500m，左岸布置有导流洞出口、溢洪道出口、尾水洞出口、泄洪洞出口、进厂交通洞口，以及大坝—厂房尾水公路；右岸布置有放空洞出口等，在高程 690m 有甘乌公路。电站泄洪时将对此段河道及河岸产生冲刷及雾化影响，须对下游河道及河岸进行保护整治。

下游河道整治工程包括土石方明挖与回填、支护、排水孔、混凝土浇筑、固结灌浆、钢筋石笼等。

1. 工程完成情况

下游河道整治工程土石方开挖 2010 年 1 月 15 日全部完成，支护工程跟进进行，2010 年 2 月上旬完成。混凝土浇筑 2010 年 7 月 31 日完成。固结灌浆于 2010 年 2 月 7 日完成。土石回填包括钢筋石笼回填于 2010 年 3 月 31 日完成。

2. 下游河道完成工程形象

截至 2010 年 11 月 30 日，下游河道整治工程施工进度形象：左岸古崩塌堆积体以下河道防护处理、溢洪道消能区右岸防冲护岸、泄洪洞消能区右岸防冲护岸等工程全部完成；泄洪洞出口下游左岸防冲护岸工程基本完成。

6.2.11.2 主要工程施工方法

1. 土石方明挖与支护

（1）土方开挖。开挖前清理施工区范围内的植被、杂草、垃圾、废渣以及障碍物。

一般用反铲直接开挖土方，较薄土层用推土机集渣，再用反铲或装载机挖装。开挖层厚 3～5m，自卸车运输出渣。开挖至接近设计坡面时，预留 20～30cm 土层，在坡面混凝土前用人工开挖清理。

（2）石方开挖。自上而下分层开挖，较薄部位按 5m 高一层，用气腿钻光面爆破；较厚部位采取深孔梯段微差松动爆破，梯段高度不大于 10m；底板建基面预留 2 厚保护层，用改进型支架式潜孔钻机水平预裂或光爆开挖。

1）梯段爆破钻孔用 QZJ-100B 型钻机，孔径 ϕ80～100mm。梯段爆破孔采用宽孔距、小排距布孔方式，钻孔参数根据现场爆破试验确定。采用人工装药。主爆破孔用乳化炸药，全耦合柱状连续装药；缓冲及拉裂孔用乳化炸药，柱状不耦合装药及间隔不耦合装药。岩石爆破单位耗药量按 0.45～0.55kg/m³，最终单耗根据爆破试验确定。梯段爆破采用微差爆破网络，1～20 段非电毫秒雷管连网，非电起爆。分段起爆药量按招标文件和技术规范控制，梯段爆破最大一段起爆药量不大于 300kg；水平保护层上部一层梯段爆破最大一段起爆药量不大于 200kg；临近建基面和设计边坡时，最大一段起爆药量不大于 100kg。

排间或孔间（有特别控制要求时在孔内）采用非电雷管毫秒微差起爆。紧邻边坡预裂面的 2～3 排爆破孔作为缓冲爆破孔，其孔排距、装药量相对于主爆孔减少 1/3～1/2，缓冲孔起爆时间迟于同一横排的主爆孔，以减轻对设计边坡的震动冲击。

2）预裂爆破施工。边坡开挖中采用预裂爆破技术。预裂孔用 QZJ-100B 型支架式钻机造孔，孔径 ϕ90mm，孔间距 1.0m，钻孔深度根据梯段高度和坡比计算确定。爆破选用 ϕ32mm 乳化炸药，不耦合空气间隔装药结构，线装药密度根据爆破试验确定。预裂爆破起爆网络采用非电导爆系统，导爆索传爆，预裂爆破采用一个单独的起爆网络，在梯段爆破前实施。

3）水平及缓坡预裂爆破。建基面底板及槽挖预留 2～2.5m 厚保护层，采取水平或缓坡预裂爆破。水平面预裂孔用改进型 QZJ-100B 型潜孔钻机造孔，孔径 ϕ90mm，孔距 0.9～1mm，最大孔深按 10m 控制。

缓坡面预裂和水平预裂均采用 ϕ32mm 乳化炸药，不耦合装药，线装药密度 300～350g/m。

缓坡面光爆或预裂起爆网络采用非电导爆系统、导爆索传爆、电力起爆方式。

4）保护层开挖。槽挖两侧边坡、槽底纵向坡面的岩石，预留厚1.5～2m岩基保护层，进行水平光面爆破或水平预裂爆破。用YT-28型手持式气腿钻机钻孔，钻孔直径ϕ42mm，孔距0.5m。

气腿钻钻孔的线装药密度200～300g/m，根据岩石等级和爆破试验成果及时调整参数。

水平光爆起爆网路采用非电导爆系统、导爆索传爆、电力起爆方式。

5）爆破试验。开挖前在现场进行各种爆破试验，选择最优爆破参数，并在开挖中根据具体情况调整。

（3）砂浆锚杆施工：

1）钻孔在搭设的排架平台上进行。6m以下钻孔用气腿钻，6m以上用YG80导轨式钻机。

2）锚杆用砂轮切割机下料，等强度直螺纹套筒连接，人工插杆，6m以上锚杆，用简易扒杆配合人工插杆。

3）水泥砂浆配合比范围按水泥：砂＝1：1～1：2（重量比），水：水泥＝0.38：1～0.45：1（重量比）。

4）先注浆后插杆。注浆时将PVC注浆管插至距孔底50～100mm，随砂浆的注入缓慢匀速拔管，浆液注满后立即插杆，在孔口加塞使锚杆体居中。

5）先插杆后注浆。锚杆（束）插到孔底并对中，注浆管插至距离孔底50～100mm，当浆液至孔口，溢出浓浆后缓慢将注浆管拔出。

（4）锚筋桩施工：

1）锚筋桩桩体利用定尺下料后的钢筋在现场连接成桩，钢筋接头相互错开。

2）用YG-30型工程钻机造孔，孔径ϕ110mm，孔道允许误差同注浆锚杆。

3）用高压水冲洗桩孔至回水澄清后，持续冲洗30min后结束，再用高压风吹干。

4）将连接好的桩体调直、清理后，绑扎进回浆管路。灌浆管采用外径25mm焊管或PVC管。

5）筋桩用人工穿入桩孔。

6）穿桩就位后，孔口上部用C30、一级配混凝土封堵，强度增长到12MPa时方可施灌。为使其密闭良好，孔口采用海绵或棉花衬里，混凝土中掺入适量的膨胀剂。

7）用2SNS型注浆泵压力灌注，灌浆压力以回浆管口压力为准。压力为0.2～0.3MPa，当回浆管出浆连续，且比重大于或等于进浆比重时并浆至压力下降不大于25%时结束。灌浆3h后由回浆管进行补注浆至孔内充盈密实。

（5）排水孔施工：

1）排水孔钻孔采用YG-30工程钻机，ϕ50mm排水孔钻孔孔径76mm；ϕ100mm排水孔钻孔孔径130mm。

2）孔内保护装置由PVC-U型花管外包工业过滤布组成，PVC-U型管的拉伸强度不小于43MPa，断裂伸长率不小于80%，扁平试验应不破裂。

3）孔内保护装置在排水孔钻孔完成，进行清洁后尽早安装完成。

（6）喷射混凝土施工方法：

1）受喷面准备。清理并冲洗受喷坡面。对于遇水易潮解的泥化岩面，采用压力风清理。合格后，在系统锚杆外露段上设置喷厚标记；无锚杆的受喷面，采用砂浆或自插钢筋标记，标记钢筋外端头低于喷射混凝土表面 3～5mm。对受喷面渗水部位，采用埋设导管、盲管或截水圈作排水处理。

2）喷射混凝土的配合比通过室内及现场试验确定。混凝土材料称量允许偏差：水泥、速凝剂不大于±2％；砂、石不大于±3％。

混合料搅拌时间不少于 2min，搅拌均匀。混合料存放时间不超过 20min。

3）挂网锚杆间距 200cm×200cm，长 100cm。挂网锚杆施工完毕且砂浆达一定强度后，钢筋网固定就位。钢筋网与岩面间用预制块支垫，保护层厚不小于 50mm。钢筋网与锚杆间点焊连接。

4）喷射作业自下而上分段分区进行，区段间的接合部和结构的接缝处不得漏喷。喷射混凝土的回弹率：洞室拱部不大于 25％，边墙（边坡）不大于 15％。

5）混凝土终凝 2h 后，洒水养护 7d。

2. 土石方填筑

（1）护坡基础具备填筑条件后，用推土机整平碾压。施工参数为试验确定的碾压参数。

（2）土石料采用后退法卸料，10～15t 自卸汽车运输，TY-220 推土机平料和摊铺，人工配合清除土料中杂质及边角部位的平整工作。铺料厚度按规范要求，并根据现场试验确定。填料中块料粒径不得大于 500mm。

（3）作业面分层铺填、统一碾压。用推土机沿河流方向，进退错距碾压。采取大面积铺筑，减少接缝。块间连接处采取台阶式的接坡方式（台阶宽不小于 1m），或挖除连接处未压实的石料。

（4）护脚抛石填筑时，近河侧边坡超填 30cm，填至设计高度后，用反铲修整至设计形体。

3. 钢筋石笼施工

（1）钢筋石笼在加工厂焊接成型，石笼尺寸 2m×1m×1m，采用直径 16mm 的 Ⅱ级钢筋，间距 20cm。钢筋接头为搭接焊，焊接长不小于 8cm，钢筋交叉点用点焊相互焊接。笼内块石最小直径 25cm。

（2）石笼运至施工部位后，人工摆放，石笼间用铅丝绑扎或焊接。石渣由人工配合反铲装入石笼，填满后封口，再施工上一层石笼。

4. 混凝土施工

（1）护岸混凝土：

1）施工方法。齿槽混凝土采用钢侧模，表面人工抹面无模施工。混凝土用 10t 自卸汽车运输，16t 汽车吊配 2m³ 吊罐入仓。

护岸混凝土主要为贴坡混凝土及牛腿护岸混凝土，用组合钢模及拉模，6m³ 搅拌车运输，35t 履带吊和混凝土泵、溜筒混凝土入仓。

2）主要的施工工艺：

a. 基面清理。岩石基面为,清除浮动碎石,冲洗洁净;土质基面,按设计要求处理。

b. 钢筋制安。护坡钢筋在加工厂加工成型,汽车运至现场绑扎,焊接采用搭接焊。边坡钢筋安装时,每块坡段钢筋一次从坡底绑扎到坡顶。

c. 模板施工。拉模施工:泄洪洞出口下游左岸防冲区,护坡坡段长 15～20m,坡度 1∶1.5,边坡混凝土主要采用拉模施工,局部变坡部位用组合钢模板。拉模安装时,测量放样,标出护坡坡段边线、控制点及拉模装置主要构件位置,分段安装拉模滑轨、牵引设备、面板及人工抹面操作平台后,进行坡段混凝土浇筑。

组合钢模板:在不适宜使用拉模的护坡坡段及牛腿护岸部位,用组合钢模板。底板混凝土用组合钢模板作侧模,分缝用沥青板隔缝。

d. 预埋件施工。边坡面布置有系统排水孔,混凝土浇筑前按设计孔位预埋坡面排水孔 PVC 保护管。

e. 混凝土浇筑。混凝土前在待浇基岩面上均匀铺设 5～10cm 厚与混凝土等强度的水泥砂浆。入仓后薄层平铺,铺上一层混凝土时,下一层不得初凝。

吊罐直接入仓时,下料高度不超过 2m;要分层下料,每坯层的厚度不大于 50cm。用 $\phi 100mm$、$\phi 80mm$ 振捣棒结合 $\phi 50mm$ 软管振捣棒人工振捣。

泵送入仓时,尽量保持连续给料。泵送过程中,如间歇时间超过 45min 或当混凝土发生离析时,必须卸掉料斗内的混凝土,立即用压力水清除管内残余的混凝土。

以振捣器平仓为主,人工平仓为辅。

f. 混凝土养护。冬季用覆盖聚乙烯卷材保温被保温,洒水养护;未到龄期的混凝土用湿草袋覆盖,养护时间不少于 21d。

(2) 路面混凝土:

1) 施工工艺。混凝土路面面层设计厚 25cm,HTG－A 型三辊轴机组摊铺施工,10～15t 自卸汽车配合摊铺机组联合作业,左右分幅摊铺,跳仓浇筑,辅助排式振捣机、切缝机等进行路面施工。

2) 施工方法:

a. 模板及钢筋设置。侧模采用 10mm 厚钢板加工成槽形模板,弯曲段加工成异形钢模,畸形边用木模板。模板用角钢三角架支撑。模板预留穿筋孔,纵缝拉杆安装在钢模预留孔内。为便于混凝土入仓,横缝传力杆及路面钢筋网在混凝土浇筑过程中跟班铺设。

b. 混凝土运输。搅拌站集中拌制混凝土,自卸汽车运至现场。

c. 混凝土的摊铺。摊铺混凝土前,对模板的尺寸、润滑、支撑稳定情况和基层的平整、润滑情况,以及钢筋的位置和传力杆装置等进行全面检查。

混合料一般直接从路槽内倒入,安装好侧模,人工找补均匀。采用三辊轴机组进行摊铺,左右分幅分段浇筑。车辆均匀卸料,布料速度与摊铺速度相适应。面板振实后,在侧模预留孔中按要求插入拉杆。

d. 表面修整。混凝土表面要整平,达到要求的横坡度和平整度。三辊轴整平机分段整平,每段 20～30m,振实料位高于模板顶面 5～20mm。在段内,采用前进振动、后退静滚作业方式。滚压后,将振动辊轴抬离模板,用整平轴前后静滚整平直至平整度符合要求。

用真空吸水机和真空吸盘提前将混凝土中游离的水分抽吸出来；用机械磨光机抹光，边角处人工抹平。混凝土的纹理制作和道面切缝由手推式刻纹机完成。

e. 接缝施工。纵向缩缝平行于路中心线。在混凝土强度达到设计强度 25％～30％时，用切缝机切割形成纵向缩缝。拉杆采用螺纹钢筋，并设置在板厚中央。

纵向施工缝平行于路中心线。采用平缝，对已浇筑的面板的缝壁涂刷沥青，并避免涂在拉杆上。浇筑邻板时，缝的上部切割或压成规定深度的缝槽。拉杆设置与缩缝相同。

横向缩缝与路面中心线垂直。当混凝土强度达到设计强度 25％～30％时，用切割机切割横向缩缝。在邻近胀缝或路面自由端的 3 条缩缝内，加设传力杆，施工方法同胀缝。

胀缝按设计要求设置。浇筑胀缝段混凝土时，需安放钢筋网片。胀缝与路面中心线垂直，缝壁垂直，并符合图纸要求。

横向施工缝设于胀缝或缩缝处。施工缝如设于缩缝处，板中增设传力杆，若一半锚固于混凝土中，另一半先涂沥青，允许滑动。传力杆必须与缝壁垂直。

在混凝土面板所有接缝凹槽处都要按规定用填缝料填缝。在混凝土养生期满后及时填缝，填缝料与缝壁黏附紧密，填缝深度为缝宽的 2 倍。

f. 混凝土浇筑作业完成并终凝后，用草袋、草帘覆盖于表面，均匀洒水养护，一般为 14～21d。

5. 固结灌浆施工

(1) 钻孔。用 YG80 导轨式钻机造孔，孔径 50mm。

物探测试孔、质量检查孔及有取芯要求的灌浆孔孔径为 $\phi76$mm，用 XY-2PC 回转钻机、金刚石钻头钻进，钻孔按取芯要求采集岩芯进行地质描述。

(2) 灌浆方法：

1) 固结灌浆采用分序加密，孔口封闭、孔内循环施工方法，单孔灌注。也可采用并联灌注，并联孔数不超过 3 孔。

2) 固结灌浆孔基岩段长小于 6 不分段，全孔一次灌注；基岩段长大于 6m 时，自上而下分段钻灌，各段段长 5m，特殊情况适当加长，最大段长不大于 6m。

6.2.11.3　工程缺陷处理

工程缺陷主要是混凝土表面蜂窝、麻面、孔洞、露筋、错台等。

对错台进行打磨处理。麻面用高标号水泥砂浆修补。小面积蜂窝用高标号水泥砂浆修补，大面积蜂窝砸除处理，然后用高强度，低级配混凝土修补，严重时砸除重浇。露筋部位砸除处理，然后用高强度，低级配混凝土进行修补。小范围孔洞砸除处理，用高强度，低级配混凝土修补，深度大的孔洞采用灌浆方法处理。

6.2.11.4　工程质量总体评价

下游河道整治工程施工质量满足合同要求和设计要求，没有出现严重质量缺陷和任何等级的工程质量事故。截至 2010 年 11 月 30 日，质量评定 1360 个单元，合格 1360 个，优良 1269 个，优良率 93.3％。

6.2.11.5　结论

下游河道整治工程于 2010 年 11 月顺利完成了边坡支护、钢筋石笼防护、边坡排水孔、固结灌浆和大部分混凝土等项目的施工,剩余工程项目不影响瀑布沟水电站1号机组启动运行。

在2010年汛期,下游河道经受了泄洪冲刷和洪水考验,工程运行正常,没有出现任何质量事故和安全事故。

综上所述,下游河道整治工程满足1号机组启动试运行条件。

第7章 企业文化建设

瀑电总厂是一个新建的发电企业，在建厂初期，瀑电总厂按照国电集团总公司的企业理念，结合瀑电总厂的实际情况，围绕发电主业，创建了新的生产管理模式，培养高素质的职工队伍，充分发挥党群工作的政治优势和组织优势，形成了自己的企业文化。在短短一年多的运行时间里，截至 2010 年 11 月 27 日 24 时，瀑电总厂提前 34d 完成了年度发电量目标，创造了累计完成年上网电量 92.11 亿 kW·h，其中瀑布沟水电站上网电量 87.47 亿 kW·h，深溪沟水电站上网电量 4.64 亿 kW·h。截至 2010 年 12 月，瀑电、深电的总发电量突破 100 亿 kW·h 大关，达到 101.6 亿 kW·h。其中，瀑布沟水电站 95.4 亿 kW·h，深溪沟水电站 6.2 亿 kW·h。为大渡河公司年度目标利润的顺利实现做出了积极的贡献。展现了瀑电总厂的企业风采。

7.1 创建"建管结合、无缝交接"新的生产管理模式

"建管结合、无缝交接"是大型新建水电厂管理模式。它以系统思想为指导，有效地将电厂管理目标与工程建设目标结合起来，力求在工程设计、制造到安装调试各个环节均着眼于最终使用功能上的最优，避免工程建设完工后在实际生产运营过程中暴露系列遗留问题，减少接管后的技术改造，既节省了工程投资，又促进了施工进度。按照大渡河公司"建管结合、无缝交接"的要求和职责划分，瀑电总厂在筹备期间着眼于尽快高质量地发挥工程效益，积极参与工程建设管理，通过 3 年多时间的实践，已取得显著的经济效益和社会效益。

7.1.1 全方位全过程参与工程建设，做到建管紧密结合

全方位全过程参与工程建设是成功实施"建管结合、无缝交接"的关键。运行管理单位参与工程建设的程度，决定了其在优化设计、质量控制方面所发挥的作用。瀑电总厂对所管辖范围内设备的设计、制造、安装调试等关键环节，做到全面参与，全面跟踪，与设计、制造及安装调试等单位在各个环节上共同把好质量关，将影响设备稳定运行的因素消灭在萌芽状态。

1. 参与设计阶段工作

自电厂筹建起，瀑电总厂就参与所辖设备标书文件的编制、招评标、合同谈判、设计联络会，并委派了 8 名精干的技术骨干分别到瀑布沟建设分公司、深溪沟公司机电物资处工作，直接参与机电设备的设计、招投标和备品备件管理以及设备督造，深入掌握设备状况。在设计阶段核查产品的性能、条件、使用环境、技术等与未来使用条件的一致性和合

理性，查找设计疏漏，分析设计缺陷，在工程产品的设计阶段提出完善化意见。

2007—2010年5月，在瀑布沟和深溪沟两座电站建设设备招投标、采购、安装期间，瀑电总厂共参与机电设备标书审查、合同评标、设计联络会等相关会议155次，并在其过程中本着有利于今后设备安全稳定运行的原则，积极建言献策。至2009年10月10日，针对瀑布沟水电站提出建议总计1154条，被采纳1048条。占建议总条数的91%。至2010年5月21日，针对深溪沟水电站提出建议总计405条，被采纳346条，占建议总条数的85.43%。合计提出建议1559条，被设计、建设管理等相关单位和厂家采纳1394条，占建议总条数的89.4%。建议的采纳为两座水电站的机电设备和安装质量优化了设计方案，消除了安全隐患，方便了运行管理，节省了工程投资，实现了"建管结合、无缝交接"的目标。

2. 积极参加设备监造、出厂验收等工作

瀑电总厂积极争取业主有关项目责任部门的支持，对涉及将来由瀑电总厂管辖的设备安排电厂技术人员参加设备驻厂监造、出厂验收和开箱验收等，协助设备制造阶段的质量把关，尽量使设备在出厂前或交付安装前消除缺陷。

2009年2—12月，瀑电总厂派出专业技术负责人和设备主人，同大渡河公司、成勘院、瀑布沟分公司和深溪沟公司有关人员一起，到四川源博保护控制有限责任公司、葛洲坝集团机械船舶有限公司、常州液压成套设备厂、上海阿海珐电力自动化有限公司、珠海泰坦科技股份有限公司等设备制造厂家参加设备监造、出厂验收等工作，对瀑布沟水电站接入系统设备采购、深溪沟电站机组进水口固定卷扬式启闭机、深溪沟水电站泄洪闸2×4000kN、冲沙孔进口1000kN液压启闭机设备机电联调、瀑布沟水电站数字式继电保护系统、瀑布沟水电站220V交/直流电源系统交货设备等进行工厂验收。

工厂验收通过厂方对设备的制造情况回报、查阅测试报告及情况汇报，驻厂监造站所做的出厂设备监造报告，现场查看并审查了竣工资料及设备试验验收大纲，设备出厂检验资料，对设备进行抽检、复检和空载试验，并进行认真讨论和评价。对未满足合同要求和技术规范的订货设备，共向厂方提出整改、改进及完善意见。在厂家制造设备达到合同要求后，及时出厂运回安装，保障设备一流的要求。这种以最终用户的身份更有利于控制设备质量，既减轻了有关部门的工作量，又有利于设备稳定运行和减少业主经济损失。

3. 积极参加现场安装、监理与调试

参加现场安装、监理与调试是"建管结合"的关键环节之一，积极参加现场安装、监理与调试，既参与安装质量控制，又提前熟悉了设备，掌握相关技术和资料。瀑电总厂技术人员在调试阶段全过程跟踪在现场，及时、准确掌握设备信息，熟悉操作技能，为接管后机组稳定运行打下了良好的基础。

自2007年6月，瀑电总厂向瀑布沟建设分公司委派第一批技术人员以来，先后委派了6名人员到瀑布沟建设分公司，3名人员到深溪沟公司，参加2个水电站机电物资处工作，并履行收集资料、见证设备安装职责。同时，委派了19名人员参与到瀑布沟水电站机电设备安装质量监督组工作。安排人员按公司要求，除了参加瀑布沟水电站和深溪沟水电站机电设备合同招投标有关会议外，瀑布沟水电站机电设备开始安装后，安排了22名生产人员进入施工单位班组参加设备安装，熟悉掌握现场设备性能，收集现场第一手资料，跟踪设备安装进度和质量，形成设备安装调试备忘录电子台账。同时，运行维护处每值每日安排人员进入现场对照设备进行学习，进一步掌握熟悉现场设备。

4. 承担关键项目的实施

瀑布沟和深溪沟两电站计算机监控系统不仅决定了两个水电站自动化水平，而且是制约机组能否按期投产的关键因素之一。应用软件采取以瀑电总厂人员为主负责、与供应商联合开发的方式进行。这种联合开发既降低了项目的投资，加快开发进程，又培养了掌握关键技术的人才。联合开发组不仅按期完成了应用软件的开发任务，为机组联合调试赢得了宝贵时间。同时通过联合开发，瀑电总厂一批技术人员提前掌握了技术，在机组调试中占据了主动，保证了机组提前投产的需要。这完全得益于"建管结合，无缝交接"管理模式的实施。

7.1.2　生产准备紧密围绕工程建设进行，为实现"无缝"交接打牢基础

1. 搭建技术培训平台

建管结合模式的实施无形中为技术培训搭建了一个绝佳平台，培训方式既灵活多样，又理论联系实际，不但提高了培训效果，还缩短了培训时间。为此，瀑电总厂不但邀请设计单位、设备制造厂家和参建单位技术人员进行技术讲课，还通过各种设计审查、招标、合同谈判，学习招标、合同文件，了解技术要求，掌握质量控制标准，并积极与项目管理、监理部门协商，轮流派人深入到机电设备安装过程中去，在实践中培训。除专门组团到设备制造厂家培训外，还利用驻厂家设备监造的机会进行技术培训。

2. 建立技术标准体系

技术规程、规范等技术标准体系的建立是运行管理中一项基础而又十分重要的工作。"建管结合"为技术标准体系的建立提供了便利条件，瀑电总厂借此机会快速收集编制规程所需要的技术资料，编写各项技术规程和规范。广泛地听取各方面专家的意见，对保证技术规程与现场实际相符起了很重要的作用，大大减少因此带来的安全隐患，提高了运行管理的有效性。

3. 及时收集整理工程技术资料

在工程建设期间产生了大量的技术文档和图纸，由于这些资料不是终版，一般情况下，电厂很难收集到。瀑电总厂利用"建管结合"的优势，广开渠道，大量搜集设计、制造和安装调试方面的技术资料，从而使得电厂技术人员在设备正式移交前就提前获取了丰富的技术信息。为满足前期技术培训和员工业务学习的需要，在电厂筹建期间编制了系统图册，并做成电子图册，收集了大量的设备调试和试运行的资料。

4. 认真分析研究设备可能出现的问题，寻求对策，制定预案

通过广泛地参与工程建设，瀑电总厂技术人员对设备性能和薄弱环节有了较为深入的了解，以便认真分析研究设备可能出现的问题，寻求对策，制定预案，并提前进行部分技术攻关。在机组运行期间，为提高对突发事件的响应速度，防止事故的扩大，瀑电总厂根据运行管理经验和工程建设中收集的大量信息，组织专门人员对发电初期可能出现的故障充分预判，反复讨论，制定了紧急情况下的应急预案，并适时进行完善补充，为瀑布沟和深溪沟两座水电站机组接管后的稳定可靠运行提供了保障。

7.2 培训、引进现代化复合型人才

瀑电总厂是一座大型现代化的发电企业，人力资源是企业第一资源。作为新建发电厂和大渡河公司后续发电企业人才的"摇篮"和"中转站"，按照《中国国电集团公司新建、扩建电厂生产准备导则（试行）》要求，瀑电总厂把选人、育人、用人，输送人才作为人才战略的重中之重，为培养一支年轻化复合型高素质职工队伍做出了不懈地努力。

7.2.1 人员培养

7.2.1.1 培养目标

1. 运行人员

要求达到电力系统运行主值班员资格，熟悉设备、系统和基本原理，熟练操作和事故处理，熟悉本岗位的规程和制度，能正确地进行操作和分析运行状况，能及时地发现故障和正确处理，能掌握一般的维护技能。部分人员（至少 12 人）达到值长资格。在瀑布沟水电站首台机组投产后，逐步把运行人员培训成维护人员，达到运维合一的目标。

2. 设备维护人员

要求掌握本专业的现场工作技能，对现场设备所发生的问题有能力进行分析、解决和处理，熟悉相关专业设备的图纸和现场设备的布置调试运行情况，能完成相关设备的日常维护工作，能绘制相关图纸，能掌握一般工艺和常用材料性能。在瀑布沟水电站首台机组投产后，逐步把维护人员培训成运行人员，达到"运维合一"的目标。

3. 水工监测人员

要求熟悉水工建筑物的结构和运行方式，掌握观测仪器仪表的工作原理、数据监控系统的功能，对观测数据做出分析，及时发现异常和故障。

4. 生产管理人员

要求熟悉瀑电总厂相关设备，掌握本专业有关基本理论，熟悉本岗位有关制度、政策、法规；熟练掌握所负责设备的系统和结构原理，熟悉检修安装工艺、质量和运行知识，能熟练对所负责的设备进行维护指导工作，正确处理设备故障和事故；能够对新进厂人员进行运行和维护方面的专业培训。

5. 综合管理人员

要求掌握本专业有关知识，熟悉本专业法律、法规、政策和制度。

7.2.1.2 培训方式

瀑电总厂在培训方式上采取了集体培训与个人自学相结合、专题研讨与小组学习相结合等方式，多种培训形式并举。加强培训过程控制和效果检测，一方面通过开展实践培训强化业务技能，检验培训效果，有效地锻炼队伍；另一方面在内部网站开辟专栏，坚持对授课人测评打分制度，并将技术评分纳入员工年度考核范畴，调动员工的学习积极性。

1. 自主培训

由于瀑电总厂的电力生产人员主要来自于龚嘴发电总厂，同时也为了降低成本，人员培训主要依托龚嘴发电总厂，包括新进大学生都先安排到龚嘴发电总厂进行培训。按照电力生产人员"集中培养储备、分期择优招聘"的原则,按需要适时招聘。

2. 厂家培训

培训对象为各专业相关人员及部分运行人员,培训地点为机电设备制造厂家,主要内容参加厂家设备的组装、调试、试验等工作,并由厂家就设备的设计、性能、检修、维护等组织专门培训。如有国外厂家,参培人员根据具体情况进行安排。通过培训使电厂的相关人员能够更深入掌握设备的维护检修工艺,掌握设备的内部结构,提高瀑电总厂的设备运行、维护管理水平。

3. 现场培训

选派部分人员参与到工程建设中去,以此加强人员技术培训工作。培训对象为各专业相关人员及部分运行人员,培训地点为瀑布沟水电站(当时还未考虑深溪沟水电站)施工现场,使培训人员通过参与安装、调试、验收过程,掌握设备的安装工艺、运行技能、维护检修技能及试验技能,具备独立的设备运行、维护检修能力。

4. 外送培训

将部分人员外送到相关电站进行跟班学习,初步拟定培训地点以二滩发电厂为主,漫湾发电厂和大朝山发电厂为辅,使培训人员熟悉大型水电厂生产管理(重点加强 GIS 设备和水轮机圆筒阀等的培训)。与四川大学等相关高等院校合作进行基础培训(如计算机、英语、管理等),根据需要选派专业技术骨干人员参加相关专题培训,或选派人员赴国外参加培训。

5. 岗位资格培训

对国家、行业规定需要持证上岗的人员进行岗位资格培训,使其取得相应资质,为瀑布沟电厂培养一批符合电厂达标、创新要求的电厂管理人员、电厂运行维护人员及其他工作人员。

7.2.1.3 培训计划

瀑电总厂人员主要来自龚嘴发电总厂、检修分公司等电力生产单位和本科院校应届毕业生,入厂时间、从事专业、技能基础、工作经验各不相同。其中,生产员工中缺乏工作经验的应届毕业大学生占 56.6%。为了满足顺利接机、安全发电的要求,瀑电总厂按照分层次、分类别、有重点培训的原则,把人员素质提升作为首要任务来抓。

瀑电总厂从建厂筹备开始,在机械、电气、监控、计算机、安监及通信等专业,对员工进行系统的培训。

经过较为系统的理论知识培训、设备厂家考察、仿真系统模拟、外出跟班学习、安装调试实践、检修工程检验、任职资格取证等,生产技术人员掌握国家有关部门和中国国电集团公司颁布的电力生产及安全管理法律法规、制度;熟悉电厂的生产流程,主要设备的结构、性能、原理,熟悉设备的运行、检修、试验标准;熟练掌握本岗位应具备的专业技术管理知识,全方位地提高了技能水平。企业全面地培养出既懂生产运行、又懂设备维护,既懂电气专业、又懂机械专业的复合型电力生产新型人才,为大幅度提升劳动生产率,为建设国内一流水电厂奠定了人才基础。

仅 2008 年在瀑布沟水电站黑马营地,对生产进行人员内部培训 114 项,4408 人次;瀑电总厂人员外出培训 28 批次,345 人次。

7.2.1.4　培训实施

1. 大培训活动

2009年5月，瀑电总厂根据大渡河公司《关于在公司电力生产系统进一步深化"职工大培训、素质大提高"活动的通知》（国电大开人〔2009〕15号），为确保瀑布沟水电站首台机组顺利接机发电，结合瀑电总厂"培训强化年"的工作主题，制订了瀑电总厂"职工大培训、素质大提高"活动方案。

大培训活动按照"强化各级责任、优化管理机制、细化措施计划、硬化考试考核、狠抓职工技能培训"的精神，确保实现"人人受培训、个个上台阶"的目标。

（1）成立活动领导小组。活动领导小组由厂长任组长，成员由各部门负责人组成。

领导小组主要职责包括负责活动方案的制订、宣传、指导、检查、督促、考核、总结以及日常组织、协调工作等。

（2）活动内容：

1）强化职工安全教育。依照电力行业的特点，结合新入厂职工大学生多的特点，安全教育重点在强化职工的安全意识和责任意识。通过对职工安全技能、不安全现象案例、安全标识规范、现场危险点查找及更新，提升职工"我会安全"的能力。

瀑电总厂在2009年1—4月组织了对安全规程和"两票三制"的培训及年度安全考试，对考试不合格人员进行重新学习和补考。安全教育计划5—8月以值为组，利用光碟和资料，从安全技能、不安全现象案例、安全标识规范三方面进行培训，加深新职工对电力生产中的"不安全"因素的认识，掌握现场各种安全标识的含义，安全适用各种工具。

2）强化职业素养培训。为进一步提升整体管理水平，瀑电总厂针对不同层次管理人员制订了管理素养培训计划，采取观看管理光碟的方式加强对职工职业素养的培训。具体实施内容：

a. 厂级领导人员培训。结合中心组学习安排进行，观看《做最具价值的职业经理人、做最受欢迎的老板》和《卓越领导力的六项修炼》两门课程。

b. 中层管理人员培训。企业运行的好坏，中层管理人员的管理水平、综合素质很重要。瀑电总厂针对各部门中层干部，学习《赢在中层》《如何当好中层管理者》《中层管理者完成目标的五步十九法》《中层主管核心管理技能训练教程》等30多本教材。

c. 全体人员的管理培训。针对职工关心的个人成长问题，2009年5—6月，瀑电总厂安排组织学习《职业生涯规划与自我管理教程》。

3）强化"运维合一"培训。"运维合一"既是大渡河公司对瀑电总厂的要求，也是瀑电总厂培训活动的主体内容。

a. 仿真培训。利用沙湾电力仿真系统试验室，开展职工技能培训，努力提高职工的实际操作技能和应对紧急状态的能力。2009年5月运维处对6个值进行仿真培训，6—8月根据5月仿真培训各值暴露出的问题，有针对性地安排下一阶段的培训。

b. 系统设备培训。2009年3—7月瀑电总厂组织进行了运行系统培训，以各系统为主线，结合各系统职工的"精二会三"技能方向，开展设备维护培训，达到运维合一的效果。

4）强化新设备培训。瀑布沟、深溪沟两个水电站机电设备出厂验收、安装、调试、试运为瀑电总厂对设备的学习提供了良好的机会，瀑电总厂也进一步加强对新设备、新技术、新工艺的培训学习。

a. 继续进行设备厂家培训。瀑布沟设备厂家培训基本结束后，重点开展深溪沟厂家培训，培训结束后，对所有人员再进行集中授课，达到人人接受培训的目的。

b. 现场安装调试培训。瀑电总厂运行维护处成立了施工现场质量及进度跟踪小组，各系统以设备主人为负责人，关注设备安装与启动调试，掌握设备检修维护的作业方法。具体措施要求：瀑电总厂每日安排各设备小组人员到现场，对相应作业进行跟踪；参加现场施工进度、质量协调会并作好记录，有重大问题及时反馈给瀑电总厂（施工进度协调会，每日上午 10：00；质量协调会，每周二下午 3：30）；每周到现场了解掌握施工质量及进度情况不少于 1 次，收集编辑并上报设备安装调试进度照片，发现影响投产运行的质量隐患及时上报，随时跟踪关注隐患整改情况；每周日上午向负责人上报周现场施工跟踪报告，主要上报需关注的问题及以往发现问题的解决落实情况。

5）强化新入职人员培训。根据 2008 年大学生的培训计划，结合瀑布沟安装进度，2009 年招聘的大学生先到龚嘴发电总厂进行 6 周见习，认识电力生产设备，了解电厂生产过程。运维处安排 2 名指导老师负责管理，每日都有具体学习内容，每周进行检查。并充分利用沙湾仿真系统对学生进行运行和维护的操作技能培训。

6）其他培训。为做好上岗前的准备，瀑电总厂入住乌斯河营地后，按接机发电时期要求进行模拟倒班，上白班的值在地面副厂房办公室进行值班。2009 年 5 月和 10 月进行特种作业取证，到达人人持证上岗。运行规程出版后，按运行规程进行培训，考试合格后给予三种人资格。

2．瀑电总厂培训实施

瀑电总厂为提高员工的生产技能、操作水平、综合素质，采取了集中培训、专业法规培训、技术演练、强化培训等不同的方式对本厂员工进行培训。

（1）集中培训。瀑电总厂共计派出 18 批 152 人次，参与东方电机厂、中水科等 13 个设备厂家的培训学习或设备联合开发。

2008—2010 年开展集中讲课 601 次，7288 人次参加培训，设备小组活动 217 次。紧密结合生产实际进行运行、调试、检修、厂家等培训。每年新进学生全员参加龚嘴发电总厂 1～9 个月的认知培训。根据设备合同执行情况和总厂培训计划安排，21 批 313 人次参加龚电大学仿真培训；10 批 102 人次参与广州蓄能电站、龙滩水电站等电厂运行培训。110 人次参与滨东、大兴等水电站电气二次检修作业，以及龙滩、白杨溪水电站机组启动调试。有力地提高了员工动手能力，积累了设备检修、维护及运行经验。积极开展实战练兵。在机电设备安装期间，派出一批生产人员参与施工单位班组安装设备作业，参加安装质量监督检查，编写设备安装备忘录，开展现场实际操作演练，增强了员工对现场设备的熟悉掌握程度，实践技能大幅提升。检修作业培训，分别参与了龚嘴发电总厂检修班组检修作业，滨东水电站、大兴水电站、永乐水电站检修作业，白杨溪水电站机组启动调试，锐达公司瀑布沟水电站辅控设备配线及 PLC 编程工作。共计 110 人次参与检修维护技能培训，检修技能得到保障。仿真培训选择龚电大学仿真室进行了运行和维护检修技能培训，共计 21 批 313 人次，全部合格。

（2）专业法规培训考试。为保障电力系统安全稳定运行，维护电力企业的合法权益，规范辅助服务管理，国家电监会于 2008 年 11 月颁布了《华中区域发电厂辅助服务管理及并网运行管理实施细则》。2010 年 3 月 11 日，瀑电总厂举行了《华中区域发电厂辅助服务管理及并网运行管理实施细则》考试。厂领导、中层干部、主管及专责共 41 人参加了考试，主要针对各级管理人员对"两个细则"基本条款的掌握、管理细节的认识及如何在本职岗位上做好相应工作进行检验，为全力确保"两个细则"的顺利实施做好基础工作。

（3）技术演练。2010 年 3 月 29 日，瀑电总厂印制了《国电大渡河瀑布沟水力发电总厂定期工作》手册。该手册涵盖了总厂 6 个部门、19 个系统的 207 项定期工作。

2009 年 4 月 16 日，瀑电总厂开展了工器具及劳动防护用品使用技术大比武活动，共 7 个生产班组约 80 名生产员工参加了比武。比赛采取现场操作各种工器具和安全措施，各参赛队分别完成了安全带的佩戴、挂接地线、触电急救等 6 项操作。根据各代表队的操作规范和熟练程度，评比出了团体前三名。

2009 年 6 月 26—27 日，瀑布沟水电站作为主要出力和事故切机电站，参与了国家电网公司 800kV 高压复奉直流进行单极大功率的调试，最大送电功率达到 3520MW。

（4）强化培训。2010 年 5 月 6 日，瀑电总厂召开 2008 年、2009 年进厂大学生强化业务、提升技能动员大会，拉开了为期 3 个月的生产技能强化培训序幕。瀑电总厂抽调各专业技术骨干组成授课队伍，分 12 项培训项目进行专业讲课，主要通过讨论、现场实际动手操作等方式开展培训。

2010 年 10 月 17—20 日，瀑电总厂举行了为期 4d 的中层干部暨班（值）长培训班。培训班特邀广州力航培训有限公司两名专家进行互动教学，培训课程包括中层管理人员角色认知与能力建设和精细化管理。

（5）开展资格取证。根据持证上岗要求，全面接机之前，47 人取得四川电网电力调度运行值班合格证（运行 2 年以上的熟练值班人员 21 人），73 人取得电工特种作业操作证，9 人取得压力容器特种作业操作证，16 人取得起重特种作业操作证，11 人取得登高架设作业操作证，5 人取得电焊特种作业操作证等。满足了省网公司对新投运电厂人员资格要求。同时，瀑电总厂出台了《岗位任职资格证书管理办法》，建立试题库，完善管理体系，开展了 5 次内部任职资格取证工作，颁发了相应等级的任职资格证。

3. 人员现状

根据大渡河公司对瀑电总厂的职责划分，结合瀑电总厂今后高效运转需要，共设置编置内岗位 151 个，业务承揽人员 45 人（不含向大金源借用的驾驶员），共 196 人。

2010 年 5 月 21 日至年底，瀑电总厂在岗职工 133 人，辅助性人员 30 人。其中厂级班子成员 4 人，中层管理人员 13 人，机关职能部门人员 13 人，生产人员 103 人。运行维护值每值 15～17 人，值长（含副值长）2～3 人。综合维护值 23 人，副值长 2 人；辅助人员作为维护协助人员共计 17 人，主要从事电焊、起重等特种作业和设备维护保养工作。

瀑电总厂生产管理和运行维护人员经过培训，均已掌握国家有关部门和中国国电集团公司颁布的电力生产及安全管理的法律法规、制度，熟悉电厂的生产流程，掌握了主要设备的结构、性能、原理以及设备的运行、检修和试验标准；熟练掌握了本岗位应具备的专业技术管理知识与技能，达到胜任本岗位工作的要求。

7.2.2　人才引进

瀑电总厂在培养现有人员的同时，将引进人才作为现代化电厂发展的战略措施。在瀑电总厂筹备初期，就制定了人才引进计划。瀑电总厂成立后，根据实际情况，按计划引进人才，也为大渡河流域后续建设的电站储备人才。

7.2.2.1　引进计划

1. 引进计划编制原则

（1）人员配置进程要满足建管结合、无缝交接的要求。

（2）人员配置初期按专业尽可能细分，后期逐步实现一专多能、机电合一、运维合一。

（3）统一规划瀑布沟、深溪沟电站及流域后续电站生产管理人员需求，根据实际情况适当调整、逐步实施的原则。

2. 人员配置来源

根据《瀑布沟水力发电总厂筹建方案》，瀑电总厂的人员主要来源于龚电总厂成熟的电力生产人才、招聘录用的大学毕业生、瀑布沟建设分公司转移人员和其他途径。其中，50%从电厂现有电力生产人才队伍中选拔，30%～40%为引进培养的大学生，10%～20%从基建单位或其他单位引进。对于从基建单位或其他单位引进的电力生产人员，除特别优秀的可以直接安排在筹备处外，其余人员和招聘录用新进大学生都首先安排到电力生产单位。

7.2.2.2　引进进度

2007年2月，成立瀑电总厂筹备处初期，有正式员工18人，临聘人员1人，分属3个处室。

2008年是瀑布沟水电站机电设备安装人员需求高峰，2009年是深溪沟水电站机电设备安装人员需求高峰，2010年以后瀑电总厂将逐步为大渡河流域后续电站生产筹备输送人才。为了加强接机管理，所进人员中监控、自动、保护、机电技术专业人员应提前到位，全面参与水电站机电设备选型、工程方案确定、设计联络、标书审查、安装调试、质量控制、工程验收、出厂验收等工作。

瀑电总厂人员招聘主要集中在2008年和2009年，主要考虑到2009年7月1日瀑布沟水电站接机发电、2010年12月深溪沟水电站接机发电，在2008年下半年瀑布沟水电站开展了所有的机电设备安装，2009年下半年深溪沟水电站所有的机电设备安装也要开始，需要大量的运行人员和维护人员参与安装、验收和培训等。前期招聘人员主要是做技术准备和前期介入，这一部分人还要承担起培训以后运行人员的责任，要成为骨干队伍。其他管理人员的招聘根据筹备工作不断深入和管理幅度增大而逐渐进行。2007—2010年共招聘266人，以本、专科毕业生为主，招聘人员情况见表7.1。

本科及以上人员的需求，主要集中在2007年和2008年，是由于前期投入的人员以技术管理为主，要尽可能消化吸收设备原理、性能，以利于运行及维护工作。2008年的本科生主要从2007年进入大渡河公司的本科生中招聘，2007年招聘的本科生主要从2007年以前进厂大学生和现学历为本科的员工中招聘。

表 7.1　　　　　　　　　　　　　　招 聘 人 员 情 况

项　　目		2007 年底	2008 年底	2009 年底	2010 年底
本科及以上	人数／人	36	76	89	96
	比例／%	43.4	40	36.2	36.1
专科	人数／人	47	114	157	170
	比例／%	56.6	60	63.8	63.9
总数／人		83	190	246	266

瀑电总厂把建设高素质的人才队伍作为企业发展的百年大计，坚持科学人才观，大力实施"人才强企"战略，呕心沥血育人才、不拘一格选人才、任人唯贤用人才，努力形成了人才辈出、人尽其才的新局面。打造了一支政治坚定，业务精湛、作风过硬、业绩突出的水电人才队伍，基本完成了人才队伍从"输血"到"造血"的转变，不仅满足了企业科学发展的需要，而且向大渡河公司的其他兄弟单位输送和储备了几十名人才，成为大渡河公司水电人才基地。

7.3　党群工作

自生产筹备以来，瀑电总厂党群工作坚持与企业生产准备同策划、同部署、同考核、同推进，紧紧围绕企业中心任务目标，不断强化组织建设，完善机制体制，提升队伍素质，宣传贯彻企业文化，融洽党群关系，推进企业发展，以各类主题活动为载体，充分发挥党群工作的政治优势和组织优势，切实发挥了鸣锣开道、保驾护航作用，形成党政工团齐抓共管、凝心聚力的良好局面，为总厂实现"顺利接机、安全发电"提供了强有力的思想保障、精神动力和智力支持。

7.3.1　狠抓基础建设，党的建设全面加强

1. 加强组织体系建立

随着瀑电总厂发展壮大，党员队伍力量不断增强，在大渡河公司党委的支持下，2008年3月底，成立了瀑电总厂筹备处党委、纪委。为适应工作需要，6月撤销了筹备处党委、纪委，成立了瀑电总厂党委、纪委，按程序选举产生了党委委员、纪委委员。截止2015年，瀑电总厂共有党员106人。结合实际，加强了基层党组织建设，成立了2个党支部、7个党小组，选拔了既懂生产又熟悉党群工作的人员担任党支部书记、党小组组长，充实了基层力量。同年4月实现了党群办公室独立办公，积极和大金源集团党组织沟通协调，在综合维护值设置了党工团组织。

2. 加强制度建设

按照国电集团公司和大渡河公司关于党的建设的要求，坚持"精简实用、运转高效"的原则，积极开展制度建设。出台了《党委工作条例》《党支部工作条例》等15项制度，基本满足了筹备期工作需要。

3. 狠抓基础工作

2010 年建立了党委委员联系基层制度，设置了联络员，加强了工作协调。开展了职能部门和生产班值"结对子"活动，形成了 7 个"互帮对子"，构建了党委委员纵向指导、职能部门互帮互学、生产班组齐头并进的组织机制。加强了党员党组织基础材料管理工作，做好党员统计入册工作，及时将新进党员党组织材料收集归档。加快了基础台账的建立，建立了党组织基础台账 10 本，确保了党组织工作规范化、系统化。

4. 抓好党员发展工作

按照"坚持标准、改善质量、改善结构、慎重发展"方针，积极做好新党员发展工作。截止 2015 年瀑电总厂共发展新党员 15 名，确定入党积极分子 7 名，举办了入党积极分子培训班 2 期，普及了党的基础知识，切实增强了党员队伍的活力。

5. 加强党员教育管理

瀑电总厂每年均组织开展民主评议党员工作，参评率 100%，合格率 100%。抓好抗震救灾专题组织生活会，组织瀑电总厂全体党团员缴纳抗震救灾特殊党团费 11095 元。建立了党员信息管理数据库，明确了管理流程和责任权限，使党员管理更加数字化、规范化、系统化。推进瀑电总厂政研会工作，加强年度课题研讨，研究成果获得大渡河公司政研会一等奖。

7.3.2　加强队伍建设，整体素质不断提升

2008 年以来，瀑电总厂以建设学习型党组织为载体，采用组织学习、调查研究、读书活动、座谈交流等形式，不断加强党员队伍的能力培养和作风建设。

1. 加强两级干部队伍建设

坚持每月开展党委理论学习中心组专题学习，认真学习上级会议精神，观看《如何有效授权》《中层领导沟通技巧》《领导商数》《国学应用智慧》等管理视频，研读《带队伍》等书籍，开办精细化管理专题培训班，提高了领导人员的精细管理思维和综合管理技巧。

2. 加强党员队伍建设

坚持每月制定学习计划，明确学习内容，编制学习材料共 12 期。开展"赠书促学"活动和"增长知识、顿悟智慧"读书活动，组织参加大渡河公司赠书促学演讲赛，强化了职业素养和工作作风，拓展了学习广度和深度。组织先进性教育专题党课。强化作风建设，结合筹备工作的实际，号召全体党员要"勤于学习，做业务的骨干；忠于职守，做岗位的典范；严于律己，做行为的标杆；勤于修身，做人格的楷模"，时刻保持共产党员的先进性。

3. 加强员工队伍建设

以调整工作心态为出发点，组织全体员工观看《黄金心态》光碟，帮助员工树立积极的人生态度。以积极工作态度为目的，开展《你该怎样工作》读书活动和演讲赛，深化了该怎样工作的认识，强化了责任意识。组织人员外出调研学习 16 人次，利用社会培训资源，邀请四川省委党校、乐山市委党校老师来瀑电总厂授课，开阔了眼界，活跃了思维，增长了才干。

7.3.3　加强学习引导，思想教育稳步推进

1. 思想教育全面加强

（1）认真学习上级会议精神。坚持月初下发学习材料，统一全员思想，统一到了国电集团和大渡河公司的决策部署上来。坚持每月召开员工大会，宣讲形势任务，把全体员工的思想统一到瀑电总厂的中心工作上来，统一到解决制约企业发展的关键问题上。

（2）深入开展"解放思想促发展，提高效益创一流"的大讨论和"双学"活动。2008年5月，按照大渡河公司统一部署，结合"学习苏龙公司经验、学习陶建华同志事迹"专题活动和国电集团公司朱永芃总经理关于"十大关系"的论述，深入开展"解放思想促发展，提高效益创一流"的大讨论活动。

2. 强化职工思想分析

结合接机发电工作，2009年9月瀑电总厂开展了"接机发电准备好了"的大讨论和"我为总厂科学发展献一言"等活动，引导全体员工关心关注生产准备进程，反思存在的差距和不足，引导全体员工积极为总厂发展献计献策、添砖加瓦。每季度开展思想动态分析会，强化员工思想动态分析，构建了总厂、部门、班组三级思想分析联动机制，建立了意见反馈、问题反映的有效渠道。抓好员工稳定和周边稳定工作，2010年初制定了防不法冲击应急预案并认真演练，把不稳定苗头解决在内部，消灭在萌芽。

3. 抓好精神文明建设

每年组织职工学习《瀑电职工行为手册》，提升了职工的精神面貌和文明礼仪。2010年，开展了"三德"教育抢答赛活动，组队参加了大渡河公司五五普法竞赛并获得冠军，开展了节日氛围营造以及庆祝大渡河公司成立十周年系列活动。开展"文明宿舍"评比活动，引导全员树立良好的生活习惯，加强文明单位创建基础工作。

4. 开展惠民利民工程

（1）加快完善乌斯河营地相关配套设施。在大渡河公司的亲切关怀下全面解决了营地用水难问题。开展了营地绿化工程，大大改善了以前"飞沙走石"的现象。在营地内建设了导视系统，设置了滚动灯箱，改造了光亮工程，营造了良好的工作生活环境。

（2）加大文体场所和设施的配套建设。针对乌斯河风大的特点，完善了篮球馆、网球馆，新建了羽毛球场馆，进一步丰富了职工业余文化生活。

（3）加强了后勤保障力度。设置了洗衣房等，强化物业保障能力，全面解决职工后顾之忧。

（4）全面部署送温暖工作。加大对家庭受灾、患疾生病的职工的关心力度。坚持重大节假日领导看望慰问现场职工，积极开展党员志愿服务活动。2010年主动向公司汇报青年职工休假期间成都住宿问题，得到了公司的支持和帮助。

7.3.4　强化廉政教育，党风廉政蔚然成风

1. 多措并举，廉洁从业思想进一步巩固

在年初上班第一天组织职工参加公司廉洁从业集体谈话，将廉政教育纳入年度学习计划，组织开展廉政专题学习6次，组织参加了集团公司和公司廉洁从业专题讲座，进一步

增强廉洁从业的警惕性。结合领导干部民主生活会，重点对照 52 个"不准"和 39 个"不得"，系统自查了在廉政方面思想意识、遵章守纪、行为作风等情况，坚定了政治信仰，清醒了思想头脑。加强反腐倡廉正面宣传和警示教育，组织了廉洁从业理念征集，集体观看宣教片《赌之害》《警示录》，发放廉政读本《镜鉴》，以生动案例增强教育的感召力和针对性。

2. 多管齐下，廉政责任制度进一步落实

以《中国国电集团公司纪检监察工作手册》为指导，建立了《党风廉政保证金管理办法》《新提拔中层管理人员谈话制度》等 4 项制度，规范了纪检监察工作。落实廉政工作责任，签订 2 份党风廉政责任书。建立了领导干部廉政档案，扎实抓好领导干部个人重大事项报告、个人收入申报、诚勉谈话等制度的落实。充分利用宣传橱窗和网络阵地，开展了廉洁从业漫画展，做到警钟长鸣；加强了对干部的廉洁自律教育，对新任中层干部进行了任前廉政谈话，廉洁氛围进一步浓厚。

3. 多方联动，廉政监督体系进一步完善

编制了领导岗位和经营管理岗位廉洁风险提示 15 份，构建岗位廉洁从业风险防范机制。召开纪委会 4 次，规范了纪检组织介入企业经济活动、合同谈判的途径方式，建立健全了"三重一大"集体决策制度，完善了议事规则和决策程序。强化违纪违规查处，加强信访、举报案件的办理，形成纪检监察的高压态势。推进了专项检查工作。积极配合财务部门开展"小金库"自查工作，深入开展工程领域专项治理工作，不断确保各项工作合规有序。

7.3.5　坚持文化治企，文化建设开始起步

按照文化治企的思路，积极研究队伍管理模式和方式，加强团队建设，营造风清气正、团结紧张、积极进取的团队氛围。

（1）以大渡河公司三同文化为核心，开展以三同文化为内容的大家谈、大家写、大家讲活动，引导广大职工深刻领会三同文化的核心理念，投身文化建设。大力弘扬了"敢于碰硬、善于创新、勇于争先、乐于奉献"的大渡河精神，发挥了大渡河公司文化在瀑电总厂筹备中的导向、凝聚、激励功能。

（2）以国电集团公司、大渡河公司文化为指引，出台了企业文化建设规划，提炼了文化理念，初步形成了"和谐瀑布沟、数字瀑布沟、效益瀑布沟"的共同愿景，"精干高效、积极主动"的队伍建设理念，"忠于职守、富于激情"的工作理念，"强化责任、强调精细"的管理理念，"以人为本、防控结合"的安全理念，"德信为本、绩效为上"的人才理念。编印了《员工行为手册》，有效规范了员工行为，形成了具有瀑电特色的行为文化。

（3）组建了瀑电总厂宣传信息员队伍，出台了新闻宣传管理办法。围绕瀑电总厂生产筹备的重点工作和显著成绩进行了深入报道，及时反映总厂发展的新面貌，不断鼓舞员工努力提升技能、推进企业发展的信心和毅力。2008 年内发稿件 315 篇，外发稿件 45 篇；2009 年内网发布新闻稿 567 篇，外发稿件 74 篇；2010 年内网发稿 1149 篇，外部发稿 178 篇，及时反映了总厂员工凝心聚力共谋发展的生动场面。组织员工参加了公司各类征文活动。抓好重要工作、重大节点的宣传报道，策划了"瀑电杯"现场新闻以及检修期新

闻评选活动，营造了大干快上的良好氛围。举办了"我与瀑电共成长"等征文活动，有效提升了职工的写作水平。

7.3.6 加强工作指导，群团活动扎实有效

在大渡河公司工会、团委的支持和关心下，成立了瀑电总厂工会、团委等组织。积极发挥群团组织在丰富员工生活、提高员工素质、促进企业发展中的主要作用。

1. 建立组织机构

在公司工会的关心和支持下，2008年3月成立了瀑电总厂筹备处工会。为适应工作的需要，2008年6月撤销筹备处工会，成立了瀑电总厂工会。2008年8月成立了机关分工会、运行维护处分工会以及6个工会小组，选举了瀑电总厂工会委员会5名委员。建立了职工代表制度，选举产生了27名职工代表。

2. 加强制度建设

按照国电集团公司工委、大渡河公司工会关于工会建设的要求，本着精简实用、运转高效的原则，积极加强制度建设。出台了《工会工作条例》《职工代表大会工作条例实施细则》《劳动竞赛管理办法》《厂务公开管理办法》等7项制度，初步规范了工会工作。

3. 开展职工喜闻乐见的文体活动

2008年成立瀑电总厂文体协会，分为篮球、写作等10个分协会，制定了年度文体活动计划，开展篮球比赛、网球比赛、中秋晚会等活动，丰富了员工生活、陶冶了情操。

4. 围绕中心开展建功活动

瀑电总厂工会开展了班组"流动红旗"值竞赛活动，营造了比学赶帮超的氛围。开展"我为安全顺利接机发电建言献策"合理化建议活动，征集了一批富有价值的建议和意见。

5. 加强青年、团员教育，发挥生力军的作用

在大渡河公司团委和瀑电总厂党委的关心指导下，2008年8月经上级组织批复成立了瀑电总厂团委，选举了团委委员，下设机关团支部、运行维护处团支部两个支部，明确了各团支委委员组成。签订了党团共建责任书，以"积极创建五四红旗团组织，争当优秀团员"为主要内容，有效增强团组织融入中心、发挥作用的切入点和突破口，形成党团联动、创先争优、整体推进的生动局面。2008年以来先后策划了青年成长、成才、读书等活动，开展了典型人物事迹报道，号召青年学习他人优点，发掘青春闪光，从小事做起，从自身做起，从岗位做起，以实际行动为企业发展作贡献。加强团员教育培训，开展"阳光心态"等青年成长讲座2次，提升了团员青年综合素养。组织了踏青、春游、爬山等活动共计7次。开展了"保世博供电、扬五四精神"歌手赛，开展了"节能增效、低碳生活、青年先行"主题活动，强化了低碳环保生活意识。深化了青年安全监督岗活动，构建了培训学习、安全互保、监督考评的"三位一体"模式，提升了青年安全生产能力。开展了"岗位争先、检修建功"活动，充分发挥青年的生力军和突击队作用。2008年以来，瀑电总厂多位青年被大渡河公司、省国资委表彰。瀑电总厂运维二值荣获国电集团公司青年文明号，瀑电总厂团委荣获国电集团公司红旗团委称号。

附录 瀑布沟水电站生产运行管理大事记

2004 年

3 月 17 日 国家发展和改革委员会正式批复瀑布沟水电站开工报告。

3 月 30 日 瀑布沟水电站开工典礼隆重举行。

4 月 26 日 瀑布沟水电站营地正式开营。

5 月 26 日 瀑布沟工程"抓大党建、促大发展、创新优势、树新形象"活动动员大会在瀑布沟举行。

8 月 17—18 日 时任国电集团公司总经理周大兵视察瀑布沟。

10 月 9—16 日 瀑布沟水电站通过截流阶段验收。

10 月 20 日 时任四川省省委书记张学忠，省委副书记李崇禧、甘道明，副省长张作哈一行视察瀑布沟。

10 月 27 日 瀑布沟水电站工地因发生移民大规模聚集、阻挠工程施工事件而暂停施工。

11 月 17 日 时任中央工作组组长、国务院常务副秘书长汪洋和四川省省委书记张学忠、省长张中伟视察瀑布沟。

2005 年

1 月 26 日 四川省甘洛县大渡河瀑布沟希望小学正式落成。

5 月 13 日 国电集团公司副总经理陈飞视察瀑布沟。

9 月 19 日 瀑布沟水电站工程正式复工。

9 月 19 日 时任四川省常务副省长、省委工作组组长蒋巨峰到瀑布沟检查复工情况。

10 月 13 日 时任国电集团公司党组书记、总经理周大兵视察瀑布沟。

11 月 22 日 瀑布沟水电站工程成功截流。

11 月 26 日 瀑布沟水电站工程截流表彰大会隆重召开。

2006 年

1 月 12 日 国家发展和改革委员会副主任杜鹰考察瀑布沟。

2 月 9 日 四川省汉源县大树镇 480 余名首批外迁至乐山的移民安全、顺利地通过了瀑布沟水电站施工区。

4 月 6 日　时任四川省省委书记张学忠、省长张中伟一行视察瀑布沟。

4 月 12 日　时任国电集团公司党组书记、总经理周大兵视察瀑布沟。

4 月 14 日　大坝下游基坑反滤料填筑较计划提前半年全面开始，拉开了大坝填筑的序幕。

7 月 18 日　地下厂房岩锚梁混凝土浇筑按计划高标准完成。

9 月 28 日　时任国电集团公司总经理周大兵视察瀑布沟。

11 月 6—8 日　国家电力监管委员会、建设部联合检查组对瀑布沟工程进行检查。

11 月 9—10 日　四川水电在建工程现场交流会在瀑布沟召开。

12 月 6 日　瀑布沟分公司被评为四川省凉山州文明单位，瀑布沟水电站建设营地被评为州级文明示范营地。

2007 年

1 月 17 日　国电集团公司副总经理朱永芃视察瀑布沟。

2 月 28 日　地下厂房首台机组（6 号机组）开挖提前一个半月完成，创造了同类型厂房开挖最快纪录。

4 月 20—23 日　陆佑楣、谭靖夷、陈祖煜等院士和国内水电知名专家考察瀑布沟。

5 月 24—25 日　水利部副部长胡四一视察瀑布沟。

6 月 15 日　国家发展和改革委员会能源局、稽查办工作组考察瀑布沟。

6 月 22 日　6 号机组较计划提前 1 个月完成肘管混凝土浇筑。

9 月 26 日　瀑布沟分公司通过"档案工作规范化管理一级单位"检查验收。

9 月 19 日　6 号机组座环成功吊装。

10 月 24 日　6 号机组首节蜗壳吊装到位。

11 月 7 日　瀑布沟分公司被命名为四川省凉山州文明单位标兵。

2008 年

3 月 22 日　瀑布沟水电站 6 台机组压力钢管全部吊装到位。

4 月 21 日　瀑布沟水电站启动下闸蓄水安全鉴定工作。

4 月 24 日　瀑布沟水库大坝防渗墙及帷幕灌浆工程通过专家组验收。

4 月 24—27 日　瀑布沟水电站下闸蓄水安全鉴定专家组开展第一次现场活动。

6 月 18—19 日　瀑布沟水电站通过国电集团公司专家组受震情况安全鉴定。

7 月 7—10 日　瀑布沟水电站下闸蓄水安全鉴定专家组开展第二次现场活动。

8 月 18 日　瀑布沟水电站厂房岩壁吊车梁顺利通过 840t 荷载试验。

8 月 21 日　瀑布沟水电站 6 号机组发电机定子吊装成功。

9 月 9—11 日　瀑布沟水库大坝防渗体系专家咨询会在瀑布沟召开。

9 月 16—19 日　瀑布沟水电站下闸蓄水安全鉴定专家组开展第三次现场活动。

9 月 19 日　瀑布沟水库大坝帷幕灌浆工程完工。

10 月 8—21 日　瀑布沟水电站下闸蓄水安全鉴定专家组开展了第一阶段第四次现场活动，第一阶段安全鉴定顺利通过验收。

11 月 6—7 日　瀑布沟水电站工程顺利通过蓄水阶段档案专项验收。

2009 年

1 月 10 日　瀑布沟水库移民政策落实情况督查组到瀑布沟调研。

1 月 10 日　瀑布沟水电站 5 号机组发电机定子成功吊装。

1 月 23 日　瀑布沟水电站 6 号机组水轮机转轮成功吊装。

3 月 19 日　国家发展和改革委员会稽察组到瀑布沟调研。

5 月 1 日　全国人大财政经济委员会副主任委员汪恕诚、国电集团公司副总经理陈飞视察瀑布沟。

5 月 2 日　瀑布沟水电站首台机组转子成功吊装。

5 月 13 日　国电集团总经理、党组副书记朱永芃，副总经理高嵩视察瀑布沟。

6 月 15 日　瀑布沟水电站首台水轮发电机组进入无水调试阶段。

7 月 24 日　瀑布沟水电站工程通过蓄水阶段（第二阶段）档案验收。

8 月 21 日至 9 月 1 日　瀑布沟水电站下闸蓄水安全鉴定专家组对瀑布沟水电站下闸蓄水作出安全鉴定：瀑布沟水电站枢纽工程具备导流洞下闸蓄水条件。

9 月 19 日　瀑布沟尼日河引水系统隧洞工程洞挖胜利贯通。

9 月 21 日　瀑布沟水电站 500kV 开关站 GIS 设备通过整体耐压试验。

9 月 22 日　瀑布沟水电站 5 号机组水轮发电机转子吊装成功。

9 月 21—22 日　瀑布沟水电站放空洞工程顺利通过验收。

9 月 28 日　瀑布沟水电站 1 号导流洞下闸成功。

10 月 26 日　四川省省委书记、省人大常委会主任刘奇葆赴汉源县视察瀑布沟水电站移民工作。

11 月 1 日　瀑布沟水电站 2 号导流洞下闸成功。

11 月 1 日　瀑布沟水电站放空洞顺利过流。

11 月 20 日　瀑布沟水电站 6 号机组通过启动验收。

11 月 21 日　瀑布沟水电站 3 号机组定子吊装就位。

12 月 2 日　瀑布沟水电站首台（6 号）机组首次启动成功。

12 月 8 日　瀑布沟水电站 5 号机组通过启动验收。

12 月 13 日　瀑布沟水电站 6 号机组顺利通过 72h 试运行。

12 月 13 日　瀑布沟水电站 5 号机组成功启动。

12 月 23 日　瀑布沟水电站 5 号机组顺利通过 72h 试运行。

12 月 29 日　瀑布沟水电站 5 号、6 号机组通过并网安评审查。

2010 年

1 月 11 日　国电集团公司在成都隆重举行瀑布沟电站投产发电表彰大会。会上国电集团公司总经理、党组副书记朱永芃亲手将厂牌"国电大渡河瀑布沟水力发电总厂"(简称瀑电总厂)授予瀑电总厂厂长周业荣。此举标志着瀑电总厂将以全新的姿态登上电力生产舞台。

1月26日　经过11天的全力奋战,瀑布沟水电站5号机组成功并网发电。这标志着瀑电总厂首次设备消缺性检修取得了圆满成功。

2月2日　国电集团公司总经理朱永芃、副总经理高嵩莅临总厂进行慰问。朱永芃一行先后参观了中控室、500kV设备和瀑布沟水电站5号、6号发电机组,听取了工作人员的汇报。在瀑电总厂乌斯河营地,朱永芃总经理、高嵩副总经理代表集团公司慰问了瀑电总厂困难职工,并发放了慰问金和慰问品。

3月25日　国电集团公司党组成员、副总经理杨海滨一行莅临瀑布沟工地视察工作。杨海滨一行先后视察了瀑布沟水电站大坝、GIS楼、地下厂房系统以及相关发电设备。

4月7日　瀑布沟水电站4号机组顺利接机发电,瀑电总厂已投产装机容量达到180万kW。5月4日,消缺性检修结束后的4号机组向调度报备。

4月17日　瀑电总厂油化验室投运,对瀑布沟水电站4号主变压器绝缘油相关项目进行了检测化验。这标志着瀑电总厂初步具备了独立分析检测电力设备用油、气的能力。

5月18日　瀑电总厂生产人员正式进驻深溪沟水电站,开始现场值班,全面做好接机发电准备工作。

6月14日　瀑布沟水电站泄洪洞闸门全开向下游泄流,出口处水雾达20m多高。瀑布沟水电站泄洪洞全长2024.82m,断面形式为圆拱直墙型。校核洪水泄量为3418m³/s,最大流速为42m/s。

10月13日　瀑布沟水电站库区蓄水至850m高程,提前5d完成设计蓄水计划要求。

11月5日　国电大渡河瀑布沟发电有限公司在汉源县注册成立。

12月8日　单机容量为60万kW的国电大渡河瀑布沟水电站2号机组顺利通过72h连续试运行,具备投入商业运行条件。至此,瀑布沟水电站投产机组5台,总装机容量突破300万kW。

12月26日　瀑布沟水电站最后一台机组(1号机组)投入商业运行。

2011 年

1月6日　瀑布沟水电站3号机组检修工作顺利开工,标志着2011年瀑电总厂首次机组年度检修——瀑布沟水电站3号机组C级检修及3号主变压器年度检修工作拉开序幕。

2月15日　瀑布沟水电站5号机组的B级检修工作开始。本次检修工作从2011年2月15日开始至2011年3月28日结束。这是瀑布沟水电站投产发电以来首次进行机组B级检修。

3月1日　瀑电总厂组织人员对尼日河闸首的电气设备开展为期5d的检修工作。此次检修是尼日河引水工程自投运以来进行的首次检修作业。

3月8日　随着瀑布沟水电站2号机组安全平稳运行3个月,实现了投产3个月无"非停"。

6月29日　深溪沟4号发电机组结束72h试运行,成功实现投产发电。它的投产标志着深溪沟水电站4台机组全面投产发电。

7月7日 深溪沟水电站泄洪闸应急控制系统投入运行。

10月12日 瀑布沟水电站AGC（电网自动发电控制）正式投入四川省电力公司调度中心控制。

10月31日 深溪沟水电站AGC（电网自动发电控制）调试顺利完成。

2012 年

2月29日 由瀑电总厂首次组织协调进行的瀑布沟水电站6号机组827.97m水头下甩满负荷试验顺利完成，为完成其他机组甩负荷试验奠定了坚实的基础。

3月20日 集控中心、瀑电总厂利用瀑布沟3号主变压器停电年检机会，顺利进行了集控中心远方控制瀑布沟500kV设备的首次带电操作试验。这标志着集控中心对瀑布沟、深溪沟水电站的远方控制进入了实际操作阶段。

4月11日 瀑电总厂启动在值上设立党支部试点工作，创新党建思路和工作方式，加快基层党的建设深入推进基层组织建设年活动。

7月1日 武警雅安市支队瀑电守卫中队正式入驻瀑电总厂。

8月7日 瀑电总厂完成为期10d的国电集团公司安全性评价现场查评工作，综合得分率86.5%，在国电集团公司所属电厂安全性评价首次评价结果中名列前茅。

2013 年

2月27日 四川省委常委、省纪委书记王怀臣在雅安市委书记徐孟加，市纪委书记刘锐，市委常委、汉源县委书记蒲忠，国电大渡河公司总经理付兴友、纪委书记王玉龙以及相关部门负责人陪同下，视察了瀑布沟水电站。

3月24日 四川省档案局会同国电集团公司组织的档案专项验收组到瀑电总厂对瀑布沟、深溪沟水电站项目档案进行检查验收，听取汇报。

4月16日 瀑电总厂配合完成复奉特高压直流输电系统大负荷试验，作为川电东送的一条重要通道，该系统首次实现了满负荷640万kW长距离、大功率输送。

2014 年

1月20日 瀑电总厂实现连续安全生产1500d。

1月22日 瀑布沟水电站枢纽工程通过竣工环境保护现场验收。

3月4日 瀑电总厂获评国电集团公司2013年度共青团工作述职优秀单位。

3月13日 国电集团公司副总经理、党组成员于崇德前来瀑电总厂调研。

3月19日 深溪沟水电站顺利通过竣工环境保护验收，成为国电大渡河公司成立以来首个完成环保竣工验收的水电项目。

4月3日 瀑布沟发电有限公司、深溪沟水电有限公司获汉源县2013年度工业经济贡献奖。

4 月 24 日　四川省市县文明办莅临瀑电总厂，在乌斯河营地向瀑电总厂授予了"四川省最佳文明单位"奖牌。

5 月 26 日　瀑布沟水电站黑马料场及施工营地临时用地土地复垦工程正式启动。

6 月 13 日　瀑布沟发电有限公司取得首笔增值税"即征即退"税款。

10 月 30 日　瀑电总厂以 84.14 分通过 NOSA 星级评审，取得高标准四星，成为国电大渡河公司第二家达到 NOSA 四星级的单位。

12 月 26 日　瀑电总厂顺利通过全国文明单位测评验收。

2015 年

1 月 30 日　瀑电总厂出台《"标杆党支部"创建方案》，明确了"标杆党支部"创建的指导思想、目标内涵、创建体系、创建内容和保障措施，正式启动"标杆党支部"创建工作。

7 月 16 日　国电集团公司 2015 年年中工作会议在北京举行。会上，瀑电总厂荣获国电集团公司 2014 年度先进单位荣誉称号。

10 月 15 日　长江委水资源局组织召开瀑布沟水电站取水工程现场验收会。瀑布沟水电站顺利通过取水工程许可验收。